# 김봉렬의
# 한국건축 이야기

앎과 삶의 공간 2

김봉렬 글 · 이인미 사진

돌베개

## 김봉렬의 한국건축 이야기 2
— 앎과 삶의 공간

김봉렬 지음

2006년  3월 31일 초판 1쇄 발행
2021년 11월  5일 초판 7쇄 발행

펴낸이 한철희 | 펴낸곳 주식회사 돌베개 | 등록 1979년 8월 25일 제406-2003-000018호
주소 (10881) 경기도 파주시 회동길 77-20 (문발동)
전화 (031) 955-5020 | 팩스 (031) 955-5050
홈페이지 www.dolbegae.co.kr | 전자우편 book@dolbegae.co.kr

책임편집 윤미향·서민경 | 편집 박숙희·이경아·김희동·김희진
디자인 이은정·박정영 | 필름출력 (주)한국커뮤니케이션 | 인쇄·제본 영신사

ⓒ 김봉렬, 2006

ISBN 89-7199-234-4 04610
ISBN 89-7199-232-8 04610(세트)
이 책에 실린 글과 사진의 무단 전재와 복제를 금합니다.
책값은 뒤표지에 있습니다.

이 도서의 국립중앙도서관 출판시도서목록(CIP)은 e-CIP 홈페이지
(http://www.nl.go.kr/cip.php)에서 이용하실 수 있습니다.(CIP제어번호: CIP2006000656)

김봉렬의
한국건축 이야기
2

개정판 서문
# 참회와 사랑의 고백

건축은 시대의 모습을 담는 그릇이요, 깨달음과 생활이 만든 환경이며, 인간의 정신이 대지 위에 새겨놓은 구축물이다. 젊은 날, 이런 생각으로 한국의 역사적 건축을 바라보며 『한국건축의 재발견』이라는 거창한 이름으로 3권의 책을 낸 지 벌써 10년이 가까워온다. 그 사이에 많은 분들이 나의 책을 읽었고 결점들을 지적하곤 했다. 내용상 오류도 많았고, 편집이나 책의 체제가 불비한 점도 많았다.

그동안 너무나 많이 바뀌었고 달라졌다. 이 책은 월간 『이상건축』에 3년간 연재된 내용을 정리하여 출판한 것인데, 이 잡지는 누적된 경영상의 압박을 견디지 못해 건축계에서 사라져버리고 말았다. 건축이론과 비평을 무게 있게 다루었던, 보는 잡지가 아니라 유일하게 '읽는 잡지'가 폐간되었다는 아쉬움은 너무 크다. 뿐만 아니라, 『이상건축』에서 발간했던 『한국건축의 재발견』 시리즈도 절판돼, 서점에서 찾아볼 수 없어 원성도 꽤 일었다.

이 책에서 다루었던 옛 건축물들도 그 10년 동안에 너무 많이, 너무 자주 변해버렸다. 생명공학을 전공하는 한 친구는 1~2년을 주기로 새로운 이론과 분야가 출현해 그를 따라가기도 벅차다며, 변하지 않는 과거의 건축을 다루는 내 전공을 무척 부러워하곤 했다. "지나간 역사가 어디 변하랴?" 하여 한 번 공부로 평생을 우려먹을 수 있지 않느냐는 야유 섞인 부러움이었다. 그러나 수많은 사찰과 건축문화재들이 중창불사라는 이름으로, 또는 문화재 복원이라는 명분으로 엉뚱하게 변해버린 새 건축 환경은 내 책의 내용을 틀린 것으로 바꾸어버렸다.

그러나 무엇보다도 변한 것은 세월이다. 이 책의 내용을 쓰던 시절에는 '신진, 소장' 학자라는 타이틀이 익숙했지만, 이제는 '중진'이 되었고 곧 '원로'가 될 것이다. 강력한 이론과 개념에서 출발한 건축만이 좋은 건축, 의미 있는 작업이라고 믿었던 시절이었다. 물론 아직도 혁명적 이론과 개념의 가치는 유효하다. 그러나 그것이 전부는 아니다. 주어진 조건들을 충실히 하나씩 풀어가는 성실함, 작은 성취에도 만족하고 즐거워하는 건강함, 일상적 필요에 따라 만들어지는 실용성, 무엇보다도 평범함 속에서 발견되는 아름다운 깨달음들. 대부분의 건축들이 가지고 있는 이 작고 소중한 가치들을 통해 새로운 건축의 모습을 엿보기도 한다.

이런 저런 필요에 의해 새롭게 개정판을 펴내게 되었다. 편집을 바꾸고, 내용도 현재에 맞추어 손을 보았다. 책의 제목도 『김봉렬의 한국건축 이야기』라는 다소 낯간지러운 이름을 가지게 되었다. 그러나 건축적 사고는 10년 전, 초판이 출간될 당시에 맞추어져 있다. 오히려 미진한 점을 더 보강해 당시의 생각을 부각시키려 노력했다. 이 책은 내 건축 여정의 끝이 아니라 또 다른 여정을 위해 정리해야 할 기행이기 때문이다.

어쩌면 이제까지 단거리 경주를 하듯이 건축과 역사를 대해왔는지 모른다. 오로지 결승점을 향해, 무엇인가 이루어야 한다는 목표를 향해 질주하듯 공부를 했고 생각을 했다. 미처 소화되지도 못한 생각들을 뒤로한 채, 글을 쓰고 책을 내기에 바빴다. 그래서 어느 정도 명성도 얻고, 사회적 지위도 얻었다. 이력서의 연구결과물 난을 채울 수 있는 묵직한 여러 줄의 경력도 얻었다. 모두가 눈에 보이는 목표들이었다.

그러나 나의 여정이 경기가 아니라 건강과 사색을 위한 산책이라면, 연구의 방법도 생각의 순서도 달라질 것이다. 두리번거리며 가끔 지나온 길을 뒤돌아보기도 하고, 다른 경주 코스를 어슬렁거리기도 하고, 때로는 질주하고 때로는 휴식하며, 건축과 역사라는 거대한 숲을 즐길 것이다. 심지어 한 발로 뛰어도 보고, 멀리 뛰어도 보고, 좁게 뛰어도 보고, 제자리 뛰기도 할 것이다. 그러면서 보이지 않았던 것, 보지 않으려 했던 많은 것들을 새롭게 보는 재미에 푹 빠지고 싶다. 그러면서 보여지는 것, 깨달아지는 것들만 정리해도 의미 있는 성과들이 쏟아지기를 기대하는 것 역시 또 다른 욕심일까?

초판본 출판기념회 때, 존경하는 한 선배께서 "이 책은 김봉렬의 지난 10년간의 성과이지만, 중요한 것은 앞으로 10년간 김봉렬의 노력이다. 난 그걸 지켜보겠다"고 격려와 질타를 주셨다. 지난 10년간, 개인적·조직적·사회적 온갖 핑계로 참 게으르게 살았다. 개정판을 내는 건 그 게으름에 대한 참회이며 새로운 결심이다.

 이 중요한 정리를 새롭게 맡아주신 도서출판 돌베개 가족들에게 큰 은혜를 입었다. 이번에도 훌륭한 사진을 마련해준 이인미 씨께, 귀중한 추천사와 발문을 싣도록 해주신 승효상, 황지우, 최준식, 정기용 선생님들께, 한결같이 용기와 성원을 더해준 한국예술종합학교 건축과 교수님들께, 그리고 갈수록 더 큰 사랑으로 힘을 주는 내 가족들께 감사와 사랑을 드린다.

"세상의 모든 비밀과 모든 지식을 알고, 또 산을 옮길 만한 능력이 있을지라도 사랑이 없으면 아무것도 아니다." 쑥스럽지만 새삼스러운 깨달음이다. 건축에 대한 사랑, 역사에 대한 사랑, 이 땅에 대한 사랑, 그리고 이 세상과 사람들에 대한 사랑.

                    2006년 3월, 서리풀마을에 떠 있는 13층 집에서
                                                김봉렬

초판 서문

# 깨달음과 변화의 영원함

건축은 영원한가? 영원함을 위해 설계된 건축만이 역사 속에서 살아남는가? 시칠리아 아그리젠토Agrigento의 그리스 유적 위에서 새삼 떠오르는 의문이다. 2,500년 전, 제우스 신전을 지은 이들은 그들의 영원한 신전이 흐트러진 몇 개의 돌무지가 되리라 예상했을까? 예상 못했다면 미래에 대한 무지였고, 예상했다면 무모한 노력이었다.

그러나 역사적 건축 앞에서 이 질문은 정당하지 않다. 현재에 큰 의미를 주지 못하는 질문이기 때문이다. 이 신전의 건축가들은 왜 이렇게 만들었으며, 이 신전에서 누가 무슨 일을 했는지를 물어야 하지 않는가. 물론 앎과 삶은 계속 변하기 마련이다. 수천 년 전의 신화적 세계는 현대의 과학적 우주론을 정면으로 부인하며, 지중해 시대의 식민도시 생활은 현대 민주도시와는 전혀 다른 삶이었다.

더욱이 지구의 반대쪽에 있는 한반도와는 아무런 관계가 없다고 할지 모른다. 그러나 인류의 지식은 앞 시대의 것들을 토대로 구축되어 왔으며, 인류의 생활에는 시공을 초월한 공통적이며 보편적인 속성들이 존재한다. 앎과 삶의 역사란 층층이 쌓인 지층과 같이 중첩된 시간들이며, 지구의 지표면이 하나이듯 연속된 공간들이다.

다시 한국의 건축으로 돌아온다. 지나간 시대의 앎이란 지리학적 지혜이며, 불교적 우주론이며, 성리학적 수양론이며, 문학적으로 표현된 자연관이며, 심연에 깔려 있는 집단적 무의식이며, 또는 그것들만으로 설명할 수 없는 그 무엇이었다. 과거의 삶이란 가족과 가문, 윤리와 예절, 은둔과 실천, 풍류와 사랑, 그리고 인간으로서 가능한 모든 것이었다. 무엇보다도 앎과 삶이 하나였다는 사실이 가장 중요하다.

앎이란 깨달음이며, 삶이란 변화다. 위대한 건축은 그 깨달음과 변화를 담고 있다. 영원한 건축이란 그 깨달음을 전달해주어 또 다른 앎을 가능하게 하며, 항상 변화하면서 또 다른 삶을 얻게 하는 건축이다. 그런 점에서 오히려 현재에 충실한 건축이 영원해질 수 있다. 몇 십 년밖에 버틸 수 없는 짧은 수명의 한국건축이 영원한 고전으로 다가오는 것도 바로 그런 이유다.

1권인 『시대를 담는 그릇』이 건축을 통한 역사읽기를 시도했다면, 두번째인 이 책의 주제는 '한국건축의 다양한 전통들'이다. 개인주택에서부터 마을까지, 석굴사원에서 정원까지 10세기 초반부터 20세기 중반까지, 한국건축의 다양한 시대와 다양한 정신과 다양한 기능들을 다루고 있다. 이 다양한 앎과 삶의 건축들을 통해, 한국건축의 풍부한 변용력과 끈질긴 생명력을 읽을 수 있을 것이다.

첫번째 책이 출간된 후 분에 넘치는 격려와 질타가 있었다. 인물의 생몰년대 오기까지 바로잡아준 역사가도 있었고, 국보급의 책이라고 부풀린 건축계의 칭찬도 있었고, 쉬운 줄 알았더니 조금은 어렵다는 일반 독자들의 지적도 있었다. 모두가 만족스러운 반응과 관심들이었다. 과욕이겠지만, 이번 책에서도 그 이상의 관심을 기대한다. '한국건축의 재발견' 시리즈는 내 학문과 생각의 총정리가 아니라 새로운 출발을 위한 중간 결산이며, 독자들의 질타와 비판 속에서만 새로운 목표와 방법을 구상할 수 있기 때문이다.

첫번째 책의 머리말에서 신세를 진 여러분들께 감사를 전한 적이 있다. 그 고마움은 이번 책에서도 마찬가지다. 시간을 재촉해준 최부림 사장, 디자인과 교정을 맡은 최은미 씨, 그리고 소중한 글을 써주신 우리 시대의 시인, 황지우 선생께 고마움을 전한다.

1999년, 20세기의 마지막 초여름  
타오르미나, 에트나 화산을 마주 보면서  
김봉렬

개정판 서문  **참회와 사랑의 고백**   4
초판 서문  **깨달음과 변화의 영원함**   7

## 1 폐허 속의 상상력, 미륵대원   12

상상력의 원천, 건축적 폐허  15 | 하늘재 밑의 석굴사원  18 | 자연에 대한 순응과 인공적 변형  27
상상적 복원  32 | 주변의 폐허들  42

## 2 소리와 그늘과 시의 정원, 소쇄원   48

창평들과 별뫼의 원림들  53 | 소쇄원 경영의 뜻  57 | 3개의 레벨과 건물  63
구성 요소, 담장과 물길  70 | 맑고 시원함이 오는 곳  76 | 소쇄원 사람들의 보존 노력  83
인근의 정자들  86

## 3 은둔을 위한 미로들, 독락당과 옥산서원   94

회재 이언적의 사상과 건축  97 | 적극적인 은둔의 조건  103 | 은둔을 위한 미로의 구성  108
독락당, 홀로 즐거운 집  115 | 옥산서원의 건축사  123 | 정통주의의 재현  128 | 안강 세 골짜기의 건축  135

## 4 중층건축의 지역성, 양진당과 대산루   140

낙동강 서쪽의 이상한 집들  143 | 상주 양진당  145 | 양진당과 관련된 건축들  153
상주 대산루  156 | 우산동천의 건축들  169 | 상주의 건축이 갈망했던 것  174 | 상주의 이층집들  178

## 5 예학자의 이상향, 윤증고택   184

윤증과 중세의 이상  187 | 향촌에 공개된 장원  193 | 안채와 안마당  198
사랑채와 행랑채  203 | 절제와 여유  208 | 윤증가의 다른 건축들  213

## 6 중세적 장원의 흔적, 선교장 220

강릉, 변방의 중심 223 | 장원으로서의 선교장 239 | 두 집의 집합체 245
집합의 데이텀들 251

## 7 공동체 마을과 건축, 방촌마을 256

전통 마을에서 배우는 것 259 | 숨겨진 광맥, 방촌마을 262 | 마을과 땅의 생김새 268
공동체의 장소 272 | 마을 길의 구성 277 | 살림집들의 모습 280
개별 주택의 발견 288 | 생활 속의 디자인 능력 304 | 주변의 공동체 건물 309

## 8 설화로 이룬 천상의 세계, 광한루원 312

지상에서 천상으로 315 | 남원부의 센트럴 파크 321 | 누각이란 무엇인가 326
누대와 누원의 사상과 설화 체계 333 | 설화와 문학이 빚은 정원 누각 340

## 9 최후와 최고, 선암사 344

선암사가 최고인 이유 347 | 조계산의 두 사찰 이야기 352
산 속의 자족 도시 360 | 살아 있는 수도원 집단 371

## 부록

건축 읽기에 도움이 되는 용어해설 386 | 도면 목록 394 | 찾아보기 396

발문 옥시모론, 조선 집의 아름다운 비밀 황지우 403

1

폐허 속의 상상력
미륵대원

# 상상력의 원천, 건축적 폐허

### 인도의 스투파와 마산성당

1995년 4·3 그룹[01]의 멤버들과 인도를 기행한 적이 있었다. 일행들의 관심은 르 코르뷔지에Le Corbusier[02](1887~1965)의 찬디가르와 루이스 칸Louis Kahn[03](1901~1974)의 다카였지만, 필자는 오히려 인도 곳곳에 산재한 초기 불교건축에 더 큰 관심이 있었다. 특히 인상적인 곳은 석가모니가 득도를 한 후 최초로 설법을 한 사르나트(녹야원鹿野苑)였다. 책에서만 접했던 아쇼카왕의 석주도 보았고, 우리 탑파의 먼 조상뻘되는 거대한 스투파들도 보았다. 그러나 그 유적들은 15세기 무갈제국의 이슬람교도들에 의해 철저히 파괴된 폐허였다. 그 가운데 챠우크핸디 스투파는 형체가 거의 없을 정도로 파괴되었지만, 온 몸체가 벽돌로 이루어졌기 때문에 기묘한 매스의 벽돌산으로 남아 있었다. 이슬람들은 그들의 승리를 기념하는 팔각 벽돌탑을 스투파 잔해의 정상부에 세웠고, 정상까지는 나선형의 통로가 자연스레 형성되었다.

이곳을 오르면서, 필자를 비롯한 일행 중 몇몇은 줄곧 김수근 선생의 마산성당과 경동교회를 떠올리고 있었다. 나선형의 순로巡路는 말할 것도 없고, 반쯤 깨어진 파벽돌의 질감들, 벽돌 무더기의 괴체감, 무엇보다도 김수근의 교회건축에서 느껴지는 비장함들이 이곳과 너무도 흡사했기 때문이었다. 그러나 일행 중 많은 이들이 공간사 출신들이어서 감히 발설하지 못하고 있는데, 누군가가 외쳤다.

"왕당(공간사 내에서 김 선생을 부르던 호칭)이 마산성당 설계하면서 여기 다

01_ 1990년대 당시 30~40대 중견 건축가 10여 명이 활동한 그룹의 명칭. 조성룡, 민현식, 김인철, 승효상 등 독립 건축가들은 공동답사, 전시회, 서적 출간 등을 통해 건축계에 새로운 바람을 일으켰다.
02_ 프랑스의 건축가. 근대건축의 5원칙인 필로티, 독립골조, 자유로운 평면, 자유로운 입면과 옥상정원을 시도한 건축물인 빌라 사보아로 주목받기 시작하였으며, 국제적인 합리주의 건축사상을 구축한 국제주의 건축의 1세대로 꼽힌다. 주요 작품으로 노트르담 뒤오 성당, 도쿄의 국립서양미술관, 프랑크푸르트 예술관 등이 있다.
03_ 미국의 건축가. 리처드의학연구소(1964)를 설계할 당시 건축에 있어 미국적 실용주의를 초월한 표현으로 주목받기 시작하였으며, 고대 로마적인 아치나 볼트의 형태를 사용한 점은 현대 건축에 큰 영향을 주었다. 설계 작품으로 킴벨미술관(1972)과 방글라데시의 다카정청政廳 등이 있다.

녀간 거 아니야?"

이어 곧 여러 추론들이 나왔다. 당시 김 선생은 뉴델리에 한국대사관을 설계하려고 인도를 여러 차례 방문하였고, 불교 유적지로 유명한 이곳과 이 스투파의 잔재에 다녀갔을 것이라는 추론이 유력해졌다.

"그러면 그렇지, 베꼈어."

참으로 몇 안 되는 현대의 명작이 추락하는 현장이었다. 그러나 정상에서 내려오면서 머릿속에는 다른 의문이 계속 맴돌았다.

↖ 인도 사르나트 유적지

"과연 나라면, 이 폐허에서 마산성당을 그려낼 수 있었을까?"

아니다. 나는 이 폐허의 원형과 역사적 의의를 생각하고 있을 뿐 창작의 소재로는 생각하지 못할 것이다. 이 폐허에서 자신의 작품을 구상할 수 있는 능력을 가진 건축가에게는 '위대한'이란 형용사를 붙여도 과하지 않다. 역사적 건축이란 모두가 어느 정도 폐허라고 말할 수 있다. 제 아무리 원형대로 보존되었다 하더라도, 건축 당시의 기능과 의미까지 보존되지는 않기 때문이다. 따라서 역사적 건축을 체험한다는 것은 건축적 폐허 앞에 서 있다는 것이 된다. 폐허 속에서 현재의 건축을 창조한다는 행위는 진정한 역사의 현재화 작업일 것이다.


샹폴리옹, 팔라디오, 김수근

'로제타 돌'의 상형문자를 정확히 해독한 것으로 유명한 장 프랑스와 샹폴리옹Jean-François Champollion(1790~1832)은 근대 고고학의 과학적 방법론을 개척한 위대한 고고학자였다. 그는 상형문자 해독을 위하여 10여 년간 프랑스 국내에서 연구를 계속했다. 드디어 정부의 지원으로 이집트 탐험의 기회를 얻었고, 오랜 기간 체득된 지식은 고대 이집트의 폐허 앞에서 폭발적인 깨달음으로 다가왔다. "그들 탐험대의 대부분 인원들은 사원의 문과 기둥과 비명碑銘들을, 그저 허다하게 널려 죽어 있는 돌의 형태나 생명 없는 과거의 기념물로 보았다. 그러나 인솔자인 샹폴리옹에게 그것들은 살아 있는 현장의 부분들이었다." 04 수많은 발굴보고서들을 읽어도 왜 현장감이 전달되지 못하고, 죽어 있는 유물들의 묘사만으로 시종始終되는지 그 이유를 알 것 같다. 상상력의 빈곤, 혹은 객관적 묘사를 빙자한 자신감의 결여다.

또 한 명의 천재, 건축가 안드레아 팔라디오Andrea Palladio 05(1508~1580)를 연구한 액커만Ackermann은 팔라디오 건축에 중요한 본질로 자리잡은 위계와 중심성, 3차원적 비례의 통합성, 외부 형태에 반영된 내부 공간 등의 원리는 고대 로마의 폐허들을 유추한 결과라고 결론지었다. "많은 이들과 같이 팔라디오도 폐허를 사랑했지만, 그는 오직 그가 찾고자 했던 대상과 방법만을 보았다. 그는 고대 건축의 요소를 구조적 차원이 아니라 회화적 차원으로 사용한, 비합리적인 인물이었다. …… 그는 골동품 애호가와 같은 의미의 고전주의자는 아니었다." 06 폐허를 대하는 이러한 태도는 이른바 '위대한' 건축가들에게서 공통적으로 발견할 수 있다. 르 코르뷔지에의 동방여행에서도, 루이스 칸의 이탈리아 순례에서도, 김수근의 인도기행에서도.

사랑할 수 있는 폐허는 국내에도 많다. 보존과 재생에 소홀했기 때문에 우리의 역사적 건축은 진짜 '폐허'가 되어버렸기 때문이다. 그러나 우리의 폐허는 입체적이지 못하다. 폼페이나 포럼 로마눔 07과 같이 조적조組積造 08벽체가 남아 있고, 석조 기둥 몇 기라도 비장하게 서 있는 현장을 발견할 수 없다. 동아시아 건축이 목구조를 기본으로 했기 때문이다. 과거 건축의 흔적이란 지면에 박혀 있는 몇 개의 기단과 초석들이 전부인 평면적인 폐허일 따름이다. 따라서 사라져버린 건축의 흔적에 불과하고, 회고적인 회한의 장소일 뿐이다.

그러나 평면의 흔적 위에 입체와 공간을 그려볼 수 있는 능력이야말로 건축가에게 부여된 축복이다. 폐허는 많이 부서질수록, 건축적·역사적 상상력은 더욱더 빛나는 것이 아닌가.

04_ C. W. Ceram, Gotter, Grauber und Gelehrte – Roman der Archaologie, 1949 : 안경숙 역, 『낭만적인 고고학 산책』, 평단문화사, 1987, p.123.
05_ 르네상스 후반기에 이탈리아에서 활약한 건축가. 비첸차의 테아트로 올림피코 극장과 빌라 로톤다 등 수많은 명작들을 설계했으며, 특히 그가 저술한 『건축사서』建築四書는 서양고전건축에 대한 독특한 해석과 이론을 제시했다. 그의 저서와 작품들은 이후 유럽건축의 바로크와 신고전주의 건축의 모태가 되었고, 팔라디오 스타일이라는 거대한 흐름을 만들기도 했다.
06_ James S. Ackermann, Palladio, Penguin Books Ltd., London, 1991, p.182.
07_ 고대 로마 도시의 공공 광장으로, 그리스의 아고라와 같이 집회장이나 시장으로 사용되었다. 특히 로마 시내의 광장이 유명하다.
08_ 돌·벽돌·콘크리트블록 등 덩어리 재료를 쌓아올려 벽을 만드는 건축 방법. 조적식 구조라고도 한다.

# 하늘재 밑의
# 석굴사원

## 큰 고개와 큰 사원들

충북 충주시 상모면 미륵리, 월악산 송계계곡 입구에 자리잡고 있는 미륵대원彌勒大院 - 정확히 말하자면 미륵대원의 옛터 - 은 상상력으로 충만한 건축적 장소다.[09] 이곳은 돌로 만든 석탑들, 석등들, 파괴된 당간지주, 몸통이 없어진 부처머리, 해학적인 형태의 돌거북, 어지러운 초석들의 흔적으로 가득 차 있다. 그리고 무엇보다 정교하면서도 웅장하게 쌓인 석굴사원의 폐허와 그 속에 아직도 살아 있는 미륵부처가 서 있다. 한국의 폐허로서는 특이하게 남아 있는 유적만으로도 충분히 입체적이며 건축적이다. 절터 서쪽에 가건물로 지은 세계사世界寺의 건물들이 있지만 관광객은 물론 참배신도들까지도 세계사의 법당에는 들르지도 않고, 이 폐허의 석굴과 석탑에 불공을 드린다. 그만큼 석굴의 잔재는 감동적이며 공간적이다.[10]

백두산에서 시작한 산줄기는 한반도의 동쪽 척추를 이루며 뻗어 내려와 지리산에서 일단 끝을 맺었다가, 바다 건너 한라산에서 다시 한 번 솟아오른다. 옛부터 이 산줄기를 '백두대간' 이라 불러왔다. 통일운동의 구호가 된 '백두에서 한라까지' 란 다름 아닌 백두대간을 지칭하는 것이며, 한반도의 지리적 터전은 백두대간 때문에 만들어졌다. 그러나 일제의 지리학자들은 산맥의 개념을 도입하여, 한반도의 지리체계를 어지럽혔다. 백두대간은 마천령-함경-낭림-태백-소백산맥들로 토막이 나버렸다. 특히 태백산맥을 원산에서부터 부산까지로 설정해 소백산맥과 다른 줄기로 만든 것은 최악의 잘못이었

[09] 신영훈, 「미륵대원의 연구」, 고고미술 104호, p.84. 문화재관리국에서 붙여준 공식적인 명칭은 '중원군 미륵리 폐사지' 이다. 그러나 발굴조사 과정에서 '大院寺 住持大師' 등의 명문기와가 출토되었고, 『고려사』高麗史에도 이 절이 위치한 계립령을 대원령大院嶺으로 기록하고 있어서, 그 대원사大院寺가 곧 미륵대원일 가능성을 말해주고 있다.

[10] 미륵대원에 대한 조사는 1970년대 청주대학교 박물관이 두 차례 발굴조사를, 태창건축이 석굴의 실측 조사를 실시했다. 청주대의 조사 결과는 『미륵리사지 발굴조사보고서』(청주대박물관, 1978)로, 태창건축의 조사는 『중원군 미륵리 석굴실측조사보고서』(중원군, 1979)로 정리되었다. 특히 석굴 조사를 주도한 신영훈 선생의 광역지리적인 접근과 역사적 고증은 이 글의 중요한 원천이 되었다. 항상 신선한 영감을 자극하는 신 선생의 업적에 감사를 드린다.

다. 금강산에서 태백산으로 내려온 백두대간은 서쪽으로 방향을 틀어 속리산, 덕유산, 지리산으로 이어지기 때문이다.

이른바 소백산맥은 북으로는 영남과 충청 지방의 경계를 그었고, 서로는 영남과 호남의 경계를 형성했다. 따라서 영남 지방에서 서울 쪽으로 이르는 중요한 교통로는 모두 소백산맥에 걸쳐진 큰 고개들을 통과해야 했다. 그 가운데 가장 지름길에 해당하며 남한강 수로교통의 출발지인 중원 지역은 요지 중의 요지였고, 여기에 위치한 미륵대원의 군사적·경제적 중요성은 대단히 높았다. 북방정책을 시도했던 신라 왕권은 일찍이 이 지역에 지릅재(계립령鷄立嶺)를 개척해 중요한 통로로 삼았다.[11] 지릅재는 미륵대원과 수안보 쪽을 잇

↗ **미륵대원 부근 지도** 남한강 수로교통의 출발지인 중원 지역은 요지 중의 요지였고, 여기에 위치한 미륵대원의 군사적·경제적 중요성은 대단히 높았다.

는 고갯길이며 현재도 중요한 교통로로 사용하고 있다. 또 미륵대원 동쪽 길은 경북 문경 쪽으로 넘는 하늘재(한훤령寒喧嶺 혹은 대원령大院嶺)로 연결된다. 미륵대원은 중요한 두 교통로인 하늘재와 지릅재 사이에 위치하여, 순수 불교사찰의 성격 외에도 군사 경제적으로 중요한 기능을 수행해온 것으로 볼 수 있다.

다른 큰 고개 밑에도 복합 용도의 사찰이 경영되었다. 예를 들어 죽령의 보국사, 마아령의 부석사, 주항령의 봉암사 등이 그것이다. 이러한 사찰에는 사찰 건물 외에도 여관, 역원, 시장, 병영 등이 시설되었고, 이를 통칭하여 '사寺와 원院'이라 부르게 되었다. '사원' 寺院이란 명칭은 여기서 유래한다. 현재 미륵대원 동쪽 하늘재 길가에 장방형으로 축조된 두꺼운 돌담과 건물터가 남아 있는데, 이곳이 아마 미륵사에 부속된 부대시설 또는 병영이었을 것이다.[12]

11_ 『三國史記』, 卷二, 「新羅本紀」 第二, 阿達羅尼師今 年條.
12_ 이 유적에 대한 자세한 조사 결과가 없어서 단언할 수는 없지만, 그 형태와 규모가 인근 문경새재의 조령원과 유사하다. 조령원에는 관원들의 숙소, 군사용 대장간, 간략한 시장 등의 유구가 남아 있다.

## 사원의 창건과 인물들

전해오는 단편적인 기록만으로는 이 절이 언제, 누구에 의해 창건되었고 언제까지 유지되었는지, 한창 때의 모습은 어떠하였는지 알 수 없다. 단지 남아 있는 유구遺構들의 모습으로 미루어 신라 말에서 고려 초에 이르는 기간에 창건된 것임을 확신할 수는 있다. 신영훈 선생은 여러 가지 정황과 역사적 배경을 추론하여 미륵대원의 창건 시기를 901년에서 937년 사이로 잡았다.[13] 또한 1238년에서 1256년 사이의 기간 중에 몽고군의 침략과 방화에 의해 종말을 맞았을 것으로 추정하고 있다.[14] 현재의 유구가 심한 화재를 겪은 흔적이 뚜렷하고, 충주 지역에서 몽고군과의 격렬한 전투가 몇 차례 있었던 점으로 미루어 매우 타당한 추론이라 보인다.

미륵대원이 창건된 후삼국시대에 특히 이 지역의 중요성이 부각되었다. 지릅재와 하늘재가 교차하는 요지에 위치한 미륵대원을 누가 장악하는가에 따라 국운의 판도가 달라질 정도였다. 유명한 문경새재는 아직 개척되지 않았고 서해안과 중부 내륙을 연결할 수 있는 최단 통로의 관문에 이 절이 위치하기 때문이었다. 이 중요한 지역을 놓고 내로라하는 영웅호걸들이 힘을 겨루고 있었다. 따라서 누가 미륵대원을 창건했는가에 대해서도 여러 가지 설이 난무한다.

우선 중부 내륙 지방에 근거지를 두고 소백산맥을 넘어 신라를 공략했던 궁예. 그는 신라의 왕족 출신이지만, 자신을 버린 신라 왕실을 최우선의 타도 대상으로 삼았다. 마아령을 넘어 영주 부석사에 들러 신라 왕을 그린 벽화를 훼손한 기록이 전하는 것으로 보아 더 가까운 중원 지역을 넘나들었을 것은 물론이다. 무엇보다 그 자신을 '미륵불의 화신'으로 칭할 정도로 미륵신앙의 신봉자였고, 미륵대원의 신앙적 맹주로서 손색이 없다.

궁예의 뒤를 이은 고려 태조 왕건. 그는 전국의 호족들을 규합하기 위해 그 자신 온몸을 바쳐 26명의 호족 딸들과 결혼하였다. 그 가운데 제1부인은 바로 충주 유씨 집안의 유씨 왕비였다. 그만큼 왕건은 충주와 중원 지방의 호족을 가장 중요한 연합세력으로 생각한 것이다. 또한 왕건의 할아버지가 속

13_ 신영훈, 앞의 논문, p.90.
14_ 같은 논문, p.93.

리산 일대에 은거하면서 불공을 드렸을 만큼 이 지역에 공을 들였다. 이 지역을 장악함으로써 신라의 목줄을 죌 수 있었고, 싸움 한 번 하지 않고 신라의 항복을 얻을 수 있었다.

후백제의 견훤은 경상도 상주 출신이다. 그 역시 죽령과 하늘재의 전략적 중요성을 누구보다 잘 알고 있었고, 자신의 고향을 장악하기 위해 이 지역 진출을 끝없이 시도했다. 무공으로만 친다면 견훤이야말로 가장 뛰어난 영웅이었다. 그러나 그는 왕건과 같이 현실적인 타협을 할 줄 아는 지략이 부족했다. 이 지역 세력의 지원을 얻기는커녕, 오히려 자신의 관할 아래 있었던 전라도 나주 지역의 호족들에게도 배신을 당했다. 왕건의 회유와 공작이 주효하여 나주의 호족들은 견훤의 등 뒤를 공격하여 치명타를 입혔고, 후백제에 대해 계속된 공작으로 견훤과 그 아들의 이간질에도 성공하여 정권 내부의 붕괴를 유도할 수 있었다.

망해가는 신라의 마지막 왕세자인 마의태자. 그의 아버지 경순왕은 왕건에게 나라를 넘겨줌으로써 최고의 귀족으로 여생을 편안히 보냈지만, 끝까지 항전을 주장한 그는 삼베옷을 입고 금강산으로 들어가 망국의 한을 대신하였다. 역사상 가장 슬픈 비운의 주인공으로 묘사된 그가 금강산으로 향한 통로는 바로 하늘재였다. 이 지방에 내려오는 전설에는 마의태자가 미륵대원에 잠시 머물러 미륵부처를 만들었고, 동행했던 그의 여동생 덕주공주는 송계계곡의 북쪽 끝 미륵대원과 마주 보이는 벼랑에 마애불을 조성했다고 전한다. 이 절의 미륵신앙과 연관하여 신라 부흥의 전초기지였다는 가설이 설득력을 가질 수는 있지만, 날개 잃은 왕자 마의태자에게 그만 한 재력과 여유가 있었을 까닭도, 구집권 세력의 부흥운동을 방치할 만큼 호락호락한 왕건도 아니었다. 비운의 왕족에 대한 민중들의 보상이랄까, 단지 전설로만 그친다.

상식적으로 판단한다면, 삼국시대부터 하늘재와 지릅재를 관장한 이 요충지에 어떤 형태로든지 사찰이나 객원이 경영되었을 것이다. 그러다가 후삼국 시기에 이 지역을 가장 먼저 점령한 궁예에 의해 미륵신앙의 중심지로 자리잡았고, 고려가 건국된 후 충주 유씨 세력들이 왕건의 지원을 받아 석굴을 쌓고 여러 시설들을 조성하여 대대적인 사원으로 확장, 창건했다는 것이 설득력 있는 창건의 역사가 될 것이다.

### 미완성의 사찰, 좌절된 영웅들의 전설

미륵대원과 관련하여 당대 모든 영웅들이 등장하는 것은, 이 절의 전략적 중요성과 더불어 명확한 기록이 없는 폐허만이 가질 수 있는 상상의 특권이었다. 이 절과 얽힌 또 한 명의 인물이 있다. 그는 바로 고구려의 장군 온달인데, 미륵대원에 있는 보주탑-자연 암반 위에 놓인 직경 1m 가량의 공 모양으로 가공된 바윗돌-이 바로 온달장군이 가지고 놀던 공깃돌이라는 것이다.

바보 온달로 알려진 그는 평민계급 출신으로, 공주와의 결혼에 성공했던 입지전적 인물이다. 그는 신분적인 한계를 극복하기 위하여 모든 전투의 선봉을 자원하여 명성을 얻었지만, 급기야 신라 공격의 최전선에서 목숨을 잃고 만다. 야망을 이루지 못한 한과 부인에 대한 사랑이 얼마나 사무쳤던지 그의 시신을 담은 관이 움직이지 않았고, 평양에서 달려온 평강공주가 도착해서야 비로소 장사를 지낼 수 있었다고 한다. 온달이 최후를 맞이한 장소는 단양의 온달산성으로 고증되었고, 거기는 미륵대원과 그다지 멀지 않은 곳이다.

이 절에 얽힌 전설상의 인물들은 모두 중도에서 좌절된 비극적 일생을 마친 이들이다. 아마 이 전설들은 미륵대원이 불에 타 폐허가 된 이후에 만들어졌을 것이다. 목조건물은 깡그리 없어지고 돌들의 잔해만 남은 깊은 산 중의 폐허에 대한 호기심은 이 지역에 관련된 가장 유명한 두 인물로 비약되었다.

미륵대원은 원래부터 미완성의 사찰이었다. 반쯤만 다듬어진 돌거북, 채 완성되지 못한 오층석탑, 석굴 뒤 개울가에 방치된 가공하다 만 석재들, 심지어 정교한 석굴 안에서조차 여러 가지 형태의 초석들이 발견된다. 그나마 다시 불에 타 사라졌다. 좌절된 영웅들의 전설 무대로는 가장 적합한 미완성의 폐허가 된 것이다. 폐허는 전성기의 모습에 대한 호기심을 자극하고, 미완성은 완성을 상상케 하며, 좌절된 역사는 온갖 가정과 회한을 남기게 된다.

폐허의 현황

미륵대원은 송계계곡 상류 남쪽 끝에 위치하여 월악산의 주봉을 향해 북향으로 자리를 잡았다. 가람의 좌향만으로는 남쪽 신라가 북쪽 외적의 침입을 감시하기 위해 조성한 듯하다. 예의 마의태자 창건설도 아마 이 절의 좌향 때문에 더욱 회자되었던 것 같다.

송계계곡을 따라 북쪽으로 나아가면, 사자석탑으로 유명한 사자빈신사 터와 덕주산성의 남문, 그리고 덕주계곡에 오르면 미륵대원의 동생뻘인 덕주사와 덕주사 마애불을 만날 수 있다. 연관되는 유적들이 산재하는 송계계곡은 그 빼어난 경치와 함께 하나의 문화 회랑으로 유명해져 관광 명소가 되었다.

미륵대원은 돌덩어리로 가득 차 있다. 유적지 서쪽에는 일직선의 개천이 흐르고 있고 커다란 돌덩이를 다듬어 개울 양옆에 석축을 쌓았다. 개울 건너

**미륵대원 전경** 가운데 개울을 중심으로 서원과 동원의 두 영역으로 나누어진다. 석탑이 있는 곳이 동원, 다리 건너 바윗돌이 있는 곳이 서원이다.

에서도 미륵대원 유적의 일부가 발굴되었다. 개울 동쪽은 세 차례에 걸친 발굴로 건물터들이 드러나 있고, 주목할 만한 석조 유물들이 산재해 있다. 절터의 가장 깊숙한 곳에 석실 유구와 자비로운 미륵불상이 서 있어 강렬하게 흡인하고 있고, 그 앞으로 석등과 석탑, 돌거북, 당간지주 초석들이 띄엄띄엄 놓여 있다.

가람은 하나의 강력한 축선을 중심으로 좁고 길게 구성되었다. 약간의 오차는 있지만, 중심축선상에는 석실 안의 본존불-팔각석등-오층석탑-돌거북이 놓여져 있고, 절터 입구에 깨어진 당간지주가 뒹굴고 있다. 당간지주가 있는 위치를 사찰의 정문터로 추정한다. 흥미로운 사실은 중요 유구들이 일정한 비례관계에 의해 위치한다는 점이다. 본존불과 각 유물들 사이의 거리를 곡척曲尺으로 측정한다면 석등까지 90척, 석탑까지 150척, 돌거북까지 270척, 그리고 정문 앞 당간지주까지 450척에 해당한다.[15] 이들 사이에는 30척을 기본 모듈module(기계나 시스템 등의 구성 단위)로 하는 일정한 비례율이 있음을 쉽게 눈치 챌 수 있다.

자칫 혼란스럽기 쉬운 이 폐허에서 건축적인 질서를 느낄 수 있는 이유는 두 가지다. 첫째는 남아 있는 유물들 하나하나의 형태가 원초적인 에너지를 발산하고 있고, 둘째는 그들 사이에 보이지 않는 수학적 질서가 존재하기 때문이다.

15_ 신영훈 외, 『중원군 미륵리 석굴실측 조사보고서』, 중원군, 1979, p.117.

↙ **미륵대원 중심축의 구성** 석탑-석등-석굴의 본존불로 중심축이 이루어진다. 석탑의 왼쪽에 있는 사각석등은 원래 석탑 앞 중심축선상에 있던 것을 옮긴 것이다.

◁ **미륵대원의 보주탑** 개울 건너 서원의 중심 유구인 보주탑은 '온달장군의 공깃돌'로도 불린다.
↗ **석실 앞 동물 모양의 석조**

## 온달장군의 공깃돌

석탑 서쪽 개울가의 커다란 자연 암석 위에는 '온달장군이 가지고 놀던 공깃돌'이 놓여 있다. 사찰 측에서는 이를 '보주탑'寶珠塔이라 이름 붙여놓았다. 1980년대 초에 답사했을 때는 공깃돌에 붙여진 이 지나치게 장엄한 이름을 비웃었지만, 그후의 발굴 결과는 필자의 상상력이 얼마나 빈약했는가를 드러내 부끄럽게 만들었다. '공깃돌'을 중심으로 구성된 몇 개의 건물터가 발굴된 것이다. 특히 3×2칸 규모의 초석들이 완연한 소법당터는 '공깃돌'을 중심축으로 삼고 있었다. 자연 암반을 인공 건물의 기준축으로 삼았고, '공깃돌'은 더 이상 공깃돌이 아니라 '보주탑'이었던 것이다.

돌덩이의 유적과 유물들은 여기에서 그치지 않는다. 석실 앞에는 사자인지 해태인지 모를 동물 모양의 돌덩어리들과 네모진 판석에 새겨진 앉아 있는 불상 조각이 놓여 있다. 돌짐승들은 어디서 발견된 것인지는 모르지만 미륵대원 경내의 것이 아니라 동네에 굴러다니던 것이라고 전한다. 불상 조각판은 홍수 때 개울의 상류에서 떠 내려온 것을 동네사람들이 주워서 초등학교 분교 앞에 모셨다가, 학교가 폐교되면서 석실 앞으로 옮겨온 것이다. 원래의 위치가 어디인지는 분명치 않지만, 석굴 뒷산 쪽인 것은 분명하다. 멀리 떨어진 뒷산까지도 대원의 영역이었던 것을 증명해주는 유물이다.

하늘재 쪽의 길가에는 또 다른 삼층석탑이 자연 암반 위에 서 있다. 사찰 경내에 있는 오층석탑과는 조형양식적으로 전혀 다른, 전형적인 신라 석탑의 모습이다. 양식론적 시각으로 본다면 경내의 오층석탑은 둔탁하고 수직적인 고려 탑의 양식이 역력하여, 하늘재 쪽 삼층석탑이 오히려 1~2세기 정도 앞선 것이다. 그런데 이 탑이 놓인 위치는 바로 길가여서, 사찰의 중심에 놓이는 탑이 아니라 하나의 이정표 역할을 하기 위함이라 추측된다. 말이 거창해서 영남의 관문이지, 하늘재도 죽령도 새재도 모두 깊은 산중에 나 있는 한줄기 오솔길에 불과했다. 숲에 가려 길의 진로마저 불분명했던 시절, 이곳이 어디쯤인지를 가늠하기에는 특별한 표식들이 필요했을 것이고, 험한 산길을 넘어온 나그네에게 여기에 따뜻한 쉴 곳이 있고 부처의 가호가 있다는 표시를 해주기 위해 길가에 석탑을 세운 것이다. 이 석탑은 산속의 등대인 셈이다.

더 위쪽으로 올라가면 토속적인 모습을 한 부처의 머리가 길가에 놓여 있다. 부근 땅속에 엎어져 있던 것을 바로 세워놓은 것이다. 이 일대까지도 미륵대원의 영향권에 있었음이 분명하다. 현재 석실을 중심으로 한 개울가의 유적만으로 미륵대원의 영역을 한정하는 것은 매우 좁은 소견이다. 큰 고갯길 밑에 있었던 큰 절과 원(대사원大寺院)임을 상상하시길.

◁ **하늘재 옆 길가의 삼층석탑**  미륵대원의 위치를 알리는 산길의 등대 역할을 한다.

# 자연에 대한 순응과
# 인공적 변형

**자연물이 기준이다**

이 절이 여러 가지 단점에도 불구하고 북향을 하고 있는 것은 철저하게 지형적인 이유 때문이다. 말없이 서 있는 미륵불의 시선을 좇아가보면, 송계계곡을 시종 투시하고 있으며 그 끝점에는 월악산 하봉이 위치한다. 다시 말해서, 뒤의 주흘산과 멀리 있는 앞쪽 월악산 봉우리를 잇는 자연 지형축을 가람의 구성 축으로 삼은 것이다. 덕주산성을 중심으로 하여 미륵대원은 남에서 북쪽을 감시하는 전략적 효과도 거둔다. 여기까지는 한국건축의 보편적인 터잡

◥ **미륵불이 응시하고 있는 미륵대원의 경역** 멀리 송계계곡과 월악산 하봉이 보인다. 사원은 북쪽을 향하고 있다.

미륵대원의 돌거북　최대한의 생략법을 이용하여 자연 바위를 거북으로 바꾸어놓았다.

기 원리이기 때문에 그다지 감동할 필요가 없다.

　더욱 눈여겨볼 것들은 오층석탑과 보주탑, 돌거북의 위치와 형상이다. 보주탑의 기단은 자연 암석임을 한눈에 알 수 있다. 그러나 오층석탑의 기단도 원래부터 그 자리에 있던 자연 암석임을 알아채기는 쉽지 않다. 돌거북은 더욱 그렇다. 석탑의 기단은 자연 암석을 두부 모를 자르듯 매끈하게 잘라내어 그 위에 다섯 층의 탑신을 올렸다. 주의를 더 기울이면, 기단의 윗부분이 직선이 아니라 불규칙하게 움푹 파인 것을 볼 수 있다. 바위의 원래 높이가 그것밖에는 되지 못했기 때문이다. 돌거북도 어디서 옮겨 온 것 같이 지면에서 분리된 것처럼 보이지만, 실제로는 약간만 파내어 떠 있는 효과를 준 것에 불과하다. 원래 거북이 비슷한 그 위치의 바위—우리나라 개울가의 큰 바위들은 거의가 거북이 모양으로 생겼기 때문에 특별한 것은 아니다—를 약간만 다듬어 비석 밑부분(귀부龜趺)으로 삼았다.

　자연물을 이용한 석탑과 돌거북은 가람 구성의 매우 중요한 기준점으로 다시 이용되었다. 미륵대원의 구성 축은 거시적으로 주흘산과 월악산을 따르며, 동시에 미시적으로는 본존불과 석탑용 바위를 잇는 선을 축으로 삼았다. 돌거북용 바위는 중심축에서 약간 벗어나 있기는 하지만, 크게 본다면 역시 중심축의 한 요소임에 분명하다. 이 바위들을 중심으로 몇 개의 영역이 형성되었고, 앞서 말한 바와 같이 이들 간의 거리 관계도 절묘한 기하학적 비례를 이룬다. 보주탑의 자연 바위 역시 개울 건너 건물 영역의 중심축을 이룬다. 이쯤 되면 얼마나 철저하게 자연물을 인공 환경의 기준점으로 사용했는지를 보여준다. 이 바위들은 자연물인가, 인공물인가? 미륵대원에서 자연과 인공의 경계를 따지는 일은 무의미하다.

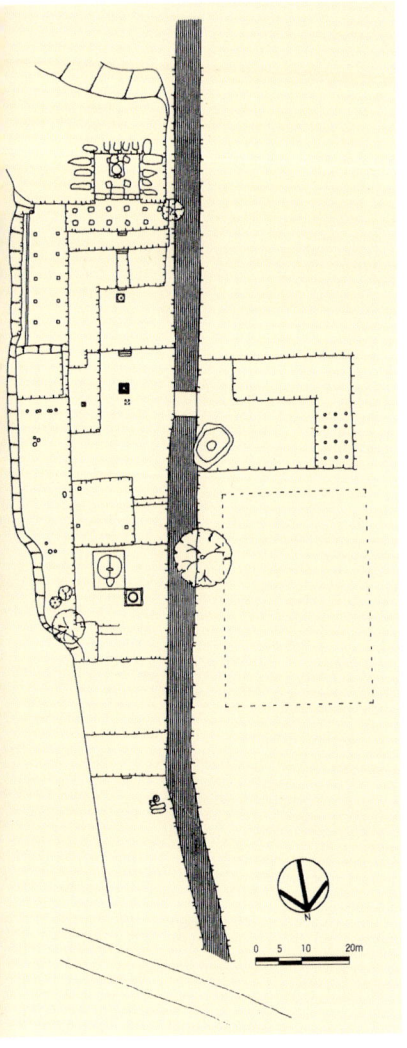

미륵대원 발굴 현황도  중원군 도면.

### 지형을 바꾼 인공 운하 건설

가람의 중심은 개울가에 북남으로 깊게 자리잡았다. 앞서 지적한 대로, 미륵대원의 영역은 개울 건너까지도 포함했음이 분명하다. 그렇다면 개울은 사찰의 가운데를 관통하여 분할해버리는 역할을 한다. 직선적인 개울이 중심축을 따라 일렬로 배열된 이 절의 구성을 더욱 명확히 부각시키는 데 일조를 한다고 하더라도, 건물의 배열이나 외부 공간의 균형을 흐트러뜨리는 부정적 역할이 더 크다. 왜 그랬을까?

개울의 석축은 눈에 보이는 부분에 그치지 않는다. 본당이 석굴의 옆을 끼고 그 뒤로 계속 올라가도 역시 인공적으로 쌓은 석축들이 연속된다. 석굴에서 100m쯤 상류로 가야 인공 석축의 흔적이 사라진다. 여기까지는 하류의 폭과 같이 일정하고 석축을 쌓은 돌들도 우람하다. 이렇게까지 할 이유가 무엇인가? 그 실마리를 찾을 수 있는 곳을 발견했다. 개울은 상류 쪽에서 거의 직선으로 내려온다. 그러다가 석굴 위쪽 60m 부근에서 매우 부자연스럽게 휘어지면서 석굴 옆을 통과하고, 그 아래 경내에서는 직선으로 흐른다. 인공 석축을 쌓아 원래의 물줄기를 바꾼 것이 분명하다. 원래의 물줄기대로 계속 흐른다면, 현재의 석굴 중앙 본존불 아래를 관통할 것으로 추정된다. 한마디로 총 길이 300m나 되는 거대한 인공 운하를 조성한 것이다.

석굴 좌우, 개울 양쪽의 지형을 살펴보자. 서쪽 개울가의 산은 인공적으로 깎아서 급경사를 이룬 흔적이 역력하고, 동쪽은 원래 완경사인 곳에 석축

↖ 미륵대원 석굴 전경  ⓒ김성철

을 쌓고 흙을 채워 인공적인 산을 만들었다. 현재의 석굴은 언덕을 파낸 것이 아니라, 평지에 석축을 쌓고 흙으로 메운 완벽한 인공물이다. 그것도 원래 개울이 흐르고 있던 곳 바로 위에. 개울의 물줄기를 돌리기 위해 인공 운하를 조성했고, 지형마저도 변경한 것이다.

여러 가지 단점들을 감수하며 대대적인 인력과 재원을 투여해서까지 굳이 물가에 석굴을 만든 이유를 흔히 신앙적인 면에서 찾고 있다.[16] 미륵신앙과 물은 깊은 관계에 있다는 것이다. 유명한 백제의 미륵사가 연못을 메워서 터를 만들었고, 미륵신앙의 중심 사찰들에는 연못이 있던가, 연못을 대신할 인공물들이 있다.[17] 또 토속신앙 가운데 용에 대한 신앙이 미륵신앙으로 전화 轉化되었다는 지적도 있다.[18] 용은 물속에서 살며, 용의 우리말은 '미리, 미르'이며 '미륵'과도 유사하여 설득력이 있다.

동네 할아버지들의 고증에 의하면, 아직도 석굴 바닥 아래로 물줄기가 흐르고 있으며 본존불 뒤에 놓인 돌덩이를 하나 치우면 그 물줄기가 보인다고 한다.[19] 인공 운하를 쌓아 큰 물줄기는 옆으로 돌렸지만, 자연적인 원래의 수맥을 따라 작은 물줄기가 스며드는 셈이다. 상식적으로는 석굴 내부에 습기가 있으면 유지 보존에 치명적일 것으로 생각한다. 토함산 석굴암이 석굴

16_ 같은 보고서, pp.20~27.
17_ 김봉렬, 「조선시대 사찰건축의 전각 구성과 배치 형식 연구」, 서울대대학원, 1989, p.87.
18_ 김삼룡, 『한국 미륵신앙의 연구』, 동화출판공사, 1984, pp.81~83.
19_ 신영훈 외, 앞의 보고서, p.25.

↗ **토함산 석굴암** 일제가 석굴암의 원형을 망가뜨리기 이전에 있었던 석굴 내부의 작은 물확은, 자연 습도 조절 장치였던 것으로 추측된다.

내부의 결로현상 때문에 무진 애를 먹었고, 공조기를 이용한 강제적 방법으로 연명하고 있는 것이 그 단적인 예다. 그러나 일제가 석굴암의 원형을 망가뜨리기 이전에는 석굴 내부에 작은 물확이 있었고, 외부에서 들어오는 물줄기가 물확을 채웠다고 전한다. 한 설비 전문가의 의견에 따르면, 내부에 떠다니는 작은 물방울들은 흐르는 물줄기의 표면에 달라붙어 오히려 결로현상을 방지한다고 한다. 석굴암 바닥에 있었던 물확이 자연 습도 조절 장치였다는 의견이다. 그 상식을 거스르는 지혜가 미륵대원의 석굴에도 적용된 것은 아닐까?

　인공 운하는 장애물이 아니라 여러 가지 도움을 주는 장치로 역할하였다. 우선 그것은 홍수에 대비하여 사원의 시설물을 보호하는 큰 물길이었다. 미륵대원은 송계계곡의 상류에 위치하고 뒤에는 해발 1,100m가 넘는 주흘산 연봉이 자리잡았다. 산이 깊으면 골이 깊고, 골이 깊으면 일시에 홍수가 난다. 평소에는 바닥을 졸졸 흐르는 시냇물이 약간의 비에 일시적인 급류로 변하는 변덕을 이 정도의 인공 운하면 충분히 막을 수 있다. 확증된 사실은 아니지만, 이 운하가 석재 운반로로 사용되었을 것으로 추정된다. 조사 결과 미륵대원에 사용된 석재들은 상류 쪽 뒷산 바위에서 캐온 것임이 밝혀졌다. 그 큰 돌덩어리들을 어디로, 어떻게 운반했을까? 하늘재 길은 좁고 멀리 떨어져 적합하지 않다. 인공으로 석축을 쌓고 바닥을 편편히 고른 운하는 돌을 굴리거나 메고 오기에 매우 편리한 운반로가 아니었을까? 그 흔적은 현재도 개울 곳곳에 산재된 미완성의 가공석들에서 발견할 수 있다. 일단 돌덩어리를 바위에서 떼어내 석굴 뒤까지 옮겨 와 준비한 후 현장에서 가공했는데, 미처 가공하지 않은 원재료들이 여기저기 널려 있다. 그리 오래된 것은 아니지만 허리가 동강난 팔각 돌기둥, 원형으로 가공한 초석, 기단용의 장대석 등이 널려 있다. 이것들은 가공하다가 실패한 것, 또는 너무 많이 만들어 남은 것들이다. 이 운하는 예전에는 석재 운송로였고, 최근에는 공사 폐기물 처리장의 역할까지 한다. 인공 운하를 만드는 대토목공사로 수많은 효과를 거두었다. 그야말로 일석오조.

# 상상적 복원

## 복원된 가람의 구성

발굴보고서의 도면을 토대로 초석과 기단의 흔적을 더 자세히 조사했다. 조사된 평면적 흔적과 현존 석조 유구들을 중심으로 전체 가람의 복원도를 그려보았다. 그 결과 더욱 뚜렷한 중축성 가람의 모습이 드러났다. 미륵신앙의 사찰들이 강력한 계율사상을 바탕으로 중축성의 구성을 이룬다는 결론은 통도사 편(『김봉렬의 한국건축 이야기 3 – 이 땅에 새겨진 정신』)에서도 밝힌 바 있다. 그 가운데서도 가장 뚜렷한 규범이 미륵대원에 구현된 것이다.

세 개의 마당이 석굴의 주축을 중심으로 일렬로 배열되었다. 또한 개울 건너 보주탑 영역은 주축에 대해 직각인 부축을 형성한다. 따라서 현재로서는 모두 4개의 영역을 상정할 수 있다. 물론 개울 건너 세계사 쪽에는 더 많은 건물군 유적이 있을 것이지만, 아직 땅속에 묻혀 있거나 현 세계사의 건물을 세우면서 사라져버렸을 것이다. 중심부를 편의상 동원東院이라 하고, 개울 건너를 서원西院이라 부르자. 확정할 수는 없지만, 동원은 세 개의 법당을 중심으로 한 예불원이고, 서원은 승려들을 위한 승원이었던 것 같다. 각 영역들을 구획하는 경계는 다양하다. 동원과 서원은 인공 운하(개울)에 의해 구획되며, 동원의 세 영역들은 문과 회랑으로 구획된 듯하다.

동원의 가장 아래 영역은 당간지주가 있는 정문채부터 돌거북 바로 뒤에 있는 정방형 건물터까지다. 이 건물터는 가장 아래에 있는 법당으로 추정하며, 그 앞의 돌거북이 어느 고승의 사리탑비였다면, 이 법당은 선종 계통의 조

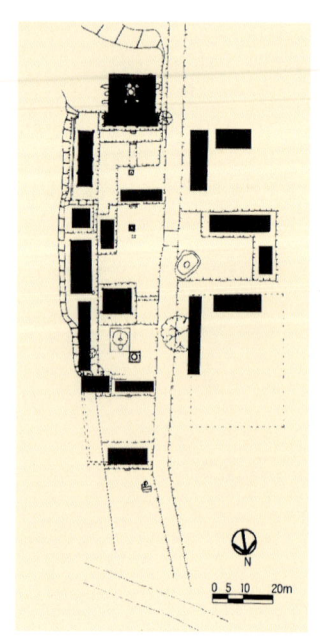

↙ **미륵대원 추정 복원 배치도** 중원군 도면.

사당이 아니었을까? 중심 법당인 석굴의 정방형 내부와 계통을 같이 하는 공간 형식이다.

가운데 영역은 석탑을 중심으로 한 부분이다. 남쪽 뒤 석굴 영역과의 사이에는 동서로 긴 회랑과 중문이 있었음직하지만, 흔적을 찾을 수 없다. 이 영역의 중심 법당은 석탑의 동쪽 석축 기단 위에 있는 정방형 건물터로 보인다. 그 구체적 용도는 알 수 없지만, 석굴의 미륵당을 보좌하는 다른 부처의 법당이었을 것이다. 석탑의 수직성과 함께 회랑 뒤쪽으로는 거대한 이층 목조 법당의 지붕이 중첩되고, 서쪽으로는 개울 건너 보주탑으로 연속되고, 동쪽으로는 작지만 뾰족한 법당이 높게 자리잡아 공간적 균형이 잘 잡힌 영역이었다. 정방형 법당터 앞에 사각석등이 서 있지만, 원래 석탑 북쪽 중심축 위에 있던 것을 옮긴 것이다.

가장 위 영역은 말할 것도 없이 석굴의 2층(또는 3층) 법당군이다. 거대한 법당 앞에는 널찍한 단을 두어 건물과의 균형을 맞추었다. 이 영역의 위치적 중심을 작은 팔각석등이 차지한다. 법당에 비해 매우 작은 규모지만, 독립된 점과 같이 시각적 초점을 이룬다.

동원의 동쪽 경사지 위에 기다랗게 형성된 건물터들은 강당이나 승방으로 쓰였을 것이다. 이들은 가람의 동쪽 경계를 구성하면서 가람 전체의 중축적 구성을 더욱 강조하고, 개울이 있는 서쪽의 개방감과 대조를 이루었을 것이다. 세 영역들은 각각의 중심체를 갖는다. 아래의 돌거북,

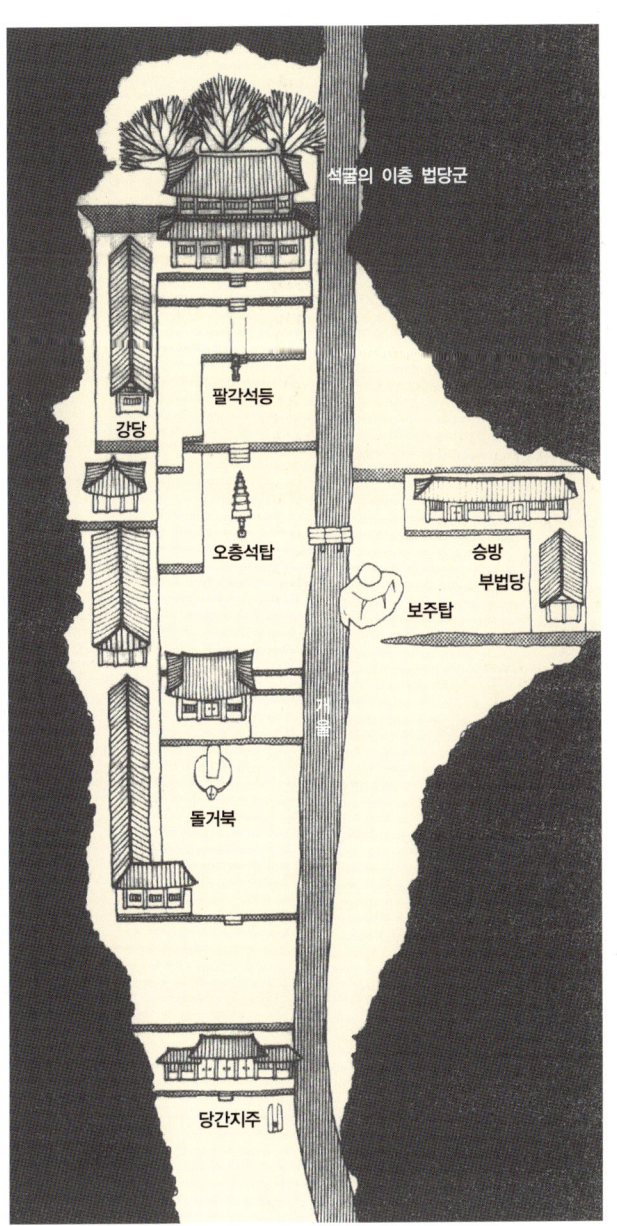

미륵대원 추정 복원도   중원군 도면.

◸ **석굴 앞의 오층석탑** 둔중하면서도 수직적인 형상은 고려 탑의 일반적 추세다.
◹ **팔각석등** 전형적인 신라 석등 형식을 따랐지만, 가공 솜씨는 매우 거칠다.

중간의 석탑, 그리고 석굴 앞의 팔각석등이 그것이다. 이 석물들의 위치는 자연적인 지형의 산물이고, 이들 간의 거리는 일정한 체계로 조절되었음은 이미 밝혔다. 이들을 기준으로 구성 축과 영역의 공간적 구성과 건물들의 배열이 결정되었다.

    서원에서 유일하게 발견된 영역은 보주탑을 마주보며 동향하고 있는 건물과, 그와 직각으로 놓여 북향하고 있는 건물터다. 동향 건물은 작은 부법당일 것이고, 북향 건물은 단칸 깊이의 승방이었을 것이다. 서원의 다른 건물군들은 개울가에 동향하여 동원 쪽의 공간감을 형성하면서 부분적 영역을 이루지 않았을까.

    그려본 복원도와 추정한 건물의 용도는 물론 전적으로 필자의 상상이다. 그러나 엉성한 도면이나마 입체화시켜본 결과, 평면적 폐허의 입체적 공간을 느끼기에 충분한 즐거움을 준다. 이 복원도가 엉터리고 고증이 잘못된 것이라면, 필자의 엉성한 상상력을 비난하는 동시에 자신이 추정하는 정확한(?) 모습을 그려보시라. 상상은 또 다른 상상을 위해 필요한 것일 뿐.

## 마지막 석굴사원

미륵대원이 학계의 주목을 끈 것은 본당 유적의 모습 때문이다. 전면인 북쪽은 터지고 동남서 3면을 6m가 넘는 석축으로 쌓아 석실을 만들고, 그 가운데 키 10.6m의 거대한 불상이 서 있다. 석실 정면 양옆으로도 석축을 쌓아 전체적으로는 석축 가운데 공간이 움푹 들어간 모습이다. 문제는 이 석축이 자연 지형이 아니라 인공적으로 정교하게 축조한 것이며, 지금은 없어졌지만 그 위를 목조 지붕으로 덮어 내부를 만들었다는 점이다.

석실의 전면에는 5×1칸의 목조건물을 이루었던 초석들이 남아 있고, 그 안쪽 석실과의 사이에는 문턱과 같은 인방석引枋石[20]이 바닥에 일렬로 놓이고 한 쌍의 높은 초석이 놓여 있다. 영락없이 전실과 주실로 이루어지는 석굴 안의 평면을 연상케 한다. 단지 토함산의 석굴암은 주실이 원형인 데 비하여 미륵대원은 방형이고, 전실과 주실 사이에 복도가 없이 바로 붙어 있다는 점이 다르다.[21] 미륵 입상 주위로 4개의 초석이 놓여진 주실 공간은 3×4칸의 구성으로, 폭 10.6m 깊이 11.6m의 규모를 갖는다. 폭보다 깊이가 긴 형상 역시 석굴사원의 원형이다. 석실의 윗부분에는 2m 가량의 긴 장대석을 여러 개 눕혀놓아 석축 위의 초석으로 삼았던 것 같다. 실측 조사를 맡았던 태창건축 측에서는 초석들의 구성을 유추하여 상부 목조건물을 복원해보았다. 앞에서 보면 2층 건물이고, 뒤에서 보면 1층인 건물이 된다. 정확히 말하면, 높은 주실

20_ 상부의 하중을 지탱하기 위한 긴 석재.
21_ 김길웅, 「미륵대원 석굴의 고찰」, 『문화재』, 15호, 1985, p.121.

**석굴 주실 평면**(왼쪽) **및 정면**(오른쪽) **실측도**　태창건축 도면.

건물 앞에 낮은 전실건물이 부가된 형태다. 전실과 주실 사이의 경계를 이루는 인방석에는 여러 개의 구멍이 뚫려 있어서 여기에 문짝을 달아 두 공간을 구획했음이 분명하다.

눈에 보이는 석실의 표면 아래에는 또 하나의 석축이 숨겨져 있다. 일단 견고한 구조용의 석축을 쌓고 그 뒤에 흙을 채운 후, 가공된 석재들을 정교하게 짜 올려 석실의 내부를 마감했다. 현재는 많이 파손되었지만, 내부의 석벽은 상하 두 단으로 계획되었다. 아래위 두 줄로 감실을 만들어 불상 조각들을 안치했던 흔적을 볼 수 있다. 아직도 일부 남아 있는 것을 기준으로 한다면, 아래 감실에는 여섯 구의 작은 부처들을, 위에는 단독불을 조각한 판석들을 감실에 끼워넣었다. 토함산 석굴암 본존불 주변을 에워싸고 있는 불상 조각들을 연상케 한다.

이 석굴은 여러 가지 면에서 토함산 석굴의 전통을 계승하고 있다. 전실과 주실의 구성, 뒤로 약간 물러선 본존불의 위치, 내벽에 새겨진 불상들의 배열 등. 그러나 단순한 답습은 아니다. 토함산의 것이 완전한 석실이라면 이것은 반석실로 목조 지붕을 가지며, 원형 공간에서 사각형 공간으로 전이되었

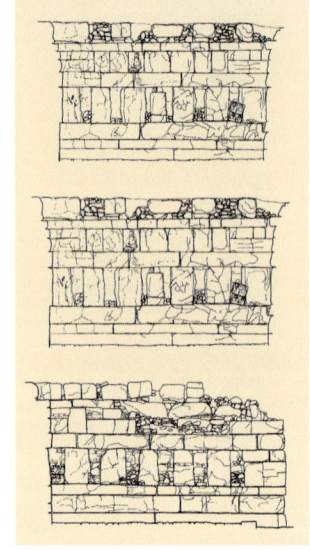

◤ **석굴 내부 전개도**   동측 전개도(위), 남측 전개도(가운데), 서측 전개도(아래). 중원군 도면.

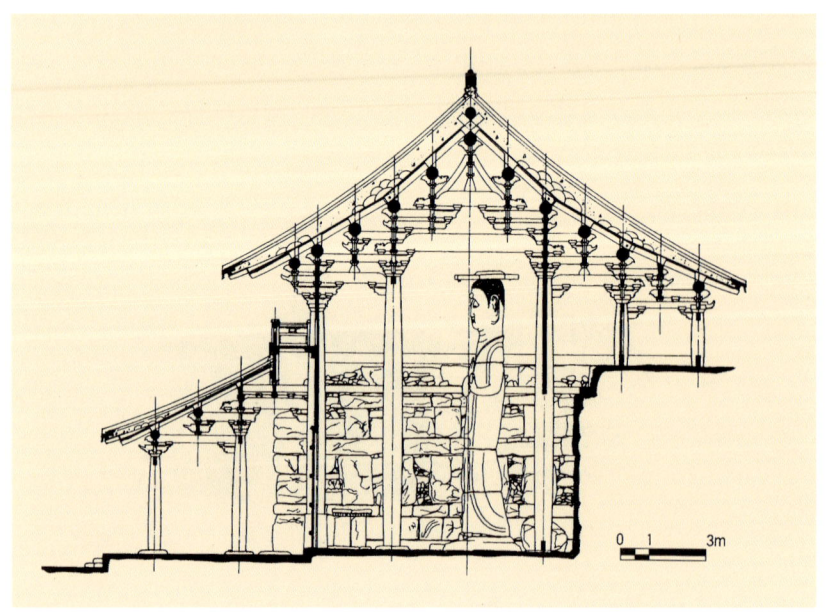

◣ **법당 추정 단면도**   태창건축 도면.

고, 석실 단독의 배치에서 사찰의 일부 요소로 바뀌었다. 본질적인 것을 유지하면서도 새로운 형식을 시도하는 실험정신, 이것이 이른바 전통 계승의 정도正道가 아닌가.

인도에서 발생한 석굴사원은 중앙아시아와 중국 북부를 거쳐 한반도에 상륙했고 경주를 종착점으로 삼았다. 중국까지의 석굴은 자연 암반을 파고 들어가 내부 공간을 만든 굴착석굴이었다. 그러나 한반도의 바위 재질은 만만치가 않았다. 화강암은 너무 단단해 인공적으로 파고들어갈 수가 없었고, 애써 파내도 결을 따라 붕괴되기 때문이다. 자연적으로 형성된 암굴이나 지형을 찾아 석굴로 삼을 수밖에 없었다. 아니면, 절벽 바위에 불상을 새기고 그 위에 목조 지붕을 얹은 마애불로 만족하던가. 그러나 원초적인 석굴에 대한 동경은 너무나 강해 돌을 쌓아 석실을 만드는 이른바 축조석굴들이 만들어졌다. 그 대표작이 바로 토함산의 석굴암이지만, 돌로 천장 구조를 만드는 일은 너무나 어려웠다. 그후에 등장한 반축조석굴, 즉 돌로 석실을 만들고 그 위를 목조 지붕으로 덮는 형식은 넓은 공간과 석굴의 분위기를 만족시켰다.[22] 그 최후의 걸작이 바로 미륵대원의 석굴이다. 미륵대원은 한국 석굴사원의 마지막일 뿐 아니라, 인도에서 발생하여 한반도에 도착한 국제적인 석굴운동의 마지막이기도 하다. 이 석굴의 잔재 앞에서 지리적으로는 4,000km에 이르는 엄청난 거리와, 시간적으로는 1,000년을 넘는 장구한 세월의 축적을 읽는다.

22_ 한국 석굴사원의 축조적 경향을 일컬어 '석실건축'이라 보는 견해가 있다. 엄밀한 의미에서 석굴사원이란 판감실이 소칭 제2석굴암과 같이 자연 동굴을 인공적으로 확장한 경우만 해당될 뿐, 토함산의 것을 위시한 대표적인 유구들은 모두 석실사원이기 때문이다. 그러나 석실과 석굴의 개념적 구분은 그다지 중요하지 않다. 한국에서 석굴건축이란 곧 석실을 의미하기 때문이다.

↙ **석굴 내부벽의 구성**  아랫단에는 세로 방향, 윗단에는 가로 방향의 감실이 구성되었다. 감실들에는 불상 등을 조각한 판석이 끼워져 있었을 것이다.
↙ **석굴 내부 감실에 장식되었던 조각의 일부**  작은 불상들 수백 구로 장엄되었을 것이다.

◤ **하늘재 길가에서 수습한 부처의 얼굴**
미륵대원의 돌들은 미완성이면서 투박하다. 세련미와는 거리가 멀지만, 그것들은 편안한 미소와 해학들로 가득 차 있다.

### 돌들의 물성, 폐허의 감동

미륵대원의 폐허를 입체로 복원해보는 즐거움을 느끼기 위해서는 예비지식이 필요하다. 불교건축의 원리에 대해서, 사찰 구성의 일반적 방법에 대해서 적지 않은 체험과 시대적 지식이 쌓여야 할 것이다. 따라서 일반 독자들은 필자가 대신한 상상적 복원을 통해 대리만족할 수밖에는 없다. 그렇지만 그 과정은 또 하나의 지식을 얻는 것일 뿐, 깨달음이 수반된 감동은 얻지 못한다. 감동은 항상 직접적인 체험을 통해 몸으로 느껴지기 때문이다.

이곳을 이루고 있는 모든 재료들은 돌이다. 돌의 건축, 돌의 세계다. 그러나 그 돌들은 불국사의 돌과 같이 정교하지도 매끈하지도 않다. 다보탑같이 조각적이거나 기교적이지도 않다. 미륵대원의 돌들은 거칠고 뭉툭하다. 가장 공을 들여 축조한 석굴의 돌들마저 심한 불을 맞아 쪼개지고 모서리가 떨어져나가 둥글둥글해졌다. 그러나 그 모습들에는 원초적인 힘들이 가득 차 있다. 석굴의 돌들은 세부 디테일이 없어지고 덩어리의 괴체감만 부각된다. 그 괴체들이 가로로 또는 세로로 쌓여 있다. 돌의 돌다운 성질은 우선 덩어리감이다. 때문에 돌들은 차곡차곡 쌓여야 하고, 조적식으로 구축되어야 한다.

◤ **불국사 다보탑** 재료의 물성을 거슬러 돌을 마치 나무와 같이 사용한 그 솜씨와 상상력은, 우리에게 놀라움과 신선함을 던져준다.

◥ **불국사 석가탑** 돌이라는 재료를 가장 돌적으로 사용하여, 돌 본래의 미학을 완성했다.

　다보탑은 돌을 나무와 같이 사용하였다. 재료의 물성을 거슬러 다른 재료처럼 사용할 때, 놀라움과 신선함을 줄 수는 있다. 돌을 마치 나무와 같이, 마치 진흙과 같이 사용할 때는 그 솜씨와 상상력에 경탄하고 만다. 그러나 콘크리트를 목재와 같이 사용하여 가짜 한옥을 만들면 추악해지고 만다. 전통성에 대한 윤리적 가치는 차치하고라도, 콘크리트만이 가지는 역학적 장점과 일체적 성질을 상실했기 때문이다. 놀라움이 일시적인 감동은 주지만, 본질적인 깨달음에 도달하지는 못한다. 따라서 다보탑은 하나면 충분하다. 다보탑의 모작들은 역겨움을 일으킬 것이다. 석가탑은 석탑의 전형이 되어 수많은 유사품들이 만들어졌지만, 그들에게는 역겨움 대신 형식적인 아름다움이 배어 있다. 석가탑은 돌이라는 재료를 가장 돌적으로 사용한 구축법을 완성하였고, 돌 본래의 미학을 완성했기 때문이다. 그 실체는 돌을 덩어리로 사용하는 것, 그래서 차곡차곡 쌓는 구축적 방법을 채택한 것, 그리고 그 덩어리들의 양감을 최대한 부각할 수 있는 실루엣과 비례 체계를 완성한 것이다.

　미륵대원의 돌들은 미완성이면서 투박하다. 이곳의 돌거북은 여타 귀부들과는 달리 등에 거북이 문양도 없고, 발톱도 정교하지 않다. 그저 어리숙한 웃음만이 조각되어 있다. 일대에 산재하는 돌사자, 돌용, 돌부처들도 한결같이 세련미와는 거리가 멀다. 그러나 그것들은 편안한 미소와 은근한 해학들로 가득 차 있다. 돌거북의 등에는 어미 거북의 등을 타고 오르는 두 마리의 새끼 거북이 조각되어 있고, 그 옆으로 친절하게도 넉 단의 계단이 만들어져 있다. 거북이들은 기어오르지만, 사람은 계단을 밟고 오른다. 고급예술적 완성도에는 한참 떨어지지만, 편안함 그 자체다. 사각석등의 모습은 범상치 않다. 신라형 팔각석등에 익숙한 눈에는 투박한 비례와 어울리지 않는 부재의 결함만 보이겠지만, 이 석등은 철저하게 구축적 방법을 채택한 '돌다운' 석등이다. 환하게 웃고 있는 본존불의 얼굴에서는 투박함의 극치를 본다. 옆에서 보면 마치 부엉이와 같이 절벽인 얼굴, 그러나 정면에서는 중생의 모든 소원을 들어줄 것 같은 넉넉함이다. 주어진 재료의 한계를 최대한 활용하면서 하나의 극치에 오른 깨달음만이 저러한 얼굴을 만들 수 있으리라.

이 폐허가 주는 감동은 돌다운 돌들의 물성 때문이다. 그 괴체감, 그 원초성은 해학을 낳고 전설을 낳는다. 마의태자와 온달의 전설이 우연히 얽힌 것이 아니다. 돌은 영원하다. 자연적 수명 때문이 아니라, 돌에 얽히는 전설들 때문에 사람들의 기억에서 기억으로 영원히 이어진다. 정암사 수마노탑의 자장율사 설화, 불국사에 얽힌 아사달의 전설, 이름 없는 산들의 며느리바위에 얽힌 전설들 모두가 돌의 원초성과 영원함 때문에 생긴 설화 구조다.

이 돌들의 감동에 익숙해지면 모든 돌들에 사연이 있을 것 같고, 굴러다니는 바위도 인공적으로 가공된 것인지 구별하기 어려워진다. 세계사 건물 위쪽 언덕에는 수십 개의 석재들이 방치되어 있다. 예의 기단용 장대석들은 물론이고 원형기둥, 북 모양의 초석들 등 진귀하게 다듬어진 석재들이 덩쿨 속에 묻혀 있다. "혹시

미륵대원의 정방형 법당터 앞 사각석등 기둥, 바닥, 지붕돌 등 석재를 구축적으로 사용한 고려시대의 석등 양식이다.

환하게 웃고 있는 미륵본존불의 얼굴
ⓒ김성철

발굴조사 때 나온 석물들을 여기다 쌓아놓은 게 아닌가?' 하는 기대를 하며 한참을 들춰보고 있는데, 아래서 지켜보던 주지스님이 지나가는 소리로 한 말씀 하신다.

"그 돌들은 이십 년 쯤 전에 웬 이가 다듬다가 놔둔 거여유. 옛날 꺼 아뉴."

# 주변의
# 다른 폐허들

**주흘관과 조령원**

새재(조령鳥嶺)는 경북 문경과 충주를 잇는 큰 고갯길로 고려 말에 개척되었다. 새재가 개척되면서 하늘재와 지릅재는 점차 폐쇄되기에 이르렀고, 미륵대원의 필요성도 약화되어 불탄 후 재건되지 못했다. 새재에는 3개의 관문이 개설되었다. 문경 쪽부터 제1관문 주흘관主屹關, 제2관문 조곡관鳥谷關, 제3관문 조령관鳥嶺關이다. 주흘관은 남쪽의 적을 막기 위해, 조령관은 북쪽에서 오는 적을 막기 위해 축조되었다.

    군사용 목적으로 세워진 성문을 보고 아름답다는 표현이 적합하지는 않지만, 그럼에도 불구하고 주흘관은 정말로 아름답다. 그림 같은 산과 절벽을 양옆으로 두고 투명한 개울이 흐르는 지형의 단면을, 말굽형으로 유연하게 휘어져 들어간 성벽이 가로막았다. 그 휘어진 벽의 한 점에는 잘생긴 아취문이 뚫리고, 그 위에 당당한 목조누각이 올라갔다. 성문 동쪽에는 성곽 밑으로 개울이 흐르게 되어 있어서 아취 모양의 수구문水口門을 뚫었다. 수구문을 통해 들어올 적에 대비하여 수구문 안에 돌로 쌓은 석책을 만들었다. 수평적 벽과 수직적 건물, 자연과 인공, 직선과 곡선의 조형적 아름다움이다. 그러나 이 당당한 아름다움은 실상 수성守城과 방어를 위한 생존을 건 궁리 끝에 만들어진 부수적 결과다. 안쪽 계단식으로 조성된 테라스는 효과적인 군수품 보급을 위해 계획된 것이고, 유연하게 만곡된 성벽은 성문 앞의 적들을 양옆에서 협공하기 위해 고안된 곡선이다. 동서를 막론하고 모든 성곽과 성채는 아

↗ **조령 제1관문 주흘관의 위용** 군사용 건축이라고 하기에는 너무나 아름답다.
↘ **조령원터의 외곽 담장과 정문**

1 폐허 속의 상상력 **미륵대원** _ 43

름답다. 생존의 처절한 미학이 형태로 바뀌었기 때문이다.

주흘관에서 안으로 들어가면 조령원터가 있고, 조령관에는 동화원이 부속되어 있었다. 관원들의 숙소와 여관, 군수품 보급을 위한 임시 시장과 대장간 등이 시설되었다. 조령원은 길가에 바로 면한 600여 평 규모의 직사각형 요새지. 경계를 두른 담벽의 두께는 2m를 넘고, 출입문은 단 하나 길가로 난 곳뿐이다. 그 안에 여러 건물터의 흔적들이 있다. 고려 때와 조선 때 것으로 보이는 두 곳의 온돌터가 발견되어 학계의 주목을 받았던 곳이다. 이곳에서는 사금파리로 만든 어음, 철제 화살촉, 해안 지방에서나 필요한 어망추 등이 출토되었다. 역시 시장 기능의 한 면을 보여주는 유물들이다.

## 사자빈신사지석탑

다섯 글자의 긴 사찰 이름 '사자빈신사' 獅子頻迅寺는 빠르고 신중한 사자의 용맹을 의미한다. 불교적 용어에 '용맹정진' 勇猛精進이란 말이 있고, '사자후' 獅子吼란 말도 있다. 사자후는 진리의 목소리가 마치 사자의 포효와 같다는 뜻이고, 용맹정진이란 도를 닦는 데 주저함이 없이 용감하라는 의미다. 불교적인 의미도 깊지만, 절의 이름에는 아무래도 군사적인 냄새가 짙다. 덕주산성 부근을 수비하는 군대를 위해 경영되었던 사찰이었을 것이다. 그다지 넓지 않은 터에 자리를 잡았고, 현재 석탑만 남아 있다.

**사자빈신사지석탑** 사자탑 계열의 전통을 구현하고 있다.

이 탑은 두 가지 측면에서 중요한 의의를 갖는다. 첫째는, 석탑으로는 희귀하게 조성 연대가 뚜렷이 밝혀져 있다는 점이다. 아래 기단면석에 새겨진 글자들을 통해서 이 절의 이름과 조성 연대인 1022년의 시기를 알려준다. 원래 9층탑이었지만, 현재는 5층까지만 남아 있다. 둘째로는, 통일신라 때에 출현한 사자탑의 전통을 잇고 있는 고려 탑이라는 점이다. 사자탑이란 상층 기단부 네 귀에 돌사자를 깎아 앉혀 기둥을 삼은 석탑의 형식을 말한다. 지리산 화엄사의 사자탑이 그 최초의 예라 할 수 있다. 석가탑이 신라 탑의 전형을 창조한 이후, 석탑 운동에는 일종의 매너리즘과 절충주의적 경향이 불었다. 여러 가지 다양한 형식들이 제안되었는 바, 그 가운데 한줄기가 사자탑이다. 이 탑은 4마리 사자들 중앙에 비로자나불 좌상을 안치했고, 불상의 머리 위에는 연꽃무늬를 조각하였다. 그 위에 올라간 9층의 탑신은 다층화·세장화된 고려 탑의 일반적 경향을 보여준다.

돌사자들의 표정은 도식화되었고, 앉아 있는 자세에는 역동감이 부족하다. 그러나 역학적 안정성이 뛰어나도록 만들어졌다. 미륵대원 석굴 앞에도 이 비슷한 모양과 크기의 사자상이 놓여 있다. 부근에 굴러다니던 것이라 전하는데, 혹시 이 비슷한 석탑이 부근에 또 있었던 것은 아닐까?

### 덕주산성과 덕주사

송계계곡 일대는 5겹의 산성에 의해 방어되고 있었다. 이를 통틀어 덕주산성이라 부른다. 예의 마의태자 여동생이 이곳에 와서 덕주사德周寺를 만들었다

↘ 복원된 덕주산성 남문과 성벽

는 전설에서 유래한 이름이다. 외성은 고려 때, 내성은 15세기에 쌓은 것이며, 동남북 3개의 성문들이 복원되어 있다.

현재 덕주사는 2개로 운영되고 있다. 송계계곡에서 동쪽으로 덕주골을 따라 올라가면 차도 끝에 하덕주사가, 여기서 다시 1.6km 정상부로 오르면 상덕주사가 있다. 상덕주사 절벽에는 마애불이 조각되어 있고, 원래의 하덕주사는 6·25 때 불타 없어지고 초라한 법당을 새로 세워 이름을 유지하고 있다. 전설에 의하면 오빠가 세운 미륵대원과 마주보기 위하여 이 위치에 덕주사를 세웠다고 한다. 남향하여 방향은 비슷하지만, 앞의 높은 산으로 인해 시야가 막혀 미륵대원을 바라볼 수는 없다.

## 폐허의 보존

폐허도 보존을 해야 한다. 단 폐허답게 보존해야 한다. 미륵대원은 늘 붕괴의 위험에 처해 있다. 석굴의 서쪽 측벽은 이미 붕괴가 진행 중이고, 여러 석물들과 기단들도 관광객들의 발길질에 성치 못하다. 또 서원 쪽의 세계사는 일대 중흥 불사를 계획하고 있고, 바로 서원터 위에 대대적인 공사를 벌일 예정이다. 컨테이너 가설 건물로 법당들을 삼고 있는 세계사의 처지는 딱하지만, 주위의 넓은 땅을 놓아두고 하필 왜 이 역사적인 지층 위에 지으려고 하는가. 새롭게 단청된 21세기 한옥들이 들어간다면, 서원의 보존뿐 아니라 미륵대원 전체의 폐허적 이미지도 치명상을 입을 것이다. 폐허 자체를 보존하려는 지혜와 혜안이 필요하다.

보존에 앞서 먼저 시행되어야 할 작업은 바로 정밀한 조사와 기록이다. 이번 글에서 추정한 복원도와 현황도는 대학원생 몇 명과 함께 4시간에 걸친 조사 작업의 결과다. 그 이전 3차례의 발굴조사를 통해 얻어진 정보보다 훨씬 많은 양의 결과를 얻었다. 발굴조사의 문제는 이미 여러 차례 지적된 바 있다. 원래 이 절터의 발굴은 문화재적 가치 때문에 시행된 것이 아니다. 이른바 1970년대 새마을 정비사업으로 인근의 민가들을 이주시킨던 중 유구들이

23_ 신영훈, 앞의 논문, p.83.

↗ **석굴의 서측벽 모습** 석축 위로 본존불의 머리 부분이 살짝 드러나 있다.

출토되어 긴급 발굴을 행한 것이다. 문제는 초기 발굴팀들의 무모함과 비전문성에 있었다.[23] 조사라기보다는 대지 정리 차원에서 시행되었고, 이 과정에서 많은 유구들이 손상되었고, 건물터의 흔적들이 사라져버렸다. 발굴보고서도 너무나 간단하고 도면은 엉성했다. 온갖 비난 끝에 행해진 세번째 조사에서 비로소 치밀한 과정과 훌륭한 보고서를 얻을 수 있었지만, 석굴 부분의 지표조사에만 한정되어 전체 구성을 알 수 있는 기회는 영원히 사라지고 말았다. 개발이라는 이름의 문화재 파괴에는 익숙해 있지만, 이처럼 발굴과 조사 연구라는 허울의 파괴는 더욱 엄청난 죄악이다. 몇 푼 안 되는 용역비를 탐내 무식한 용감성으로 파괴를 일삼는 행위를 어디까지 방치해야 할 것인가.

미륵대원이 말짱하게 단장되고 혹시라도 복원되기를 나는 원치 않는다. 단지 지금의 상태라도 철저하게 보존되길 바랄 뿐이다. 그러기 위해서도 더 이상의 파괴와 훼손은 막아야 한다. 지금의 상태로도 충분히 황량한 폐허이고 파괴될 만큼 되었기 때문이다. 영원히 이 정도의 폐허이기를 바란다.

2

소리와 그늘과 시의 정원
소쇄원

# 문학적인 정원, 소쇄원

대숲 너머 부는 바람은 귀를 맑게 하고
시냇가의 밝은 달은 마음 비추네

깊은 숲은 상쾌한 기운을 전하고
엷은 그늘 흩날려라 치솟는 아지랑이 기운

술이 익어 살며시 취기가 돌고
시를 지어 흥얼 노래 자주 나오네

한밤중에 들려오는 처량한 울음
피눈물 자아내는 소쩍새 아닌가

— 김인후, 「소쇄원을 위한 즉흥시」[01]

호남 성리학계의 거두 하서河西 김인후金麟厚(1510~1560)는 소쇄원의 단골 손님이었다. 그는 단순한 이용객이 아니라 소쇄원瀟灑園 경영에 직간접으로 관여했고, 이 정원에 관한 많은 시가와 기록을 남겼다. 특히 1548년에 지은 「소쇄원 48영」은 소쇄원의 건축적 구성을 명확히 보여줌과 동시에, 각 공간에서 일어난 행위와 감상까지 생생히 전해주는 더없이 귀중한 자료다. 그의 시가에 나타나는 이 정원의 모습과 이미지는, 그 자체를 건축적 개념으로

01_ 김인후는 주인 양산보와 사돈 관계였다. 이 시는 1528년에 창작한 「소쇄정즉사」瀟灑亭卽事의 번역이다.

이해해야 할 정도다.

그 가운데 소쇄원의 계획 개념을 핵심적으로 간파한 것이 위의 즉흥시다. 이 시에 등장하는 소재들은 대숲의 바람과 소쩍새 울음, 엷은 그늘과 밝은 달, 그리고 취중에 나오는 시와 노래다. 청각적인 소리, 빛과 그늘의 대조, 그리고 관람자의 문학적 정서라는 3가지의 요소로 구성된다. 그는 뛰어난 문학적 감수성으로 소쇄원의 진가를 포착했다. 소쇄원은 곧 청각적인 정원이며, 밝음과 어두움이 교차하는 입체적인 정원이며, 궁극적으로 시적 감흥을 불러일으키는 문학적 정원이다. 자연의 기운과 인간의 마음이 하나로 합치하는 곳, 그곳을 만들기 위해 동원된 청각과 음영의 효과! 이제 우리도 문학적 감수성에 젖어 소쇄원의 건축적 가치를 찾아보자.

**무이구곡도** 강세황, 1753년, 국립중앙박물관 소장. 주자朱子가 경영했던 무이구곡은 인공과 자연이 적절히 배합되어 하나하나의 곡을 이루었고, 조선 유학자들의 원림 구성에 하나의 전형으로 여겨졌다.

# 창평들과
# 별뫼의 원림들

**인물의 집산지, 백리형국**

대나무 세공으로 유명한 담양 지방에는 줄잡아 30여 개소의 정자 건물들이 산재한다. 과거에는 더 많은 정자들이 세워졌을 것이다. 그 가운데 특히 16~17세기에 경영된 정자와 정원들을 주목할 필요가 있다. 김인후, 기대승奇大升(1527~1572), 고경명高敬命(1533~1592), 정철鄭澈(1536~1593) 등 이 나라 유학사의 큰 인물들이 직간접으로 경영한 수양처로서, 「면앙정가」俛仰亭歌와 「사미인곡」思美人曲 등 한글 가사문학의 발생 무대가 된 곳이다. 유명한 것들만 열거해도 면앙정俛仰亭, 송강정松江亭, 명옥헌鳴玉軒, 식영정息影亭, 환벽당環碧堂, 소쇄원 등 열 손가락이 모자랄 정도다. 같은 시기에, 또 같은 지역에 이처럼 기라성 같은 인물들이 모여들고 앞 다투어 정자와 정원을 경영한 까닭은 무엇일까?

그 이유를 추적하기에 앞서 이 지역의 거시적인 지리형국을 살펴볼 필요가 있다. 이른바 '백리형국'百里形局으로 일컬어지는 이 지역은 담양-광주-창평의 세 고을을 포함하는 대단히 넓은 지역이다. 북쪽에는 용추산과 추월산, 동쪽에는 옥천산, 서쪽 병풍산과 불대산, 그리고 남쪽에는 그 이름 높은 무등산을 잇는 산맥들이 병풍처럼 감싸고 있는 넓은 평야 지역(창평들)이다. 그 가운데를 담양천과 창계천, 송강과 오례강이 흘러 풍성한 농경지를 이루어왔다. 잘생긴 산들로 감싸진 비옥한 평야지대는 농업을 기반으로 한 유교 사회의 이상적인 지역이 될 수밖에 없었다. 풍부한 경제력과 아름다운 산수,

이 두 가지 요건을 모두 겸비한 곳은 한반도 안에서 쉽게 찾을 수 없다. 풍부한 재력을 바탕으로 유학자들은 관념적인 성리학을 탐구할 수 있었고, 풍류를 즐길 여유가 있었다. 일단 인물들이 집중되면 이들의 가르침을 받으려는 제자들이 유입되고, 이들과 친교를 맺어 상류사회의 일원으로 인정받으려는 타 지역의 유림들도 꾀어들게 된다.

### 은둔을 위한 별서의 형성

특히 현재 담양군 남면 일대, 광주호 상류 부근은 무등산에 가장 가깝고 별뫼(성산星山)라는 아담한 산을 뒤로 끼고 있으며 특별한 문화권을 형성했다. 별뫼 일대에서 가장 먼저 경영된 원림園林은 연천리 산음동에 있는 독수정獨守亭이다.[02] 독수정은 고려 공민왕 대의 관료였던 전신민全新民이 조선조를 거부하고 이곳에 은거생활을 하기 위해 지은 정자 건물이다. 그다지 높지 않은 동산 위에 정자를 짓고, 주변에 갖가지 나무들을 심어서 원림을 만들었다. "정자 뒤에는 소나무를 심고 앞쪽 꽃계단(화계花階)[03]에는 대나무를 옮겨 심었다" 한다. 또한 정자는 북쪽을 향해 앉혔다. 소나무와 대나무는 절의를 상징하며, 북쪽은 물론 고려의 도읍 송도가 있는 쪽이다. 망해버린 고려조에 대한 충절을 상징한 것임을 쉽게 짐작할 수 있다.

독수정의 예는 이후 여기에 경영될 정자와 원림들의 원형을 보여준다. 이 지역 원림들은 중앙의 정계와는 절연한, 혹은 정계에서 떨려나와 낙향한 유학자들의 은거생활을 위해 조성되었다. 은거생활은 언제 다시 정계에 복귀할

02_ 정동오, 『동양조경문화사』, 전남대학교 출판부, 1989, p.215.
03_ 경사진 지형을 계단식으로 다듬어 꽃나무를 심는 한국 조원의 기법. 지형적인 이유 때문에 흔히 집 뒤 후원을 만드는 데 사용된다.

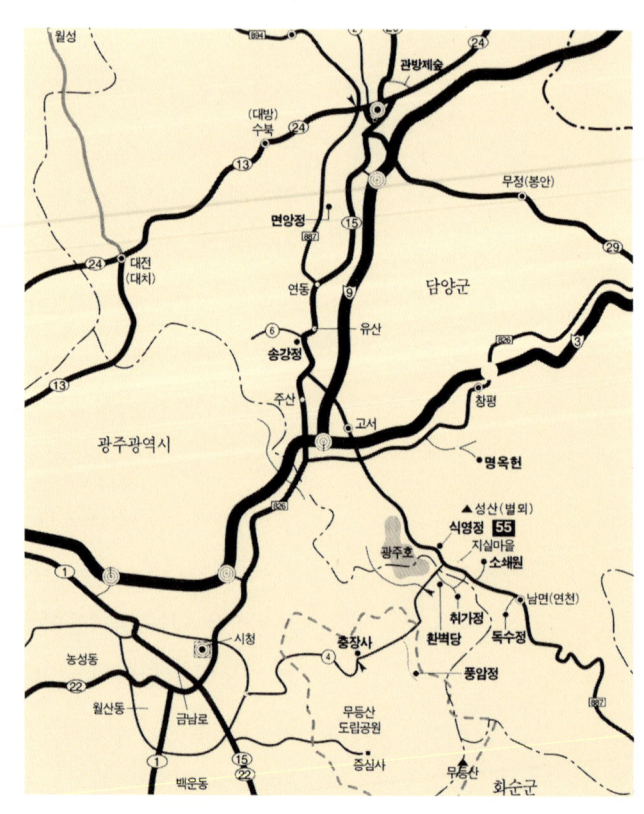

↙ 담양 일대 정자와 원림 분포도

지 기약이 없는 장기간의 불확실한 생활이었다. 따라서 조바심을 버리고 자연에 묻혀 유유자적할 태도를 가져야 했고, 그 일상들을 가능케 할 장소와 건축이 필요하게 됐다. 비일상적인 휴식과 유희를 위해 존재했던 정자 건축에 생활의 기능을 담을 필요가 생겨났다. 이른바 별서別墅 혹은 별업別業이 형성된 것이다.

별서란 생활 근거지와 휴양을 겸하도록 만들어진 일종의 별장이다.[04] 보통의 경우, 자신의 시골집 인근에 원림을 조성하고 정자 건물을 세우는 형식을 취한다. 이러한 정자 건물은 가운데 방을 두고 주변에 마루를 개방한 형식을 취했다. 온돌방과 마루가 공존함으로써 기숙과 휴양을 같이 할 수 있는 일상 생활터가 될 수 있었다. 마루만으로 구성된 민중들의 모정茅亭이나, 좋은 경치를 즐기며 여흥을 위한 경상도 지방의 승경勝景 정자들과는 다른 유형이다. 별서의 정자는 잠자고 살림채에서 날라온 밥을 먹고, 손님을 맞고, 공부를 하며, 수양을 하던 별당과 같이 사용되었다.

별뫼 지역을 대표하는 원림으로 소쇄원과 환벽당, 식영정을 꼽는다. 소쇄원은 말할 것도 없이 조선시대를 대표하는 별서 원림이고, 환벽당과 식영정의 원림 구성도 예사롭지 않다. 이 세 원림은 자미탄紫薇灘[05]을 중심으로 2km 내에 위치하며, 환벽당과 식영정은 자미탄을 건너 서로 바라보일 만큼 가까운 거리다. 세 원림 모두 같은 시기, 15세기 중반에 경영되어 활발한 인적 교류를 통해 예술적 향기가 높은 문학작품들의 산실이 됐다. 정철의 「성산별곡」星山別曲으로 대표되는 당시의 문학 그룹을 '성산가단'星山歌團이라 지칭하고, 이 지역을 '가사문학권'이라 이름 붙였다. 비록 현대에 붙여지긴 했지만 여러 가지로 의미가 있는 이름이다.

### 소쇄원의 내원과 외원

소쇄원은 담양군 남면 지석리, 별뫼의 남쪽 골짜기에 조성됐다. 흔히 소쇄원이라 부르는 장소는 엄격히 말하면 소쇄원 내원에 해당하는 곳이다. 최근의

---

04_ 현대의 별장이란 단기간의 휴식을 위해 삶의 근거지와는 멀리 떨어진 곳에 지어진 주말주택(weekend house)이지만, 별서란 그 자체가 삶의 근거지다. 오히려 도시에서 은퇴한 후 전원생활을 즐기기 위해 시골에 지어진 이탈리아의 빌라villa와 유사한 건축 유형이다.

05_ 무등산에서 발원하여 광주호로 흘러드는 증심천의 옛 이름. 이 주변에 배롱나무(자미紫薇 나무, 또는 목백일홍)가 많아 붙여진 이름이다.

연구 결과에 따르면, 담장으로 둘러쳐진 내원뿐 아니라 마을 쪽의 계곡을 따라 올라가 뒷산인 옹정봉에 이르기까지 소쇄원의 외원으로 확장되었다고 한다.[06] 즉, 소쇄원 원림은 북쪽 경계 '오곡문'五曲門에서 끝나는 것이 아니라, 뒷산 계곡을 따라 올라가면서 차밭-복숭아밭-다리-고암동굴이 경영됐다.

자연 속에 점으로 존재하는 외원과 인공성이 밀집된 내원으로 이루어진 원림은 성리학자들의 이상이었던 무이구곡武夷九曲에서 그 원류를 찾을 수 있다. 주자朱子가 경영했던 무이구곡은 인공과 자연이 적절히 배합되어 하나하나의 곡을 이루었고, 조선 유학자들의 원림 구성에 하나의 전형으로 여겨졌다.

소쇄원 내원을 중심으로 앞의 도입부와 뒤의 외원 영역은 모두가 자연 속에 펼쳐진 연속적인 정원(serial garden)으로 조성됐다고 볼 수 있다. 소쇄원의 영역은 내원에만 국한되는 것이 아니라 외원으로까지 확대되며, 이 정원의 위상은 인근 원림들과의 관계 속에서 살펴보아야 한다.

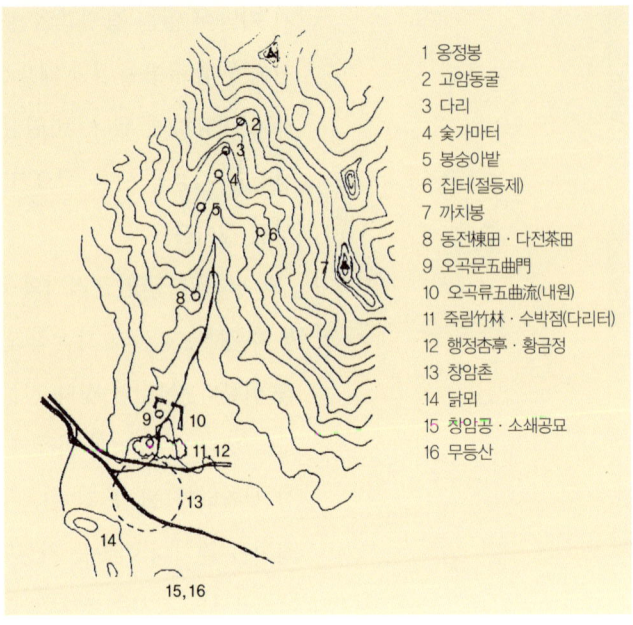

소쇄원 내원과 외원 위치도　성균관대학교 조경학과 도면.

1 옹정봉
2 고암동굴
3 다리
4 숯가마터
5 봉숭아밭
6 집터(절등제)
7 까치봉
8 동전棟田·다전茶田
9 오곡문五曲門
10 오곡류五曲流(내원)
11 죽림竹林·수박점(다리터)
12 행정杏亭·황금정
13 창암촌
14 닭뫼
15 창암공·소쇄공묘
16 무등산

06_ 정기호, 「소쇄원의 경관과 건축」, 월간 『건축과 환경』, 1994. 6, p.178.

# 소쇄원 경영의 뜻

### 양산보와 3대에 걸친 노력

소쇄원 주인으로 알려진 양산보梁山甫(1502~1557)는 어렸을 때 지석마을의 아름다운 계곡에서 놀면서 언젠가 이곳에 별서를 경영하리라 뜻을 품었다고 전한다.[07] 양산보는 15세 때 청운의 뜻을 품고 상경하여 당대 사림들의 우상 조광조趙光祖(1482~1519)의 문하생이 되었다. 18세 때 과거에 응시했으나 낙방하였고, 곧 이어 스승 조광조가 실권, 유배, 죽음을 맞는 현장을 목격했다. 유배지까지 따라갔던 마지막 제자 양산보는 스승의 처참한 죽음을 뼈저리게 겪

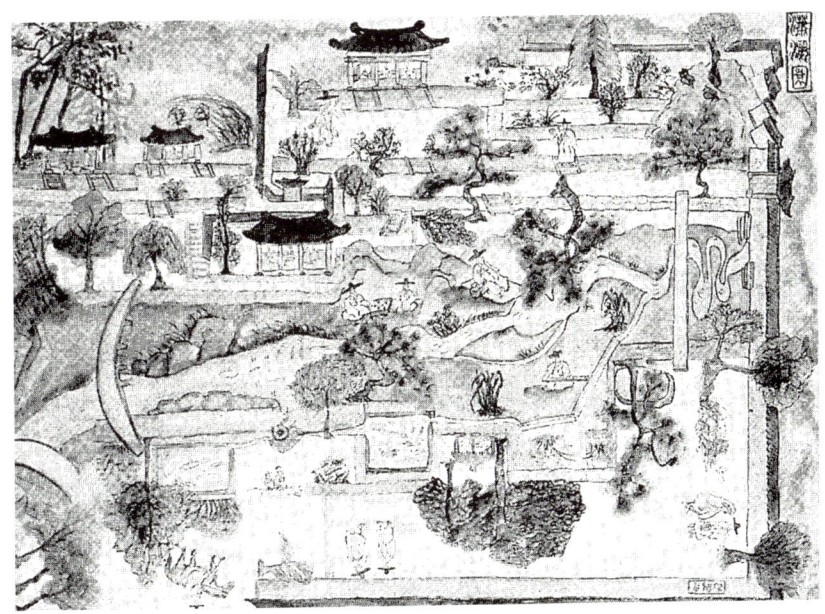

07_ 『瀟灑園事實』, 卷之二, 處士公實記

↗ 최근에 그린 소쇄원 그림

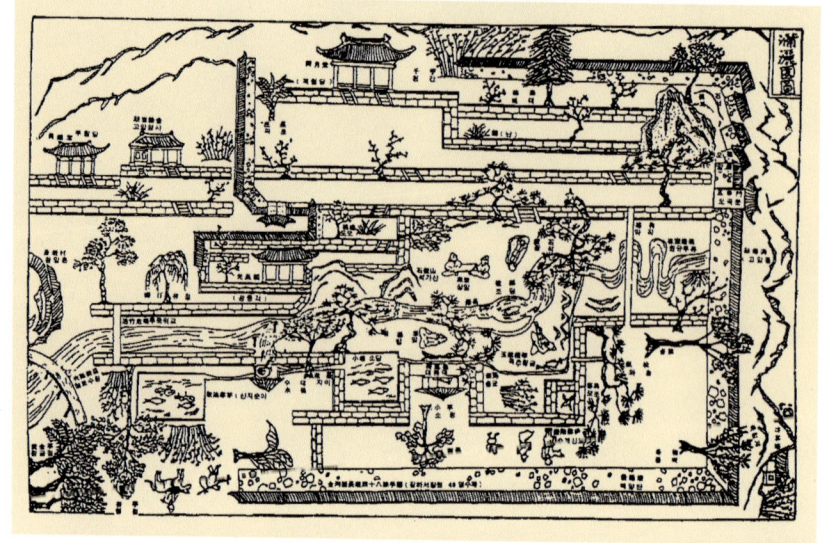

◁ **소쇄원도 사본**  양재영 제공.

고 나서 다시는 세상에 나가지 않으리라 결심했다. 어렸을 때의 뜻을 되살려 고향인 이곳에 은거하면서 소쇄원을 만들기 시작했다.

그러나 소쇄원을 누가, 언제 만들었는가의 대답은 간단치 않다. 물론 이 원림의 개창자는 양산보다. 그러나 이 절묘한 원림 전체를 어린 양산보 개인이 계획했다고 보기는 어렵다. 또한 양산보 당대에 완성된 것도 아니다. 소쇄원의 조영과 경영에 관한 기록은 유래 없이 많이 남아 있다. 앞서 말한 김인후의 「소쇄원 48영」이라는 시가와, 고경명이 기록한 『유서석록』遊瑞石錄(1574), 후대에 작성된 『소쇄원사실』瀟灑園事實(1731)에 비교적 자세한 기록이 남아 있고, 이를 그림으로 판각한 〈소쇄원도〉(1755)도 전해왔었다. 그 외에도 정철과 송순宋純(1493~1583)의 기록에도 소쇄원 관련 기사들이 등장한다. 관련 자료가 많기 때문에 그 내력을 비교적 소상히 알 수 있고, 그만큼 연혁은 복잡해진다.

복잡한 고증을 생략하고 결론만 말한다면, 소쇄원의 시작은 양산보가 낙향한 1519년부터라고 볼 수 있다. 그러나 적어도 글머리의 시가 쓰여진 1528년까지는 정자 한 채가 있는 정도의 작은 규모였다. 계속되는 확장으로 규모를 갖춘 '원'園이 된 것은 양산보 말년의 일이며, 아들 자징子澄(1522~1596)과

자정子淨(1527~1597) 대에 고암정사鼓巖精舍와 부훤당負暄堂을 갖춤으로써 일대 최고의 별서 원림으로 완성되었다. 그러나 곧이어 닥친 임진왜란의 병화兵火로 건물들은 다 타고 정원은 가시덤불로 뒤덮인 폐허가 되었다.[08] 이를 손자인 양천운梁千運(1568~1637)이 1614년에 재건했고, 연이은 후손들의 노력으로 오늘에 이른 것이다.

또 양산보 당시에도 소쇄원 경영에는 여러 인물들이 관여한 것으로 나타난다. 특히 일대의 원로였던 송순은 자신의 정자 면앙정을 경영했던 경험으로 양산보를 도왔으며, 예의 김인후 역시 평천장平泉莊[09] 정원의 경험을 살려 도왔던 것으로 나타난다.[10]

양산보는 송순과 이종사촌 간이며, 김인후와는 사돈 간이었다. 인적으로 맺어진 세 사람은 평생의 동지이며 문학적 동반자였다. 이외에도 담양부사를 지냈던 임억령林億齡, 인근 환벽당의 주인인 김윤제金允悌 등이 소쇄원 조성에 일조했다.

양산보, 송순, 김인후, 임억령, 김윤제 등을 소쇄원 인맥의 1세대라 한다면, 두 아들 자징과 자정, 고경명, 기대승, 정철, 김성원金成遠 등은 2세대에 속한다. 2세대 인물들 역시 자신의 정자와 원림을 경영했던 전문가들이며, 소쇄원 완성에 유무형의 도움을 주었을 것이다.

3세대의 인맥은 손자인 천운을 중심으로 형성된다. 그러나 앞 세대와 같이 이름만 들어도 알 만한 거물급은 눈에 띄지 않는다. 임회林檜 등 기호학파 소속 호남 유림들의 휴양지로 이름 높았으나, 이미 은둔보다 참여하는 지식인을 높게 평가하는 세상으로 바뀌었기 때문이다. 은둔적 성향의 호남 유림들은 기호학파 내부에서도 김장생金長生을 위시한 충청권 사림에게 정치적·학문적 주도권을 넘겨줄 수밖에 없었다. 그러나 거물급 기호학파 인사들이 이 지역 원림을 자주 순방했고, 유명 정자에는 송시열宋時烈(1607~1689)이 쓴 현판들이 걸리게 된다. 송시열은 특히 소쇄원의 아름다움에 매료되어 담벼락에 걸린 몇 개의 현판들을 남겼고, 예의 〈소쇄원도〉의 원판을 직접 그렸다고 전해온다.

08_ 梁千運, 「瀟灑亭溪堂重修上梁文」, 1614.
09_ 평천장平泉莊은 당唐나라의 이상주의자이며 귀족 맹장이었던 이덕유李德裕가 만들었던 별서였다. 이를 본떠 김인후는 한양 동쪽에 같은 이름으로 자신의 별서를 경영했다.
10_ 정동오, 「양산보의 소쇄원에 대하여」, 『한국조경학회지』, 2권, 1973, p.23.

전란 후 원림 재건에 심혈을 기울였던 양천운은 재건이 어느 정도 완료되자 뒷산에 한천정사寒泉精舍를[11] 경영했다. 내원 안에는 이미 할아버지와 아버지 대에 세워진 건물들로 가득했기 때문이다. 이후 소쇄원 주변에 경영된 소속 정자들은 15개소에 달했다 한다. 외원이 활성화되었던 시기였다.

### 기다림의 염원

소쇄원은 주인 양산보를 위한 별서인가? 그렇지 않다. 이곳을 무대로 많은 시가들이 지어졌지만 양산보의 작품은 거의 전하지 않고, 사돈인 김인후와 의병장 고경명, 정승까지 오른 정철 등의 시가들이 상당수 남아 있다. 여러 기록을 통해 보아도 주인은 자리만 마련할 뿐 전면에 나서지 않았고, 손님들의 숙식과 접대에만 신경을 썼다. 김인후 같은 이는 한번 소쇄원에 내왕하면 일주일 이상 머무르며 자기 집같이 즐겼다.

이러한 의미에서 소쇄원은 다른 별서들과 구별되는 특별한 목적을 갖는다. 즉 이곳의 주요한 사용자는 주인이 아니라 손님이다. 입구 쪽에 세워진 대

11_ 양재영 편, 『쇄원시선』瀟灑園詩選, 편찬위원회, 1995, p.130. 한천정사란 장자莊子가 경영했던 정사의 이름이다. 소쇄원 오곡문 바깥을 나가 한천정사에 이르는 길을 '장자 모퉁이'라 부른다.

◸ **진입로에서 계곡 건너 보이는 광풍각과 제월당** 물길을 따라 올라가면 대봉대 위의 초정이 있다.

봉대待鳳臺와 초가 정자는 시원한 벽오동 그늘 아래서 '봉황을 기다리는 곳'이다.[12] 양산보가 기다리던 봉황은 일반적인 내왕객이 아니라 매우 '귀한 손님'으로 해석된다. '봉황'에 대한 염원은 소쇄원 계곡에 쏟아지는 폭포수의 모습까지도 봉황새의 춤으로 해석할 정도였다.[13] 그 귀한 손님이란 자신의 절친한 교우이며, 성숙한 학자들이며, 높은 경지의 예술가들이었다. 아마 그는 많은 한을 남기며 죽어간 스승 조광조와 같은 인물을 기다리고 있었는지도 모른다. 그래서 소문난 인물들을 초청하고, 그들과의 교우를 위해 이처럼 매력적인 공간을 만들었을 것이다.

이 '봉황'을 기다리는 염원은 비단 양산보뿐 아니라 이 부근 원림 주인들의 공통된 염원이었다. 환벽당의 주인인 김윤제는 16세 소년인 정철을 발견하고 '용을 얻은 것 같이' 기뻐했고,[14] 친척인 김성원은 정철을 위해 식영정을 제공했다. 창평 일대에 은둔했던 학자들은 앞을 다투어 정철의 교육을 담당했다. 김인후, 송순, 임억령, 고경명, 기대승 등은 소년 정철에게 학문과 문학만을 가르친 것이 아니라, 그들의 정치적 목표와 전략적 행동까지 지도했다. 선천적인 명석함에 대가들의 정치적·경제적 후원까지 더해진 정철은 우의정까지 역임하며 서인의 지도자가 되었다. 뿐만 아니라 주옥같은 가사 작품을 남겨 위대한 시인의 큰 자취를 남겼다. 별뫼와 창평의 은둔자들이 그처럼 기다리던 '봉황, 용'이 나타난 것이다. 별뫼판 스타 탄생이라고 할까? 그러나 별뫼의 스타 정철은 정치적으로는 매우 편협한 인물로 평가된다. 서인의 영수로서 자파의 인물들을 위해 수많은 정적들을 탄압했던 정략가였다. 창평 후원자들의 지나친 기대와 투자가 위대한 시인과 편협한 정략가라는 이중적 퍼스낼리티를 형성하게 한 것이 아닐까.

'기다림'의 염원은 소쇄원 전체 구성에도 중요한 건축적 개념으로 등장한다. 광풍각光風閣과 제월당霽月堂은 계곡 넘어 대봉대 쪽의 진입로를 바라보도록 구성되었다. 반대로 진입할 때의 시선은 건너편 원림의 전경을 바라보며, 동시에 길을 따라 펼쳐지는 담장과 나무 그늘을 바라보도록 되었다. 진입 방향의 근경과, 이에 직각 방향을 이루는 원경을 동시에 바라보도록 이중

---

12_ 김인후, 「소쇄원사십팔영」瀟灑園四十八詠, 제일영第一詠 소정빙란小亭憑欄과 제삼십칠영第三十七詠 동대하음桐臺夏陰. 봉황은 오동나무 그늘에 집을 짓는다고 해서 대봉대 정자 위에는 오동나무를 심었다.

13_ 「瀟灑園四十八詠」, 第三十八詠, 梧陰瀉瀑.

14_ 하루는 김윤제가 낮잠을 자다가 집 아래 자미탄의 여울에서 용龍이 놀고 있는 꿈에 눈을 번쩍 떴다. 서둘러 내려가 보니 한 소년이 멱을 감고 있었고, 그가 바로 정철이었다. 이때부터 정철을 환벽당에 머물게 하여 유명한 스승들을 모셔다 공부시켰고, 외손녀의 남편으로 삼았다. 정철이 멱 감던 곳을 용소龍沼라 부른다.

◁ **소쇄원 전경** 광풍각과 제월당은 계곡 넘어 대봉대 쪽의 진입로를 바라보도록 구성되었다.

적인 시각 구조를 갖는다. 배치 계획뿐 아니라, 시각 구성도 방문하는 손님의 동선을 중심으로 이루어졌음을 알 수 있다.

내원에서 주인이 사용하는 건물은 제월당 하나뿐이다. 양산보의 두 아들이 고암정사와 부훤당을 신축하였지만, 이 두 건물은 담장으로 구획된 내원 영역 바깥에 위치한다. 흔히 제월당을 안채에 광풍각을 사랑채에 비교하지만, 별서란 정상적인 살림집이 아니라 남자 주인만 기거하는 곳이기 때문에 이 비교는 잘못된 것이다. 제월당은 주인이 기거하는 곳이며 광풍각은 김인후와 같이 친근한 장기 투숙객이 기거한다. 일시적으로 내왕하는 손님은 대봉대 초정에서 맞았을 것이다. 소쇄원의 주요한 공간들은 거의 대부분 손님을 위해 기획되었다. 기능의 배분과 동선의 구성, 시각적 구조에 이르기까지 철저하게 '봉황을 기다리기 위한 원림' 임을 다시 확인한다.

# 3개의 레벨과 건물

### 순환적인 구성

소쇄원 배치 구성에 대해서는 많은 연구들을 통해 언급된 바 있다.[15] 더 명확하게 구성을 살펴보기 위하여 소쇄원의 전체 영역을 세분하면 다음과 같다.

**전정**前庭　그 유명한 대나무 숲과 진입부. 어두운 숲을 지나 갑자기 밝고 넓어진 정원에 감동한다.

**원정**垣庭　담장으로 구획된 대봉대 애양단愛陽壇이 있는 장소. 긴 담장을 따라 좁은 진입로가 유도되며, 왼쪽으로는 두 개의 인공 연못을 감상한다. 그러다가 밝고 넓은 애양단에 다다른다.

**오정**塢庭　개울 건너 조성된 꽃계단과 긴 담장. 꽃계단 담에는 '소쇄처사양공지려'라는 명문이 붙어 있다.

**계정**溪庭　광풍각 일대와 계곡. 이곳은 소쇄원의 중심 공간이다. 개울의 물소리를 들으며 휴식과 독서, 바둑 두기, 술 마시기, 노래하기, 거문고 타기, 낮잠 자기 등 온갖 휴양과 유희의 행위가 벌어진다.

**후정**後庭　제월당 일대와 뒷산. 제월당은 주인의 독서실이면서 소쇄원 전경을 감상하는 곳이다.

**내정**內庭　고암정사와 부훤당 일대.[16] 지금은 가장 황량한 장소로 방치되고 있다.

1,400여 평의 대지에 조성된 내원은 그다지 크다고는 할 수 없는 규모다.

---

[15] 한국의 원림건축 가운데 연구가 가장 활발한 대상이 소쇄원이다. 최초의 연구자인 전남대 정동오 교수는 소쇄원의 원림과 조경에 대한 여러 편의 논문을 발표했고, 창평 일대의 원림과 정자들에 대한 기초적인 조사 업적도 남겼다. 정 교수의 기초 연구를 토대로, 건축가 김원이 편찬한 사진집 『한국의 고건축－소쇄원』(도서출판 광장)이 있다. 또한 문화재관리국에서 실시한 현장조사와 복원계획에 관한 보고서 『담양 소쇄원 보존정비계획 및 설계』가 1983년 간행되었다. 이후의 연구들을 나열하면 다음과 같다.
한재수, 「별서 소쇄원에 표상된 자연현상과 건축미학적 체계에 관한 연구」, 『대한건축학회지』, 1985. 7. ; 김봉렬, 「우리를 영원케 하는 곳－소쇄원」, 월간 『실내장식』, 1987. 1. ; 정기호, 「소쇄원의 경관과 건축」, 월간 『건축과 환경』, 1994. 6. ; 천득염, 『한국의 명원－소쇄원』, 도서출판 발언, 1999. ; 정재훈, 『소쇄원』, 열화당, 2000. ; 양재영 외, 『긴 담장에 걸리운 맑은 노래』, 현실문화연구, 2002.

[16] 부훤당과 고암정사가 언제 없어졌는지는 확실치 않다. 1980년대 초까지는 이 자리에 후손들의 살림채가 2동 있었다. 1985년 정비 계획에 따라 약간은 어설픈 복원 공사가 행해져 내정에 있던 살림채들을 철거하여 길 건너편 현재의 살림집으로 이주시켰다.

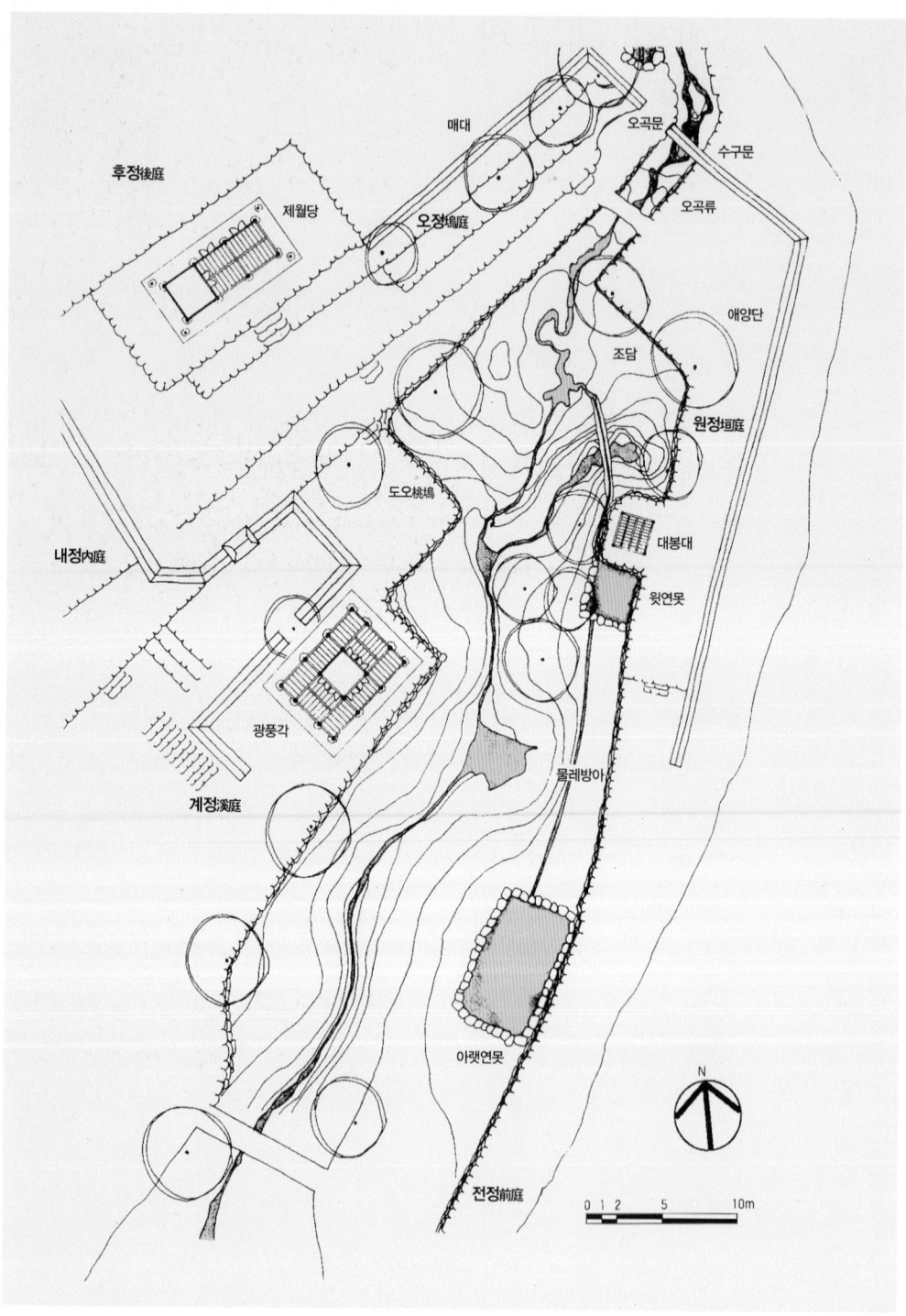

그럼에도 불구하고 6개의 많은 영역들로 구성한 치밀함이 돋보이며, 각 영역들은 단절된 것이 아니라 연속적이며 상호 투시적이다. 어느 부분에서도 전체를 인식할 수 있으며, 동시에 부분 영역의 경관과 행위를 즐길 수 있다. 그러나 이 분석은 소쇄원의 체험을 설명하기에는 충분치 않다. 더욱 중요한 사실은 소쇄원은 지극히 입체적인 정원으로서 수직적 레벨을 절묘하게 이용했다는 점이다.

양산보는 소싯적에 노닐던 자연 계곡 양쪽을 모두 원림으로 꾸밀 생각을 했다. 또한 '기다림'의 주제를 위한 손님용의 동선을 구상했다. 자연히 처음과 끝이 같은 순환적인 동선을 구성할 수밖에 없었다. 울창한 대숲을 통해 들어온 손님은 대봉대에서 영접을 받고, 개울을 건너 광풍각으로 안내된다. 광풍각을 나서면 다시 외나무 다리를 건너 입구부인 전정前庭으로 나가게 된다.[17]

▷ 대봉대와 초가 정자

17_ 원래의 출구는 대숲 사이에 난 오솔길이라는 주장도 있지만, 이는 주인들이 생활 근거지인 창암촌을 출입하던 길이었을 뿐, 공공적인 통로는 아니다.
18_ 『영조법식營造法式』에 따르면 정자의 원래 의미는 사람이 머무르는 곳이다. "亭 停也 人所集也".
19_ 한승훈+천득염, 「瀟灑園圖와 〈瀟灑園〉 八詠을 통해 본 소쇄원의 구성 요소」, 『건축역사연구』, 3권 2호, 한국건축역사학회, 1994. 12, p.77.

▷ 소쇄원 배치도    성균관대학교 도면.

## 상-중-하단의 축조

순환적 구성을 위해 우선 자연 계곡에 거의 같은 높이의 석축을 쌓아 현재의 중간단을 만들었다. 이 레벨은 가장 먼저 만들어졌을 뿐 아니라, 소쇄원의 각 영역을 연결시키고 통행케 하는 가장 중요한 통로의 영역이다. 이 레벨은 전정과 원정을 거치는 진입부를 형성하며, 오곡문을 지나면 위아래로 제월당과 광풍각으로 나누어지는 중간적 영역이 된다. 또한 계곡의 건너편과 위의 꽃정원, 아래의 계곡을 끊임없이 바라보는 관상로이기도 하다. 이른바 '건축적 산책로'인 셈이다. 이 레벨의 중심 공간은 대봉대와 초가 정자(초정草亭)다. 초정은 한 칸 마루로 온돌방이 없어서 거처의 역할은 하지 않는다. 순수하게 사람들이 머무르는 정자[18]의 역할만 담당하여, 기숙이 가능한 광풍각이나 제월당과 구별된다. 초정은 양산보 당시 소쇄원의 유일한 정자였으며, 모든 경관이 인식되는 가장 중요한 장소였다.[19]

다음에 만들어진 레벨은 계곡 쪽으로 내려간 아랫단이다. 진입부 쪽은

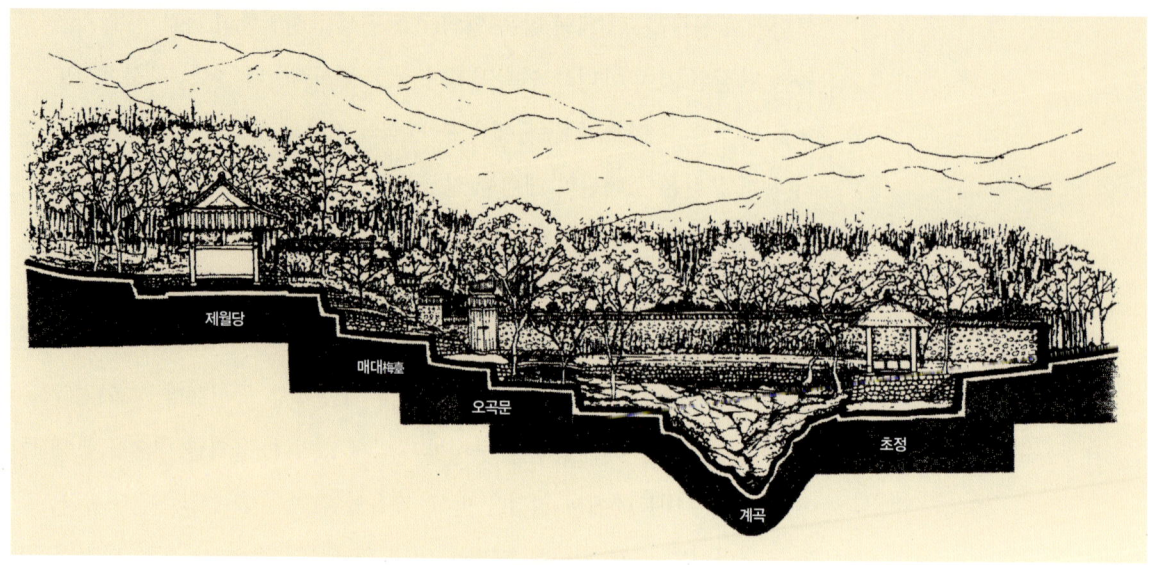

◤ **소쇄원 단면도**　성균관대학교 도면.

　진입로를 따라 길게 바로 아래 계곡에 석축을 쌓고 두 개의 사각연못을 만들어 물을 흘렸다. 계곡 건너편에는 중간단에서 돌출되게 높은 석축을 쌓고 광풍각을 앉혔다. 광풍각은 당대의 표현을 빌리면 "낭떠러지 같아 얼른 보기에는 위험한 곳에 축대를 쌓아 대청과 방을 마련한" 정자이다.[20] 아랫단의 레벨은 자연을 가까이서 즐기며, 유희와 휴식을 하는 행위의 레벨이다. 후대에 그린 〈소쇄원도〉[21]를 보면, 계곡의 물가 바위에는 거문고를 타는 선비, 장기 두는 인물, 혼자 사색하는 인물들이 묘사되어 있고, 광풍각에는 여러 명이 앉아 시가를 읊고 있다.

　마지막 레벨은 가장 위쪽에 조성된 단이다. 이 영역의 중심인 제월당은 가장 늦은 시기인 양산보 말년에 건축됐다.[22] 높은 곳에서는 경치를 잘 볼 수 있다. 심지어는 "달을 볼 수 있는 곳"[23]이다. 제월당에서는 소쇄원 전체의 경관(panoramic view)을 즐길 수 있다. 따라서 여기는 주인이 거처하기에 가장 알맞은 곳이다.

　아랫단이 동적인 행위의 레벨이라면, 윗단은 정적인 관조의 레벨이다. 아래가 물의 공간이라면, 위는 꽃과 나무의 공간이다. 그 가운데를 중심 통로가 지나가면서 아래위를 수직적으로 통합하고 있다. 다양하고 연속된 경관들

20_ 梁千運, 「瀟灑園霽堂重修上梁文」.
21_ 18세기의 목판본 〈소쇄원도〉瀟灑園圖 말고도 근래에 제작된 〈소쇄원도〉들이 여러 가지로 전한다. 이들은 모두 목판본을 토대로 〈소쇄원 48영〉에 기록된 행위들을 삽입한 것이다. 광풍각 안에는 채색된 〈소쇄원도〉가 전하는 바, 애양단에서 기생과 만나는 장면이 그려져 있다. 현재의 주인들은 이 장면을 불쾌히 여겨 원본에는 없었음을 강하게 주장한다.
22_ 한승훈+천득염, 앞의 논문, p.77.
23_ 梁千運, 「瀟灑園霽堂重修上梁文」.

이 수평적으로 전개될 뿐 아니라, 수직적으로 분화되고 체계적으로 구성되었다. 소쇄원 경관의 입체성, 체험의 중층성은 이렇게 얻어진다.

### 광풍각과 제월당

좁은 의미로 본다면 건축물은 광풍각과 제월당 두 동뿐이다. 이 두 건물은 아랫단과 윗단의 중심지이며 유일하게 지붕이 덮인 공간이다. 송宋나라의 명필 황정견黃庭堅이 주무숙周茂叔의 인물됨을 말할 때, "가슴에 품은 뜻의 맑고 밝음이 비 갠 뒤 해가 뜨며 부는 청량한 바람과 같고 비 개인 하늘의 상쾌한 달빛과도 같다"[24]고 평한 것에서 유래한 건물의 이름이다. 그 유래를 모른다 해도 건물의 이미지와 가장 잘 어울리는 시적인 명칭이다. 사방이 터져 날렵한 광풍각은 마치 바람이 이는 것 같고, 단정한 외관의 제월당은 달빛이 은은히 스며드는 것 같다. 행위의 레벨인 아랫단의 광풍각은 역동적이며, 관조의 레벨인 윗단의 제월당은 정적이다.

당시의 인식도 크게 다르지 않다. 광풍각은 "마치 물 위에 떠 있는 것 같

24_ 정동오, 「양산보의 소쇄원에 대하여」, p.29에서 재인용. "胸懷灑落如光風霽月".

**아랫단의 광풍각과 윗단의 제월당**
사방이 터져 날렵한 광풍각은 마치 바람이 이는 것 같고, 단정한 외관의 제월당은 달빛이 은은히 스며드는 것 같다.

아 옷깃을 열어젖히는" 곳이며, 제월당은 "달빛에 저절로 밝아지는 방"[25]이다. 광풍각은 계곡과 큰 나무들 사이에 있어서 그늘져 시원한 곳이며, 제월당은 가장 높은 양지에 서서 항상 밝은 곳이다. 건물의 기능도 광풍각은 손님을 맞아 시가와 주흥을 즐기는 유희적인 곳이고, 제월당은 주인의 학문과 사색을 위한 곳이다. 광풍각은 '계곡가 글방'(침계문방枕溪文房)이라 하여 항상 커다란 물소리가 들리는 곳이며, 제월당은 조용한 곳이다.

동動과 정靜, 소리와 정적, 그늘과 양지…… 이처럼 대조적인 건물들이 불과 10m도 채 안 되게 떨어져 있다. 그럼에도 두 건물의 영역은 또한 독자적으로 분리되어 있다. 보이기는 하되 연결되지 않는다. 제월당에서 광풍각으로 가려면, 낮은 담장에 뚫린 협문을 통해 일단 외부로 나갔다가 다시 담장을 끼고 안으로 들어가야 한다. 두 건물 사이를 구획하도록 네 번이나 꺾인 담장의 절묘한 역할이다. 극단적인 두 채의 건물을 하나의 경관 속에 통합한 것도 놀라운 일이지만, 이들을 분리하는 담장의 솜씨는 더욱 놀랍다. 대립적인 요소들의 통합과 부분의 독립성. 한국건축이 성취한 가장 높은 경지의 경관을 소쇄원에서 다시 한 번 확인한다.

25_ 양경지梁敬之의 시, 「소쇄원 육절차중부인재공운」瀟灑園 六絶次仲父忍齋公韻

↙ **광풍각 내부** 광풍각 방문을 모두 열어젖히고 3면에 전개되는 원림의 경관을 즐긴다.

■ **광풍각 전경** 계곡 바위 위에 석축을 쌓고 광풍각을 앉혔다. 조금이라도 계곡에 가까워지려는 의도다.
■ **제월당 전경** 원림 전체를 관조하기 위하여 높은 지대에 다시 높은 마루를 걸었다.

건물의 모습도 대조적이다. 광풍각은 3×3칸 규모로, 가운데 1칸 온돌방을 두고 사방에 마루를 개방했다. 뒷면에는 3자 높이의 함실 아궁이를 두어 나머지 3면과 구별한다. 앞과 옆 3면의 창호를 들어올리면 3면으로 터진 계곡의 경관을 즐길 수 있다. 반면 제월당은 3×1칸의 구성으로 남쪽에 1칸 방, 북쪽 2칸은 마루다. 방에는 마루 쪽으로 출입문을, 계곡 쪽으로만 창을 내어, 한 방향으로만 경관을 열어 두고 있다. 마루는 계곡 쪽과 매대 쪽으로만 열려 있어서 2개의 방향성을 갖는다. 또 마루의 면은 광풍각에 비해 1자 더 높다. 오르내리기에 불편할 정도다. 높은 지대에 다시 높은 마루를 건 이유는 역시 원림 전체를 관조하기 위함이다. 광풍각 내부에서 원림을 향하는 시선이 수평적이라면, 제월당에서는 항상 아래를 내려다보도록 되어 있다. 원림의 영역적 구성뿐 아니라 작은 건물들까지도 경관 구조와 의도에 맞도록 계획된 것이다.

# 구성 요소,
# 담장과 물길

**독립면으로서의 담장**

소쇄원의 영역들을 수직적으로 구성하는 요소가 석축이라면, 수평적인 구성 요소는 담장이다. 담과 단에 의해서 소쇄원의 6개 영역들은 구획되며 동시에 연속된다. 그러나 여기에 설치된 담장은 2개뿐이다. 2개의 담장은 때로는 곧게 뻗고, 때로는 꺾어지면서 다양한 공간과 장소를 만든다. 이처럼 자유자재로 담장을 사용한 예나, 최소의 요소로 다양한 효과를 성취한 예는 흔치 않다.

↙ **소쇄원의 진입 유도부 담장** 소쇄원의 안과 밖을 나누는 자율적인 담이다.

↗ **오곡문과 수구문** 외나무 다리가 중첩되어 보인다.

담장이란 외부의 도난이나 침입으로부터 내부를 보호하는 역할을 한다. 또는 건물의 일부가 되어 내부 공간을 이루는 구조적 요소로도 쓰인다. 그러나 소쇄원의 담장은 그 어느 통상적인 역할을 하지 않는다. 북쪽과 남쪽의 경계를 이루도록 설치되어 있지만, 폐쇄된 것이 아니라 양 끝이 개방되어 있다. 또한 이들은 구조적인 요소나 건물의 부속 요소가 아니라 독립된 요소다. 추상적으로 표현한다면, 이곳의 담장은 원림의 면들을 나누는 개방적인 단면들이다.

북쪽의 담장은 두 번 꺾여 동-북-서쪽의 세 부분으로 이루어진다. 이들은 각각 진입 유도부, 애양단부, 매대 꽃계단의 스크린을 이룬다. 소쇄원의 요소 가운데 가장 인상적인 부분이 진입 유도부의 100척(33m)짜리 담장이다. 넓은 길의 가운데에 길게 뻗어서 왼쪽으로 가면 소쇄원의 내부, 오른쪽으로 가면 외부 마을로 빠지게 된다. 안과 밖을 하나의 벽체로 간단히 나누고 있다. 그러나 끝이 개방된 이 담장의 폐쇄성은 매우 강렬하게 느껴진다. 안과 밖을 동시에 볼 수 있고, 그 가운데를 경계 짓는 벽면을 인식할 수 있기 때문이다.

애양단愛陽壇의 스크린이 되는 북쪽 담장은 차라리 하나의 건물이다. 밝은 애양단 뒤에 서서 뒤의 깊은 산들과 중첩되는 경관. 여기에는 수구문水口門과 오곡문五曲門이 있다. 상류에서 흘러오는 흐름을 그대로 유지하기 위하여 담장을 들어올린 채 개울 위로 지나가게 만들었다. 개울이라는 분절적 요소에 방해받지 않고 담장은 담장대로, 물은 물대로 연속성을 유지한 탁월한 발상이다.

그러나 절묘한 담장의 연속성은 바로 옆에서 분절되고 만다. 뒤쪽 마을로 향하는 길이 담장을 자르고 있기 때문이다. 원래 이 자리에는 일각대문이 있었지만, 현재 대문의 구조물은 없어졌다. 담장이 끊어진 빈 부분을 그냥

담장의 독립성 광풍각을 지형에 맞추어 구획하고 있다.

'오곡문'으로 부른다. 문이란 문틀과 문짝으로 이루어진 구조물을 뜻하는 것은 아니다. 공간적 차원에서 문이란 '경계와 통로가 만나는 부분'이다. 현재의 모습이 비록 우연에 의해 만들어진 것이긴 하지만, 존재하지 않는 오곡문은 그래서 더욱 건축적이다. 또한 통로만큼 끊어진 담장은 더욱 연속적이다. 전체가 좋으면 부분적 실수나 우연마저도 도움이 된다.

### 위상기하학적 담장

남쪽 경계를 이루는 담장은 애초에는 부훤당과 고암정사가 있는 내정을 경계 짓는 요소였다. 그러나 두 건물이 없어진 지금은 제월당과 광풍각 영역을 구획하는 요소로 역할한다. 이 네 번 꺾인 담장을 쫓아가보면, 도대체 어디가 안이고 밖인지 구분이 어려워진다. 제월당에서 협문을 나가면 밖이 되지만, 3면의 담으로 둘러싸인 이 작은 오목 공간은 그 자체로 내부적이다. 여기에 한 그루의 복숭아 나무가 오브제objet로 서 있어서 더욱 독립된 내부와 같아진다.

그러나 광풍각 쪽으로 담장을 쫓아가면 다시 외부임을 느끼게 된다. 여기서 광풍각으로 들어가려면, 잘려진 담장의 단면을 끼고 돌기만 하면 된다.

**우암 송시열의 명문** '소쇄원 주인 양산보의 조촐한 집'이란 뜻의 명문이 매대 뒷담에 새겨져 있다.

이 담장의 서쪽 끝도 그러하다. 매듭진 요소 없이 바로 잘려진 단면이 끝이기 때문이다. 다시 한 번 '면을 나누는 개방된 단면'으로서의 담장을 볼 수 있다.

소쇄원의 담장들은 스크린과 오브제의 역할을 동시에 한다. 특히 담장에 써 있는 명문들은 담장의 오브제적 성격을 더욱 부각시킨다. 진입부의 긴 담장에는 하서 김인후의 '소쇄원 48영'이 쓰인 나무판을 박아두었다. 애양단부의 담장에는 '애양단'과 '오곡문'이라 쓴 명문이 박혀 있다. 특히 오곡문의 명문은 힘과 기교에 넘치는 우암 송시열의 글씨로, 글씨 자체가 5굽이로 휘어 흐르는 물과 같다. 매대 뒤쪽의 벽에는 '소쇄원의 처사 양씨의 조촐한 집'이란 뜻의 '瀟灑處士梁公之廬'(소쇄처사양공지려) 글씨가 새겨져 있다. 역시 송시열의 글씨로 일종의 문패인 셈이다.

이 원림의 주도적인 건축 요소는 광풍각과 제월당이 아니다. 그것들은 점에 불과하다. 전체의 영역을 나누고 연속시키며, 외부의 다양한 공간들을 만드는 것은 마치 미스 반 데어 로에Mies Van Der Rohe[26]가 바르셀로나 파빌리온[27]에서 사용한 것과 같은 '자율적인 벽면'들이다. 소쇄원은 '담의 건축, 벽면의 건축'이다.

[26] 20세기 근대건축을 형성케 한 독일의 건축가. 베를린의 신국립미술관, 시카고의 시그램빌딩 등을 대표작으로 남겼다.
[27] 바르셀로나 파빌리온은 미스 반 데어 로에가 1929년에 바르셀로나 박람회의 독일관으로 설계한 건물로, 가는 금속기둥 위에 장방형 지붕이 얹힌 구조이다. 그 아래의 벽들은 지붕의 힘을 전혀 받지 않는 비내력 벽으로서, 오로지 실내와 외부 공간 형성만을 위해 자유롭게 구성된다. 때로는 독립된 벽면 자체가 오브제가 되기도 한다. 즉, 벽체를 지붕을 받치기 위한 구조적 기능에서 해방시켰기 때문에 '자율적인 벽면'이 된 것이다.

## 자연의 물과 인공의 물길

담장이 인공적인 중심 요소라면, 물은 자연적인 중심 요소다. 물은 눈에 보이는 시각적인 요소일 뿐 아니라, 소리로 들리는 청각적인 요소다. 특히 소쇄원의 물은 소리로 듣는 물이다. 졸졸 흐르는 물줄기, 콸콸 쏟아지는 큰 폭포 소리, 똑똑 떨어지는 물방울 소리들. 중간단의 통로를 걸어가보면, 눈에 잘 보이지 않고 오히려 소리로써 각 부분 물의 형상을 연상케 된다. 그래서 소쇄원은 '청각적인 정원'이다.

이러한 청각 효과를 얻기 위해 소쇄원의 물길은 지극히 인공적이다. 바위를 깎아 물길을 돌리고, 낙차를 크게 하고, 소리를 증폭시킨다. 그것도 모자라서 인공 수로를 만들고 인공 폭포를 만들었다. 한술 더 떠 인공 수로 사이에 물레방아를 달아 주기적으로 변화하는 물소리를 즐겼다.

소쇄원의 물줄기는 크게 두 갈래로 이루어진다. 하나는 계곡 바위 사이를 가로지르는 원래의 물줄기다. 이 물줄기의 시작은 오곡문 아래의 다섯 굽이(오곡류五曲流)다. 이 시작부터 인공적으로 암반을 다듬어 다섯 구비를 만들었다.[28] 오곡류는 곧 이어 낙차 큰 바위 면을 타고 마치 절구와 같이 움푹 패인 못(조담槽潭)[29]으로 떨어진다. 폭포를 이루어 조담에 떨어진 물은 S자형으로 유연히 계곡으로 타고 흘러내린다.

또 하나의 물길은 지극히 인공적이다. 오곡류가 끝나는 부분에 대나무 홈통을 만들어 대봉대 바로 밑을 흐르게 한다. 이 물길은 대봉대 옆의 윗연못과 아랫연못에 물을 대기 위한 목적이다. 진입로 바로 아래에 두 개의 사각연못을 만들어 물고기를 키웠다. 기록에 의하면 대봉대에서 낚시한 물고기를 회로 쳐서 술안주로 삼았다니, 일면 잔인한 취미였다. 조선판 실내 낚시터라고나 할까. 두 연못 사이는 좁고 긴 수로로 연결되는데, 다른 부분에 비해 지

△ **인공 수로** 오곡류에서 바위를 파서 물길 하나를 더 만들었다. 나무홈통으로 인공 수로를 만들었는데, 원래는 굵은 대나무를 이용했다고 한다.

28_ 주자의 무이구곡에 빗대어 오곡문五 曲門을 제5곡이 시작되는 문으로 해석하기도 하지만, '다섯굽이'(五曲)로 흐르는 물에 딸린 문으로 보는 것이 타당하다.

29_ 高敬命, 『述記』.

극히 단조롭고 인위적이다. 그러나 원래는 이 수로 중간에 작은 물레방아를 설치해 아래 계곡으로 떨어지는 폭포를 만들었다고 한다. 물레방아는 연속적으로 돌아가지 않는다. 수차에 어느 정도 물이 차야 돌아간다. 따라서 폭포수는 불연속적·주기적으로 떨어지는 소리를 만들어낸다. 인공음향 효과인 것이다.

    두 연못의 생김새를 주목할 필요가 있다. 윗연못은 정사각형으로 대봉대 초정의 면적과 비슷하다. 아랫연못은 직사각형으로 맞은편 광풍각의 평면형이나 크기와 비슷하다. 일행인 대학원생이 발견한 사실이다. 기록에는 나타나지 않지만, 우연으로 돌리기에는 너무나 그럴듯하다. 그녀는 또 다른 발견을 조심스럽게 말한다. 소쇄원의 통로를 지나다보면 물소리의 강약이 뚜렷하게 들린다는 것이다. 소리가 커지는 지점이 4군데 있다는 것인데, 오곡문 앞과 조담 위, 대봉대 앞과 광풍각 앞이다. 특히 애양단에 서면 오곡류의 졸졸소리와 조담의 폭포소리가 스테레오로 들려서 가장 청각적인 장소라는 것이다. 꽤 산뜻한 발견이었다.

# 맑고 시원함이
# 오는 곳

**소리의 정원**

소쇄원을 '소리의 정원'이라 부르는 까닭은 물소리뿐 아니라 하늘과 땅과 생물의 소리가 어우러지는 오케스트라가 있기 때문이다. 입구의 무성한 대나무 숲에 서면 바람의 움직임을 볼 수 있고, 그 소리를 들을 수 있다. 대나무 잎의 스산한 움직임이 바람의 모습이라면, 사각거리는 댓잎의 소리는 바람의 소리다. 김인후는 대바람을 이렇게 노래한다.

무정한 바람과 대나무지만
밤낮 생황을 분다네.[30]

대나무의 바람이 잔 바람소리라면, 내원 곳곳에 심어진 소나무에 걸려 횡횡거리는 바람은 큰 바람소리다. 바람도 크고 작은 소리가 구별되어 들린다.
바람은 하늘의 기운, 천기天氣의 움직임이다. 이에 대응한 땅의 움직임(지기地氣)은 물소리다. 어떻게 변화하는 물소리를 얻었는가는 앞에서 말했기 때문에 한 수의 시로 대체한다.

거문고 한 곡이 맑고 깊은 물에 메아리치니
마음과 귀가 서로 알게 된다네.[31]

하늘의 바람이 불현듯 땅의 물소리로 전환된다.

처다보면 시원한 바람 나부끼고
귓가에는 패옥 부딪히듯 영롱한 물소리.[32]

· 소쇄원은 그런 곳이다. 물소리는 다시 살아 있는 생명체의 소리를 만들어낸다.

골짜기 시냇물이 목멘 듯 울어대니
몇 마리 소쩍새도 따라 우누나.[33]

생명체의 소리는 이뿐만 아니다. 아침의 닭소리와 한낮의 개 짖는 소리, 그리고 온갖 새들의 노랫소리.

30_ 第十詠, 「대나무 끝에 부는 바람소리」千竿風響.
31_ 第二十詠, 「맑은 물가에서 거문고를 비껴안고」玉湫橫琴.
32_ 第一詠, 「작은 정자 난간에 기대어」小亭憑欄.
33_ 이수李洙, 「차운증소쇄옹」次韻贈瀟灑翁.

■ 소쇄원 입구   울창하다 못해 캄캄하게 어두운 대숲을 지나야 소쇄원에 들어갈 수 있다. 그 어슴프레함 속에서 바람에 사각대는 대나무 잎의 소리로 바람을 볼 수 있는 곳이다.

아이가 늦잠에서 깨워줄 때면
처마 끝의 종달새가 재잘거리네.34

    여기에 시객들이 부르는 시가의 나지막하고 청아한 노랫소리들이 합쳐지면 비로소 소쇄원의 소리는 완성된다. 우리 시대의 소쇄원 시인 김준태는 이렇게 읊고 있다.

우리가 너무도 잊고 잃어버린 것들
그러나 끝끝내 찾아야 할 것들이
모두 예 와서 보여 살고 있구나.

물소리, 솔바람소리, 대바람소리
옛 사람들의 하늘과 뜻이.35

## 그늘과 빛

소쇄원의 공간 구성 수법 가운데 가장 두드러지는 것은 밝음과 어두움, 빛과 그늘의 적절한 반복과 조합이다. 그 음영의 효과는 공간의 크기 변화에 따라 증폭된다. 어두운 대나무 숲을 지나면 갑자기 밝아지는 원림의 전정에 도달하고, 여기서 계곡 건너편을 쳐다보면 그늘에 가려진 광풍각과 양지바른 제월당이 중첩되어 대조를 이룬다. 이러한 어둠과 밝음, 수축과 확장의 대비적 효과 역시 계획된 것으로 볼 수밖에 없다. 각 영역의 크기를 대조적으로 조절하고, 꼭 있어야 할 곳에 있어야 할 만큼의 나무를 심었기 때문이다. 나무들의 그림자는 낮은 곳, 즉 계곡 부분에 집중적으로 떨어지기 마련이다. 따라서 광풍각의 아랫단과 계곡에는 늘 그늘이 드리울 수밖에 없고 제월당의 윗단은 햇빛에 빛나게 된다. 지형의 수직적 효과를 잘 활용한 결과다.

    진입부의 긴 담길과 애양단의 공간은 대조적인 외부 공간이다. 긴 담길

34_ 임억령林億齡, 「소쇄정차운증양중명」瀟灑亭次韻贈梁仲明.
35_ 김준태, '찬성하소쇄원' 讚盛夏瀟灑園, 『소쇄원시선』 p.255에 수록.

은 좁고 선형이며 애양단은 넓은 면을 이룬다. 겨울날 아침 진입로를 걸어보면 '빛과 양지를 사랑하는 곳' 애양단愛陽壇의 의미를 온몸으로 느낄 수 있다. 길 옆의 담장은 긴 담길에 그림자를 떨어뜨려 그늘을 만들지만, 애양단은 밝고 따뜻한 햇살로 충만하게 된다. 계곡의 얼음이나 긴 담길의 서리와는 대조적으로 애양단에는 눈이 녹아 있다. 정말로 밝고 따뜻한 곳이다. 불과 높이 2m의 담장이 주는 음영의 효과는 이처럼 대단하다.

소쇄원에서 '빛과 그늘'은 계절의 한계를 초월하게 한다. 무더운 여름날, 계곡에 떨어지는 큰 나무의 그림자는 그 자체로 맑고 시원함을 이룬다. 대봉대에는 초정을 세워 그늘집을 만들고, 초정 위에는 커다란 오동나무로 다시 겹그늘을 만든다. 봉황과 벽오동의 상징적 의미를 떠나서도, 대봉대는 귀한 손님이 쉴 수 있는 시원한 장소가 된다.[36] 그리고 밤,

오동나무 그늘에선 달을 맞는다.[37]

36_ 第三十七詠,「대봉대에 드리운 오동나무의 여름그늘」桐臺夏陰.
37_ 김언거金彦据,「차운봉증주인경형」次韻奉贈主人庚兄

> **소쇄원의 빛과 그늘** 김봉렬 도면.

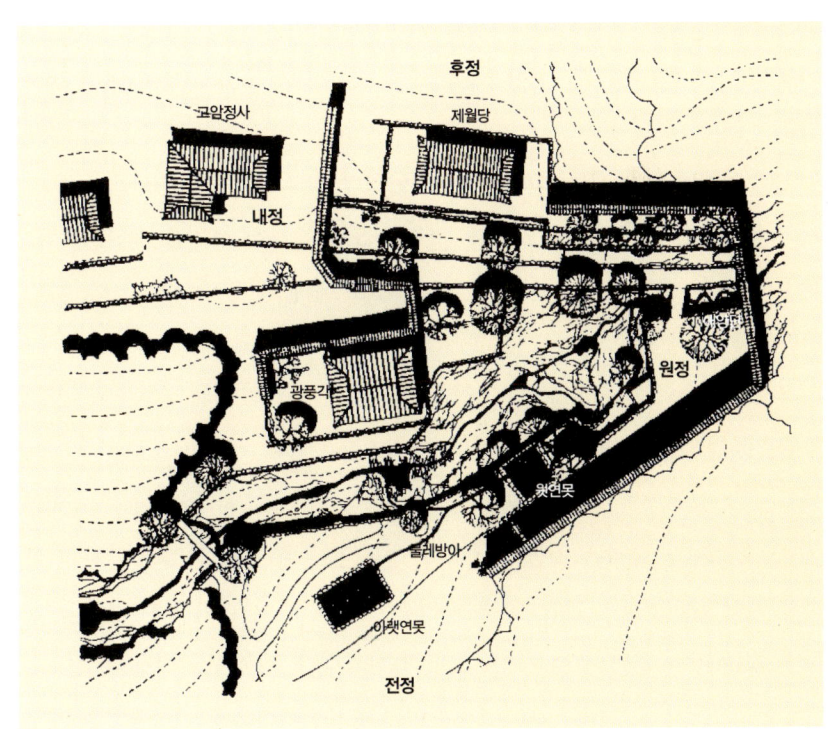

반면, 애양단의 따뜻함은 추운 겨울날의 위안이다.

팔 베고 따뜻한 볕 쬐다보면
한낮의 닭 울음은 다리까지 들리네.[38]

보통의 원림들이 겨울에는 개점휴업 상태인 것과는 달리 소쇄원은 명실상부한 사계절용 별서 원림이다.

### 문학적 건축

이 글을 쓰기 위해 소쇄원을 다녀온 지 며칠 안 되어 국내선 비행기를 탄 적이 있다. 우연히 들춰본 기내지에는 정말 우연하게도 문병란 시인이 소쇄원을 평한 글이 실려 있었다. 대학 시절, 문 시인의 시집 『죽순 밭에서』는 서정과 이념이 결합된, 몇 안 되는 우리들의 애송시였다. 그러나 '문병란'이란 이름에 대한 반가움과는 달리 사보류에 실린 유명 인사들의 글들이 대개 그렇듯이, 시인의 소쇄원 기사는 여기저기 안내서와 연구서들을 짜집기한, 적어도 건축을 전공한 내게는 평범한 설명문이었다. 오직 한 줄의 문장만이 문 시인의 목소리를 전달해주고 있었다. 그러나 모든 잡다한 설명을 제압할 만큼 강렬한 단 한 줄의 문장. 그 문장을 쓸 수 있고, 힘을 실을 수 있는 이를 시인이라고 하나 보다.

소쇄원은 건물로 조형한 일종의 시다.

소쇄원에는 수많은 시들이 남겨져 있다. 물론 주인의 친절에 답하기 위한 의례적인 것들도 있지만, 대개는 소쇄원의 공간과 경관이 주는 감흥을 발산한 것들이다. 그만큼 소쇄원은 문학적 상상력과 시적 표현력을 자극하는 장소다. 또 모든 건축 요소들이 논리적이기보다는 시적으로 구성되었다는 말

[38] 第四十七詠, 「겨울 낮의 애양단」陽壇冬午.

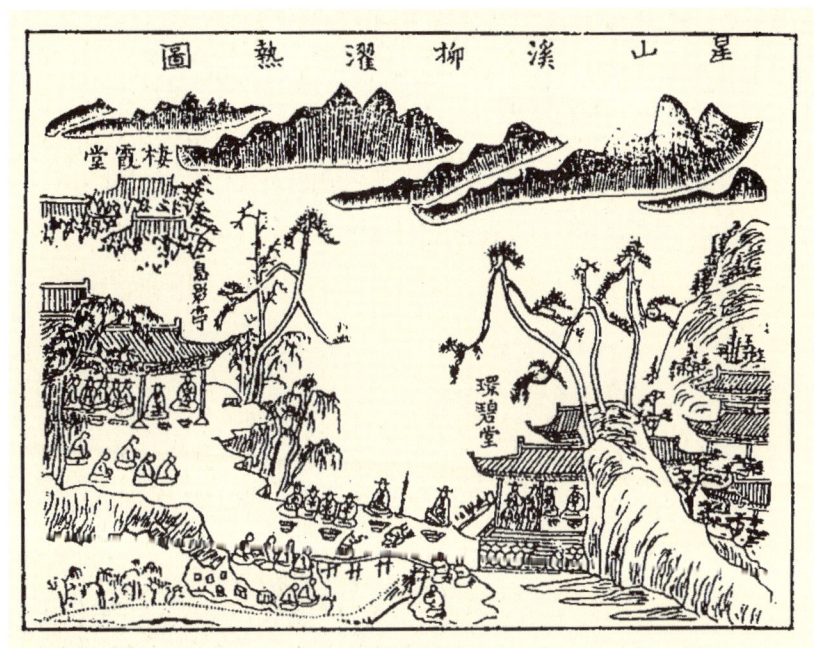

ㄱ 성산계류탁열도 『송강집』 수록.

도 된다.

　　창평 일대 원림들은 독자적인 문학 동아리를 운영하고 있었다. 이른바 '면앙정 가단', '식영정 가단', '환벽당 가단'으로 불리던 그들은 내부적인 교류와 창작생활은 물론, 가단 사이의 교류를 통해 서로의 실력을 겨루기도 했다. 그림으로 전하는 〈성산계류탁열도〉星山溪柳濯熱圖[39]는 유월 복날 식영정 가단과 환벽당 가단의 선비들이 만나서 시가를 겨루며 계곡에서 더위를 씻는 모습을 묘사한다. 소쇄원 가단은 전속 멤버를 두지 않고 개방적으로 운영했던 것 같다. 양산보 자신이 일체의 구속과 세속적 명리를 싫어한 아나키즘적 성향이 짙었기 때문에 공식적인 집단을 이루지는 않았다. 그러나 양산보는 「애일가」愛日歌[40]를 지어 가사문학의 효시를 이루었다고 하며, 그가 지은 「효부」孝賦가 전할 만큼 문학적인 인간이었다.

　　그가 만든 시적인 건축, 소쇄원을 해석하는 데는 문학적 상상력이 꼭 필요하다. 빈약한 문학적 소양 때문에 선인들이 남겨놓은 몇 편의 작품들을 짜깁기함으로써 못다 표현한 소쇄원의 모습을 그려보려 한다. 문병란 시인은

39_ 「성산계류탁열도」星山溪柳濯熱圖 『송강집』松江集 부록에 실려 있다.
40_ 「애양단」愛陽壇의 조성과도 서로 통하는 이 가사는 현재 전해지지 않지만, 부모님을 해에 비유한 제목으로 보아 효孝를 노래한 것으로 추측된다.

건축잡서들을 조합했지만, 건축인인 필자는 문학작품들을 조합함으로써 건축적 설명을 대신한다.

대밭을 통해 오솔길을 거닐고, 개울물이 흘러내리다 잠시 쉬어 멈춰 있는 곳에는 연못을 이루고 있으며, 가마솥에서 나는 연기는 산봉우리에 병풍을 둘러친 듯 길게 뻗어 있으니, 한 폭의 그림이 아닐 수 없다. 여름날의 오동잎은 푸른 양산을 펴놓은 듯 바람에 떨고 있고, 드문드문 대나무 그림자는 잔잔한 가을 석양을 더욱 아름답게 수놓는다.[41]

폭포수 떨어지는 소리는 거문고를 튕기는 소리처럼 들리고, 조담 위로는 노송이 걸쳐 있어서 마치 덮개를 덮어놓은 것 같다.[42]

소나무에 걸린 바람이 신기한 피리소리 내면
달빛 아래 대나무는 맑은 그늘을 띠우네.[43]

　　소쇄원瀟灑園은 공덕장孔德璋의 「북산이문」北山移文에 나오는 말로서 "깨끗하고 시원하다"는 뜻이다. 그 맑고 깨끗함은 어디서 오는가? 이 원림의 바람과 물소리들에서, 그늘과 그늘을 더욱 그늘답게 만드는 밝은 빛 속에서, 그리고 청각과 시각이 어우러진 시적 감흥과 문학적 감수성에서 온다.

41_ 梁千運, 「瀟灑園溪堂重修上梁文」.
42_ 高敬命, 「述記」.
43_ 鄭澈, 「次韻奉上鼓巖丈」.

# 소쇄원 사람들의
# 보존 노력

**도난당한 소쇄원도 목판**

아직 일반에게 알려지지 않았던 1970년대 초만 하더라도, 이곳을 방문하면 인심 좋은 주인들이 〈소쇄원도〉 목판을 꺼내서 자랑스럽게 보여주곤 했다. 그러나 이 귀중한 목판이 세상에 알려지면서 곧 도난당하고 말았다. 몹쓸 재난은 비단 소쇄원에만 일어나는 일은 아니다. 구례에 있는 큰 기와집 운조루雲鳥樓에는 매우 희귀한 집 그림이 대대로 전해왔었다. 그 집의 소박한 주인 유씨는 드물게 찾아오는 건축학도들에게 귀한 그림을 꺼내 사진도 찍게 해주었다. 필자도 대학원 시절에 촬영한 사진을 갖고 있다. 그러나 이 그림이 여러 책자에 소개되고 난 후, 역시 도난당하는 수난을 겪었고 아직도 찾지 못했다. 하기야 국보로 지정된 송광사의 16국사 초상화도 벽을 뚫고 훔쳐가는 세상에, 허술한 시골집의 보물들이야 오죽 훔치기 쉬웠을까.

전국의 여러 건축물을 조사하면서 가보들을 도난당한 예는 비일비재로 만나게 된다. 예천의 어느 종갓집을 조사하러 인사를 드리니, 집주인 어른은 다짜고짜 명함을 달라 하고 신분증도 보여달란다. 그래도 명색이 교수인데 이런 푸대접에 기분이 좋을 리 없었다. 그러나 주인의 해명을 듣고 나니 의심과 푸대접이 당연하다고 이해됐다. 그 앞 해에 사당에 모셔둔 위패가 없어졌었고, 종손의 의무로 전국 골동품상을 한 달여 수소문한 끝에 모대학 박물관에서 발견하여 겨우 찾아올 수 있었다는 것이다. 문제는 도난 직전에 그 집을 방문한 사람의 신분이었다. 모대학 국문과 교수이며 박물관장인 그 교수가 종가에 소장된 문집을 조사하러 왔다가, 자랑스레 보여준 위패의 형태와 정교함에 감탄을 금치 못했다는 것이다. 그후 보름이 안 되어 도난을 당했고, 공교롭게도 그 대학 박물관에서 구입을 했으니, 그 모교수를 의심할 수밖에. 먼 친척뻘인 그 교수와의 관계 때문에, 또 확정적인 증거가 없으므로 유야무야 사건은 일단락되었다. 그러나 종손은 아직도 그 교수가 전문 도둑을 사주하여 훔치게 한 뒤 싼 값에 구입한 것으로 확신하고 있었다. 그러니 교수라고 믿을 수 있겠는가?

### 15대손 양재영 씨

양산보의 은둔적 전통은 후손들 역시 큰 벼슬에 뜻이 없도록 만들었다. 큰 벼슬을 안(못) 했다는 사실은 충분한 재력이 없었다는 말이다. 유명 문벌 만석꾼의 건축들도 온전히 보존된 경우가 드문 오늘날, 부나 권력과는 거리가 먼 양씨 가문이 소쇄원을 온전히 지켜온 것은 기적적인 일이다. 양산보는 평소에 "소쇄원은 어느 언덕 골짜기를 막론하고 내 발자국이 남겨지지 않은 곳이 없으니, 평천장의 옛이야기에 따라 이 동산을 남에게 팔거나 어느 한 후손의 소유가 되지 않도록 하라"[44]고 경고했다. 선조의 유훈은 후손들에게 착실히 받들어졌다. 이후 양씨 가문에는 세 가지 금기(三不)의 가훈이 만들어졌다. 첫째, 어느 경우에도 소쇄원을 양도하지 말 것. 둘째, 종손은 이사 가지 말 것. 셋째, 제사를 건너뛰지 말 것.

　소쇄공의 15대손 양재영 씨는 1995년에 자신의 노력으로 『소쇄원시선』을 간행했다. 이 글에 인용된 여러 문학작품들의 출처이기도 하다. 또한, 소쇄원에 관한 건축·문학·역사 기록들을 모아 『긴 담장에 걸리운 맑은 노래-그림과 함께 보는 소쇄원 48영』이라는 책자도 발간했다. 한때는 주말에 무료 설명회를 광풍각 안에서 열 정도로 소쇄원 보존과 활성화에 열성이다.

　양재영 씨의 보존 노력은 그의 부모로부터 물려받은 것이다. 그의 모친은 아직도 소쇄원을 지키고 사는 것을 커다란 보람으로 여기고 있다. 이 아주

[44]_ 『瀟灑園事實』, 卷之二, 『處士公實記』.

머니의 한마디 한마디에서 비록 부유하지는 않으나 높고 단단한 긍지를 느낄 수 있다. 그러나 아주머니의 걱정은 태산 같다. 소쇄원 관람객들의 주차 문제, 부훤당과 고암정사의 복원 문제, 그리고 무엇보다 물 문제. 아주머니가 시집오던 50년 전, 한 달 가까이 잠을 자지 못했다고 한다. 새소리와 바람소리, 그리고 밤만 되면 더욱 커지는 폭포소리가 가뜩이나 수줍은 새댁의 잠귀를 깨웠기 때문이다. 그러나 지금은 계곡에 물이 없어서 소리도 약해지고 말았다. 상류에 사는 마을 사람들이 지하수를 개발하여 생활용수와 농업용수로 써버리기 때문이다. 소쇄원이 제모습을 찾으려면, 건물 복원에 앞서 적절한 수량을 확보할 방법을 강구해야 할 것이다.

그러나 판단컨대 최대의 문제는 폭발적으로 증가하는 관람객들이다. 모든 생명체 중에서 환경을 파괴하는 것은 인간뿐이라는 지적은 여기서도 입증된다. 주인들의 각별한 노력에도 불구하고 용량을 초과한 인간들 때문에 쓰레기가 쌓이고 수목이 훼손되고 있다. 담장도 망가지고 기와도 깨져나간다. 숲 속에는 발자국들을 견디지 못해 맨 땅이 드러났다. 결혼사진 촬영장으로, 10대들의 미팅장으로, 회사원들의 야유회장으로 바뀌어 항상 소란스럽고 복잡하다. 이제는 더 이상 '소쇄' 하지 못한 북새통을 보면서, 소쇄원의 생명을 재조명하려는 이 글이 오히려 소쇄원을 더 망치는 데 기여하는 것은 아닌지 걱정스럽다. 그나마 몇 남지 않은 소쇄원의 유품과 나무들이 몽땅 없어지는 것은 아닐지.

소쇄원을 다시 '소쇄' 하게 하기 위해서는 관람 인원을 제한해야 한다. 현재 받고 있는 소액의 입장료를 대폭 올려서 받고, 주차료도 현실화해야 한다. 돈 좀 벌자는 이야기가 아니라, 그만큼 꼭 보고자 하는 이들에게만 개방해야 한다는 까닭이다. 여기서 나오는 작은 잉여금이라도 소쇄원 보존에 재투자되도록 해야 한다. 그리고 양씨 집안의 가훈에 한 가지를 더 추가해야 한다. "볼 자격이 없는 사람에게는 보여주지 말라."

# 인근의
# 정자들

**정자의 유형학**

담양 일대의 정자만이 갖는 일정한 형식을 발견할 수 있다. 정자들은 단독으로 운영되기보다는 주변의 원림 혹은 자연경관에 맞추어 계획됐다. 따라서 어느 경관을 선택했는가에 의해 건물의 좌향이 결정된다. 남향을 선호하는 살림집과는 달리 북향 혹은 서향의 정자들이 많은 이유가 될 것이다. 다른 지방의 것들에 비해 마루면이 높은 이유도 좀더 높은 위치에서 경관을 즐기기 위한 까닭이다.

    이 지역 거의 모든 정자들은 가운데 1칸 온돌방을 두고 주변을 모두 마루칸으로 감싸는 형식을 취한다. 방과 마루를 같이 두어 장기간 거주를 가능케 하고, 여름과 겨울 모두 이용하려는 필요에서다. 그러나 마루칸에 비해 방 칸의 규모가 커야 하는 필요 때문에 칸살이[45]는 다양하게 변화한다. 환벽당과 같이 두 칸 방을 들이기도 하고, 식영정같이 한 칸 반의 방을 만들기도 한다.

    방과 마루의 중심성과 방향성 관계를 살펴보면 4가지 유형을 발견할 수 있다. 부용당芙蓉堂과 제월당은 1방향성을 갖는다. 연못 또는 계곡만을 경관으로 취하기 때문이다. 밀접한 관계를 가진 식영정과 환벽당은 2방향성 건물로, 자미탄과 무등산을 공통적인 경관으로 취한다. 비교적 높은 곳에 위치한 취가정, 면앙정, 송강정, 광풍각은 3방향으로 개방되어 있다. 더욱 많은 면의 경관을 취하려는 의도다. 4방향 모두를 개방하지 못하는 이유는 뒤쪽에서 부는 찬바람을 막고, 난방용 아궁이를 설치해야 하기 때문이다. 명옥헌의 정자

[45] 기둥과 기둥 사이의 '칸'이란 한국건물의 기본 단위이며, 이 칸들을 배치하는 행위, 다시 말해서 핵심적인 평면 계획을 '칸살이'라 한다.

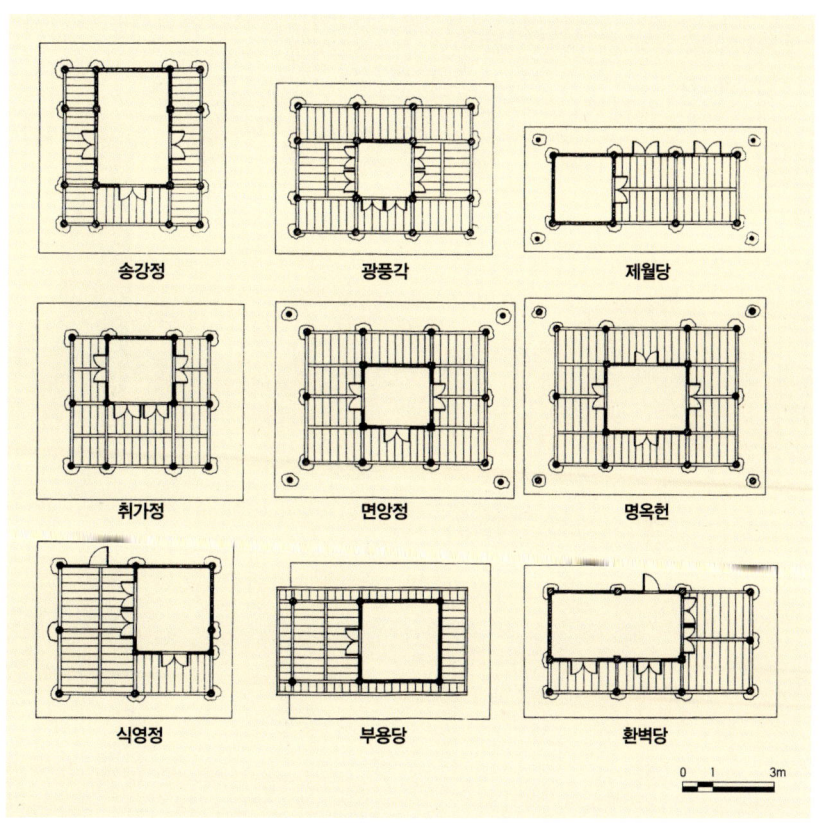

↗ 담양 일대 정자들의 평면도  김봉렬 도면.

만이 유일하게 사방 모두 문을 달아 4방향성을 가진다. 명옥헌 바로 뒤에 '도장사' 道藏祠라는 사당이 있었기 때문이다. 정자가 위치하는 높이와 방향, 그리고 평면 유형은 바라보려는 경관에 따라 달라진다.

### 명옥헌 정원

담양군 고서면 산덕리 후산마을 안쪽에 위치한 명옥헌鳴玉軒은 별뫼의 원림들보다 한 세대 뒤인 1625년, 오명중吳明仲(1619~1655)에 의해 창건됐다. 일대의 원림 가운데 소쇄원 다음으로 큰 규모와 짜여진 격식을 갖춘 곳이다. 사각형의 작은 윗연못과 사다리꼴의 큰 아랫연못으로 이루어졌고, 그 사이에 정자를 세웠다. 예전 수량이 풍부했을 때는 "물이 흐르면 옥구슬이 부딪히는 소

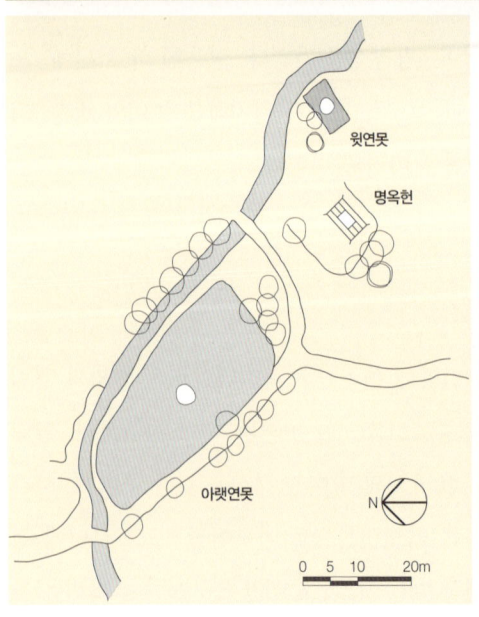

리가 났다" 하여 명옥헌이란 이름을 얻었다.

윗연못은 인공적인 석축을 쌓지 않고 땅을 파내어 큰 우물같이 보인다. 아랫연못은 동서 20m 남북 40m 크기로, 자연 암반의 경사지를 골라서 모서리만 둑을 쌓아 연못을 만들었다. 최소의 인공을 가한 까닭에 연못의 형상이나 분위기가 자연스럽다. 특히 동쪽 산기슭에는 석축을 쌓아 수로를 만들고, 다시 흙둑을 쌓아 연못을 이루었다. 인공은 인공이되 자연을 가장한 2중 둑 기법이다.

명옥헌은 연못 주변에 심어진 20여 그루의 배롱나무(목백일홍)로 유명하다. 꽃 이름과 같이 여름철이 되면 석 달 동안 늘 붉은 꽃나무열에 연못이 둘러싸이게 된다. 바깥으로는 다시 소나무들이 열지어 서 있다. 연못의 축조 방법과 식재법植栽法은 소쇄원의 기법과 맥을 같이 한다. 아래연못 동쪽 변에는 커다란 유리창을 가진 집이 있다. 광주의 시인 황지우의 주택이다. 연못쪽으로 난 커다란 통유리창은, 명옥헌 정원을 통채로 보듬으려는 시인의 갈망이다.

명옥헌에 견줄 만한 연못이 후산마을 입구에 있다. 반달형으로 조성된 이 큰 연못은 마을 전체의 풍수지리적 필요로 만들어졌다. 앞쪽 둑에 느티나무군을 심어서 경관도 만들고 툭 터진 마을 형국의 안산案山[46] 노릇을 한다.

### 환벽당과 취가정

광주시 북구 충효동이 환벽당環碧堂과 취가정醉歌亭의 행정구역명이지만, 이 정자들은 소쇄원과 식영정에서 자미탄을 건넌 언덕 위에 있다.

환벽당은 김윤제의 살림집 뒷산에 세워진 별서 정자다. 현재 환벽당 아래에 있는 넓은 풀밭이 원래 살림집터다. 축대 아래에는 세 단의 꽃계단과 네모난 연못이 있다. 환벽당에 딸린 것인지, 원살림채의 후원으로 가꾼 것인지 판단이 어렵다. 환벽당은 소년 정철이 스타로 성장했던 산실이다. 정철은 27세 과거에 급제할 때까지 이곳에 머물며 김윤제를 비롯한 어른들의 교육과

[46] 풍수지리설에서 집터나 묏자리의 맞은편에 있는 산을 이르는 말.

**명옥헌 정자에서 바라본 연못의 전경** 마을의 후원인 셈이다.
**명옥헌 정원 배치도** 김봉렬 도면.
**명옥헌 정원 전경** 자연 암반의 경사지에 오른쪽 둑을 쌓아 연못을 이루었다.

보살핌을 받았다. 남쪽으로 무등산 주봉을, 동쪽으로 자미탄의 흐름을 볼 수 있도록 건물이 개방되어 있다. 자미탄을 건너 언덕 위에 식영정이 바라다보인다.

취가정은 환벽당 남쪽 언덕 위에 있다. 이 두 정자는 서로 바라다보일 만큼 비슷한 높이와 적당한 거리로 떨어져 있다. 취가정은 김만식金晚植이 1890년경 억울하게 죽은 선조 김덕령金德齡 장군의 혼을 위로하고자 세운 정자다. 주변의 정자들이 자미탄을 주경관으로 삼았지만, 이곳은 남쪽으로 널리 펼쳐진 논밭과 무등산을 바라다본다. 가장 나중에 세워진 건물이다.

◸ **환벽당**  2칸 방은 남쪽의 무등산을 향한다.
◸ **취가정**  별뫼 일대에서 가장 늦게 세워진 유명 정자 건물이다.

## 식영정과 부용당

소쇄원 북쪽 별뫼의 한자락 끝 절벽 위에 있는 식영정은 서하당棲霞堂 주인 김성원이 스승인 임억령을 위해 1560년 창건했다. 식영정 아래에는 1972년 세워진 부용당이 있고, 부용당 뒤편이 서하당이 있던 곳이다. 부용당은 네모난 인공 연못에 걸쳐 있어서, 창덕궁 부용정과 유사한 모습이지만 완성도는 비할 것이 못된다.

"그림자가 쉬어간다"는 식영정息影亭 이름은 『장자』莊子에 나오는 이야

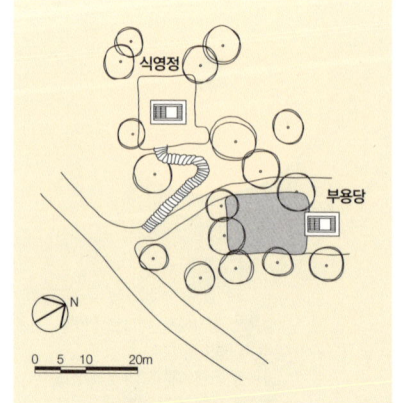

◺ **식영정과 부용당 배치도**  김봉렬 도면.

◸ **식영정 마루의 휘어진 충량** 측면 들보.
◹ **식영정** 환벽당과 같이 자미탄과 무등산을 주경관으로 취한다.

기에서 유래한다. 그림자와 본형의 관계에 내린 매우 철학적인 내용이다. 식영정을 무대로 활발한 문학활동을 벌였던 임억령, 김성원, 정철, 고경명을 '식영정 사선'이라 부르고, 정철의 「성산별곡」이 태어난 무대가 된다. 식영정 가단과 환벽당 가단의 교류에 대해서는 앞서 말한 바 있다. 자미탄과 무등산을 환벽당과 같이 주경관으로 취하지만 건너편에 있는 까닭에 건물의 방향성은 반대가 되었다.

### 면앙정과 송강정

면앙정俛仰亭은 담양군 봉산면 제월리 제월봉 높은 언덕 위에 있다. 담양 원림의 선구자 송순이 1533년 창건한 곳이다. 면앙정이 위치한 장소는 "내려다보면 땅이, 우러러보면 하늘이 있고 그 가운데 정자가 있으니 풍월산천 속에서 한백년 살고자 한다"[47]는 곳이며, 구주산천이 다 눈에 들어오므로 근처에서 최상의 정자터라고 평가된다.[48]

북쪽에는 멀리 추월산, 남쪽에는 무등산이 바라보이는 소위 '백리형국' 전체를 볼 수 있는 위치에 섰다. 그러나 묘하게도 툭 터진 북쪽을 뒤로 하고, 앞의 동산을 바라보는 향을 취했다. 정면에는 높은 나무 한 그루가 있어서 정

[47] 宋純, 「俛仰亭記」, 『企村集』.
[48] 이용범 외, 「"景"으로 본 정자 건축의 장소성에 관한 연구」, 『대한건축학회논문집』, 10권 6호, 1994. 6, p.99.

◸ **면앙정 전경** 뒤는 급한 절벽으로 멀리 추월산의 연봉이 전개된다.
◺ **송강정** 중심에 1칸 방을 두고 3면에 툇마루를 둘렀다.

자의 향과 관계가 있는 듯하다. 송순은 「상춘곡」賞春曲의 정극인丁克仁과 함께 호남 가사문학의 원조다. 그의 유명한 가사 「면앙정가」가 이곳에서 창작됐고, 후대 정철의 「성산별곡」에 깊은 영향을 주었다.

송강정松江亭은 담양군 고서면 원강리, 송강가 언덕 위에 있다. 정철이 대사헌직을 물러난 1584년 여기에서 은거하다, 4년 후 우의정으로 발탁된 곳이다. 정치가로서의 정철은 일생 동안 5번의 등극과 낙향, 유배를 되풀이한 파란의 인물이었다. 정계에 나가면 냉혈한 서인의 영수로 활약했고, 밀려나면 다정다감한 시인으로 창작에 몰두했다. 이곳이 유명한 「사미인곡」과 「속미인곡」續美人曲의 산실이다. 건물은 20세기 중반에 중수된 듯 보잘 것이 없지만, 언덕을 오르는 휘어진 긴 계단은 근래의 솜씨라고 믿기 어려운 풍치가 있다.

3

은둔을 위한 미로들
독락당과 옥산서원

# 회재 이언적의
# 사상과 건축

정통적 성리학자로서 또한 대쪽 같은 정치가로서 한창 명성을 날리던 중년 시절, 회재晦齋 이언적李彦迪(1491~1553)은 뜻하지 않게 반대파에 의해 정계에서 축출당하여 낙향하게 된다. 경상북도 경주시 안강읍 옥산리에 있는 독락당獨樂堂은 그가 자신의 은거생활을 위해 조성한 일종의 별업別業이다. 타의적 은둔생활을 시작하면서 분노와 회한, 자성과 좌절이 뒤엉킨 회재의 심정은 무척 복잡했을 것이다. 그러나 그는 위기를 또 다른 도약의 기회로 활용할 줄 아는 현명함과 적극성을 가졌다. 이곳에 의미 깊은 별장을 지어 심신을 수양하는 무대로 삼았으며, 청년기의 편협성을 넘어서 불가佛家와 도가道家의 생각까지 넘나드는 원숙한 사상가로서 일가를 이루게 된다.

앞서 소개한 담양의 소쇄원은 1528년경 양산보에 의해 조성된 별업이다. 독락당의 조성이 1532년이라면 거의 같은 시기에 만들어진, 그리고 은둔생활을 위한 조성의 동기도 유사한 별업들이다. 양산보 역시 조광조의 가르침을 받은 도학적 성리학자로서 이언적의 학문세계와 크게 다를 바가 없었다. 그러나 두 별업의 건축적 개념과 공간 구성의 수법은 너무나도 다르다. 소쇄원이 인공적인 자연을 조성하며 교우를 위해 개방적인 구성을 하고 있다면, 독락당은 자연에 대해 개방적이지만 인간적 환경에 대해서는 폐쇄적인 구성을 취한다. 소쇄원이 제한된 범위에서나마 공공적이며 사회적이라면, 독락당은 지극히 개인적이며 독존적이다. 이 극단적 차이를 단지 호남과 영남이라는 지역적 차이로 돌리기는 어렵다. 상주의 우복별장이나 영양의 임천정원 등과

▷ **독락당 원경**  낮고 길게 땅에 붙은 은폐적 형태들이다.

같이, 대부분 영남 지역의 은둔적 별업들도 소쇄원과 같이 개방적이며 공공적인 성격이 강하기 때문이다. 결국 독락당의 독특한 차이는 건축주이며 동시에 건축가인 이언적의 개성에서 찾을 수밖에 없다. 따라서 독락당에 대한 개념적 이해, 그리고 이언적을 모신 옥산서원玉山書院에 대한 건축적 이해는 이언적이라는 인물의 탐구에서부터 출발해야 한다.[01]

## 청년기의 정통주의

이언적은 성균관 유생인 이번李蕃의 아들로 외가인 경주 양좌동[02] 서백당書百堂에서 출생했다. 당시 양좌동은 월성 손씨들의 동네였으며 이번은 처가살이를 하고 있었다. 이번의 학문적·정치적 행적은 그다지 대단하지 않았지만,

01_ 독락당은 이언적 대에 조성되어 그의 아들인 이전인 대에 완성된다. 엄격한 의미에서 독락당의 실질적인 건축가는 이전인이라 할 수 있다. 그러나 이전인의 학문과 사상은 그의 위대한 부친으로부터 고스란히 전수된 것으로서, 이 글에서는 개념적 인간형으로서의 '이언적'을, 옥산파의 대표형으로서의 '회재 사상'을 지칭한다.

02_ 양동민속마을로 알려진 경북 경주시 강동면 양동리의 옛 이름.

외할아버지 손소孫昭는 나라의 공신으로 정치적 명성은 물론 막대한 경제력을 소유하고 있었으며, 외삼촌인 우재愚齋 손중돈孫仲暾은 영남학파를 주도한 이름난 성리학자이며, 고위 관직을 수차례 역임한 인물이었다.[03]

10세 때 부친 이번이 세상을 떠난 후, 소년 이언적을 거두어준 것은 바로 외삼촌 손중돈이었다. 우재가 양산, 김해, 상주 등 외지에서 관직생활을 할 때, 이언적은 그를 따라다니며 학문적·인간적 가르침을 받았다. 이언적 평생의 유일한 스승은 오로지 손중돈이었다.

그는 23세 때 과거에 급제, 고향인 경주향교의 교관으로 일하게 되면서부터 지역 학계에서 두각을 나타내게 된다. 청년 이언적이 학자적 명성을 떨치게 된 계기는 망기당忘機堂 조한보曺漢輔와 4차례에 걸쳐 벌인 '태극무극논변'太極無極論辯이었다. 조한보는 성균관 유생 시절 동맹 휴학을 주동하는 등 당시로서는 매우 희귀한 비판적 재야학자였다.[04] 원래 조한보는 경주의 유생 손숙돈과 태극론에 대한 논쟁을 벌이고 있었는데, 여기에 회재가 끼어들면서부터 논쟁의 상대는 망기당과 회재로 바뀌게 되었다. 회재는 냉철한 논리를 바탕으로 손숙돈과 조한보의 학설을 모두 부정·비판하여, 후대의 학자들로부터 "이단의 사설邪說을 물리치고 성리학의 본원을 바로 세웠다"는 극찬을 받았다.[05]

성리학자들은 현상세계의 배후에 온갖 사물들의 존재 및 생성 근원으로서 하나의 형이상학적인 정신적 실재를 상정하였고, 이를 '태극'이라 명명했다. 플라톤-아리스토텔레스 철학의 '질료'(matter)에 대한 '형상'(eidos, idea)의 관계와도 비교할 수 있다. 문제는 태극과 현상세계를 서로 독립적인 이원론으로 보느냐, 아니면 태극의 적극적인 표상으로서 현상을 이해하느냐였다.[06]

조한보와 같이 이원론의 입장에 선다면, 사물은 잠시 나타났다가 사라지는 무의미한 '환형'幻形일 뿐이며, 이 세계는 의미가 없어 애정을 가질 만한 가치가 없게 된다. 학문이란 초월적인 실재에 대한 관조를 내용으로 할 뿐이다. 현실을 중시하고 개혁해야 할 이언적의 실학적 입장에서 조한보의 태극

---

[03] 이수건, 『영남사림파의 형성』, 영남대학교 출판부, 1984, p.200. 이언적의 가문이 양좌동에 내거한 동기는 전적으로 처가를 따라온 것으로, 원래 경기도 여주에서 남하하여 조부는 경상도 연일延日에서 출생한 것으로 전한다.

[04] 김기현, 「이언적의 성리철학」, (윤사순 고익진 편, 한국의 사상), 열음사, 1994, p.171. 조한보는 동맹 휴학 결과 장형杖刑을 받고 과거 응시 자격을 박탈당하는 등 박해를 받았으며, 그의 저술은 전하지 않는다.

[05] 「晦齋李先生行狀」, 『晦齋集』 附錄. 퇴계 이황의 평가다.

[06] 김기현, 앞의 책, p.173.

론은 지극히 위험하고 허망한 것이었다. 회재의 비판은 매우 배타적이며 공격적이었다.

유가儒家의 허虛는 허하나 유有하며, 이단異端의 허는 허하면서 무無입니다. 우리의 적적寂은 적하나 감感하며 저들의 적은 적하면서 멸멸滅입니다. 그러한 즉, 저들과 우리의 허적虛寂은 같은 것 같지만 그 결과는 결코 다릅니다.[07]

조한보의 설을 '불가나 도가의 설을 빌려온 이단'이라 몰아치며 초월적 태도를 극복하고 현실세계의 교화에 힘쓸 것을 역설했다. 아울러 이 논변의 과정에서,

지극히 없는 가운데 지극히 있음이 있는 까닭에 '무극이 태극이다' 하였고, 그 이理가 있고 난 후에 기氣가 있는 까닭에 태극이 양의兩儀를 낸다고 했습니다.[08]

하여 영남학파의 이선기후理先氣後의 주리론적 전통을 확립했다. 약관의 청년으로서는 실로 놀랄 만한 업적이었다.

## 중년기의 은거생활

정통 성리학의 수호자로 각광받은 청년 회재의 관직생활은 그다지 화려하지 못했다. 제도권의 기득권 실세들이 그의 원리주의적 꼿꼿함을 거북하게 여겼기 때문이다. 경상도 어사나 밀양부사 등 고향 주변의 외직에 있거나, 주로 사헌부나 사간원 등의 언론직에 종사했다. 화려하지는 않았지만 그런대로 순탄한 벼슬살이에 최초의 좌절을 맞은 때는 40세가 되던 해였다. 당대의 실력자였던 김안로金安老의 등용을 반대하다가 끝내 관직을 박탈당하고 고향으로 낙향한 것이다. 김안로가 버티고 있는 한 재등용될 희망이 없던 그는, 안강의

07_「答忘機堂」第二書.
08_「答忘機堂」第一書.

자옥산 계곡에 독락당을 경영하며 기약 없는 은둔생활을 시작한다.

독락당이 세워진 옥산리의 터에는 원래 그의 부친이 세웠던 정자가 한 채 있었고, 젊은 시절 회재는 이 정자에서 수양을 했다고 하니, 인연이 깊은 곳이었다. 회재는 25세 때 당시 풍습대로 첩을 얻게 된다. 1515년 회재의 소실이 된 양주 석씨 부인은 시집오면서 독락당 안채와 행랑을 건립하였다. 예쁘고 어린 색시뿐 아니라, 새 저택까지 지참금으로 받는 행운이었다. 경주 교관 시절, 회재는 본처가 있는 양좌동의 무첨당無忝堂보다는 소실이 있는 옥산동에 거처했고, 중년에 낙향해서도 옥산리의 소실댁에 거처하게 된다. 행여나 조정에서 다시 부를까, 한 이태를 기다리다가 1532년 드디어 사랑채를 신축해 독락당이라 이름하고, 부친의 정자를 개수하여 계정이라 했다. 본격적인 독락당 경영과 은둔생활이 시작된 것이다. 예의 아름다운 첩 석씨 부인과 함께.

청년기의 치열한 논쟁이 회재 사상의 틀을 완성시켰다면, 중년의 은거생활은 인격의 폭과 깊이를 더해준 것 같다. 은거생활을 통해 자연의 섭리를 다시 깨닫게 되었고, 엄격한 성리학의 테두리를 벗어나 불가는 물론 도가의 사상까지 섭렵했던 것으로 보인다.


### 유배지에서의 학문적 성취

드디어 47세 때, 7년간의 은둔생활 끝에 회재는 다시 부름을 받고 독락당을 떠나게 된다. 은둔생활을 통해 넓고 원숙해진 회재의 인품을 정계의 핵심들도 무시 못하게 되어, 그의 벼슬은 승승장구 의정부 좌찬성까지 이르게 된다. 특히 경상도 관찰사로 재직하던 53세 때, 고향 본가에 무첨당을 짓고 동생을 위해 향단을 신축하여, 독락당과 더불어 그의 건축을 남기게 되었다.

그러나 세력 기반이 없는 시골 출신의 선비는 정권의 이용물이었을 뿐이다. 을사사화와 연계되어 윤씨 일가에게 이용된 것을 후회하면서 눈 밖에 나게 되었고, 57세 때 '양재역 벽서사건'에 연루되어 평안도 오지 강계로 유배

되고 만다. 6년간의 유배 끝에 1553년 숨을 거두어, 정치가로서는 불행한 삶을 마감했다.

한편 안강의 독락당은 석씨 부인 사이의 아들인 잠계潛溪 이전인李全仁 (1516~1568)이 물려받아 관리하였고, 이전인은 회재의 유배지에 따라가서 임종 때까지 수발한 효자였다. 이전인은 유배 기간 중 부친과의 학문적 대화 내용을 기록하여 『관서문답록』關西問答錄을 저술했다. 회재의 학풍은 서자인 이전인에게 전수되었고, 회재가 죽은 후에 위패가 모셔진 곳도 이전인의 독락당이었다. 회재가 소실댁인 독락당에 그처럼 애착을 가졌던 까닭은 석씨 부인뿐 아니라 이처럼 애틋하고 똑똑한 서자가 있었기 때문임을 짐작할 수 있다. 현재도 이전인의 후손들은 여강 이씨 옥산파를 이루어 양좌동의 무첨당파·수졸당파들과 어깨를 나란히 하고 있다. 서자 가문으로서는 드물게 당당히 정통을 계승한 것이다.

6년간의 유배는 정치가로서 불행의 시기였지만, 학자로서는 더없이 귀중한 기회였다. 유배생활의 여가와 아들의 헌신적인 수발에 힘입어 『대학장구보유』大學章句補遺, 『봉선잡의』奉先雜儀, 『구인록』求仁錄, 『진수팔규』進修八規 등 유학사에 길이 남은 저작들을 펴내게 되었다. 이 가운데 『대학장구보유』는 참여파 성리학자들의 가장 중요한 텍스트인 『대학』을 창의적으로 해석한 저작으로, 서문에 "비록 주자가 다시 태어나더라도 이 책에서 취할 점이 있을 것이다"라고 호언할 정도의 야심작이었다.[09]

---

[09] 유종명, 『한국사상사』, 이문사, 1984, p.292. 『대학장구보유』와 『봉선잡의』는 선구적인 예학서이며, 『구인록』은 회재 철학의 핵심인 안仁에 대한 집중적인 탐구서이고, 『진수팔규』는 왕도정치의 기본 이념을 밝힌 것으로 임금에게 바치는 저술이었다.

# 적극적인
# 은둔의 조건

**니힐리즘을 넘어서**

조한보와의 논쟁에서 보았듯이, 회재는 현실의 모든 사물을 태극이라는 이상이 투영된 개별적인 질서 체계로 보았다. 따라서 그의 학문은 사물의 개별성과 특수성을 궁리하고 도를 행하는 데에 목적을 두었다.[10]

도道란 오로지 인간이 마땅히 행해야 할 당연한 이치일 뿐 아니라, 도리요 규범이며 사물의 존재 형식이다. 일상을 떠나서 도를 찾는 것은 유학자들의 실학이 아니라 이단의 사념일 뿐이다. 당시 재야 사림파들의 정서는 거듭되는 사화와 박해로 인해 현실도피적, 가치부정적으로 흐를 수밖에 없었다. 그러나 회재는 그러한 니힐리즘적 태도는 현실 개혁에 아무런 도움이 되지 않음을 직시했고, 적극적인 세계관으로 현실에 참여할 것을 주창한 것이다.

그의 철학적 신념은 일생을 통해 견지되었다. 비록 뛰어난 정치적 행적을 남기지는 못했지만, 개인적 희생을 무릅쓰고 정계에 진출하여 소신을 실현하려 노력했고, 유배생활에도 자포자기하지 않고 오히려 능동적인 사색과 저술에 몰두했다.

장년기에 맞은 타의적 은거생활 역시 현실도피와는 거리가 멀었다. 우선 은둔생활에 적합한 장소를 선택했고, 주변 자연환경을 적극적으로 수용하기 시작했다. 독락당을 둘러싸고 있는 산과 계곡은 모두 회재가 이름을 붙인 것들이다. 회재 이전의 산은 그냥 산이었으나, 회재의 은거와 함께 자연은 비로소 의미와 질서를 갖기 시작했다. 독락당은 긴 계곡의 중간 지점 평지에 위치

10_ 김기현, 앞의 책, p.174.

했다. 따라서 특별한 주산[11]主山이나 안산이 없는 지형이다. 그러나 회재는 북쪽 봉우리를 도덕산道德山이라 하여 주산으로, 남쪽 멀리 봉우리를 무학산舞鶴山이라 하여 안산으로 삼았다. 동쪽과 서쪽 봉우리는 각각 화개산華蓋山과 자옥산紫玉山이라 이름 붙였다. 이 절묘한 산 이름들은 성리학적 세계를 넘어선 불교적 혹은 도교적 명칭들이다. 회재의 세계관이 그만큼 여유롭고 넓어진 것을 뜻한다. 그리하여 주변의 뭇 봉우리들 가운데 4개를 골라 환경적 다이어그램diagram을 만들었다.

　그는 또한 계곡의 숱한 바위들 가운데 다섯 곳을 골라 이름을 붙였고, 기능을 부여했다. 물고기를 바라보는 관어대觀漁臺, 목욕하고 노래를 부르는 영귀대詠歸臺, 갓끈을 풀고 땀을 식히는 탁영대濯纓臺, 마음을 평정하는 징심대澄心臺, 그리고 잡념을 씻어버리는 세심대洗心臺. 이제 회재의 눈에는 산은 산이 아니라 도학적 상징들이며, 바위는 은거를 위한 특별한 장소가 되었다. 이들을 이른바 4산5대라 불러 독락당의 확장된 자연 영역으로 삼았다. 4산5대로 구성된 전체 계곡을 자계紫溪라 이름 짓고, 그 스스로 자계옹紫溪翁이라 자처했다. 이제 자연은 회재의 '독락'을 위해 존재하는 드넓은 개인 정원이 되었다.

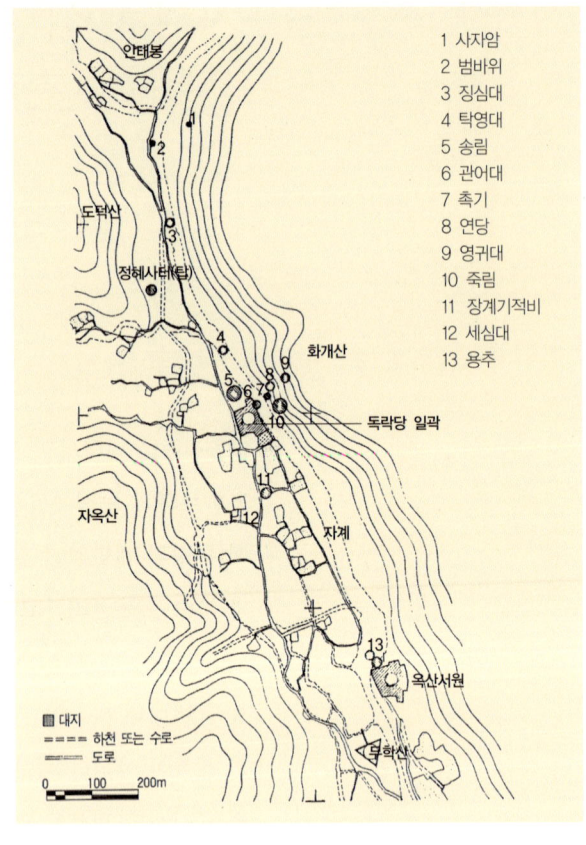

◥ **독락당 일대 지형지물**　김관석 도면.

## 사랑스런 가족과 함께

자연적인 환경만으로 은둔의 조건이 채워지지 않는다. 우선 편하게 거처할 주택과 수양을 위한 건축 공간이 필요했다. 두번째 장가들 때 안채를 지참물로 받아서 생활 공간은 확보되었지만, 장기적인 은둔을 위한 자신의 공간이

11_ 풍수지리설에서 집터나 묏자리, 도읍의 터 뒤쪽에 위치하고 거기서 좌청룡左靑龍과 우백호右白虎가 갈려 나온 산.

필요해서 독락당을 짓고, 취향에 맞추어 그 뒤의 계정을 고쳤다.

독락당 일곽에 대한 건축적인 평가는 바로 뒤에서 말하겠지만, 전체적으로 외부에 대해 폐쇄적이며 움추러든 건축임을 금방 눈치 챌 수 있다. 훗날 회재가 한창 잘나가던 시절, 본부인을 위해 지어준 양동마을의 무첨당과 비교해보면 무척 재미있는 사실을 발견할 수 있다. 무첨당은 높은 산등성이에 개방적인 터를 닦고 온 마을에서 보일 정도로 당당하고 화려하게 건축되었다. 양동 입구에서 가장 두드러진 모습으로 앉아 있는 향단 香壇 역시 회재가 동생 이언괄李彦适을 위해 지어준 집이다. 세 개의 박공지붕의 형태가 강렬한 향단은 자신의 존재를 과시적으로 나타내고 있다. 반면 독락당은 땅속으로 숨어

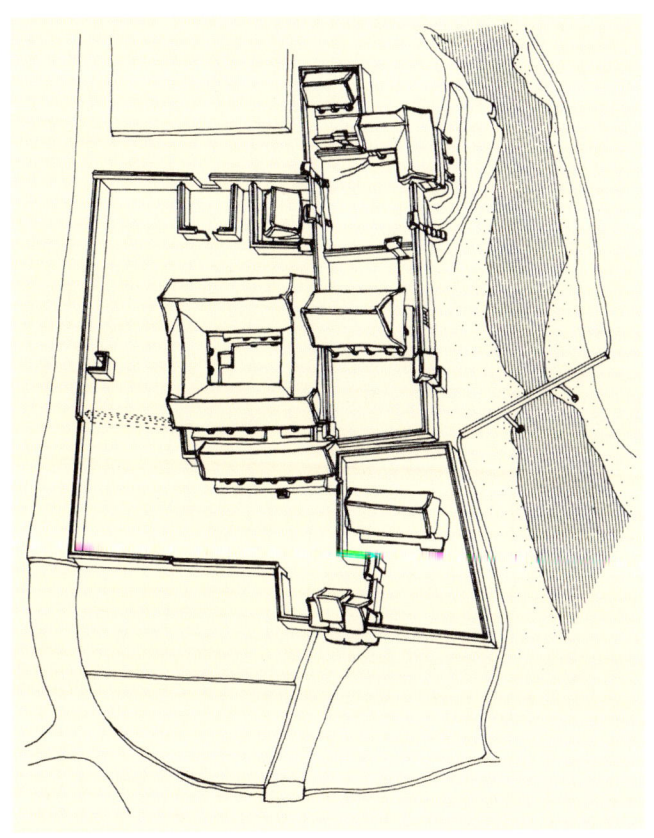

↗ **독락당 투상도** 김관석 도면, 필자 재작성.

버리듯 외부에서 인식하기 어렵게 폐쇄적이고 은둔적이다. 독락당의 전체적 이미지는 곧 은둔 시절 회재의 심정과 생활 태도를 잘 보여주고 있다. 은둔을 위한 완벽한 건축 공간이 만들어진 셈이다.

효과적인 은둔생활을 위해서는 무엇보다도 안정적인 가정생활이 필수적이다. 사회적으로 가장 불행할 때는 아무래도 본부인에게 돌아가는 것이 한국 남성들의 일반적인 패턴인데, 오히려 본거지 마을에서 한참 떨어져 고립된 소실의 주택에 몸을 맡긴 것은 이해하기 어렵다. 아마도 본부인과는 그다지 궁합이 맞지 않았던 모양이다. 또 어려서부터 전적으로 외가의 도움을 받고 자라 일말의 콤플렉스도 있었던 터에, 유명해지긴 했지만 불우한 현재의 자신을 고향 마을에 보여주기 싫었던 이유도 있었으리라. 반면 독락당에는 부유하고 (본부인보다) 젊고 이해심 많은 석씨 부인이 있고, 자신을 스승과

같이 섬기고 따르는 총명한 아들이 있다. 무엇보다도 본가 친척들이 방문하기에는 가깝지 않은 거리에 떨어져 있어 일가붙이들의 간섭이나 동정을 받을 필요도 없었다. 양좌동과 독락당이 있는 옥산리는 12km 정도 떨어져 있어서 걸어서는 딱 반나절의 거리다. 긴한 일이 있으면 서로 방문할 수는 있지만, 보통 때는 큰맘을 먹어야 갈 수 있는 거리다. 멀지도 가깝지도 않은 본가와 소실댁의 거리. 이제 의미 있는 자연과, 완벽한 건축적 공간과, 사랑하고 서로를 이해하는 작은 가족들만의 세계를 갖춤으로써 은둔을 위한 조건이 충족된 것이다.

## 경제적 조건

아무리 훌륭한 하드웨어를 구비했다고 해도 그것을 운영할 경제력이 뒷받침되지 못한다면 여유 있는 은거는 불가능하다. 7년간의 안식을 위해서는 막대한 경제적 뒷받침이 전제되어야 했다. 당시 독락당의 재산 규모가 어느 정도였는지 정확히 알 수는 없지만, "자계 일대에 독락당을 짓고 농장을 경영했다"는 기록[12]에서의 '농장'農莊이란 중세적 대규모 토지 소유를 암시하는 용어다. 회재의 외할아버지인 손소가 슬하의 5남 2녀에게 재산을 배분한 기록에 의하면, 회재 어머니에게 노비 18인과 360결 정도의 논밭을 분재한 것으로 나타난다.[13] 외가에서 물려받은 재산을 기반으로 관직생활을 통해 증식된 재산, 그리고 석씨 부인의 친정 재산까지 합쳐진 막대한 재산 규모를 짐작할 수 있다.

원래 옥산리 일대는 경주 설씨들의 세거지였으나 독락당 이후 여주 이씨들의 씨족마을로 바뀌고 말았다.[14] 회재가 대규모 농장을 경영하면서부터의 변화다. 대규모 농장을 경영하려면 수많은 노비와 소작농들이 이주해야 했을 것이고, 이들의 주거에 둘러싸인 독락당은 그야말로 외부세계에 대해서는 철저하게 보호받을 수 있는, 경제적인 은거를 이룰 수 있었을 것이다.

지금도 독락당 영역 안, 앞쪽에는 공수간供需間이라는 건물이 남아 있다.

12_ 許曄 讚,『玉山書院記』.
13_ 이수건, 앞의 책, p.196.
14_ 김관석,「조선시대 주거 "독락당" — 廊에 관한 연구」(I),『대한건축학회지』 28권 121호, 1984. 12, p.32.
15_ 김관석,「조선시대 주거 "독락당" — 廊에 관한 연구」(II),『대한건축학회지』 29권 122호, 1985. 2, p.5.

↗ 오른쪽의 공수간에 가려진 살림채

과거 솔거노비들이 거주하며 주인의 뒤치다꺼리를 하던 살림집이다. 현재의 대문 밖에도 또 한 채의 공수간이 있었다고 하니[15] 독락당의 정면은 공수간들에 가려서 바깥에서는 보이지도 않았을 것이다. 또한 그 앞으로도 많은 노비들과 소작인들의 살림집이 자리잡았을 것이다.

# 은둔을 위한
# 미로의 구성

**낮추기와 감추기**

이언석은 이른바 4산5대로 둘러싸인 자계 골짜기 옆 평지 낮은 지대에 집터를 잡았다. 이미 있었던 계정에 가깝게 살림채를 지어야 했던 까닭이었지만, 결과적으로는 은거생활을 위해 가장 적당한 입지가 되었다. 집터만 낮은 것이 아니라 모든 건물의 기단도 낮고, 마루도 낮고, 지붕도 낮다. 앞쪽은 공수간들이, 뒤쪽은 인공으로 조림한 수풀이 낮은 독락당 일곽을 외부의 시선으로부터 차단시키고 있다. 독락당의 건축적 일곽은 안채와 사랑채(독락당), 별당(계정), 전면의 공수간과 숨방채의 4영역으로 이루어진다. 그리고 사당 등 부속 건물이 첨가되었다. 이처럼 다양한 내부의 구성을 외부에서는 전혀 눈치 챌 수 없다. 안채와 독락당은 연결되어 있지만, 나머지 영역들과 건물들은 분산되었고, 그들 사이를 담장으로 이루어진 마당들이 매개하고 있다.

ㅁ자형의 안채는 경주 지역 사대부가士大夫家 형식을 원형으로 삼고 있다. 안동 지방의 뜰집과는 달리 안마당이 넓고, 안대청의 높이도 낮아서 평지에 잘 맞도록 되었다. ㅁ자형 평면의 안쪽은 안방과 안대청이, 바깥쪽은 빈소방貧所房과 고방이, 그리고 그 사이 두 날개채는 부엌과 창고로 이루어졌다. 동남부의 빈소방과 안사랑방은 원래의 용도에서 변형된 것이다. 동쪽의 독락당이 신축되기 전, 이 부분은 사랑방과 사랑대청으로 이용되었다. 독락당이 신축되어 별도의 사랑채가 생기면서, 이 부분은 작은사랑으로 장가든 아들(이전인으로 추측)의 거처가 되었다.[16] 그후 용도가 다시 변하여 현재에 이른다. 지금

[16] 김관석, 앞 논문(II), p.4.

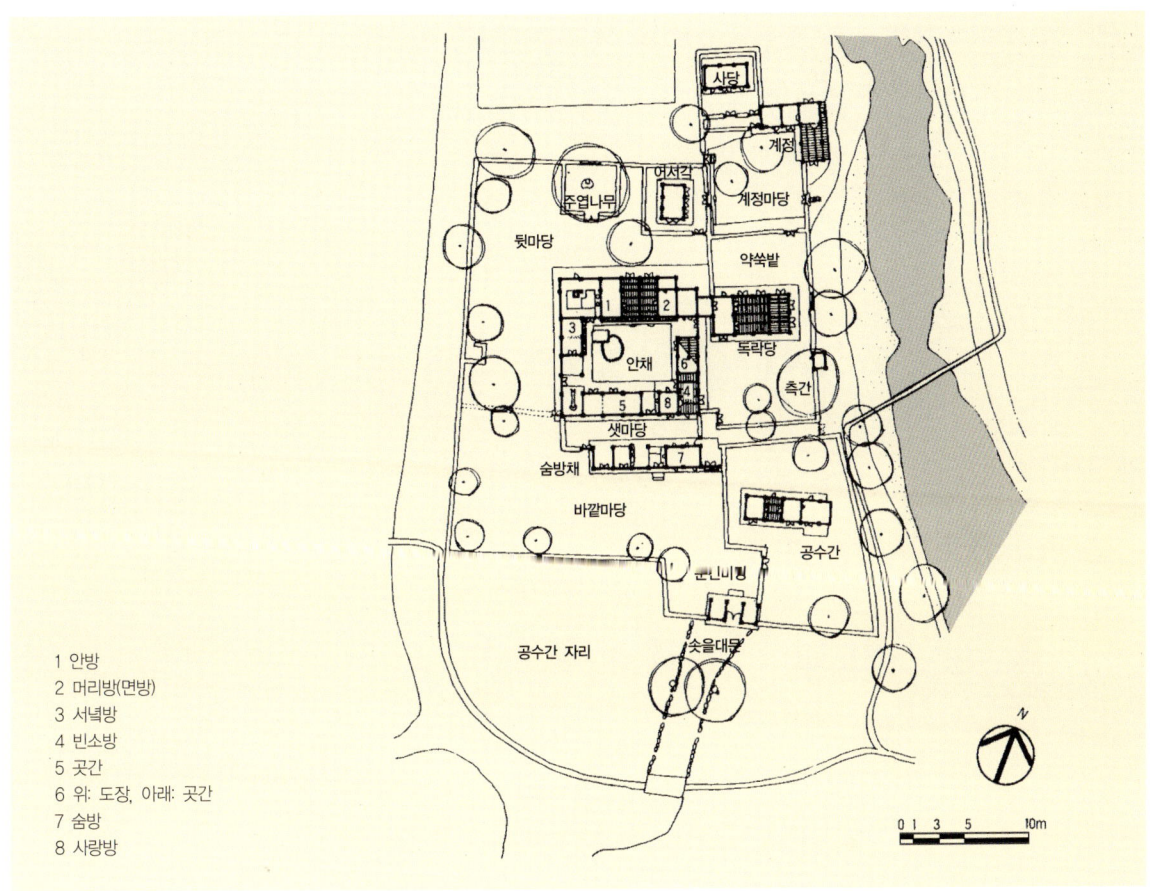

1 안방
2 머리방(면방)
3 서녘방
4 빈소방
5 곳간
6 위: 도장, 아래: 곳간
7 숨방
8 사랑방

↗ **독락당 일곽 배치 평면도** 김관석 도면, 필자 재작성.

도 자세히 살펴보면 샛마당과 독락당 마당으로 통하는 문과 창문이 달려 있다. 과거 사랑채로 쓰였던 흔적이다.

안채 앞의 숨방채는 청지기와 침모 등 측근 노비들의 행랑채였다. 숨방채 중앙에는 대문이 있지만, 혼례식이 있을 때만 사용하고 평소의 출입은 동쪽 끝 칸의 대문을 이용했다.[17] 매우 의례적인 대문으로 보통 살림집의 구성과는 크게 다르다. 숨방채 뒤와 안채 사이에는 좁고 긴 샛마당이 생겨났고, 노비들의 작업과 생활 공간인 동시에 안채로 들어가는 진입 마당으로 사용되었다.

현재 집 앞에 있는 3칸 솟을대문은 조선 말기에 조성된 것으로 원래의 대문은 숨방채 동쪽의 것이다. 대문을 들어서면 정면으로 막힌 벽면을 대하게 된다. 이 작은 마당은 안채와 사랑채로 향하는 두 문을 측면에 감추고 있는,

17_ 같은 논문, p.4.

▷ **독락당의 안채** 역시 낮은 기단과 낮은 층고들이다.

순수한 진입용 공간이다. 여기서 왼쪽 벽의 작은 문을 열면 안채로 향하고, 오른쪽 문은 사랑채인 독락당으로 향한다. 왼쪽 담을 끼고 긴 골목을 지나면 자계의 냇가에 이르게 된다. 2평이 될까 말까 한 작은 마당에서 4곳으로 통하는 통로가 만나고 있는 것이다.

여기서도 안채의 존재나 독락당의 존재를 느낄 수 없다. 두 건물 모두 층고가 낮아서 담장에 막혀 보이지 않기 때문이다. 하물며 독락당 뒤에 계정이 있으리라고는 짐작조차 안 된다. 진입에서부터 계정에 이르기까지의 장면들은 지극히 단절적이다. 겨우 독락당 마당에 들어서도, 마당 전면을 꽉 메운 독락당 건물 때문에 뒤쪽 계정으로 연결되는 동선이 쉽게 눈에 띄지 않는다. 보통의 손님은 독락당까지만 출입이 허용되었고, 계정 영역은 순수하게 이언적 자신의 개인적 공간으로 확보되었다.

독락당 벽과 담장 사이의 좁은 길을 통하면 다시 담장이 쳐지고 계정으

↗ **미로들이 만나는 대문간** 왼쪽은 안채로, 오른쪽은 독락당과 계곡으로 향하는 통로이다.

로 향하는 작은 대문에 맞닿는다. 계정 마당에 들어서도 계정의 존재는 쉽게 인식하기 어렵다. 계정의 몸체는 담장 바깥으로 빠져 있어서 마당에서는 벽과 면으로만 느껴지기 때문이다. 계정 서쪽에는 사당이 자리잡았다. 보통 사대부가에서는 사당이 가장 중요하고 눈에 잘 띄는 위치에 놓이지만, 이 집에서는 가장 깊숙한 곳, 그것도 이중 담을 쌓아 잘 보이지 않도록 감추어져 있다. 사당뿐 아니다. 비록 후대에 세워지기는 했지만, 임금의 어필을 보관한 어서각御書閣도 쉽게 발견하기 어렵다. 역시 건물 몸체를 담장 바깥에 세우고 마당에는 출입문만 냈기 때문이다. 건물을 낮추어 외부로부터 감추고, 동선을 차단하고 막아서 다시 감춘다. 독락당을 제외한 모든 건물들은 되도록 눈에 드러나지 않도록 은폐되어 있다. 낮추고, 감추고, 막는 건축적 구성은 은둔을 위한 제일의 방법이다.

### 담의 건축, 면의 건축

독락당의 구성에서 가장 눈여겨보아야 할 부분은 담장들이 이루어내는 외부 공간들이다. 이 집에서 '담장'이란 건물에 부속된 종속 요소가 아니라, 담장 그 자체가 적극적인 공간 구성 요소로 사용된다.

계정 마당의 예를 들어보면, ㄱ자로 꺾인 계정 건물은 양진암의 한 벽면만 드러날 뿐, 건물 전체의 형태를 인식할 수 없다. 계정의 형태를 인식할 수 있는 곳은 내부 마당이 아니라 자계를 건너 맞은편 산 쪽에서만 가능하다. 계정 마당 쪽에서 보면, 건물은 더 이상 입체가 아니고 오히려 담장의 연속면으로써 동북 모서리면을 형성할 뿐이다. 이 마당의 주인은 건물이 아니라 4면

▷ 솟반채와 안채 사이 샛마당

을 둘러싸는 담장이다. 거의 정사각형으로 이루어진 이 마당의 완결성을 유지하기 위한 노력은 회재 사후에 조성된 사당이나 어서각의 위치에서도 계속된다. 양진암 서쪽에 위치한 사당은 마당의 바깥에 놓이고, 그나마 이중 담을 쌓아 마당에서 인식하기 어렵게 되었다. 어서각 역시 계정 마당 바깥 서쪽에 놓이고, 담장에 문과 살창을 설치해 들여다볼 수 있게 만들었다.

거리상으로 꽤 떨어진 계정과 독락당을 연속시키는 요소도 역시 담장들이다. 배치도를 들여다보면, 두 건물들을 연속시키기 위하여 동서 담장을 일정한 폭으로 나란히 설치했음을 알 수 있다. 반대로 표현하자면, 담장을 둘러 남북으로 긴 외부 공간을 만들고, 그 중간을 막아 계정과 독락당 영역의 경계로 삼았다. 계정 영역에서 건물을 면적인 요소로 취급한 수법은 독락당에서도 반복된다. 남북으로 길게 형성된 영역 중간에 독락당을 위치시켰는 바, 독락당 전면의 길이가 마당 폭의 거의 전부를 차지함으로써 독락당은 입체가 아니라 면으로 인식된다. 물론 계정으로 통하기 위해 동쪽 개울가에 통로를 마련했지만, 건물면의 크기에 비해 매우 좁아서 계정 영역으로의 시각적 연속성은 차단되고 만다. 독락당 뒤의 약쑥밭은 회재가 직접 가꾸던 뒷마당으로 의도적으로 만들어진 곳이다. 이곳 역시 3면의 담과 1면의 건물 벽이 이루

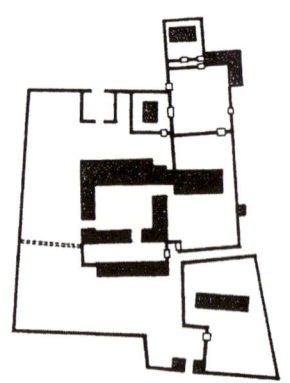

▷ **독락당의 담장과 통로** 김봉렬 도면.

**계정으로 향하는 작은 대문** 독락당 벽과 담장 사이의 긴 골목을 뒤돌아본 모습이다.

는 이부 공간이다.

이 집의 요소요소에 나타나는 막힌 골목과 샛마당들은 담장뿐 아니라 건물의 벽을 면적인 요소로 취급했기에 가능한 공간들이다. 숨방채 뒷면과 안채 앞면의 두 벽면은 좁고 깊은 샛마당을 형성했다. 이 마당은 안채로 통하는 중문으로 들어가기 위한 과정적 공간이다. 그러나 이 마당에 들어서면 안채의 중문은 잘 인식되지 않고, 오히려 막다른 골목에 들어선 느낌을 받는다. 중문은 측면의 부분적 요소로 숨어 있고, 좁고 깊은 마당의 방향성과 시각적 종점에 가로막힌 담장만 부각되기 때문이다.

숨방채 대문에서 개울가로 통하는 통로 역시 마찬가지의 수법을 보여준다. 독락당 앞담장과 공수간 뒷담장이 마주서서, 건물 내부의 복도와 같이 좁고 깊은 길을 만들어낸다. 절대 길이로는 15m에 불과하지만, 양쪽의 무표정한 두 담장 면이 바짝 서 있기 때문에 끝이 보이지 않아 호기심과 함께 당혹감을 일으킨다. 원래는 이 골목 끝, 개울 쪽에 협문을 달았다고 하니, 그야말로 막다른 골목이었을 것이다.

계정 옆 사당으로 들어가기 위해서는 2개의 문을 통과해야 한다. 계정마당 쪽으로 앞 담장이 쳐졌고, 그 뒤 3m 후퇴하여 또 하나의 담장이 있기 때문

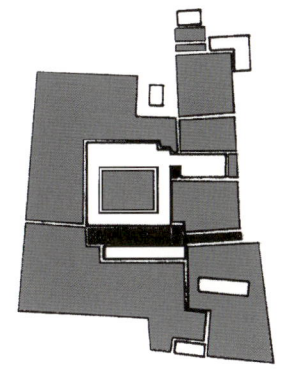

**독락당의 외부 공간도** 김봉렬 도면.

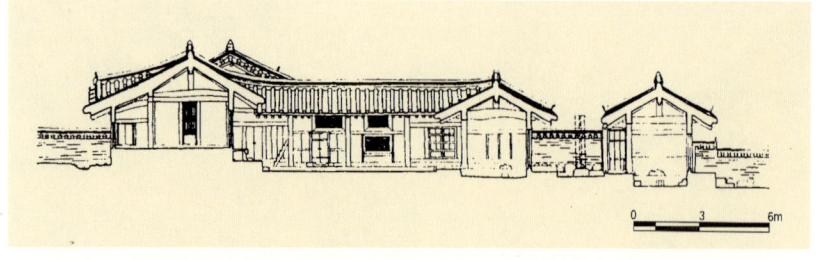

◤ **안채-숨방채 남북단면도** 김관석 도면. 오른쪽 두 채의 단면, 안채와 숨방채 사이의 샛마당에 유의.
◣ **계정 부분 단면도** 김관석 도면, 필자 재작성. 왼쪽부터 사당-양진암-계정이다.

이다. 이 좁고 긴 공간은 제례에 방해가 되기 때문에 결코 기능적인 이유에서 만들어진 것은 아니다. 이 집 전체에 흐르고 있는 분절과 은폐, 부분 영역들의 독자성 확보를 위한 노력이 사당 영역에도 구현된 것이다.

담장들의 적극적인 영역 만들기로 인해서 어서각의 영역, 주엽나무 주변, 그리고 공수간의 영역이 형성된다. 어서각의 경우는 말할 것도 없고, 중국에 사신으로 갔던 친구가 회재에게 선물했다는 주엽나무(천연기념물 115호) 주변에도 담장을 둘러 독립된 영역을 만들었다.

공수간은 주인 가족을 서비스하기 위한 솔거노비의 살림집이지만, 이처럼 사방에 담장을 둘러서 독립된 영역으로 만든 예는 찾아보기 어렵다. 안채의 서쪽부에는 원래 숨방채 사이에 담장이 있어서 뒷마당과 바깥마당으로 구분했었다고 한다.[18] 이 담장들은 단순히 영역의 경계로만 작용하는 것이 아니라, 자율적으로 꺾이고 뻗어남으로써, 순수하게 벽면으로만 형성된 작은 외부 공간들을 만들어나간다. 솟을대문 안쪽의 문간마당, 안채와 독락당 출입을 위한 아주 작은 샛마당들이 그것이다. 그럼으로써 이 집은 정교한 미로들의 단편적인 공간들로 채워지게 된다.

18_ 김관석, 앞 논문, p.5.

# 독락당,
# 홀로 즐거운 집

### 낮은 곳을 향하여

회재의 생각을 가장 잘 읽을 수 있는 건물은 사랑채인 독락당과 뒤편의 계정이다. 계정은 은거생활을 위해 새롭게 수리한 것이며, 독락당은 아예 신축한 것이기 때문이다. 두 건물은 형태적으로는 완전히 다른 발상에서 출발한 것 같지만, 이 두 건물은 하나의 같은 목적을 위해 세워진 것이다.

독락당은 살림집 건물로는 드물게도 보물(413호)로 지정돼 있다. 초익공初翼工 형식의 공포栱包[19]와 솟을합장[20]을 가진 구조틀이 조선 전기의 모습을

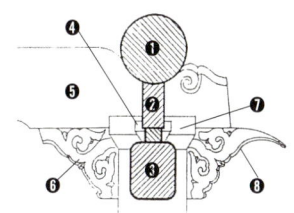

↗ **초익공계 공포 구조도** ❶ 굴도리 ❷ 장혀 ❸ 창방 ❹ 소로 ❺ 들보 ❻ 보아지 ❼ 주두 ❽ 초익공쇠서

[19] 처마의 무게를 받치기 위해 짜 맞춘 부재들을 통틀어 공포라 하며, 많은 공포 부재 가운데 기둥 밖으로 돌출된 보머리를 받치는 부재를 살미라고 부른다. 이러한 살미가 새의 날개 모양으로 1개 놓인 것을 초익공이라 하며, 초익공으로 이뤄진 공포의 구조를 초익공 구조라 한다.

[20] 대공이 따로 있고, 마치 'ㅅ'자와 유사한 받침대를 보조적으로 창방과 도리 받침 사이, 기둥 칸살이에 설치하여 도리가 구르는 것을 방지한 구조.

↘ **독락당의 모습** 마루의 높이가 낮아 평활한 형태이다.

가지고 있다는 문화재적 가치 때문이다. 그러나 전문적인 문화재 지식이 없더라도 이 집은 보통 집의 사랑채와는 전혀 다른 분위기임을 쉽게 알아볼 수 있다. 전면 4칸이라는 짝수 칸살이도 그렇고, 규모에 비해 기단과 마루와 층고가 낮아 매우 수평적인 비례를 가지고 있다는 점도 그렇다. 양반집의 사랑채는 높고 화려하게 꾸며져 집주인의 위엄을 한껏 과시하고 있는 데 비하여, 독락당은 땅으로 꺼져 들어가려는 듯 자신을 감추고 있다.

지붕의 형태 또한 불완전하다. 동쪽 개울 쪽은 팔작지붕이지만, 서쪽 안채 쪽은 맞배지붕으로 비대칭을 이루기 때문이다. 그러나 주의 깊게 보지 않으면 이상함을 느낄 수 없다. 독락당은 단독으로 존재하는 건물이 아니라, 안채에 접속된 부분적인 건물이기 때문이다. 독락당의 사랑방 서쪽에는 한 칸의 작은방이 비밀스럽게 붙어 있다. 책을 쌓아두는 책방인 동시에 독락당과 안채를 연결하는 매개 공간이기도 하다. 앞의 한 칸을 비우고 뒤 한 칸을 차지했기 때문에, 유심히 보지 않으면 이 방의 존재를 알 수가 없다. 두 건물을 연결하면서 동시에 분절하려는 이중적 목적을 위해서 동원된 수법이다.

독락당은 4×2칸의 칸살이로 2칸방 하나에 6칸의 마루로 구성되었다. 동쪽 끝 칸의 마루는 원래 마루방으로 꾸며진 것 같다. 마루청판의 방향이 가운데 대청과는 직각으로 놓이고, 분합문을 달았던 흔적이 있으며, 지붕틀의 구성이 대청 부분과는 다르기 때문이다. 마루방의 창문은 동쪽 담장과 북쪽 뒷마당을 향하여 뚫려 있다. 북쪽의 창은 회재가 직접 가꾸었다는 약쑥밭을 바라보기 위함이고, 동쪽의 창은 계곡을 바라보기 위함이다. 독락

↗ **독락당 정면도** 정인국 도면.

당과 계곡 사이에는 담장으로 막혀 있지만, 담장의 일부를 뚫고 살창을 설치해 투시해 볼 수가 있다. 그러기 위해서는 마루방에 앉아 창을 열고 살창을 향해 시선을 아래쪽으로 두어야 하며, 계곡의 전경이 보여지는 것이 아니라 흐르는 물의 일부만을 볼 수 있다. 마루방의 창이 문과 같이 바닥까지 내려온 이유 또한 시선을 아래쪽으로 유도하기 위함이다. 계정의 경우도 대청마루에서의 주경관은 바깥의 계곡 쪽이고, 시선은 자연스럽게 아래를 향하도록 되었다. 하향적 시각 구조를 위해서 개울물 위에 누마루를 걸치 않으면 안 되었다. 독락당과 계정은 낮은 곳을 향해서, 물을 향해서 지어진 집이다.

21_ 경사진 지붕이 앞뒤로 맞놓이는 맞배지붕은 좌우에 ∧자 모양의 합각을 이룬다. 우진각지붕은 용마루로부터 바로 기왓골이 시작되는 유형의 지붕으로 팔작지붕과 같은 합각을 두지 않는다. 팔작지붕은 우진각지붕 위에 맞배지붕을 올려놓는 형태로, 네 귀에 모두 추녀를 달았다.
22_ 건물 정면의 입면立面을 의미하며 한 건물의 여러 면 가운데 가장 장식적이고 중요한 면을 일컫는다.

↙ **독락당의 책방** 사랑채와 안채 사이를 연결하며 동시에 분절하는 역할을 하고 있다.
↙ **독락당 마루방에서 담장의 살창을 통해 계곡을 바라본 모습** 담장의 살창 쪽으로 시선을 유도하기 위해 마루방의 창이 문과 같이 바닥까지 내려왔다.

### 자연을 향한 파사드

이 집의 정면은 물론 대문간이 있는 남쪽이다. 그러나 그 의례적 정면은 은폐적이며 무표정하다. 반면 계곡 쪽의 측면은 절벽에 다리를 걸친 정자와 긴 담장과, 그 사이에 뚫려 있는 출입문과 살창과, 심지어는 담장 밖으로 떠 있는 측간까지 자연과 어우러져 아름다운 장면을 연출한다. 앞서 확인한 바와 같이, 집 내부에서의 시선도 남쪽이 아니라 동쪽 계곡을 향하고 있다. 특히 계정은 계곡면을 향하여 지극히 형태적이며 개방적이다. 따라서 이 집의 건축적 정면은 바로 동쪽의 계곡 쪽이다. 회재 역시 동쪽을 주된 파사드façade[22]

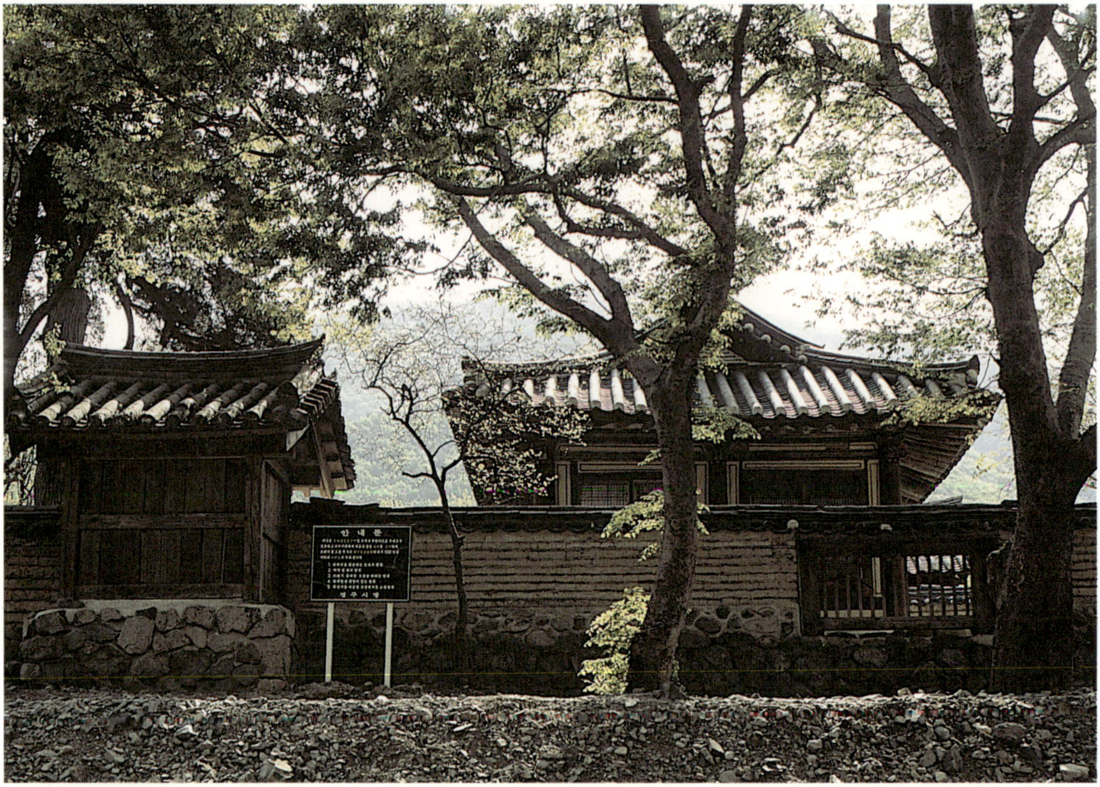

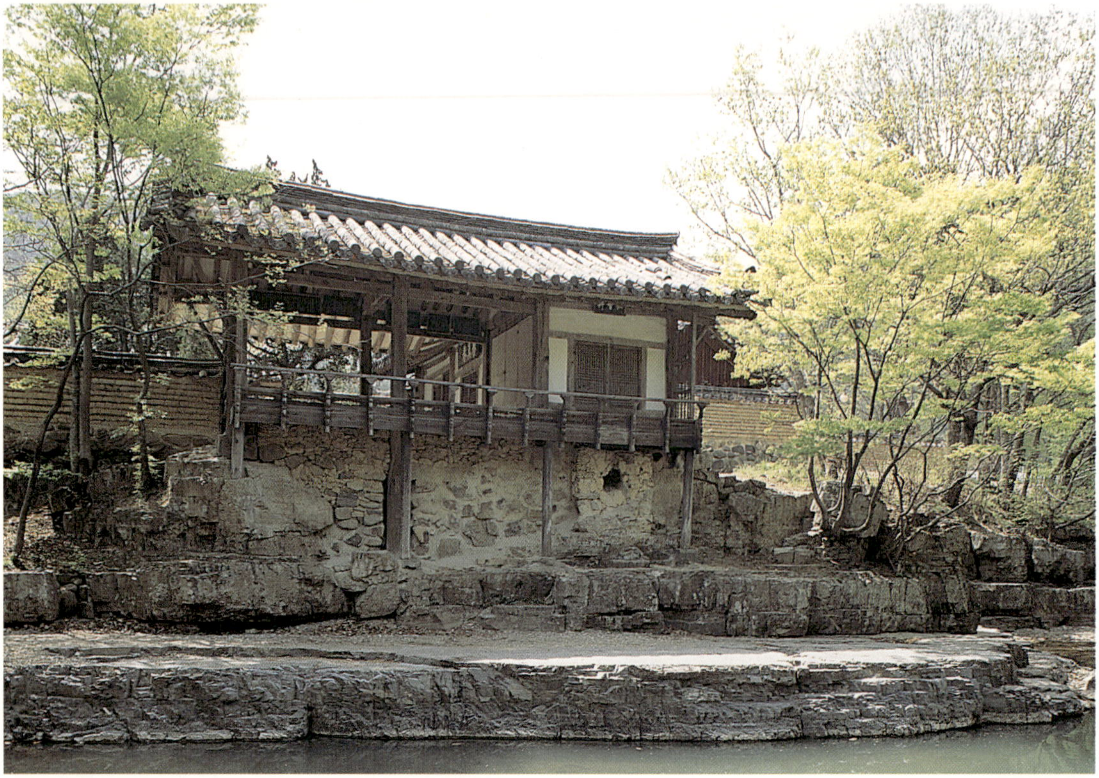

로 삼아 계획했을 것이다. 이 집을 지은 목적은 인간 사회와는 절연하고 자연과 벗 삼기 위함이었기 때문이다.

이 집의 건축적 정면이 자연을 향해 열려 있다는 것은, 이 집은 곧 자연의 입구라는 의미가 된다. 이 일대의 경승을 읊은 「옥산 14영」玉山十四詠의 구조를 보면, 이 집이 얼마나 자연과 일체화되었는지를 알 수 있다. 14영은 자옥산, 독락당, 계정과 양진암, 관어대 등 5대, 연당, 낚시터, 폭포, 용추, 옥산서원, 자계 계곡을 들고 있다.[23] 인공과 자연의 구별이 전혀 없고, 독락당은 나머지 자연물의 출발점이 된다.

동쪽 자연을 향해서는 열려진 정면이지만, 남쪽 인간 사회를 향해서는 닫혀진 극히 형식적인 정면이다. 단, 인간을 향해 열려진 예외가 있다면, 바로 서쪽의 정혜사(定惠寺 또는 淨慧寺)를 위한 통로였다. 정혜사는 신라 때 창건되어 19세기 중반까지 운영되었던 불교사찰이고, 현재도 독락당 서쪽 300m 지점에 십삼층석탑이 서 있다. 회재는 독락당에 거주하면서 정혜사의 승려와 친교가 있었고, 정혜사의 정경을 좋아했다.[24] 독락당을 증축하기 이전, 은둔생활의 초기 2년 동안 회재는 정혜사를 휴식과 독서처로 삼았고, 회재 사후에도 정혜사 승방 안에는 선생의 글씨와 서책들이 가득했었다고 전한다. 조선 사회에서 가장 미천한 신분인 승려와 최고의 유학자가 신분을 뛰어넘어 교류하고 토론하던 아름다운 관계였다. 회재는 심지어 계정을 수리하면서 2칸 방을 덧달아 '양진암'養眞庵이라고 이름을 붙이고, 정혜사 승려가 언제든지 와서 거처할 수 있도록 배려를 할 정도였다. 그 승려의 이름은 전하지 않지만, 은거 시절 회재의 유일한 친구였고, 불교적 세계관의 가치를 재인식시켜준 스승이었을 것이다.

## '독락'과 '독락당'의 원형

'독락'獨樂이란 글자 그대로 '홀로 즐겁다'는 뜻이다. 송나라의 사마광司馬光(1018~1086)은 왕안석王安石의 개혁 정치(신법新法)를 거부하고 낙향하여 향

[23] 「玉山十四詠」 『玉山書院誌』,(이수환 편저, 영남대학교 민족문화연구소, 1993), p.18에서 발췌. 또는 「옥산 16영」이라고도 하는데, 14영에 정혜사와 사자암을 추가한다.
[24] 『晦齋集』, 卷1, 古今詩條, 「向定惠寺吟錄卽景」.

**계곡 쪽에서 바라본 독락당 전경** 독락당과 계곡 사이에는 담장으로 막혀 있지만, 담장의 일부를 뚫고 살창을 설치해 투시해 볼 수가 있다.
**계정** 자연과 벗 삼기 위해 계곡 쪽인 동쪽을 주된 파사드로 계획했다.

촌에 '독락원' 獨樂園을 경영하고 은거생활에 들어갔다. 그는 「독락원기」에서 "'독락'이란 홀로 즐기려는 것이 아니다. 전원생활의 즐거움을 남들과 같이 나누고 싶지만, 세상 사람들이 전원을 버림으로써 '독락'이 된다"고 했다.[25] 그러나 세인들의 관심이 없을 만한 곳을 골랐기 때문에 이는 변명에 불과하다. 회재의 '독락' 역시 철저하게 개인화된 즐거움이었다. 그는 의도적으로 일반 유림 사회는 물론 일가친척들의 고향 사회마저도 외면하고, 자계 골짜기 무인지경에 은거했다. 그가 교류하는 사람이란 소실부인과 아들, 그리고 인근 정혜사의 선승뿐이었다. 또한 인간 사회보다는 주변 자연을 자신의 의미를 부여한 주 활동 무대로 삼았다.

이제는 매우 개성 있는 건축가의 길을 걷고 있는 아르텍의 김관석은 울산대학교 교수 시절에 작성한 논문에서 회재의 일상적인 은거생활을 다시 복원했으며, 이는 상당 부분 사마광의 독락원 생활을 원형으로 삼고 있다고 말한다.[26]

회재는 평소에 독락당에서 독서하다가 자연을 바라보고 싶을 때는 살창 사이로 내와 고기를 쳐다보았을 것이다. 또한 집 안에서 약쑥을 뜯고 꽃밭을 가꾸기도 하다가, 집 밖으로 나가서는 죽림에서 대나무를 잘라 조기釣磯에서 낚시하고, 관어대에서는 물고기를 보고, 영귀대에 올라가서 시가를 읊고, 탁영대에서는 갓끈을 풀어 땀을 식히고, 세심대에서는 떨어지는 폭포를 보고 잡념을 떨쳐버리고, 징심대에서는 고요한 수면을 보고 마음의 평정을 찾았을 것이다. 가끔은 도덕산, 자옥산, 화개산, 무학산을 올라다녔으며 돌아와서 사랑방에서 곤히 잠을 자고, 또 다시 새로운 마음으로 책을 읽었으리라. 또한 정혜사를 찾아가 중들과 담론하기도 하고, 그들이 양진암(계정)에 찾아오는 일도 있었으리라.[27]

인근 지도를 펴놓고 회재의 산책로를 그려보면, 이른바 4산5대가 얼마나 개인화된 장소로 활용되었는지, 독락당이라는 인공 건축과 4산5대의 자연이

25_ 김관석, 앞의 논문, p.6에서 재인용.
26_ 司馬溫公, 「獨樂園記」, 『古文眞寶集』, 世昌書館, 1928, pp.111~112. 독서당讀書堂을 근거지로 삼아 '投竿取魚 執衽采藥 決渠灌花 操斧剖竹 濯熱盥水 逍遙徜徉 惟意所適'의 전원생활을 즐겼다.
27_ 김관석, 앞의 논문, p.5.

↗ **계정 마당 쪽에서 바라본 계정** 투명한 면으로 역할한다.

얼마나 연속적인 순환로상에 있는지를 실감할 것이다. 독락당은 산책로의 시작이자 끝점이며, 인공적인 건축은 자연 속의 한 점에 불과하다.

은거생활의 원형을 사마광에서 찾았다면, 건축적인 원형은 좀더 가까운 지역적 건축상에서 찾을 수 있다. 우선 안채는, 안사랑이 원래대로의 사랑채였다고 가정하면, 인근 양동마을의 월성손씨 대종가인 '서백당'의 구성과 유사하다. 폐쇄된 ㅁ자형 평면에 앞에 길게 붙은 행랑채(숨방채), 동남 모서리에 위치한 사랑채의 위치, 대문에서 중문으로 이르는 진입 과정 등이 그러하다. 이 유사성은 단순히 지역적 형식을 따랐다기보다는 시대적인 형식이었을 가능성이 높다. 양동의 숱한 기와집들 가운데 유독 임진왜란 이전의 주택들만 폐쇄된 ㅁ자형 평면 — 양동에서는 '통말집'이라 부른다 — 을 따르며, 임진왜란 이후의 것들은 대부분 튼 ㅁ자 평면(반말집)을 따르기 때문이다.

계정은 경주 일대 정자 건축의 공통적 요소를 충실히 구현하고 있다. 이 지역의 유수한 정자들은 대부분 아름다운 개울가 절벽에 세워지기 때문에 계곡 쪽이 형태적 정면을 이룬다. 따라서 진입하는 반대쪽은 형태적인 뒷면이 되고 만다. 계정 마당에서 계정의 형태를 인식하기 어려운 것은 이 때문이다. 또한 절벽 위에 정자를 걸었기 때문에 앞쪽은 누각과 같이 구성되어 전면 기둥열은 필로티pilotis[28] 형식을 취한다.[29] 그러나 양진암의 두 방을 붙여 ㄱ자 형으로 구성한 점, 양진암을 마당의 벽면으로 취급한 점 등은 계정만의 독창적인 발상이다.

결국 독락당의 생활과 건축은 이미 존재했던 원형들에서부터 출발했다. "태양 아래 새로운 것은 없다"고 했던가. 그러나 유형학적 분석만으로는 독락당 건축의 가장 중요한 개념과 성취들을 읽어낼 수 없다. 뿐만 아니라 회재라는 통합적 지식인이 보여준 사상과 건축의 일체화를 찾아내기도 어렵다. 중요한 것은 유형학적 공통성이 아니라 어떻게 원형을 변형시켰는가이며, 독락당만이 가지고 있는 개성적인 개념과 그 실현의 방법일 것이다.

---

[28] 건물의 전체나 일부를 기둥으로 들어 올려 생긴 공간 또는 그 기둥을 일컫는다.
[29] 신재억+김봉렬, 「경주 지역의 정자 건축에 관한 연구」, 『공학연구논문집』, 23권 1호, 울산대학교, 1992, p.110. 이런 형식의 대표적인 예는 백원정(강동면 강교리), 수재정(강동면 하곡리), 이락당(경주시 남산동) 등을 들 수 있다.

# 옥산서원의 건축사

**창건과 조영의 역사**

이언적은 나중에 동방5현東方五賢[30]으로 받들어졌고, 문묘에 배향되었다. 온 나리가 추모하는 위인이 되었고 당연히 그를 위한 서원을 만들어야 했다. 회재가 죽은 지 20년 후인 1572년 독락당 인근에 서원이 창건되었고, 1574년 '옥산서원'이라는 명칭을 임금으로부터 하사받아 사액서원이 되었다. 서원 창건을 발의한 이들은 회재의 손자와 제자들, 권덕린 외 13명이었다. 아직 전국적 유림에서 회재의 위대함을 정당하게 평가하지 못했던 시점이었기 때문에 발의도 늦어지고 발의자도 적었다. 그러나 당시 경주시장(부윤)은 평소 회재를 흠모하던 이제민李齊閔이었고, 발의를 받은 그는 지방 수령의 신분적 이점을 이용해 경상감사와 예조판서를 설득해 서원 창건을 허락받았다. 이제민과 후임시장 박승임은 소요 자재를 직접 조달하고, 친히 터를 잡고 인부를 고르는 등 창건 공사를 실질적으로 주도했다.[31] 비록 민간에서 발의된 것이지만, 지방 관청이 온갖 지원을 다해 창건된 서원이다.

2월에 시작된 공사는 같은 해 8월에 종료되어 반년밖에 걸리지 않았다. 이때 완성된 건물은 총 40여 칸이었고, 현재의 전사청, 문집판각, 장서각, 고사 등은 기록에 나타나지 않아 후대에 증축된 것으로 여겨진다. 사당은 체인묘體仁廟, 강당은 구인당求仁堂, 동재는 양진재兩進齋, 서재는 해립재偕立齋[32] 전면 누각은 무변루無邊樓, 그리고 정문은 역락문亦樂門[33]으로 현재 서원 주요부의 구성은 거의 창건 때의 것이다.

---

[30] 동방오현이란 김굉필, 정여창, 조광조, 이언적, 이황 등으로 조선 초기 성리학을 정립하고 사림의 모범을 보인 인물들이다. 김굉필과 정여창은 대의를 위한 순교적 자세가, 조광조는 사림적 이상을 정치적으로 구현함으로써, 이언적은 이단의 사설을 물리치고 성리학의 정통을 지킴으로써, 그리고 이황은 조선 성리학의 집대성자로서 숭상받았다.

[31] 이수환 편저, 앞의 책, p.12.

[32] 동서재의 명칭은 암수재闇修齋와 민구재敏求齋라고 하기도 한다. 동서재의 또 다른 방 이름들이다.

[33] 「書院堂額贊」에 따르면 각 건물의 명칭은 다음과 같은 의미로 부여됐다.
체인묘 : 사람은 인을 체로 삼아 성장한다.
구인당 : 마음의 덕과 지식의 근본을 구하는 집.
양진재 : 가볍고 무거운 성인 모두를 되기 위함.
해립재 : 경과 의를 함께 행함.
무변루 : 시작도 끝도 없는 태허의 상태.
역락문 : 천하의 영재를 가르치는 즐거움.

**관리사 안마당 전경** 가운데가 서원청으로 추정되는 건물, 왼쪽이 반옥외 부엌인 포사, 그 뒤 숨겨진 낮은 건물이 고청이다. 오른쪽 창고는 대고大庫라 부른다.

　남쪽에 부가된 관리사 부분은 여타 서원에 비해 지나칠 정도로 대규모다. 이 부분이 언제 조성됐는지 기록은 명확치 않다. 단지 1816년 창고의 수리 기록이 있어서 18세기에는 이미 완성된 것으로 추정된다. 관리사 부분은 모두 4동의 건물로 이루어졌는데, 각 건물의 명칭도 명확치 않다. 서원 건물의 수리 기록을 종합해보면, 가장 남쪽의 5칸 창고는 '대고'大庫, 마당 가운데의 3칸 건물은 '포사'庖舍, ㄴ자형의 긴 건물은 '고청'庫廳, 그리고 동쪽의 당당한 3칸 건물은 '서원청'書院廳으로 추정된다. '대고'는 명칭 그대로 큰 창고이며 판벽으로 이루어졌다. 옥산서원의 재산 규모를 가늠케 하는 건물이다. '포사'는 벽체를 반쯤 막은 개방형 건물로 서원의 큰 행사가 있을 때 대

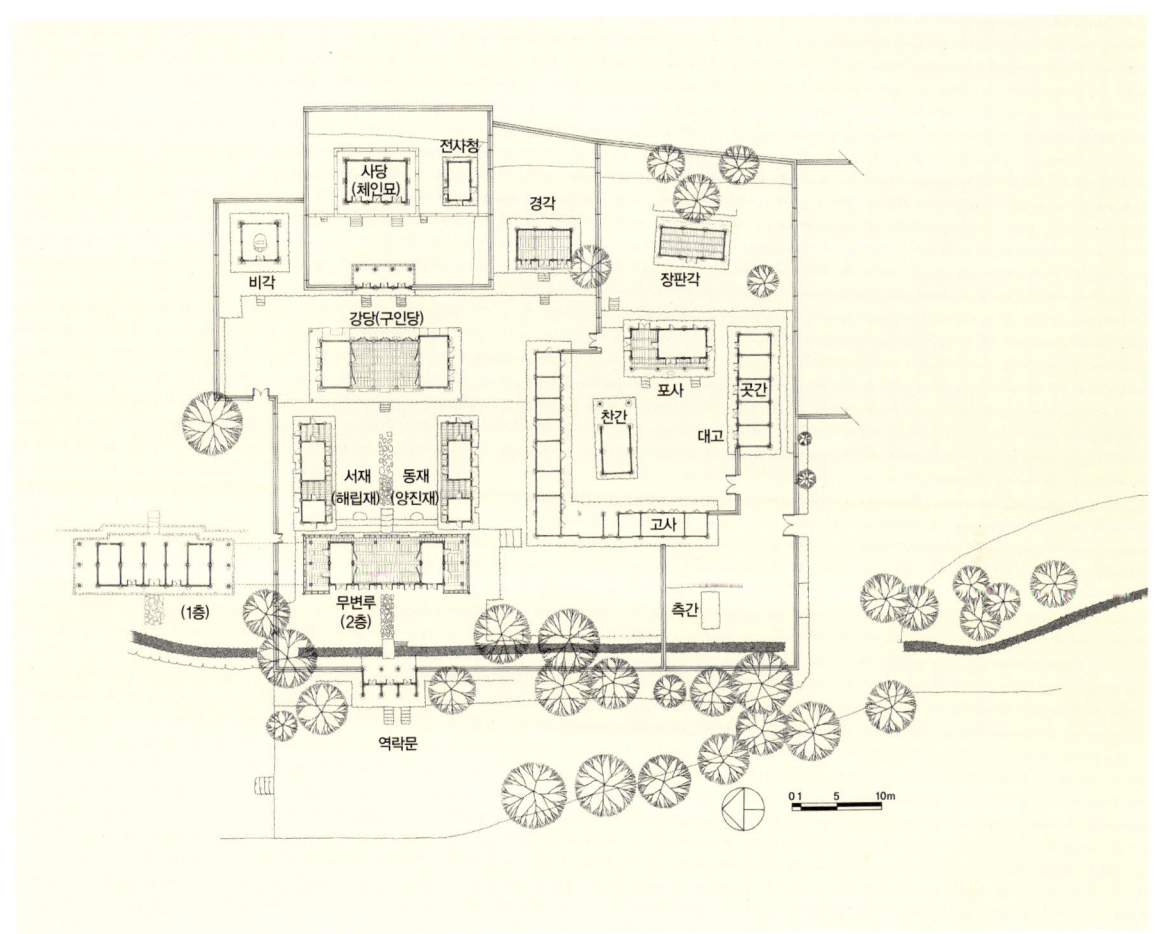

↗ 옥산서원 배치 평면도  김봉렬 도면.

형 부엌으로 사용하던 건물이다. '고청'은 서원의 관리인과 노비들이 기거하고 잡동사니를 보관하던 곳이다. 마지막으로 '서원청'의 이름은 명확치 않으나 건물의 격식이나 당당한 형태로 보아, 서원의 유사有司[34]가 기거하면서 사무실의 역할을 했던 곳으로 추정된다.

19세기 들어서 1835년 판각이 불타서 서원 귀퉁이에 다시 지었고, 1839년 강당인 구인당이 불에 타서 이듬해 곧 중건한 사건이 있었다. 강당의 위치와 형태는 그대로지만, 판각의 위치와 형태는 바뀌었을 것이다. 1834년 정혜사가 화재로 소실되어 완전히 없어졌다. 정혜사가 소실되어 옥산서원은 중요한 경제적 기반을 상실하는 손해도 보았지만, 더욱 극심한 피해는 정혜사에

34_ 어떤 단체의 사무를 맡아보는 직무나 사람을 일컬으며 집사執事라고도 한다.

◥ **비각 맞은편의 경각**　서책들을 보관하는 곳이다.

보관되었던 회재의 친필과 귀중한 서책들이 대부분 사라져버린 일이었다. 다행히 화재의 피해를 면한 유물들을 장경각에 옮기고 문집판각을 새로 지어 보관했다. 현재 보존된 중요한 서책들은 『삼국사기』三國史記 완본 9책(보물 525호), 『정덕계유사마방목』正德癸酉司馬榜目(보물 524호), 『해동명적』海東名蹟(보물 526호) 등이다. 1970년대에 흉물스러운 시멘트 한옥을 지어 '청분각'이라는 창고로 삼았고 이들 보물과 서책들을 모두 옮겨 보관하고 있다.

### 서원의 경제적 토대

서원을 창건하면서, 경주시장들은 공사 비용만 후원한 것이 아니었다. 그들은 인근의 정혜사와 두덕사의 두 사찰과, 이 지방의 도자기 제조점과 철물 제조점 등을 서원에 소속케 하여 영구적인 운영 기반까지 마련해주었다. 철저하게 지방 관청의 경제적 특혜를 입은 것이다.

회재 생전에 그토록 돈독했던 정혜사는 죽은 회재를 위한 종속적 위치로 전락해버렸다. 이후 정혜사는 서원에서 필요한 종이와 신발 등을 만들어 바치는 노역에 시달렸고, 회재 문집과 판각을 보관하는 책임도 져야 했다. 대신 국가에서 동원하는 각종 부역에서 면제되는 특혜를 누리기는 했지만, 서원 노역이 너무 힘들고 고달퍼서 도망치는 승려들이 속출할 지경이었다.

조선시대에는 각 행정구역별로 수공업 장인들이 모인 소규모 공업단지들이 있었다. 이를 '부곡' 部曲이라 불렀고, 각 부곡은 특정 생산물을 만들 의무가 있었다. 경주부에 소속된 부곡 중 중요한 몇 개를 옥산서원에 양도함으로써 영구적인 경제 기반을 조성하게 된 것이다. 이 부곡들은 도자기와 철물 등 서원에 필요한 용품을 현물로 바쳐야 함은 물론, 일반 시장에 판매하여 남은 현금 수입마저 일정 금액 납부할 의무를 졌다. 18세기 중반, 서원 소속의 장인들은 물경 226명에 이르러 최고의 부를 누리게 되었다.

서원의 노비는 토지와 함께 가장 중요한 경제 기반이었다. 서원의 관리와 유생들의 수발을 위한 많은 수의 노비가 필요했고, 초창기에는 국가에서 노비를 하사받기도 했다. 창건 시에 17명의 하사노비로 시작되어, 매입과 자연출산 등으로 노비의 수는 급격히 늘어나 18세기 초에는 190명에 이르렀다.[35] 그러나 동시에 도망가는 노비들의 수도 급증하여 서원 유사들의 중요한 임무는 도망간 노비를 찾아내어 처벌하거나 복귀시키는 일(노비추쇄奴婢推刷)이었다.

옥산서원의 경제적 토대는 도산서원과 함께 영남서원계를 대표할 만큼 탄탄하였다. 초기에는 경주 일대의 유림들이 공동 참여하는 양상을 띠었으나, 후기로 갈수록 회재와 연관이 있는 양좌동의 손씨와 이씨들이 주도하게 되었다. 서원의 재산과 영향력이 막대했던 만큼 두 가문 사이의 갈등도 심심찮게 벌어졌다. 경주권을 대표하는 두 가문은 공교롭게도 회재의 외가와 친가로 연분을 맺게 되어 서로 연고권을 주장하게 된다. 이를 '손이시비' 孫李是非라 하여 19세기의 중요한 주도권 다툼으로 번지게 되었다. 한술 더해, 서자들이 제사에 참여하는 자격문제를 놓고 적자 계열에서 시비를 걸어 또 한 차례의 홍역을 치렀으니, 이를 '적서시비' 嫡庶是非라 불렀다. 모두가 명분으로는 정통성 시비였지만, 경제적 주도권 다툼의 양상도 짙었다.

[35] 이수환 편저, 앞의 책, p.55.

# 정통주의의
# 재현

### 자연과 절연된 인위적 장소

옥산서원은 회재의 4산으로 둘러싸인 자계 계곡 중에서도, 징심대와 세심대가 있는 가장 경치 좋은 곳에 자리잡았다. 높이 4m의 폭포가 떨어지는 용소 위를 외나무 다리를 통해 건너다보면 귀가 멍할 정도의 물소리에 정신이 맑아진다. 또한 아름드리 참나무 열로 둘러싸인 깊고 짙은 진입로는 어떠한가. 수양처로서는 더없이 아름답고 운치 있는 장소다. 그러나 너무나 좋은 환경에 자리잡은 탓일까. 옥산서원 안에서는 바깥의 경승을 전혀 느낄 수가 없다. 청각적으로도 단절될 뿐 아니라, 시각적으로도 닫혀 있다.

옥산서원의 역락문을 들어서는 순간, 자연에서 느낀 감동의 여운은 급격히 사라지고, 완벽하게 인위적인 공간으로 전환된다. 내부의 중심 장소인 강당 마당에서는 사방을 꽉 둘러싼 건물들 사이의 팽팽한 긴장감만이 감돌 뿐이며, 어느 한구석도 이를 이완시켜 주는 곳이 없다. 같은 서원이라도 안동 병산서원의 구성과는 전혀 다른 발상이다. 병산서원은 앞 병산과 낙동강의 경관을 내부로 끌어들임으로써 인위적 긴장감을 해소하고 있지만, 옥산서원은 철저하게 외부 자연

◢ **옥산서원 앞 폭포**  옥산서원은 자계 계곡 중에서도, 징심대와 세심대가 있는 가장 경치 좋은 곳에 자리잡았다.

↗ **무변루 2층에서 바라본 구인당** 누마루와 강당 대청의 높이가 거의 비슷해 마당이 생략된 것 같이 느껴진다.

에 대해 닫힌 공간을 만들고 있다.

강당 마당은 비슷한 길이의 구인당과 무변루 사이에 양진재와 해립재가 끼워진 형식으로 구성된 정방형의 공간이다. 건물과 건물 사이의 모퉁이 부분이 서로 겹쳐져서 마당의 모퉁이는 닫혀져버렸고, 다음 공간으로의 전이가 일어나지 않는다. 모퉁이를 닫기 위해 무변루는 7칸, 동서 양재는 5칸으로 길이를 늘렸다.

무변루의 구성에 주목해보자. 일반적으로 누각들은 벽면을 개방하여 외부의 경관을 내부로 끌어 들이는 경관적 프레임으로 활용한다. 그러나 옥산서원의 무변루는 바깥벽을 모두 막아서 외부로의 확장을 차단하고 있으며, 결과적으로 마당은 구심적이고 내부 지향적인 성격을 갖게 되었다. 무변루는 총 7칸이지만, 마당에서는 5칸으로 인식하게 된다. 가운데 3칸을 대청으로 틔우고, 양옆을 방으로 막아 내부적 경관을 차단한다. 다시 방 바깥쪽으로 작은

◁ **강당에서 바라본 무변루** 외부 자연 환경에 대해 폐쇄적인 구성을 함으로써 극도의 인위적인 내부를 얻었다. 무변루는 총 7칸이지만, 마당 쪽에서는 5칸으로 인식된다.

누마루를 한 칸씩 달아서 외부로 향하게 했다. 양 끝 누마루의 지붕을 가운데 5칸보다 한 단 낮게 가적지붕36으로 처리하여 이러한 의도를 더욱 명확히 한다.

다시 말해서, 무변루는 가운데 5칸의 몸체에다 양 끝 한 칸씩의 누마루를 부가한 형식이며, 가운데 5칸은 마당 쪽으로 개방하고, 양 끝 누마루는 외부를 향해 개방했다. 한 동의 건물에 서로 다른 두 성격의 공간이 결합된 형식이다. 바깥에서는 7칸, 안에서는 5칸으로 인식되는 묘한 건물이며, 옥산서원의 기본적인 건축 개념을 대표적으로 읽을 수 있는 건물이다.

단절적인 공간 구성의 개념은 곳곳에서 발견된다. 역락문을 들어서면서 나타나는 무변루의 폐쇄성, 강당부와 사당부의 단절, 비각과 장경각의 독립적인 영역성, 심지어는 관리사 부분까지도 영역의 단절성은 계속된다. 다시 비교하자면, 병산서원의 연속적인 공간들과는 정반대의 구성이며, 독락당에서 느꼈던 단편적인 공간감이 재현되고 있다. 그럼으로써 옥산서원은 극도로 인위적인 공간들로 채워지게 된다.

36_ 단순한 맞배지붕의 양 끝 칸에 날개를 펼친 듯 지붕을 덧단 형태를 일컫는다.

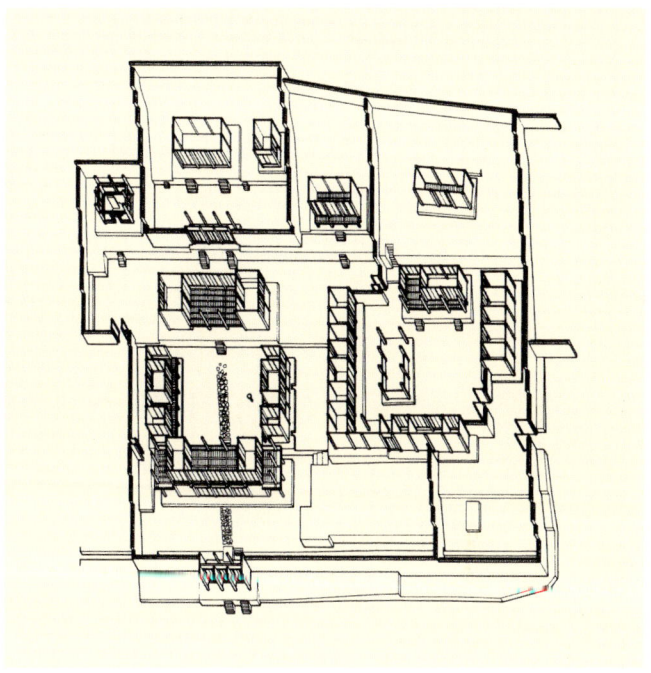

◁ **무변루의 몸체 양 끝에 부가된 누마루 부분** 가운데 몸체 5칸은 마당 쪽으로 개방하고, 양 끝 누마루는 외부를 향해 개방했다. 한 동의 건물에 서로 다른 두 성격의 공간이 결합된 형식이다.

◁ **옥산서원 투상도** 김봉렬 도면.

37_ 김기현, 「이언적의 성리철학」(윤사순 편, 『한국의 사상』, 열음사, 1994, p.177.

38_ 이수환 편저, 『옥산서원지』玉山書院誌, 영남대학교 민족문화연구소, 1993, p.36. "모든 유생은 항상 자신의 재사에서 정숙히 거하며 독서에 정진해야 한다. 연구에 의문이 있을 때를 제외하고 다른 재사를 기웃거리지 말아야 한다. 쓸데없는 이야기를 나누거나 자신과 다른 사람의 공부를 방해할 나쁜 생각을 하지 말라."

## 규범성과 위계

옥산서원이 세워진 16세기는 서원건축의 역사로 보면 비교적 초기에 해당한다. 초기적 서원들은 구성 축에 따라 대칭적으로 구성되기보다는 비교적 자유롭고 유기적으로 구성됨이 일반적이다. 그러나 옥산서원은 철저하게 중심 구성 축을 따라 배열되고 대칭적이다. 흔히 나타나는 건물 사이의 어긋남도 없이, 문집판각을 제외하고는 모든 건물들이 직각과 평행으로 만나고 있다. 서원 창건을 주도한 이제민의 관료주의적 발상일까. 관료주의적 건축이라 하기에는 공간의 짜임새나 스케일이 너무 고급스럽다. 그렇다면 '이단을 철저하게 억압한'[37] 선구자 이언적의 정통주의 원리주의를 따른 결과일까.

건축만 규범적인 것이 아니다. 옥산서원의 '원규'院規(학칙)는 총 16조로 까다롭기로 유명했다. 특히 3조에 규정된 유생들의 행동 규범은 숨 막힐 듯하다.[38] 떠들어도, 기웃거려도, 다른 생각을 해도 안 된다. 이곳에서 공부했던 유생들은 매시간 긴장과 절제 속에서 지내야 했을 것이다. 이런 규범적인 건축 안에서는 떠들고 싶고, 기웃거리고 싶은 생각조차 나지 않았을 것이다.

옥산서원의 터닦기는 크게 두 단으로 이루어진다. 아랫단은 강당 영역과 관리사 영역이 남북으로 놓이고, 윗단에는 사당 영역이 중심으로 이루면서 좌우로 장경각과 비각을 배열했다. 관리사 뒤의 윗단에는 나중에 신축된 문집 판각이 위치한다. 아랫단이 생활 영역이라면, 윗단은 상징과 보물들의 영역이다. 서원의 재산 가운데 가장 귀중한 것이 서책과 판본이며, 이들은 눈에 잘 띄어 관리하기에 쉬운 곳에 배치되었다. 사당 북쪽의 비각은 회재의 신도비를 위한 건물로 절묘한 담장의 처리로 인해 독립적인 영역 속에 놓여졌다. 남쪽의 장경각 역시 양쪽 담으로 분리된 경사지에 놓여져 매우 중요한 건물임을 암시한다.

관리사 영역의 구성 역시 예사롭지 않다. 우선 관리사의 규모가 매우 크다. ㄱ자로 구성된 고청은 총 15칸이나 된다. 여기에 대규모의 고답적인 곳간채가 놓여진다. 특히 주목할 것은 마당 가운데 놓여진 포사다. 반쯤 개방된 벽체를 가진 이 건물은 행사 시 음식 마련과 야외 식당으로 쓰이던 곳이다. 중심적 위치와는 상반되게 부재들은 엉성하다. 기능적인 편리함 외에도 굳이 이곳에 포사를 둔 이유를 더 찾을 수 있다. 포사가 없었다면 장방형의 넓은 마당이었을 텐데, 포사를 배치함으로써 마당은 정방형으로 바뀌고, 서원청의 전속 마당이 된다. 동시에 포사 뒤쪽의 노비들 숙소를 가려버리는 이중적 효과를 거둔다.

관리사의 여타 건물들은 민가풍의 엉성한 결구들이지만, 가장 위쪽의 서원청은 마루와 층고가 높고, 팔작지붕의 형태가 독자적이다. 관리사에서 유일하게 양반 계층이 사용하던 서원의 사무실이었기 때문이다. 계층적 위계가 건물의 위계로 직접적으로 표현되었다.


## 옥산파의 건축적 어휘

독락당과 옥산서원은 건축적으로 유사한 점이 너무나 많다. 비단 이언적이라는 인물의 연관성만을 일컫는 것은 아니다. 주거와 서원이라는 기능적 차이

해립재와 뒷담 사이로 보이는 옥산서원 안 비각

에도 불구하고, 사용된 어휘들은 동일한 것들이다. 그 어휘들은 궁극적으로 회재가 옥산에서 추구했던 '적극적 은둔'을 구현하기 위해 동원된 것들이다.

옥산파의 건축 공간은 완결적이고 독립적인 부분 공간을 형성하며, 그들은 서로 비연속적이다. 정방형의 공간을 유지하고 있는 옥산서원의 강당마당은 건물에 부속된 것이 아니라 그 자체가 주인이다. 또한 주위의 다른 공간들과는 철저하게 단절되어 있다. 독락당의 계정 마당 역시 정방형의 공간 윤곽을 따라 건물들은 종속되어 있다.

자기 완결적 외부 공간을 실현하기 위해서는 면적 요소인 담장이 발달하게 되고, 건물의 벽을 평면으로 활용하게 된다. 옥산서원의 구인당 정면을 보자. 마당 쪽을 향한 정면임에도 불구하고 일절 개구부를 두지 않았다. 양 끝 방의 벽은 창문도 없이 하나의 평면을 이루고 있으며, 기단에도 아궁이나 계단석을 두지 않아 평면적인 기단면을 이룬다. 무변루의 구성 역시 마찬가지다. 강당의 정면에 창이 없으면 유생들이 기거하는 양재를 감독할 수도 없고, 스승과 제자 사이의 교류도 약해진다. 기능적인 단점에도 불구하고 정면을 닫힌 평면으로 세운 의도는 더욱 개념적인 측면에서 찾아야 할 것이다. 독락당 계정의 마당 쪽 입면 구성과 동일하다.

독락당의 예에서 자주 발견되었던 바와 같이, 벽과 벽, 담과 담이 마주 선 '샛마당'이나 '맞담 공간'은 옥산서원에서도 중요한 어휘로 사용되었다. 동재인 양진재와 관리사 고청의 두 뒷벽이 이루는 모호한 공간이 그렇고, 장경각이나 비각을 둘러싼 담장의 구성이 그 예다. 옥산파 최대의 건축적 요소는

◁ **경사진 지형과 담장들의 조합** 담장의 높이 한도를 일정하게 정함으로써 경사진 지형에 계단식 담장의 운율이 만들어진다.

바로 '담과 벽'이다.

　담과 벽의 발달은 필연적으로 많은 출입문을 필요로 하게 되지만, 넓은 출입문들은 담과 벽의 의미를 약화시키는 이율배반에 빠지게 된다. 따라서 문의 개수는 많지만, 크기를 줄이고 입구성을 약화시킬 필요가 있다. 옥산서원 서재 뒷담에서 폭포 쪽으로 나가는 문이나, 비각에서 세심대로 나가는 문의 폭은 90cm 정도이며, 그나마 쉽게 찾을 수 없는 위치에 비밀스럽게 설치했다. 가장 기능적이어야 할 관리사와 서원 사이의 출입문도 몇 번의 꺾임을 통해야 지나갈 수 있다.

　외부에 대해 폐쇄적인 경계, 단편적인 부분 공간의 구성, 담과 벽의 발달, 출입문의 은폐와 축소 등은 궁극적으로 요소요소에 미로들을 만든다. 무엇 때문에 미로들을 만들었는가? 독락당에서는 물론 은거생활을 위해서였다. 외부에 대해 형태적으로만 은폐하는 것이 아니라, 내부의 동선과 시각 구조마저도 은폐하려는 의도였다. 그러나 공공시설인 옥산서원은 원래 의미의 은거생활을 하는 곳이 아니다. 옥산서원의 '은둔'이란 지극히 건축적인 개념으로 이해해야 한다. 자연환경과 관계를 맺는 방법으로서, 공간 구성의 수법으로서 '은둔'의 개념을 새겨보아야 할 것이다.

# 안강 세 골짜기의 건축

39_ 도읍지나 각 고을에서 그곳을 진호鎭 護하는 주산主山으로 정하여 제사하던 산. 조선 시대에는 동쪽의 금강산, 남쪽의 지 리산, 서쪽의 묘향산, 북쪽의 백두산, 중심 의 삼각산을 오악五嶽이라고 하여 진산으 로 삼았다.

40_ 「本寺重修後鈴錢置簿」, 1780.

안강읍의 진산鎭山인 자옥산에는 3개의 골짜기가 있다. 독락당과 옥산서원이 있는 옥산동이 중심 계곡이며, 옥산동 동쪽으로는 피일동避日洞이, 서쪽으로는 하곡동霞谷洞이 있다. 비록 옥산동의 건축에는 견줄 수 없지만, 나머지 두 골짜기의 경관도 뛰어난 만큼 평균 이상의 건축들이 자리잡고 있다.

↘ 정혜사지 십삼층석탑

### 정혜사지 십삼층석탑

독락당 서쪽 300m 지점, 밭 가운데 높이 5.9m의 희귀한 석탑이 서 있다. 정혜사는 신라 말에 창건되어 19세기까지 경영되었던 것으로 전한다. 회재의 청년기와 은거 시절, 정혜사는 그의 공부방이었고, 많은 문집과 판각들을 보관하게 된다. 옥산서원이 창건되면서 서원의 재산으로 편입되어 많은 공물과 노역을 제공하는 처지가 되었다. 어쨌든 조선 후기까지 정혜사가 존속한 것은 옥산서원의 경제적 수탈과, 동시에 정치적 보호 때문이었다. 18세기 정혜사는 법당과 앞쪽 누각, 좌우에 승방과 선방이 있는 튼 ㅁ자형 소규모 사찰이었다.[40] 1834년 화재가 발생해 건물은 모두 없어지고 말았지만, 독특한 형식의 석탑은 다행히 보존돼 있다.

불국사 석가탑은 신라 석탑 조형의 전형을 완성했고, 석

하곡동 수재정

가탑 이후의 석탑들은 형식을 변형하고 파괴하려는 이른바 매너리즘의 단계에 접어든다. 신라 후기에는 화엄사 사자탑과 같은 수많은 이형탑異形塔들이 발생하게 된다. 그 가운데 가장 독창적인 탑이 바로 정혜사의 석탑이다.

인장이나 장식용 과자를 연상케 하는 이 탑은 이곳에서만 발견된 유일한 형식으로서 더욱 가치가 높다. 굳이 유사한 형식을 찾는다면, 비록 목탑이긴 하지만 일본의 단잔진자談山神社 탑과 서로 닮았다고 할 수 있다.[41] 불국사 석가탑의 1층 부분만 남기고, 그 위에 급격하게 작아진 십여 층의 지붕돌을 쌓았다고 생각하면 된다. 탑의 층수를 찬찬히 세어보면 모두 13층이지만, 6층 이상은 휴먼스케일human scale[42]을 초과하므로 그냥 '다층석탑'이라 불러도 무방하다.

## 하곡동 수재정과 성산서당

하곡리 깊숙한 골짜기에 있는 수재정水哉亭은 17세기 초 세자의 스승을 역임

[41] 김희경, 『한국의 미술-2, 탑』, 열화당, 1986, p.106.
[42] 사람이 쉽게 인식할 수 있는 크기나 수량을 의미한다. 사람의 인식은 '몸'이라는 감각기관의 크기를 기준으로 사물을 인식한다. 건물의 층수를 예로 들면, 5층까지는 쉽게 그 층수를 알아볼 수 있지만 7층 이상이 되면 세어보지 않는 이상 그 정확한 수를 헤아리기 어렵다.

↗ 수재정 맞은편의 성산서당

한 정극후鄭克後(하곡 정씨의 입향조)가 낙향하여 세운 정자다. 그는 정구鄭逑와 장현광張顯光의 제자로 정통 영남 사림파의 계승자였다. 이언적이나 이황, 정구와 마찬가지로 그는 주자가 경영했던 무이정사武夷精舍를 모델로 삼아 수재정을 건립했다. 수재정 맞은편에는 후손들이 정극후를 위한 성산서당聖山書堂을 세웠다.

독락당 자계의 경관에 못지않게 운치 있는 계곡의 절벽에 인공 석축을 쌓고, 3칸 정자를 세웠다. 전면 퇴칸[43]을 누마루로 구성하여 긴 누 밑 기둥들이 아래 기단 위에 세워졌다. 경주 지역 정자의 원형을 충실히 따라, 뒷면으로 출입하고 앞퇴에는 계자鷄子난간[44]으로 장식됐다. 독락당의 계정과 동일한 계통의 정자 형식이지만, 경관은 오히려 더 아름답다고 볼 수도 있다.

성산서당은 원래 정극후의 사당이 있었던 '서사' 書社[45]였지만, 흥선대원군의 서원철폐령 때 사당을 없애고 서당으로 남게 되었다. 완전 철폐를 모면하려는 방편이었다. 건물 대청 뒷벽에는 창이 아닌 문이 달려 있는 바, 뒤쪽 축대 위에 있었던 사당에 출입하기 쉽도록 고려된 것이다. 서당 건물은 정면

43_ 집채의 원칸살 밖에 붙여 다른 기둥을 세워 만든 칸살.
44_ 조선시대 가장 널리 쓰이던 난간 형식으로, 닭의 머리 모양으로 초각한 짧은 기둥으로 꾸민 부재가 지지하고 있는 난간을 말한다.
45_ 서원 설립이 유행이었던 시절, 너도나도 서원을 창건해 국가에서는 여러 차례 서원 신설을 금지했다. 이에 일부에서는 서당에 사당이 부가된 약식 서원을 설립해 수요를 충족했으니, 바로 서사라는 변칙적인 형식이었다. 서사는 규모나 기능 면에서 서원과 서당의 중간쯤 된다고 생각하면 된다.

5칸으로 가운데 3칸은 대청, 양 끝 칸은 방이다. 방 부분의 지붕은 가적지붕으로 대청부의 맞배지붕에 직각으로 달려 있는 꼴이다. 건물 규모에 비해 층고가 높고 부재도 크다. 대들보 위의 과장된 크기의 화반대공花盤臺工[46]이나, 기둥 위의 지나치게 화려한 익공[47] 조각에서 19세기의 시대적 솜씨를 읽는다.

### 피일동의 상모정과 덕산서사

옥산동에서 국도로 빠져나와 풍산금속 쪽으로 1km 못 미쳐 피일동으로 들어가는 입구가 있다. 옥산이나 하곡같이 골짜기의 깊은 맛은 나지 않는다. 이곳에는 상모정尙慕亭이라는 정자와 덕산서사德山書社가 자리잡았다. 두 곳 모두 건축적으로 이렇다 할 내용은 없고, 건물들은 20세기 중건작들이다. 덕산서사는 계곡 끝에 위치하며 강당과 사당, 관리사로 구성되었다. 작은 계곡 위에 세워진 상모정은 건물보다 그 아래에 조성된 2개의 소沼가 더욱 인상적이다. 피일동의 건축에서는 건축물 그 자체보다는 자연환경을 이용하는 지역적 형식들을 살펴보는 것이 의미 있는 작업이다.

### 달전재사

포항시 영일읍 달전동은 원래 양동마을의 입향조인 손소와 그 후손들인 월성 손씨들의 선산이었다. 손소의 사위 이번과 외손 이언적의 묘도 여기에 위치한다.[48] 산속 깊숙이 있는 달전재사達田齋舍는 회재 이언적의 묘를 관리하고, 매년 두 차례씩 묘제墓祭를 지낼 때 사용하기 위해 지은 재실齋室이다. 달전동에는 이언적의 재사齋舍 말고도 월성 손씨들의 재사가 산재한다.

 1402년 창건된 것으로 전하는 이 건물은 원래 사찰의 요사寮舍채였다. ㅁ자형 평면을 기본으로 정면에 돌출된 누마루

46_ 화려한 꽃다발 모양을 초새김한 화반으로 이루어진 대공으로, 그 종류로는 앙련대공仰蓮臺工·파련대공波蓮臺工·복화반覆花盤·안초공按草工 등이 있다.
47_ 포작계와 비포작계에 관계없이 살미기 새 날개 모양의 익공 형태로 만들어진 공포 형식. 익공 수와 모양에 따라 초익공, 이익공, 물익공으로 나뉜다.
48_ 이수건, 『영남사림파의 형성』, 영남대학교 출판부, 1984, p.201.
49_ 평면도를 제외하고 달전재사에 대한 건축적 자료는 조사된 바 없다. 평면도는 다음 논문에 실려 있다. 김동인, 「조선시대 재실 건축의 배치와 평면 유형에 관한 연구」, 영남대학교 대학원 박사학위논문, 1993. 6.

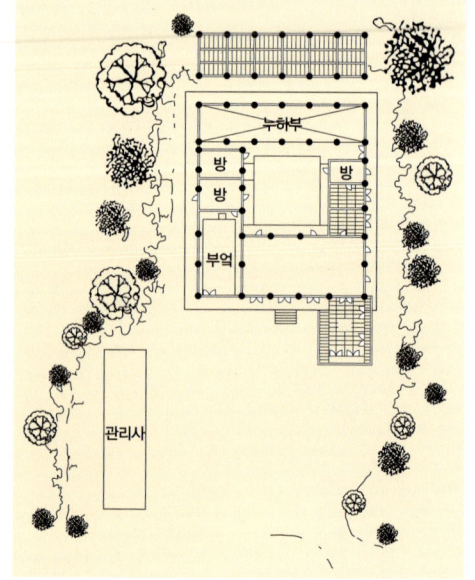

영일 달전재사 평면도    김동인 도면.

↗ 안마당에 면해 있는 달전재사의 6칸 누각

가 부가된 이런 형식은 암자 건물들에 많이 사용되었던 것들이다. 안마당 안쪽 한 변은 모두 6칸의 누각이 설치되었다. 재사의 기능을 위해서는 이러한 누각은 전면이나 측면에 위치해야 한다. 이처럼 후면에 위치한 것은 사찰 요사채의 곡루穀樓로 사용되었던 흔적이다. 원래부터 이 자리에 있던 절을 개조하여 재사로 삼았는지, 다른 곳의 요사채를 뜯어온 것인지 알 수는 없다.[49] 어쨌든 정혜사의 경우와 함께, 향촌 지배자인 양반 가문을 위해 희생되다 못해 건물까지 전용돼버린 조선조 불교계의 딱한 처지를 다시 기억케 하는 곳이다.

4

중층건축의 지역성
# 양진당과 대산루

# 낙동강 서쪽의
# 이상한 집들

안동에서 출발하여 서쪽으로 흐르던 낙동강이 예천을 지나 문경에 이르면 남쪽으로 꺾여 흘러간다. 예전 점촌시에 남으로 인접한 곳이 함창읍이고 여기부터 상주 땅이다. 상주시와 낙동강 서안까지는 경상북도에서 보기 드물게 완만한 능선과 넓은 벌판이 전개된다. 이 벌판에 속해 있는 낙동면 숭곡리에는 아주 이상한 집 한 채가 서 있다. 넓은 들판의 한쪽 평지에 낮은 구릉을 뒤로 하고 커다란 ㄷ자집 한 채가 덩그러니 놓여 있으니, 바로 '상주 양진당'이다. 이 글을 쓰던 1999년에는 ㄷ자집이었으나, 그후에 一자 문간채를 복원(?)하여 ㅁ자집으로 바뀌었다. 그러나 복원 공사의 고증이 명확하지 않을 뿐더러, ㄷ자 안채의 구성 형식이 건축적·역사적 가치를 갖기 때문에 기존의 상황을 기준으로 살펴본다.

산골짜기의 아늑한 곳에 자리잡은 안동 사대부집에 익숙한 눈에는 우선 이 집이 놓인 자연환경과 입지부터 낯설다. 건물은 9칸 길이의 기다란 몸채와 양 끝에서 앞으로 뻗어나온 날개채만도 4칸 길이. 아무런 부속채 없이 긴 몸을 드러낸 형상도 무언가 비례가 맞지 않는다. 날개채는 완벽한 2층으로 만들어졌고, 몸채의 방들도 모두 지상보다 반 층 위에 배열되었다. 단층을 위주로 한 한국건축에서는 보기 드문 구성이다. 건물의 덩치는 크지만 바깥 모양은 매우 반복적이며 무표정하다. 작은 규모에서도 변화 있는 형태를 가진 한국 집들에 익숙한 눈에는 생경한 모습이다. 가장 놀라운 점은 이 건물은 향교도 아니고 관아도 아닌, 개인의 살림집이었다는 사실이다.

아무리 괴상한 건물도 서너 번 대하면 익숙해지는 것이 상례지만, 양진당은 보면 볼수록 더 의문을 갖게 한다. 손을 뻗으면 닿을 것 같은 인간적인 스케일, 여러 채의 건물이 옹기종기 모여 이루는 집합적 형태의 아름다움 등 한국건축의 일반적 특징들이 여기서는 전혀 나타나지 않는다. 살림집으로 보기에는 지나치게 권위적인 기념비적인 스케일, 평지에 우뚝

◁ 상주 양진당 원경

서 있는 강렬한 독자적 형태만이 부각된다. 건축 관계자들과 양진당에 함께 답사를 가면 꼭 듣는 소리가 있다. "이 집 혹시 중국에서 옮겨 온 거 아니요?"

그러나 상주 지역의 건물들을 샅샅이 살펴보면 이처럼 이상한 건물이 양진당 하나뿐이 아니라는 점을 깨닫게 된다. 양진당만큼 놀라운 것은 아니지만 인근의 오작당悟昨堂과 추원당追遠堂도 2층집의 잔형을 보여준다. 양진당이 위치한 낙동면과는 반대쪽에 있는 외서면의 대산루對山樓는 1층집과 2층집을 완벽하게 결합한 예이며, 집 속에 2층으로 오르는 내부 계단이 있는 희귀한 집이다. 대산루 옆의 우복종가愚伏宗家 역시 2층집이 되고 싶은 표정이 역력하다.

살림집들뿐 아니라 이 지역의 이름난 공공건축들도 한결같이 2층집이 되고 싶어했다. 상주향교와 함창향교, 옥동서원, 그리고 인근 지역인 선산향교들은 모두 2층 공간에 온돌방을 들인 특이한 예들이다. 그러나 2층집 선호 현상은, 지역 내적인 관점으로 본다면 오히려 보편적인 흐름이었다. 낙동강을 사이에 두고 동쪽의 안동 문화권과 서쪽의 상주 문화권의 차이에 대해서는 문화발생론적 관점에서 여러 가지 해석이 있어 왔지만, 상주 건축의 특징이라면 우선은 2층 공간에 온돌방을 두려 했던, 그래서 완벽한 중층건물을 이루려고 했던 시도를 꼽아야겠다. 그것도 때로는 어색하고 때로는 어려운, 다양한 방법들을 동원해가면서.

# 상주 양진당

### 조정, 정의로운 시골 선비

양진당은 검간黔澗 조정趙靖(1555~1636)의 살림집으로 전한다. 조정은 한성의 풍양 조씨 기문에서 출생하여 외가가 있는 상주에서 성장했다.[01] 18세 때 장가를 들었는데 장인인 성주목사 약봉藥峯 김극일金克一은 학봉鶴峯 김성일金誠一의 맏형이었다. 김성일은 알려진 대로 류성룡과 더불어 이황의 2대 수제자였고, 퇴계 이후 영남학파의 수장이 된 인물이다. 조정은 총각 시절에 류성룡의 제자였고, 장가든 후에는 김성일의 조카사위가 되었으니 퇴계학파의 정통 계승자가 된 셈이다. 그러나 조정의 학문과 정치적 역량은 그다지 뛰어나지 않았던 듯하다. 류성룡과 김성일 이후 퇴계학파의 정통을 이은 이는 우복愚伏 정경세鄭經世(1563~1633)였다. 정경세는 우연히 조정과는 같은 시대를 살았고 고향도 같은 상주 땅이었다. 한 하늘에 두 개의 태양이 없듯, 정경세의 명성에 가려서 학벌과 가문 좋은 조정은 거의 두각을 나타내지 못했다.

조정의 이름이 세상에 알려진 것은 임진왜란 때였다. 상주 땅에서 가장 먼저 의병 모집을 시도했고, 전란 내내 민간 행정책으로 의병활동을 주도했다. 이때 같이 활동한 인물 중에는 이미 중앙 정계의 샛별이었던 정경세와 '육지의 이순신'으로 불리던 정기룡 장군이 있었다.[02] 전란 후 이들의 천거로 전공을 인정받아 46세 때 비로소 관직에 오른다. 광흥창廣興倉 부봉사副奉使[03]의 직책에서 시작해 예조좌랑과 대구판관 등을 역임했고 73세 때 봉상시정奉常寺正에 임명된 것이 최후이자 최고의 직책이었다. 지금의 조달청장 정도에

---

01_ 「養眞堂」, 黔澗趙靖先生紀念事業會, 1984, p.7.
02_ 『黔澗文集』, 卷四, 年譜 편.
03_ 국가에서 운영하는 곡물 창고의 부담당관.

해당하는 관직으로서 임진왜란 중에 보여주었던 탁월한 군수물자 조달과 관리 능력에 걸맞은 자리였다. 지방관으로 재직하면서 그는 지방 재정의 확충과 더불어 사회 안정에 주력했다. 상주에 최초의 서원인 도남서원道南書院을 설립하고 향약鄕約을 실시하여, 흉흉해진 향촌 사회를 다시 성리학적 질서로 안정시키려 했다.

조정의 생애나 양진당의 역사를 볼 때, 처가의 영향력은 대단한 것이었다. 특히 처삼촌이었던 김성일은 일생의 스승이었고, 조정이 의병활동에 투신한 것도 김성일의 종군활동과 무관하지 않다. 처가에서 받은 것은 학문과 사상뿐 아니라 적지 않은 경제적 후원이었다. 처가는 이미 안동 최대의 명문 재벌이었고, 자녀균분상속제가 실시되던 당시에 막대한 유산을 사위가 상속하는 것은 당연했다. 이미 상주 외가에서 물려받은 많은 재산에 처가의 상속이 더해짐으로써 조정의 경제적 기반은 더욱 탄탄해졌다. 의병활동과 관직생활에서 갈고 닦은 탁월한 경영 솜씨가 가해져 기본 재산을 적지않게 증식시켰음을 능히 상상할 수 있다. 이렇게 해서 양진당 건립의 경제적 여건이 완성되었다.

앞쪽 문간채를 복원하기 전(위)과 후(아래)의 양진당 모습

## 양진당, 안동 처가에서 옮겨온 집?

조정은 말년인 65세 때 갑자기 처가가 있는 안동 임하로 이사했다가 1년이 안되어 상주로 돌아온다.[04] 그후 몇 년 뒤인 1626년 양진당 신축을 시작하여 1628년에 완성했고, 여기서 8년을 지낸 뒤 82세에 세상을 떠났다. 김성일이 양진당의 터를 잡아주었다거나,[05] 처가의 지원으로 완성되었다[06]는 설이 있다. 안동 처가가 양진당 건축에 유무형의 영향력을 행사했음을 암시하는 설들이다. 심지어 처가인 안동의 천전리에 있던 주택을 뜯어 뗏목을 이용하여 옮겨온 집이라는 주장까지 있다.[07] 모두가 노년에 처가로 이사 갔던 사실과 양진당 신축 사이의 깊은 관련을 뒷받침해주는 증거들이다.

1999년에는 ㄷ자집 한 채만 달랑 있었지만, 원래는 살림채인 정침 앞에 一자형의 문간채가 놓였던 ㅁ자 모양의 집이었다. 뒤편으로는 사당채가 있었

04_ 『黔澗文集』, 卷四, 年譜 편.
05_ 『대구매일신문』, 1978년 2월 17일자 기사.
06_ 『養眞堂』, p.7.
07_ 양진당 안내문.

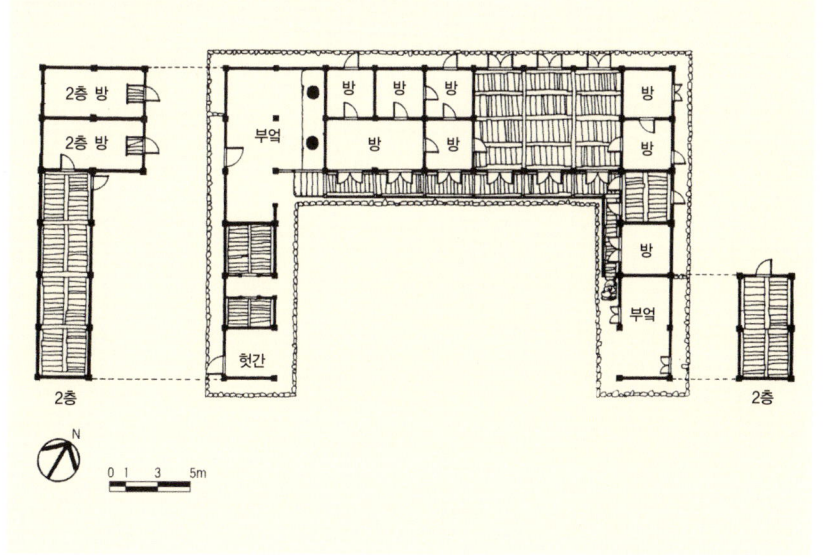

↗ **상주 양진당 안채 전경**  ㄷ자집(복원 전)이며 몸채부의 툇마루가 반 층 떠 있다.
↘ **상주 양진당 평면도**  복원 전 도면.

4 증층건축의 지역성 **양진당과 대산루** _ 147

고 서비스용의 포사채 등 부속채들이 있었다.[08] 창건 당시에는 99칸의 큰집이었으며 1807년의 중수 때까지만 해도 원형은 그대로 유지됐었다.[09] 안채 정면에 사랑채가 있었는데 1966년 대홍수 때 방천이 터져서 유실됐다고 전한다. 그러나 예전의 기록에 사랑채가 있었다는 사실은 보이지 않고, ㄷ자 정침에 대한 묘사만 눈에 띨 뿐이다. 사랑채가 있었다고 하더라도 규모나 질적인 면에서 정침에 비교할 수 없을 정도로 처졌을 것이다.

살림채는 본채와 날개채(정침正寢과 낭무廊廡)로 이루어졌다. 본채는 정면 9칸 길이에 앞뒤로 2칸이 포개져 있는 양통집의 구조다. 여기에 4칸씩의 날개채가 좌우로 돌출하여 전체적으로 ㄷ자집을 이룬다. 살림집치고 본채의 규모는 매우 크지만 구성은 단순하다. 동쪽에는 6칸 대청을 놓고 서쪽에는 6칸이나 되는 방들이 두 줄로 놓였다. 한 칸씩의 방 6개가 田자형으로 구성되는 독특한 모습은 함경도부터 발달한 북부형의 살림집 형식을 연상케 한다. 그보다도 평면의 형식만 본다면 살림집이라고는 믿기 어려운, 향교나 서원의 강당과 같은 형식이며, 내부 공간의 크기도 공공 건축의 스케일이다. 특히 6칸 대청은 넓이도 넓지만, 가운데 기둥 없이 앞뒤로 가로지른 우람한 대들보나 그 위의 높은 지붕틀은 영락없는 대형 서원의 강당 분위기다. 옛 기록에는 이 대청을 일컬어 대종가의 제선청祭先廳이라고 불렀다.[10] 적어도 50명 이상이 들어와 제사를 지낼 수 있는 의례용 공간이라는 의미다. 양진당은 문중의 제사를 주요한 기능으로 삼은 특수한 살림집이라고 봐야 할 것이다.

## 2층 공간의 전개

양진당이 서 있는 땅은 상습적인 침수 지역이다.[11] 낮고 습한 땅 위에 기단도 거의 만들지 않고 집을 세웠다. 몸채의 바닥면은 지면에서 반 층 정도 높여져 있다. 양통집 평면에 바닥까지 높아져서 출입을 하기 위해서는 특별한 시설이 필요하게 되었다. 몸채 전면에 좁은 퇴칸을 달아내어 각 방을 연결하는 통로로 삼았고, 뒷마루 양 끝에 7~8단의 층층다리를 두어 마당과 출입로로 삼

[08] 趙學洙,「養眞堂重修記」, 1807. "사묘祠廟에는 감탁龕卓이 있고, 주포廚庖(방아간 등 취사용 건물)와 문장門牆이 있다. (살림채는) 정침과 낭무로 구성되었는 바, 2개 층에 처마가 걸리고 방들은 포개져 있다. …… 정침 가운데 있는 대청은 10개의 기둥의 벽과 5량 구조의 지붕으로 싸여 있다. 대청 동서에 익상방翼廂房 각 2칸을 들였다. …… 집 뒤에는 천 마디 대나무와 괴목나무로 정원을 꾸몄다."
[09] 趙述謙,「養眞堂正寢重修上梁文」, 1870.
[10] 趙學洙,「養眞堂重修記」.
[11] 경북대학교 박물관,『상주 양진당 실측조사보고서』, 상주군, 1981, p.7.

① **양진당 1층 내부** 방 너머 또 방이 보인다. 3칸의 방들이 열 지어 있다.
② **양진당의 측면 날개부** 아래의 부엌보다 위 창고의 층고가 더 높은 2층집이다.

았다. 퇴칸에 면한 창문들은 모두 가운데 설주가 있는 영쌍창들이어서 직접 출입할 수는 없다. 모든 방의 출입은 대청에 면한 방문을 통해서만 가능하다.

퇴칸 앞의 기둥은 지면에서 지붕까지 연결되는 통기둥을 사용했다. 보통 툇마루 하부와 상부의 기둥을 분리해 세우는 것이 상례이지만, 이 집에서는 통기둥을 사용함으로써 집의 정면을 수직적으로 보이게 하는 데 성공했다. 전면에 계단과 복도를 두어 출입하게 하는 희귀한 방법과 함께 희귀한 기둥의 사용법을 보여준다.

몸채가 반 층 위에 형성되어 외견상으로는 마치 누각과 같아 보인다. 기단을 내쌓지 않고 전면 기둥 열 안으로 감춤으로써 얻어진 형태적 조작이며, 이 형태를 위해 지면에 기단을 거의 만들지 않아 큰 물이 들면 부엌과 1층 창고들이 물에 잠기는 변을 당하기도 했다. 이러한 기능적 장애를 무릅쓰고도 2층집을 만들려는 열망은 대단했다. 몸채가 1.5층이라면 양 날개채는 완벽한 2층 건물이다. 말하자면 마당에서부터 반 층씩 올라가는 스킵 플로어skipped floor(다단계 바닥 형식)으로 구성하여 2층 공간의 출입과 연결을 쉽게 만들었다.

몸채의 서쪽 끝에 붙어 있는 4칸의 부엌은 무척 넓고, 그 위로 2층 공간이 놓였다. 다락이라고 하기에는 층고가 높아 완연한 2층을 이루는 이 공간은 앞뒤 2열로 분리돼 온전한 2개의 2층방을 이루었고, 나무 바닥 위에 두터운 흙을 깔고 장판지를 발랐다. 비록 2층이라 구들을 들이지는 못했지만 방의 높이나 형태는 정식 온돌방의 모습이다. 추운 겨울만 아니라면 얼마든지

◸ **양진당 부엌 외부**  부엌 광창과 전면 툇마루로 오르는 층층다리가 보인다.
◹ **양진당 2층 내부**  마룻바닥이 크고 층고가 높다.
◺ **상주 양진당 입면도**  신영훈 그림.

살림방으로 쓸 수 있는 조건이다. 앞 열의 2층방은 날개채의 2층 공간으로 계속 연결된다. 날개채의 1층은 모두 창고 공간이고 그 위 정규 2층 공간은 고방으로 썼다. 그러나 모든 2층 공간은 외부에서 직접 접근할 수 없고, 내부의 방들을 통해서만 들어갈 수 있다. 따라서 2층 공간들은 비밀스러운 장소들로 남게 되었고, 마당과의 시각적 관계도 소극적이었다. 구성은 2층집이되 공간적 관계는 그렇지 못하다.

### 궁궐 같은 집, 학봉파의 형식?

지붕틀은 둥그런 굴도리[12]들로 만들어졌고, 기둥과 들보가 결구되는 지점에 날카롭게 조각된 보아지[13]들을 받쳤다. 얼핏 보아서는 초익공계 구조 같은, 살림집으로는 드물게 장식적인 솜씨다. 서까래 위에 무연(浮椽)[14]을 단 겹처마 지붕인데, 서까래의 단면을 사각형으로 다듬어 부연과 모양의 차이가 없다. 전면 툇마루 위에서 서까래를 끝내고 퇴칸 밖으로는 부연만 내밀었기 때문에 퇴칸 천장의 장식성을 위해서 고안된 솜씨다. 일본 집에는 사각 서까래가 일반적이지만, 한국 집에는 극히 드물게 쓰였다. 하여튼 이 집은 이상한 것이 한두 가지가 아니다. 정면에 세워진 6개의 통기둥들도 묘한 모습이다. 마루 밑 부분은 사각형으로 깎았지만, 마루 윗부분은 원형으로 다듬었다. 하나의 부재를 두 가지 형태로 가공하였는데 그 사이에는 일절 분절적인 요소가 없다. 이를 두고 '땅은 사각이요 하늘은 둥근'(地方天圓) 원리를 표현했다는 우주론적 해석도 있다.[15] 또 내부의 사각기둥들은 커다란 단면을 날렵하게 보이려고 팔각에 가깝게 모서리를 깎은 모접이 기둥들이다. 이 집을 만든 목수는 궁전도 지을 수 있는 최상급의 장인이었음에 틀림없다.

우람한 규모와 당당한 모습, 미로와 같은 내부 공간의 구성, 그리고 고급 목재와 섬세하고 우아한 디테일들. 또한 지극히 논리적인 구성과 치밀한 결구들. 최고의 궁궐 건축에나 적용할 수 있는 비평들이다. 게다가 이 집은 두꺼운 부재들을 오래된 기법들로 다듬은 골동품적 가치도 가지고 있다. 그럼

↗ **기둥과 들보가 결구되는 지점**  살림집으로는 드물게 장식적인 솜씨다.

12_ 지붕의 구조 부재 중 가장 위쪽에 놓이는 부재로 서까래를 받는 것을 도리라고 하는데, 그 중에서도 단면이 둥그렇게 된 도리를 일컫는다.

13_ 들보와 기둥이 만나는 부분에 들보를 도와주기 위하여 기둥머리에 끼우는 작은 부재. 양봉. 보 받침.

14_ 처마 서까래 끝 위에 덧얹어 건 짤막하고 네모난 서까래로, 처마를 위로 올려 날아갈 듯 유연한 곡선을 이루도록 한다. 부연이 있는 집은 삼국시대 이래 고급 건축물에 속했다.

15_ 「養眞堂」, p.9.

에도 불구하고 아름답지도 감동스럽지도 못하다. 오히려 답답하고 생경한 느낌을 주는 집이 되고 말았다. 살림집으로서 가져야 할 기능들이 해결되지 못했고, 그래서 생활 속에서 우러나오는 사실적인 아름다움이 결여됐으며, 또한 인간적인 스케일로 조정되지 못한 결과이기도 하다. 형식은 이루었으되 내용은 많지 않다. 논리와 형식만으로 좋은 건축이 되지 못한다는 사실을 다시 한 번 깨닫게 해주는 집이기도 하다. 경복궁에서 느껴지는 권위와 북경의 자금성에서 보았던 과시와, 신기하고 희귀한 것에 대한 신선함은 있지만 본질적인 건축적 감동은 찾기 어렵다. 이 집이 갖는 건축사적 자료로서의 가치는 대단하지만,[16] 학문적 대상으로서의 가치가 곧 건축적 감동을 보장하는 것은 아니다.

양진당이 처가인 김성일 일가와 밀접한 관계가 있다는 분석은 여러모로 신빙성이 있다. 처가로부터 엄청난 사상적·재정적 후원을 받은 양진당은 건축적 측면에서도 영향을 받지 않았을까. 이 점을 확인하기 위해서는 처가인 안동 임하 내압마을의 주택들을 주목할 필요가 있다. 김극일의 고택으로 전하는 의성 김씨 대종가나 그 옆의 소종가는[17] 안동 지방에서도 궁궐형의 요소와 디테일을 가진 집으로 손꼽는다. 특히 대종가에는 누각 형식으로 건축된 대규모 별당채가 집 뒤 깊숙이 자리잡고 있고, 별당채와 사랑채를 2층의 행랑이 연결하고 있다. 별당채는 제사를 지내기 위해 만들어진 제례청이라는 견해가 지배적이다. 안대청도 무척 높고 여러 개로 나누어진 방들 사이를 복도가 연결하고 있다. 2층, 복도, 낭무, 제례청 등은 양진당의 핵심적인 요소들이다. 이렇게 본다면 양진당과 의성 김씨 대종가 사이의 건축 어휘는 거의 같다고도 할 수 있다. 조정이 처가에 머물면서 습득한 것임에 거의 틀림없다.

그러나 내압의 대종가는 양진당이 갖지 못한 것들을 가지고 있다. 기념비적 스케일의 형식들 속에 생활의 아름다움을 담기 위한 치열한 갈등이 있고 해결이 있다. 그래서 내압 대종가는 크면서도 친밀하고, 논리적인 동시에 감동적이고, 권위적이면서도 기능적이다. 그러나 양진당은 오로지 "크고 넓게 계획하여 아름답게 보이는 것"[18]에만 목표를 둔 것은 아닐까?

16_ 신영훈, 『한국의 살림집-상』, 열화당, 1983, p.168.
17_ 안동 의성김씨종택義城金氏宗宅(보물 480호)과 안동 구봉종택龜峯宗宅(경북민속자료 35호). 두 집 모두 안동시 임하면 천전리 내압마을에 있다.
18_ 趙學洙, 「養眞堂重修記」, "宏廣觀美計".

# 양진당과 관련된 건축물

### 오작당

양진당에서 큰길 맞은편에 있는 오작당悟昨堂은 원래 양진당 부근에 있었던 집이었고, 1601년에 조정이 신축한 것을 1661년 현 위치로 옮겼다고 전한다.[19] 이 설을 따른다면, 전란 직후에 거처할 집으로 오각당을 지었고 25년 후에 양진당을 크게 신축하여 종가를 옮긴 것이다. 양진당이 제례를 위해 지어졌다는 해석을 뒷받침해주는 사실이기도 하다. 당초에는 안채와 바깥채를 합해 48칸의 규모였으나, 1781년 중수 때 부분적으로 철거하여 현재는 안채와 간단한 사랑채, 가묘만 남았다. 집 밖에 또 하나의 사당이 있는데, 조정의 불천위 사당으로 양진당을 완전히 비울 때 옮겨온 것이다.

이 집의 안채는 一자형이지만 지붕은 工자형으로 양진당에서 양 날개채를 잘라낸 듯한 모습이다. 원래는 양진당과 같이 ㄷ자집이었는데, 이건 또는 중수하면서 날개채를 잘랐을 것으로 추측한다. 평면은 양진당과 같이 겹집이며 높은 기단 위에 위치하여 부엌 위에는 2층의 수납 공간이 마련되었다. 정면을 누마루로 처리하지 않았을 뿐이지, 여러 가지 면에서 양진당과 유사한 구성이다. 양진당보다 앞서 세워졌던 작은 규모로 양진당의 원형이 되는 주택으로 평가된다. 한 자 정도의 두터운 기둥과 부재들이 오래된 집의 풍격을 보여주며, 역시 모접이 기둥을 사용하여 날렵하게 보이는 등 양진당의 디테일과도 상통하는 솜씨들이다.

이 집을 사용하고 있는 현 주인의 보존 노력도 기록할 만하다. 양진당과

19_ 「慶北文化財大觀」, 경상북도. 그러나 신영훈은 오작당이 원래의 요포구지蓼浦舊地에서 1782년 지금의 자리로 이건했고, 원래 ㄷ자형의 평면이 이건·중수되면서 지금의 모습으로 정리됐다고 주장한다. 신영훈, 앞의 책, p.163.

**오작당 안채 건물** ㄱ자형의 지붕과 부엌 부분이 완전한 2층 구성임을 알 수 있다.

는 달리 개방된 대청이어서 생활에 불편이 많지만, 고정된 문을 달지 않고 가설접문을 달아 되도록 원형을 손상하지 않으려 한다. 마루청판을 보호하기 위해서 그 위에 합판을 깔아 생활하고 있다. 깨끗하게 정돈된 마당과 정원들, 집 앞의 아담한 연못을 가꾸는 등 정성이 깃든 집이다. 휑하게 비어 있는 양진당과는 전혀 다른 정감 어린 집이다.

## 추원당

양진당에서 마을의 동쪽 끝 산길을 돌아 자리잡은 추원당追遠堂은 조정의 재실齋室로 1683년 건립되었다.[20] 그러나 현재의 건물은 19세기 말 정도에 중건된 것으로 보인다. 추원당 뒤 언덕에는 조정의 사당이 모셔져 있다.

이 집은 양진당 몸채의 누각형 형태와 유사하다. 기단 없이 장초석長礎石을 세우고 긴 기둥을 세운 후 마루를 걸었다. 마루면의 높이는 그다지 높지 않지만 계자난간까지 가설해서 영락없는 누각의 모습이다. 그러나 뒷면은 평범한 단층 건물로 처리됐다. 5×2.5칸의 규모로 전면 퇴칸은 복도와 같이 개

[20] 신영훈, 앞의 책, p.164.

◁ **추원당 전경** 떠 있는 툇마루는 양진당의 구성과 흡사하다.
↗ **옥류정 정면** 세심소라는 폭포가 앞에 있어 정자에서는 항상 시원한 물소리와 아름다운 경관을 대할 수 있다.

방했고, 툇마루 양 끝으로 계단을 설치해 출입할 수 있게 한 것도 양진당과 흡사하다. 추원당의 마당에는 항상 물기가 고여 있다. 양진당과 같이 저습한 평지인 데다가 물이 잘 안 빠지는 토질이기 때문이다. 그래서 이런 누각형 집들이 지어졌는지도 모른다.

## 옥류정

양진당이 있는 동네에서 상주 쪽으로 언덕을 오르다 보면 좌측 산속의 계곡에 옥류정玉流亭이 자리하고 있다. 세심소洗心所라는 폭포가 앞에 있어 정자에서는 항상 시원한 물소리와 아름다운 경관을 대할 수 있다. 건물 자체는 19세기 말에 조씨 일가의 휴양 독서처로 지은 것이며, 양진당 사랑채의 일부를 옮겨 지었다는 설도 있다. 4×2칸의 평면이지만 앞의 반 칸을 비워서 툇마루를 놓았고, 툇마루 양 끝에 출입용 계단을 설치했다. 역시 전면에는 계자난간을 둘러서 누각의 분위기를 조성했다. 이렇게 본다면, 양진당과 관련 있는 인근 세 건물과 멀리 안동의 처가 건물까지 모두 누각 혹은 2층집의 구성을 추구하고 있음을 알 수 있다. 2층집 선호 경향을 비단 조씨 일가만의 특수함으로 볼 수는 없다. 상주의 건축 전체로 범위를 넓혀도 이러한 경향은 계속되기 때문이다.

# 상주
# 대산루

### 정경세, 일세의 대사상가

영남학파를 중흥시킨 우복愚伏 정경세鄭經世는 상주 땅이 낳은 위대한 학자요 정치가였다. 영남학파의 시조라면 이언적을 꼽을 수 있고, 학풍을 정착시킨 2세대는 두말할 것 없이 퇴계 이황이다. 퇴계의 제자는 류성룡파와 김성일파로 나뉘게 되는데, 수적으로는 김성일파가 압도적이지만 류성룡의 수제자 정경세가 워낙 뛰어나 영남학파 4세대의 대표자로 추앙받았다. 영남학파의 상대짝인 기호학파가 서경덕徐敬德의 학풍에서 시작하여 율곡 이이李珥를 거쳐 김장생과 송시열로 이어지는 동안 정권과 사상계의 주도권은 기호학파의 서인西人들이 장악해버렸다.

특히 김장생은 전란 이후의 혼란된 사회 질서를 재편하기 위해 실천적인 예학禮學을 정립하여 커다란 영향력을 행사했다. 영남학파인 남인南人들은 정치적 역량은 물론 예학으로 무장한 서인들에게 사상적으로도 수세에 몰리고 있었다. 퇴계 이후 영남학파는 여전히 사단칠정四端七情과 인심도심人心道心 따위의 원론적 해석과 심성론에 머물러 있었던 반면, 기호학파는 현실적인 실천학인 예학을 정립, 실현하여 사회적 영향력을 극대화시키고 있었기 때문이다. 이때 홀연히 나타난 정경세는 퇴계학의 전통 속에서 예禮 위주의 수양론修養論과 경세론經世論을 정립하였고, 드디어 김장생의 주기론적 예학에 맞서 17세기 사회의 두 사상적 지주가 되었다.

정경세는 상주 청리면에서 태어나 사벌면에서 서거할 때까지 내내 상주

■ 상주 대산루 전경 단층 건물이 정사 부분, 2층 건물이 서실 및 누마루의 복합 건물이다.

땅을 중심으로 활동했다. 18세 때 상주목사로 부임한 류성룡의 문하에 들어간 뒤 줄곧 서애의 수제자가 되어 학문적으로나 정치적으로 발군의 실력을 발휘했다. 24세 때 과거에 급제하여 승승장구하던 중 30세에 임진왜란을 만나 의병장으로 활동했다. 관직은 형조와 예조, 이조판서 등 고위 행정직과 홍문관 대제학 등 최고의 언론직을 역임했다.

그러나 정경세의 진가는 정치가 아니라 사상과 그 실천에 있었다. 그가 말하는 예란 일상적 의례는 물론 정치 제도와 운영 방식까지 광범위한 것이었고, 예의 형식보다는 내면의 가치와 진실을 중요하게 생각했다.[21] 특히 마음의 수양과 몸의 단련이 일체를 이루어야 한다는 수양법(통체공부統體工夫)은 관념론에 빠지기 쉬운 퇴계학을 실천론으로 한 단계 끌어올린 중요한 개념이었다.

사상적 내용에 걸맞게 그는 호탕한 지도자였으며 동시에 감수성이 풍부

21_ 류권종, 「愚伏 鄭經世」, 교수신문, 1996. 9. 23.

한 인물이었다. 남인의 거두였으면서도 서인의 핵심인 송준길宋浚吉을 사위로 맞을 정도로 붕당에 초연했다. 또한 그는 많은 건축적 흔적들을 남겼다. 스승인 류성룡을 위하여 병산서원 건립을 주도했으며 직접 제문을 쓰기도 했다. 병산서원의 뛰어난 건축성은 바로 이 위대한 사상가의 솜씨가 아닐까? 상주 땅에 남겨진 대산루와 우복종가는 비록 정경세 후손들의 작품으로 전하지만, 우복의 사상과 건축적 안목이 후손을 통해 전승·표현된 것은 아닐까?

### 대산루와 우산동천

임진왜란 직후 혼란기의 정권 다툼은 극에 달해 위대한 전시 수상 류성룡마저도 삭탈관직당하는 아수라장이 되었다. 정경세는 1600년 벼슬을 버리고 고향에 내려와 우복산장을 경영하며 은둔생활에 들어간다. 이후에 몇 번 나랏일 때문에 떠나기도 했지만, 우산리에 조그만 정자와 살림집을 짓고 은거하면서 학문과 사상적 성취를 이루곤 했었다. 정경세가 죽은 지 1세기 후에 영소대왕은 우복의 후손들에게 이 연고지를 하사했으니, 바로 지금의 대산루와 우복종가가 있는 우산동천愚山洞天이다.

우산동천은 남북 10리, 동서 5리의 작은 분지다. 앞에는 시원한 산봉우리들이 연봉을 이루며 가로막고, 들판을 휘돌아 흐르는 맑은 개천과 바위산이 일품이다. 정경세는 이곳에 은거하면서 경승지 20개소를 지정해 노래했다.[22] 이곳에 진주 정씨 일가들이 뿌리박고 살기 시작한 때는 정경세의 5세손 정주원鄭胄源이 종갓집을 짓고 살면서부터다. 특히 6대손인 정종로鄭宗魯는 이곳에 남아 있던 정경세의 건축들을 수리하는 동시에 서원과 서당, 정사 등을 지어 종가와 더불어 정씨 일가의 독립된 소우주를 완성했다. 그러나 우산동천은 형국이 좁아서 종손을 제외하고는 모두 나가 살아야 했다. 정씨 일가들은 2km 정도 떨어진 하우산 마을에 집성촌을 이루었다. 아직도 하우산에는 3~4호의 큰 기와집들이 남아 있다.

우산동천에는 살림집이라고는 종가와 종가에 딸린 가랍집[23] 한 채만이

22_ 박명덕, 「예학 공간의 실천, 우복종가」, 월간 『건축과 환경』, 1995. 3, p.96. 우복이 지은 「七里江山二十景」.
23_ 하층민(외거노비)이 살던 초가집.

있을 뿐이다. 그러나 개울가에는 정경세 당시에 지어진 계정이 남아 있고 바로 뒤에 대산루가 있다. 멀리 주산 밑에는 서원이었던 도존당道存堂이 있어서, 많은 수는 아니지만 살림집, 정사精舍, 정자, 누각, 서원 등 다양한 종류의 건물들이 서로 관계를 맺으며 청량한 자연경관과 함께 자리잡고 있다.

### 대산루, 중층의 복합체

대산루는 우복이 공부하던 곳을 정종로가 18세기 후반에 다시 지어 이름 붙인 것으로 추정된다. 개울 건너 종가로 올라가는 중간에 자리잡았고, 앞으로는 큰 개천이 흐르고 옆으로는 실개천이 흐르는 사이에 위치했다. 앞으로 멀리 높은 산들이 보이고, 옆으로 가깝게 낮은 구릉을 대한다. 이러한 2중의 경관을 모두 취하기 위해 대산루는 특별한 방법으로 구성되었다. 단층의 건물과 2층 누각을 직각으로 연결하여 T자형의 묘한 건물을 만든 것이다. 단층 건물은 큰 경관인 원경을 바라보고, 중층 누각은 작은 경관인 옆의 근경을 향하도록 계획됐다. 이 건물의 이름과 같이 '산을 바로 대하고 있는' 마루들이다.

**대산루 2층 누각에서 바라본 풍경**
'산을 대하는 누각'이라는 이름에서처럼 가까이 앞산의 정경이 펼쳐진다.

▷ **정사 부분에서 바라본 대산루의 모습**
단층 건물과 2층 누각이 내부 계단으로 연결되어 완벽한 하나의 건물로 통합된다.

　단층 건물은 4칸의 정사 건물로 강학講學 공간으로 쓰던 곳이다. 2층 누각은 휴양과 접객, 그리고 장서藏書와 독서를 위한 복합 용도의 건물이다. 두 건물은 내부 계단으로 연결되어 완벽한 하나의 건물로 통합된다. 이러한 구성은 창덕궁의 성정각誠正閣[24]에서나 나타나며, 민간 건축으로는 유례를 찾기 어려울 정도로 독특한 것이다. 전체 건물의 규모는 크지 않지만 매우 복합적인 용도를 가지며, 집합적으로 구성되어 있다.

　정사 부분은 2칸의 방과 2칸의 대청으로 구성된 평범한 건물이지만, 전면에 있는 툇마루 끝에 있는 8단의 돌계단을 오르면 누각의 2층 부분으로 연속된다. 누각 부분의 구성은 좀더 복잡하다. 길이 5칸 가운데 2칸째에 놓인 단칸 온돌방이 2층 공간을 분할한다. 방 앞의 개방된 누마루는 경관을 즐기며 휴식하는 곳이고, 뒤에는 한 칸의 숨겨진 창고방과 두 칸의 책방이 있다. 창고와 책방 부분으로 가려면 반드시 2층 온돌방을 거쳐야만 한다. 온돌방은 2층 공간의 중심에 위치하여 앞쪽으로 개방된 공공적 공간과 뒤쪽으로 개인적인 공간을 구획하고 있다. 1층 정사 건물이 제자들을 가르치는 강학의 장소이며 모두에게 개방된 공간이라면, 2층의 누마루 부분은 선택된 친지들을

[24] 창덕궁 희정당熙政堂 옆에 있는 건물로 원래는 왕세자의 교육처로 쓰였고, 구한말에는 내의원內醫院으로 사용했었다.

⌐ **대산루의 또 다른 정면** 왼쪽부터 누마루-2층온돌방-책방과 툇마루이다.

대하는 접객 공간이고, 책방 부분은 지극히 사적인 공간이 된다. 작은 집이지만 영역의 성격을 위계화하여 3단계로 전이하고 있다.

누마루는 주인이 손님들과 더불어 자연을 즐기며 휴식하는 곳이다. 3면으로 터져 있는 이곳에서는 멀리 앞산과 가까이 옆산, 그리고 언덕 위의 종갓집을 각각 바라다볼 수 있다. 이 누마루에는 바닥과 지붕에 각각 독특한 시설물이 있다. 마룻바닥에는 복숭아 모양의 홈이 파져 있는데 이런 모양은 민가의 측간에 많이 등장할 뿐 아니라, 경주 불국사 마당 한 구석에 놓여 있는 '매화돌'에서도 볼 수 있다. 모양으로만 보아서는 용변용 구멍인데, 그렇다면 누마루 아래에 받을 수 있는 설비가 있었다는 말이 된다. 공식적인 유학자들의 사교 장소에 정말 가능한 시설이었을까? 원래부터 있었던 것이라면 그 파격과 자유로움에 감탄할 수밖에 없다.

처마 밑을 자세히 살펴보면 서까래들 아래에 사각의 머름대[25]가 3면을 돌아가면서 달려 있다. 다른 누각에서는 흔히 볼 수 없는 부재여서 그 용도가 몹시 궁금하다. 주인 가족에게 물어보았더니 예전에는 여기다 발을 쳐서 뜨거운 여름 오후를 시원하게 지낼 수 있었다고 한다. 요즈음은 간혹 여름밤에 모

25_ 창문 밑에 만든 문지방을 머름이라고 하는데, 머름의 위쪽 지지대를 머름상방 또는 머름대라고 한다.

▷ **대산루 누마루에서 바라본 풍경** 정사의 지붕과 멀리 언덕 위의 우복종가가 보인다.

기장을 치고 잠을 잘 때 쓰이기도 하고, 누마루의 3면에 발을 치고, 그 음영 사이에 앉아 시원한 바람과 경관을 즐기는 또 다른 공간을 만들어낸다. 이 정도의 상상력이라면 마룻바닥에 매화 구멍이 있다고 해서 어색할 것도 없다.

### 누 위의 온돌방과 도서관

2층에 있는 한 칸의 온돌방은 2층 전체의 핵심이다. 네 벽 모두에 문과 창이 달려서 동선과 경관의 정점이기도 하다. 특히 뒷벽에 난 2개의 문 가운데 하나는 책방 뒷마루의 밝은 외부로 통하고, 다른 하나는 어두운 창고로 통하는 대조적인 문들이다.

높은 누마루에 방을 들인다는 것, 그 방에 구들을 놓고 불을 지펴 난방을 한다는 것은 무척 어려운 기술이었다. 관청의 객사 누각 또는 서원의 누강당에서나 가능한 고난위의 기술에 속한다. 그러한 기술을 이 같은 시골의 개인 건물에 실현했다는 것은 놀라운 사실이다.

누각이란 떠 있는 마루면이기 때문에 추운 겨울에는 사용이 불가능하다. 그러나 누각에 온돌방이 설치될 수만 있다면 일 년 사시사철 누각을 이용할 수 있다. 대산루의 이 조그만 온돌방은 건물의 효용을 두 배로 늘려준 획기적인 고안이었다.

온돌방의 위치를 한쪽으로 붙임으로써 누마루 쪽에 앞퇴가, 책방 쪽에 뒤퇴가 형성된다. 따라서 2층으로 올라와서 책방까지 이르려면 3번을 꺾어 은밀한 뒤 툇마루를 통해 접근할 수 있다. 앞의 툇마루에서는 전면에 펼쳐진 개울과 평야와 먼 산의 경관을 바라볼 수 있으며, 뒤의 툇마루에서는 가깝게 다가오는 옆 산을 바라다본다.

뒤 툇마루에는 난간도 설치하지 않아 정면의 경관이 더욱 가깝고 친근하게 다가온다. 난간은 없지만, 3개의 기둥이 열주를 형성해 그다지 불안해 보이지는 않는다. 1.5m 폭이어서 통로라고 하기에는 약간 넓다. 무언가 색다른 분위기의 공간을 만들려고 했던 의도일 것이다.

책방이 최고의 사적인 공간으로 설정됐음을 생각하면, 이 툇마루는 통로가 아니다. 앞의 누마루에 비해 마룻바닥을 한 자 높여서 층고도 낮아졌다. 이 난간도 없고, 낮은 2층 마루는 성큼성큼 걸어다니기에 부적당하다. 책방에서 책을 꺼내 조용

**대산루 2층의 책방과 마루** 대산루 2층 온돌방 문 뒤로 책방과 마루가 나타난다.

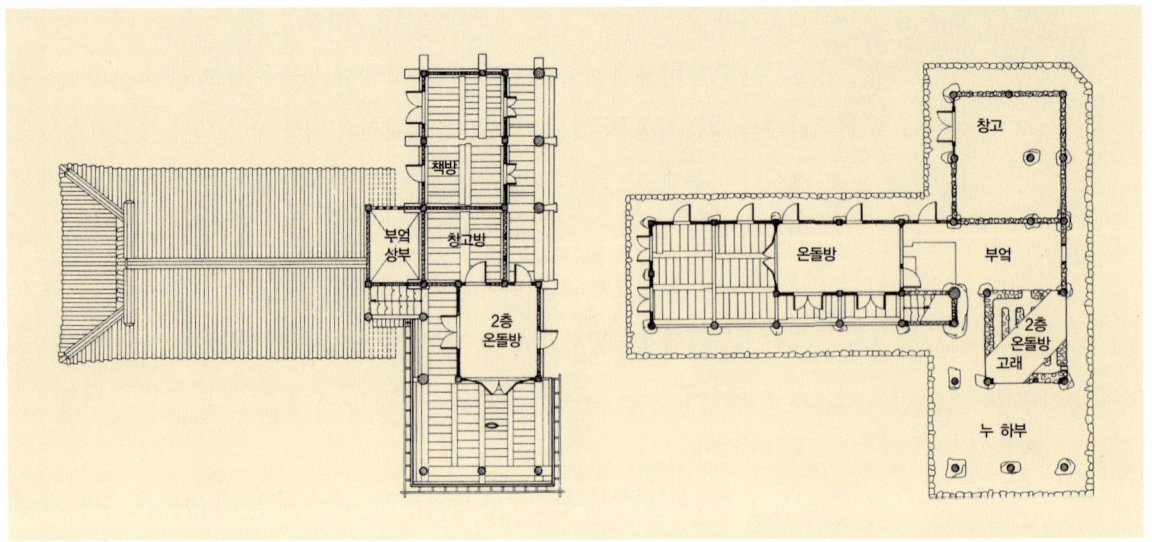

▷ 상주 대산루 2층 평면도(왼쪽)와 1층 평면도(오른쪽)

히 앉아서 독서를 즐기다가, 피곤하면 눈을 들어 앞산을 바라보며 사색을 하기에는 안성맞춤인 공간이다. 책방이 서고라면 이 툇마루는 열람실이며, 도서관의 로비일 것이다.

창고방은 일절 창이 없는 어둡고 비밀스러운 공간이다. 책방 쪽 벽 대들보 위를 터서 그나마 희미한 빛이 들어오게 보완했다. 아마 대단히 귀중한 물건들을 보관했던 곳인가 보다. 책방은 서책을 보관하고 읽었던 개인용 도서실이었다. 지면에 사다리를 놓지 않는 한, 책방의 출입은 오로지 방 뒤의 툇마루를 통해서만 가능하다. 그런데 툇마루 쪽의 개구부는 그 턱의 높이가 한 자 이상이어서 문이라기보다는 창으로 보인다. 출입을 하려면 못할 것은 없지만 다리를 번쩍 들고 창턱을 넘어가야 하니 사대부가 할 짓이 아니다. 그러면 문은 어디 있는가? 알 수가 없다. 책방 내부 공간을 주인이 사용했던 것은 분명한 것 같다.

정사 쪽으로 난 창은 1층의 뒷마당을 볼 수 있도록 벽 아래까지 뚫려 있지만, 툇마루 쪽의 창은 윗부분으로 나 있다. 정사 뒷마당의 하인들을 부르기 위한 기능용과, 앞산을 바라보기 위한 조망용으로 두 창은 기능에 따라 모양을 달리했다. 주인이 내부를 사용하지 않았다면 불필요한 배려들이다.

## 완벽한 계획성

누각의 1층 부분은 2층의 용도에 맞추어 효율적으로 계획되었다. 누마루 밑의 필로티 부분은 1.8m 높이의 아늑한 개방 공간이다. 온돌방 밑에는 구들시설을 들이고 4면 모두 육중한 벽을 쌓았다. 이 벽을 배경으로 독립된 네 기둥들이 서 있음으로써 필로티 공간의 개방감과 독자성은 한층 강조된다. 시리아니앙Cirianiens[26]들이 그토록 새로운 발견이라 떠받드는 '기둥의 자율성'이란 그들만의 발명이 아니라 좋은 건축의 보편적 어휘에 불과하다. 단지 앙리 시리아니Henri Ciriani[27]만큼 보석을 보석으로 알아보는 안목이 부족했고, 그럴듯한 이론으로 가공하는 기술적 지식이 부족했을 뿐이다.

2층 창고방의 아래는 부엌으로 사용된다. 이 공간은 비단 2층방 아궁이를 지피기 위한 공간일 뿐 아니라, 1층 정사 부분의 난방을 위한 공간이기도 하다. 2개의 아궁이를 동시에 관리하는 효율적인 아이디어가 번득인다. 2층 온돌방의 아궁이는 작업에 편리하도록 1.2m 높이에 설치했다. 반면 정사 쪽의 아궁이는 지면 아래로 내릴 수밖에 없었다. 이 높이가 다른 2개의 아궁이를 한 공간 안에 놓으려면 당연히 바닥의 높이를 2원화해야 했다. 그럼으로써

26_ 프랑스 건축가 앙리 시리아니의 추종자들.

27_ 앙리 시리아니는 르 코르뷔지에의 충실한 건축적 후계자로서 근대건축의 여러 가지 요소들을 더욱 추상화시키고, 연속적인 장면들로 구성하여 건축적 줄거리를 구성했다. 프랑스 페론느의 전쟁기념관 등 뛰어난 작품 활동을 하고 있으며, 파리대학 건축과의 교수로 활동하고 있다. 그의 건축론과 교육방법은 대단히 강력하여 많은 추종자를 양산했고, 프랑스에 유학하는 한국 학생들에겐 우상과 같은 존재가 되었다.

↘ **대산루의 부엌 내부**  3면이 육중한 돌벽으로 둘러싸였는데, 한국건축으로서는 보기 드물게 지하실 같은 분위기의 공간이다.

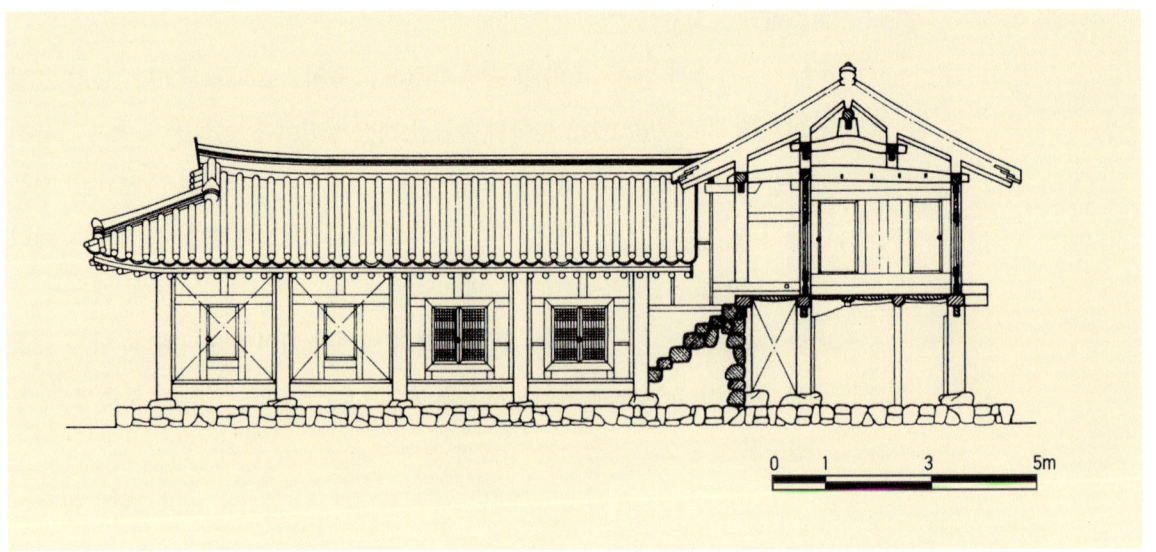

▽ 상주 대산루 입단면도

부엌을 통과하는 동선을 평탄하게 하는 부수적 효과도 거둘 수 있었다.

부엌 내부의 3면은 육중한 돌벽으로 둘러싸였다. 한국건축으로서는 보기 드물게 지하실 같은 분위기의 공간이다. 외벽에 작은 정사각형의 창문이 뚫려 있다. 여기를 통해서 어두운 공간 속으로 한줄기 햇빛이 들어온다. 또 2층 툇마루의 하부는 부엌으로 들어오는 통로로 사용된다. 오른쪽의 긴 벽과 왼쪽의 짧은 돌벽 사이를 통과하면, 비록 짧은 순간이기는 하지만 건물 사이에 난 골목이 아닌가 착각할 정도다. 그리고 나면 약간은 신비한 어두운 공간에 들어선다. 물론 이 공간의 담당자는 노비들이었고, 그들마저도 추상적인 공간을 향유할 수 있었다.

책방 아랫부분에는 4면에 모두 돌벽을 쌓아 4칸 창고를 만들었다. 아마 겨울 난방을 위한 장작들을 쌓아두던 곳이리라. 2층에는 책을 위한 창고, 아래층에는 장작을 위한 창고가 있다. 창고와 부엌 일에 종사하는 하인들은 위층 책방에서 부르는 주인의 부름에 언제든지 답할 수 있다. 그러나 2층으로 올라가기에는 너무도 먼 길이다.

단층의 정사 부분과 중층의 누각 부분은 정확히 한 칸을 띄어서 건축됐다. 두 건물 사이에 비워진 이 한 칸이야말로 두 건물을 하나로 통합해주는 핵

▷ **1층과 2층을 연결하는 툇마루 끝의 돌계단** 단층의 정사 부분과 중층의 누각 부분은 정확히 한 칸을 띄어서 건축됐는데, 이 비워진 한 칸이야말로 두 건물을 하나로 통합해주는 핵심적인 요소다.
▽ **돌계단 바깥의 벽면 구성** 극단적인 재료들의 과감한 대비, 최소의 요소로 얻어진 벽면의 독자성과 상징성, 그리고 적절한 면의 분할과 통합.

심적인 요소다. 한 칸을 띄움으로써 우선 두 건물의 지붕을 무리 없이 결합할 수 있었다. 두 건물에서 뻗어나온 처마들은 이 한 칸에서 위아래로 겹쳐진다. 또한 부엌 공간을 확장함으로써 기능적인 통합을 꾀할 수도 있었다. 무엇보다 이 한 칸이 있었기에 돌계단을 놓을 수 있었고, 이 돌계단을 통해서 정사부와 누각부를 하나의 내부 동선으로 연결할 수 있었다. 돌계단이야말로 대산루의 핵심 중의 핵심이다.

툇마루 끝에 놓인 돌계단은 일견 어색해 보일 수도 있다. 당연히 나무계단이어야 재료와 공간의 연속성을 기대할 수 있기 때문이다. 그러나 이 견고한 돌계단은 정사 부분과 누각 부분의 이용자들을 차별하는 무언의 통제소 역할을 한다. 아무나 스승이 있는 2층으로 올라갈 수는 없었다. 그러면서도 내부적인 연속성도 얻고 있다. 돌계단 바깥으로 작은 담을 쌓아 계단을 내부 공간화했기 때문이다. 재료를 달리하여 시각적으로는 연속하되 행위는 통제하는 기막힌 해결 방법이었다.

### 논리를 뛰어넘는 감동

돌계단의 바깥벽은 정교하게 장식된 꽃담이다. 중간 위까지는 덩어리 큰 강돌을 쌓아 투박하지만, 그 위에는 매끈한 흰 회벽을 바르고 전돌로 工자형의 연속 문양을 새겨 넣었다. 마지막으로 수키와를 줄지어 얹어서 이 벽의 자율성을 강조한다. 극단적인 재료들의 과감한 대비, 최소의 요소로 얻어진 벽면의 독자성과 상징성, 그리고 적절한 면의 분할과 통합. 이 작은 벽면에서 수많은 디자인의 원리를 확인한다.

　이 집에는 그밖에도 숨겨진 디테일들이 많다. 부엌으로 들어가는 통로의 기둥 처리가 대표적이다. 사각기둥의 모퉁이를 깎아 팔각으로 만들고 가장 안쪽의 기둥만은 원기둥이며 대단히 두껍다. 그 이유들을 알 수가 없다. 다른 모든 기둥들은 위치와 성격에 따라 형태가 달라진다. 예컨대 벽에 접하는 기둥은 예외 없이 사각기둥이며, 벽 없이 개방된 독립 기둥들은 모두 원기둥이다. 2층 책방 툇마루의 기둥은 1층 것보다 두껍다. 난간이 없기 때문에 안정감을 주려는 의도일 것이다.

　이 작은 집에 대해 수많은 이야기를 할 수 있는 까닭은 우선 그것의 완벽한 계획성과 논리적 구성 때문이다. 치밀한 계산과 합리적인 생각이 없었다면 이 정교한 건축은 태어날 수 없었다. 여기까지는 낙동면의 양진당도 유사하다. 그러나 대산루를 진짜 대산루답게 만들어준 것은 논리적 계획만은 아니다. 오히려 그 부분부분의 세심한 배려와 절제, 그러면서도 비밀스럽고 추상적인 공간들을 만들어나간 대담성들. 무엇보다도 두 채의 이질적인 건물을 하나로 묶을 수 있었던 융통성과 상상력이야말로 대산루를 이룬 실체다. 그 근원은 정경세 예학의 건강함에서 찾을 수 있다. 형식을 따르되 내면의 진실한 가치를 소중히 실현하려는 정신이 후손들에게도 이어졌고, 그 실천적인 예학 정신이 건축으로 표현된 것이 대산루다. 이 집보다 더 신기한 양진당에서는 도저히 느낄 수 없는 정신적인 것, 건축의 규모와는 관계없이 다가오는 전체성, 그리고 사람을 포근히 감싸안는 궁극적인 아름다움과 감동은 논리와 새로움에서 오는 것이 아니다. 그것은 정신과 감각에서 오는 것이며 건축적 공간과 형태의 본질에서 오는 것이다.

◤ **부엌으로 들어가는 통로의 기둥**　통로의 사각기둥 모퉁이를 깎아 팔각으로 만들고, 가장 안쪽의 기둥만은 원기둥이며 대단히 두껍다.

◣ **2층 책방 툇마루의 기둥**　난간이 없기 때문에 안정감을 주려고 1층의 기둥보다 두껍게 만들었다.

# 우산동천의
# 건축들

계정

정경세가 우산동천에서 은거생활을 하기 위하여 우선 필요했던 것은 작은 살림집과 독서를 할 수 있는 정사 건물이었다. 대산루 앞쪽에 남아 있는 작은 계정溪亭은 그가 1603년에 지은 청간정聽澗亭의 나른 이름이다. 후손들은 대산루를 크게 중창하면서 선조의 작은 정자를 소중히 보존하여 원형 그대로 남겨둘 줄 아는 예의와 안목을 가졌다. 그 조상에 그 후손들이다.

계정  한 칸 마루와 한 칸 방으로 구성되었다.

청간정聽澗亭, 풀이하면 '흐르는 계곡의 물소리를 듣기 위한 정자'라는 뜻이다. 이름도 상쾌하지만 이 작은 정자는 의례의 형식보다는 내용적 진실을 설파했던 정경세의 청빈하고 자유로운 생각을 그대로 담고 있다. 방 한 칸과 마루 한 칸의 최소 규모에 초가지붕을 얹은 소박한 건물로, 개울에서 20m 정도 떨어져 있어 지금도 흐르는 물소리가 크게 들린다.

이 집은 비록 두 칸의 최소 규모지만 주변의 경관을 담기 때문에 결코 작지 않다. 계정과 대산루 앞에 외국 수종의 나무들을 가득 심어서 지금은 보이지 않지만, 예전에는 계정의 툭 터진 마루에 앉으면 바로 계곡과 앞산의 경치를 볼 수 있었을 것이다. 또 마루 서쪽 벽에 나 있는 영쌍창을 열면 언덕 위로 우복종가가 보인다. 정경세 당시에도 그 위치에 살림집이 있었을 것이다. 식구들은 정자에 나가 있는 가장과 이 창을 통해 연락을 취했을 것이다.

집의 뼈대는 맞걸이 삼량三樑[28]의 가장 간단한 구조법으로 만들어졌지만, 기둥과 서까래의 부재는 기와지붕을 올려도 좋을 만큼 단단하고 두껍다. 풍족하고 부유하지만, 그 티를 내지 않고 스스로 가난을 자처한 '청빈의 미학'이 계정을 만든 근본적인 정신이다.

## 우복종가

영조가 정경세의 덕을 기려 이 일대의 땅을 하사한 직후, 5세손 정주원이 종가를 짓고 세거世居하기 시작했으니, 종가의 건립 연대는 1750년대쯤일 것이다. 우산동천에 있는 유일한 살림집으로 정경세 기념 주택이라 불러도 좋을 정도로 우복의 정신을 고스란히 계승하고 있는 집이다.

넓은 산등성이 중턱에 터를 잡은 비교적 작은 집이다. 지세를 따라 동북향의 높은 터에 자리잡아서, 집 앞으로 전개되는 산과 물이 이루는 시원한 경관을 한눈에 바라볼 수 있다. 그래서 사랑채의 이름이 산수헌山水軒이다. 집의 우측 남서쪽에는 입재立齋 정종로를 모신 불천위 사당이 동떨어져 있고, 사당을 관리하는 묘지기의 3칸 초가집이 세워졌다. 종가에 부속된 유일한 가

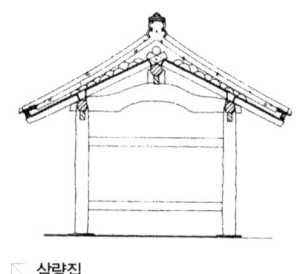

삼량집

28_ 앞뒤 기둥 사이에 하나의 보를 걸고 동자기둥을 세워 지붕틀을 구성하는 가장 간단한 구조 방법. 앞뒤 처마도리와 가운데 종도리 하나만 있으므로 삼량구조다.

◁ **우복종가 사랑채** 높은 기단 위의 반 2층집이다.
△ **우복종가 안채에서 바라본 풍경** 사랑채 너머로 앞산의 연봉이 바라다보인다.

랍집이다.

경사지에 자리잡아서 사랑채는 높은 기단 위에 놓여졌다. 그리고 기단을 2중으로 처리하고 건물 전면 모두에 난간을 단 툇마루를 설치하여 마치 지상에 떠 있는 누각과 같은 형태다. 사랑채 마룻바닥은 마당에서 2.5m 위에 걸려 있다. 상주 지방의 한다 하는 건물들이 추구하고 있는 2층집의 모습이다. 퇴칸은 1m 정도로 무척 좁다. 사랑채의 출입은 계단을 올라와 대청으로 통하도록 되었는데, 출입 부분의 툇마루만 출입에 편리하도록 다른 부분보다 한 단 낮게 처리했다. 이 부분만 제외하고는 모두 계자난간을 둘렀다. 우람한 강돌들로 쌓인 기단의 구축성에 비해 그 위에 올려진 목조 건물의 구조는 빈약해 보이고, 5칸 홑집의 구성으로 옆으로 길쭉해 매스의 중량감도 없다. 그러나 툭 터진 사랑마루에 올라앉으면 대문채 위로 앞산 연봉들의 뛰어난 경관이 펼쳐진다.

사랑채 뒤로는 ㄱ자 안채와 一자 행랑채로 감싸진 안마당이 꾸며진다. 사랑채의 전면은 누각과 같지만, 사랑대청의 뒷면은 안마당에 바싹 접하고 서로 통할 수 있는 문이 달려서 한층 친근하고 아늑하다. 안채는 대청과 안방으로 이루어지는 몸채와 여기서 돌출한 부엌의 날개채로 이루어진다. 몸채는 겹집이고 날개채는 홑집이며, 대청의 레벨을 높게 잡아서 부엌 바닥은 반 층 아래가 된다. 부엌 위로는 2층의 다락이 설치된다. 앞서 양진당이나 오작당에서 보았던 2층집을 만드는 방법들이다. 단지 차이가 있다면 낙동면의 두 집은 ㄷ자 형식이지만 우복종가는 ㄱ자라는 정도다. 그러나 옆의 一자 행랑이 또 다른 날개채의 역할을 하고 있어 전체적으로는 ㄷ자의 모습이 된다.

형식이 유사하다고 해서 공간의 성격이 같은 것은 아니다. 튼 ㄷ자의 구성은 안마당의 분위기를 더욱 자유롭게 만들고 기능적인 분화도 뚜렷하다. 또 안대청의 위치가 안방 쪽으로 쏠려 있고 사랑대청과는 엇갈려 배열되기 때문에 대각선으로 안마당의 방향성이 형성된다. ㄷ자집이 갖기 쉬운 대칭성과 고정성을 깬, 비대칭의 공간을 만든 것이다. 따라서 양진당과 형식은 비슷하지만 공간의 성격과 결과적인 형태는 전혀 다르다. 눈여겨보지 않으면 양진당과는 전혀 무관한 집으로 보일 것이다.

## 도존당

대산루에서 종가가 있는 언덕으로 휘어져 오르지 않고 똑바로 산밑을 향해 다가가면 꽤 떨어진 곳에 일군의 건물군이 자리잡고 있다. 원래는 입재 선생이 1796년에 서당을 세운 곳이고, 후에 우산서원으로 승격되었던 곳이다. 전

↙ **산 아래에 있는 노손낭** 옛 우산서원 자리에 복원한 것으로 상주 건축의 전통이 남아 있음을 알 수 있다.

↘ **하우산의 병암고택** 하우산에 형성된 진주 정씨 집성촌의 살림집 가운데 가장 오래된 건물이다.

국의 대부분 서원들이 같은 운명이었지만, 이 서원 역시 흥선대원군의 서원 철폐 때 없어졌던 것을 20세기 초에 강당만 복원한 것이다. 강당 옆에는 원래부터 있었던 것으로 보이는 ㄱ자의 주사 건물이 남아 있다.

   강당인 도존당道存堂은 5칸 겹집의 일반적인 팔작집이다. 후대의 솜씨라 대산루나 우복종가의 건축적 전통을 찾기는 어렵다. 그러나 역시 전면에 반 칸 툇마루를 만든 것은 남아 있던 초석의 배열을 따른 것으로, 상주 건축의 전통이 남아 있음을 보여준다. 현재는 툇마루의 높이가 대청 부분보다 한 단 낮게 설정되어 있다. 대청에 툇마루의 높이를 맞추면 출입에 불편할 정도로 높아지기 때문이다. 전면 툇마루나 높은 출입부는 양진당과 우복종가에서 나타났던 이 지역 건축의 전통이다.

### 병암고택

우산동천을 상우산이라 한다면 북쪽 2km 지점에 떨어진 마을은 하우산이다. 상우산은 형국이 좁고 마을을 이루기에 적합치 않은 은거지여서 진주 정씨들의 집성촌은 하우산에 형성됐다. 현재도 4호의 기와집들을 포함해 30여 호의 살림집들이 남아 있다. 이 가운데 병암고택甁庵古宅은 1770년에 지어진 가장 오래된 건물이다.

   병암은 정종로의 아우인 정재로鄭宰魯의 호이며, 이 집을 지은 주인이다. 평지에 입지한 튼 ㅁ자형의 살림집으로 기단도 낮고 수평적으로 구성되었다. 앞의 사랑채가 뒤의 안채보다 오히려 높다. 사랑채는 정재로 당시의 것으로 전한다. 2층집의 흔적은 전혀 나타나지 않지만, 사랑채와 안채 전면에 툇마루가 발달한 것은 역시 이 지역의 전통이다.

# 상주의 건축이
# 갈망했던 것

**상주의 건축 문화**

신영훈 선생은 상주 살림집들의 특성에 주목하여, 낙동강 동쪽의 안동 문화권과 비교해 상주의 살림집들은 개방적이라는 점을 지적했다. 상류 주택의 경우 ㅁ자형 뜰집을 기본으로 하는 폐쇄적인 안동형에 대해, 상주의 집들은 一자, ㄱ자, ㄷ자 등으로 개방적인 안마당을 가지며 개방된 대청과 툇마루들이 발달했다. 안동과 상주의 건축 문화적 차이를 역사적 전통에서 찾기도 한다. 안동은 고구려의 옛 영토였고, 후삼국 왕건의 거점이었기에 북방 문화권에 속한다.[29] 반면 상주는 가야 계통의 사벌국沙伐國의 고토였고, 견훤의 고향이었으며 따라서 남방 문화권에 속한다.

이러한 분석은 양진당과 대산루 등에서 나타난 2층집 지향성, 신 선생의 표현으로는 '고상식高床式 주거'의 양상을 설명해준다. 즉 고상식 건축은 비가 많고 따뜻한 남방 문화의 소산이고, 구체적으로는 백제 건축의 특징이라는 것이다. 심지어 양진당을 지은 목수는 옛 백제 지역 출신일 것이라고 추정하기까지 한다. 더 나아가 양진당은 고상 마루가 있는 남방적 성격이 농후한 구조에 북방적 성격의 구들이 삽입된 절충형이라 결론짓는다.[30]

그러나 양진당이나 대산루의 2층 지향성을 고상형이라 단정하기는 석연치 않다. 우선 그 예가 너무 적고 두 예 모두 최고의 지식인이며 재산가들의 집이라는 점에서, 다수성을 본질로 하는 주거 문화에 적용하기는 어렵다. 오히려 두 집 모두 평지에 지어졌다는 점, 전란을 겪으면서 체득한 은거와 의례

29_ 신영훈, 『한국의 살림집—상』, 열화당, 1983, pp.168~175.

30_ 같은 책, p.177.

에 대한 지식들, 그리고 퇴계학파 내부에 존재했던 집단적인 건축적 생각들에서 바라보는 것이 합당할 것이다.

확실히 상주와 안동의 문화는 다르다. 두 지역 사이를 낙동강이라는 건너기 어려운 큰 강이 가로지르고 있어서 교류가 쉽지 않았다. 따라서 사대부 문화라는 형식은 유사하지만 그 내용은 크게 다를 수 있었다. 그러나 무엇보다도 두 지방의 지형이 다르다. 산지와 좁은 골짜기가 많은 안동에 비해, 상주의 산은 높지만 멀리 있고 그 사이에는 평야가 발달했다. 상주에 있었다는 옛 왕국의 이름도 사벌국.[31] 강가의 모래벌판이 많은 왕국이었다. 평야 지대의 건축은 개방적인 성격을 띠는 것이 일반적이다. 평지성과 개방성은 옛 백제 땅에 지어진 건축의 전통이기도 하다. 그렇다고 상주가 백제 문화권에 속한다는 단정은 위험하다. 여기는 엄연히 경상도 땅이며, 백제 쪽보다는 안동과 예천의 문화적 속성을 더 많이 가지고 있기 때문이다.

고상형의 문제는 이 지역 전체의 양상이라기보다는 특정한 계층이 선호한 형식이라고 보아야 한다. 민중들의 살림집에서는 발견되지 않고, 지배층인 성리학자들의 집에서만 나타나기 때문이다. 곧이어 살펴볼 이 지역의 향교와 서원들에서는 보편적인 형식이었다는 점에서도, 고상형은 상주 땅의 지배층들이 추구했던 계층적 형식이었다고 보는 것이 타당하다. 또 이 건축 유형은 엄격한 의미에서 '고상형'이 아니다. '고상'이란 떠 있는 바닥, 즉 누마루를 일컫는다. 그러나 양진당과 오작당, 대산루, 우복종가는 '고상 주거'가 아니라 완벽한 2층집의 구조이며, 단순히 떠 있는 바닥을 만드는 데 목적이 있는 것이 아니라 2층에 온돌방을 만드는 것이 목적이었다.

### 온돌과 누마루의 결합, 그 다양한 방법들

온돌과 마루는 서로 상반되는 건축 요소다. 온돌은 추위를 이기기 위한 난방 장치이고 열을 보존하기 위해서는 지면에 묻힐 정도로 바닥이 낮아야 좋다. 반대로 마루는 뜨거운 지열을 피해 시원함을 위한 시설이기 때문에 지면에서

---

31_ 沙伐國 또는 沙弗國. 상주 땅에 있었던 고대 부족국가. 진한 12국 중 하나, 또는 가야연맹에 속한 작은 나라였다고 전한다. 신라 때는 사벌주로 개편되었다.

높을수록 좋다. 온돌은 불을 머금는 돌이지만, 마루는 습기는 물론 불과도 상극인 목재다. 이처럼 두 요소의 성격도, 재료도, 높이도 극단적이다. 이 둘을 하나의 건물 안에 수용한다는 것은 쉬운 일이 아니었다. 온돌의 바닥은 높여야 했고 마루의 바닥은 낮춰야 했다. 불기가 가는 곳과 안 가는 곳을 명확히 구분하고 차단할 수 있는 방법도 마련해야 했다. 한반도 전역에 온돌이 보편화된 시기는 대략 17~18세기로 본다. 그만큼 온돌과 마루의 만남은 어려운 기술이었다. 그래서 한옥의 정의를 '구들과 마루가 함께 있는 집'이라고 내리기도 한다.

상주의 상류 건축은 한술 더 떠서 2층 누마루에 정식의 온돌방을 설치하려 했다. 이 2층집 지향성은 유행을 넘어 열망에 가까웠다. 왜 그랬는지는 알 수가 없다. 안동에 비해 뒤늦게 정착한 성리학적 사회에서 지배층의 권위를 세우기 위해서였을까? 동시에 누마루의 효용을 극대화하고 싶은 실용적 정신의 해결이었을까? 남북 문화권이 충돌하는 접경에 놓인 지리적 위치도 원인 중의 하나일 것이다. 어쨌든 다른 지역에서는 보기 어려운 온돌 있는 누마루의 예를 이 지역에서는 적어도 열 개 정도는 발견할 수 있다는 점은 분명하다.

누마루에 온돌을 들이는 방법은 네 가지 정도로 실험되었다. 가장 흔한 방법은 양진당의 예와 같이, 집의 바닥을 반 층 높여 설정하고 기단을 낮추고, 전면 툇마루를 설치하여 누각의 형태를 얻는 방법이다. 온돌의 바닥이 높아 보이지만 기단을 거의 없앴기 때문에 나타나는 착각이다. 온돌 바닥면은 일반집보다 약간 높은 정도에 불과하다. 오작당과 추원당, 옥류정, 우복종가 사랑채, 그리고 함창향교 명륜당明倫堂이 이 방법을 쓰고 있다.

아니면 대산루와 같이 완전한 2층집을 만들고 누상에 온돌방을 들이는 방법이다. 그러나 이 방법을 따르면, 누 밑 공간이 구들 시설과 벽면으로 꽉 차게 되어서 바닥이 떠 있는 효과가 나지 않는다. 따라서 대산루와 같이 온돌방 부분을 가리면서 누각의 형태를 유지하는 고도의 안목과 치밀한 계획이 필요하다. 과감히 정식 2층에 방을 들이기 어려운 이유다. 대산루의 성공은

**대산루 전경** 대산루와 같이 완전한 2층집을 만들기 위해서는 온돌방 부분을 가리면서 누각의 형태를 유지하는 고도의 안목과 치밀한 계획이 필요하다.

극히 예외적인 성과였다.

다른 한 방법은 건물 앞면을 누각으로 꾸미고 뒷면에 단층 온돌방을 들이는 방법이다. 선산향교 청아루菁莪樓와 상주향교 명륜당과 같이 앞에서는 완전한 2층 누각이요, 뒤에서는 단층집이다. 이렇게 구성하기 위해서는 ㄷ자 평면이 필수적이다. 긴 누마루의 몸채를 허공에 띄우고 양 끝에 온돌방을 뒤로 돌출시켜 날개채를 이룬다. 이런 집은 필히 급경사지에 위치해야 한다. 지형의 높낮이를 조절하여 누마루의 앞은 완전한 2층, 뒤는 1층으로 맞추어야 하기 때문이다. ㄷ자 집이기 때문에 앞마당보다는 날개채로 감싸지는 뒷마당이 더욱 중요해진다. 상주향교 명륜당 뒤로 동서재가 형성되는 것은 이 까닭이다.

마지막 방법은 옥동서원 청월루에서 볼 수 있다. 一자 건물의 바닥을 2층으로 들어올리고, 가운데에 대청마루를, 양 끝에 온돌방을 배열한다. 그리고 양 끝 온돌방 하부에 축대를 쌓아 받친다. 구들과 아궁이는 축대 안에 묻히게 된다. 마치 두 교각 사이에 마루다리를 걸친 것 같은 방법이다. 가운데 누마루는 지상에서 떠 있고 양옆의 온돌방은 지면에 붙어 있다.

# 상주의 이층집들

### 선산향교

선산향교善山鄕校는 임진왜란 때 없어졌으나, 1600년 현재의 위치에 대성전大成殿과 동서무東西廡를 먼저 중창했다. 1623년에는 명륜당明倫堂과 동서재東西齋를, 남쪽에 청아루菁莪樓를, 서쪽에 교관아와 전사청, 주고廚庫 등을 건립했다. 현재 동서무와 교관아, 전사청은 허물어져 없어졌다. 산의 한 능선 전체를 가로지르듯 기다란 누각과 명륜당 대성전이 앞뒤로 자리잡았다. 안마당에는 연꽃무늬가 조각된 석등 부재가 세워져 있어서 인근에 신라 때 창건된 사찰이 있었던 것으로 보인다.

다른 건물들도 볼 만하지만, 남쪽에 있는 7칸의 긴 청아루는 주목할 대상

↙ **선산향교 청아루의 정면**(왼쪽)**과 뒷면**
(오른쪽)　ㄷ자집의 돌출된 날개채는 온돌방이다.

이다. ㄷ자 평면으로 뒤쪽에 온돌방 한 칸씩으로 날개채를 달았다. 급경사지에 놓여져 7칸 누각의 가운데 밑을 통해 출입하도록 되었으며, 날개채인 온돌방들은 모두 지면에 붙어 있다. 전면 7칸의 몸채 가운데 5칸은 누마루 공간이고 양 끝칸에는 문을 달아 온돌방에 부속된 마루방으로 나뉘어 있다. 누의 높이도 무척 높고 바깥쪽 벽에는 모두 널판창을 달아서, 외관은 기념비적이며 폐쇄적이다. 반면 뒤 안마당 쪽은 단층으로 구성되고, 양쪽 날개채가 안마당 공간을 감싸듯 돌출되며, 누마루 벽이 없이 모두 개방되어 아늑한 공간을 이룬다. 앞뒤 면의 구성이 너무나 대조적이다. 이 지역 2층으로 된 공공건물의 규범이 되었음직한 건물이다.

### 상주향교

경상도라는 도명이 경주와 상주에서 유래했듯이, 경주와 상주 향교는 경상도를 대표하는 대규모 향교다. 지금으로 말하면 경주향교는 국립 경상대학교, 상주향교는 경북대학교 정도의 지위였다. 전 경역을 두 단의 평지로 나누어 아랫단에는 명륜당과 동서재를, 윗단에는 대성전과 동서무를 배치했다. 5칸 대성전과 10칸씩의 동서무는 아직도 그 규모와 위풍을 자랑하고 있지만, 명

상주향교 명륜당의 정면(왼쪽)과 뒷면(오른쪽) 날개채의 온돌방은 지면에 붙은 단층으로 처리했고, 누각 부분은 고상형으로 처리했다.

륜당과 동서재는 해방 전후에 없어졌다. 현재의 동서재는 최근에 복원한 것이고, 명륜당은 상주 읍내에 있던 태평루太平樓를 이건·개조한 것이다.

이건할 때 누 밑의 기둥들을 잘라버려 지금은 반2층 정도의 어정쩡한 누각형 건물이 되었다. 누 밑 진입의 흔적도 살아 있지만, 현재는 출입이 불가능하다. 원래의 장소와는 지형적 조건이 맞지 않고, 그다지 치밀하게 고려하지 않은 채 개조한 듯하다. 이 건물은 선산향교 청아루의 축소판이다. 전면 5칸의 누마루에 양 끝 뒤쪽으로 2칸씩의 온돌방을 돌출시켰다. 청아루에 비해 길이는 2칸 줄었지만 앞뒤 폭은 2칸 늘었다. 날개채의 온돌방은 역시 지면에 붙은 단층으로 처리했고, 누각 부분은 고상형으로 처리한 건물이다. 비록 이건하면서 높이가 변조되고 다른 건물과 연관성도 없어졌지만, 상주에서는 2층집의 구성법이 향교뿐 아니라 일반 관아 건물에서도 보편적으로 사용됐었다는 유력한 증거가 된다.

## 함창향교

지금은 상주시에 편입됐지만, 함창면은 과거 상주와 문경 사이에 독립된 현이었다. 함창향교咸昌鄕校는 높은 언덕 위 완만한 경사지에 평지를 조성하고 건물을 배치했다. 앞에는 명륜당이, 뒤로는 동서재와 독립된 대성전 영역이 놓여 있다. 명륜당은 5×2칸의 一자 건물이지만, 앞에서는 누각같이 마루면이 떠 있고 뒤에서는 단층 건물로 보이도록 되었다.

경사가 약한 지형에, 그것도 一자형 건물을 이렇게 구성하자니 무리한 방법을 동원할 수밖에 없었다. 높은 앞면 기단을 마루면 밑으로 접어 누각같이 보이도록 했고, 뒷면 기단은 그대로 높여서 단층이 된다. 그러나 지나치게 높아진 기단 때문에 뒷면에서 건물로 출입하기가 어색해졌다. 건물 가운데에 6칸 대청을 놓았고 양 끝에 온돌방을 들여서 평면도만 본다면 일반적인 강당 건물이다. 그러나 전면 벽에 설치된 판장문들을 열면 좁은 폭의 쪽마루들이 붙어 있어 발코니 같은 공간을 이룬다. 이 발코니의 아래 기단을 없앴기 때문

↗ **함창향교 명륜당 정면** 왼쪽 1칸은 온돌방이다.
↘ **명륜당 뒷면** 양쪽에는 동서재가 있는데, 기단들이 무척 높다.

에 정면의 형태가 누각같이 된 것이다. 정면 5칸 중 서쪽 끝에는 앞뒤 2칸의 온돌방이 놓이기 때문에 축대가 바로 쌓이고, 나머지 4칸만 누각으로 처리했다. 지형 형편상 누 밑 진입이 불가능하기 때문에 명륜당의 동쪽을 돌아서 안마당으로 진입한다. 진입 동선을 유도하기 위해서 동재를 바깥쪽으로 틀어놓은 배려가 돋보인다.

명륜당 뒤의 동재와 서재는 3칸의 작은 건물들이지만 기단을 지나치게 높여서 비례가 이상해졌다. 명륜당의 기단을 높였기 때문에 같은 레벨로 맞추다보니 파생된 결과다. 세 건물이 모두 연못 속의 섬처럼 떠 있는 것 같아 마당과의 밀착성은 사라져버렸다.

지형에 맞지 않는 2층집 흉내를 내다보니 생겨난 이상한 모습이다. 어색하기 짝이 없는 결과지만, 여러 가지 불리함을 감수하면서까지 명륜당을 2층집으로 만들기 위해 나름대로 고심한 흔적이 잘 나타나 있다. 그러나 이 집의

◢ **옥동서원 청월루** 양 끝에는 절묘한 2층의 온돌방, 가운데는 문루이다.

건축가는 입체적인 구상력이 빈곤했던 것 같다. 재미는 있지만 좋은 건축은 아니다.


### 옥동서원

1518년 황희黃喜(1363~1452)를 기념하는 백화서원白華書院으로 출발했다. 1715년 사당과 강당을 중창하고 1789년 옥동서원玉洞書院으로 사액賜額되었다. 현재 문루인 청월루淸越樓와 강당, 사당이 남아 있지만, 전체적인 짜임새는 없어져버렸다. 강당인 온휘당蘊輝堂은 5×2칸의 팔작집으로 18세기 말경에 지어진 것으로 보인다.

청월루 역시 5×2칸 규모로 가운데에 6칸 누마루를 설치하고 그 아래 3칸에는 서원의 정문인 회보문懷寶門을 설치했다. 누마루 양옆으로는 온돌방을 놓았는데, 방 아래에 축대를 쌓고 전면에 아궁이를 설치했다. 정면의 모습은 마치 양쪽에 교각을 쌓고 마루판의 다리를 건 것 같은 모습이다. 누각에 온돌방을 설치하여 2층집을 만들기 위한 또 다른 방법을 구현했다. 이런 형식의 누각은 경주 옥산서원의 무변루에서도 볼 수 있지만, 그다지 흔한 건물은 아니다.

5

예학자의 이상향
윤증고택

# 윤증과
# 중세의 이상

### 예학의 시대와 윤증

"오늘날 조정에 나가지 않는다면 모르되 나간다면 무언가 이루어야 할 일이 있다. 그러기 위해서는 송시열의 세도가 변해야 하고, 서인과 남인의 원한이 해소되어야 하며, 세 외척(三戚)[01]들이 전횡이 끝나지 않으면 안 된다."[02]

명재明齋 윤증尹拯(1629~1711)이 거듭되는 조정의 고위관직 임명을 거절하며 내세운 명분이다. 당대의 인물 윤증은 급기야 우의정에 임명되는 영광을 누렸지만, 이 역시 거절하여 '백의정승' 白衣政丞의 명성이 자자했고, 세대교체의 기수로, 소론파小論派들의 지도자로 추앙되었다. 송시열을 비롯한 당시의 권세가와 정치권의 파쟁에 대한 윤증의 비판과 증오는 사무친 것이었다. 그의 증오는 어디에서 생겨난 것일까.

지금은 논산시에 속해 있는 연산면, 은진면, 노성면은 17세기에는 모두 독립된 행정단위들이었고, 인근 회덕 지역과 함께 당대 정치 사상계의 실세들이 뿌리내리고 있었던 이른바 '충청도 양반' 들의 본거지였다. 병자호란 이후 '소중화小中華와 위정척사爲正斥邪' 의 기치 아래 조선 사회를 이끌어 온 서인의 영수 송시열의 은진 송씨들이 은진 일대에서 세력을 떨치고 있었으며, 송시열의 스승이자 기호학파의 계승자 김장생과 김집金集 부자의 광산 김씨들이 지금의 강경읍과 연산 일대에 대대로 살고 있었다. 당대의 거물 송시열에 대립하여 이른바 소론의 영도자로 꼽히게 된 윤증과 그의 부친 윤선거尹宣擧 등 파평 윤씨들도 노성 일대를 터전으로 살아왔다.

01_ 숙종 당시 왕실의 외척이었던 김석주, 김만기, 민정중의 세 집안을 일컬음.
02_ 『민족문화대백과사전–3권』, 한국정신문화연구원, 1989, p.319.

윤증 초상화

16세기 말부터 17세기까지 조선의 사상계와 정치계는 "예학의 시대"라고 단정할 수 있다.[03] 두 차례에 걸친 비참한 난리 뒤에 조선 사회는 기존의 모든 가치 체계가 붕괴되는 절대절명의 위기에 봉착하였고, 지배층들은 강력한 봉건적 규범의 실시를 통하여 사회의 안정과 질서를 꾀하였다. 그 이론적 근거로 '예학'이 대두되었고, 성리학의 주요 논쟁이 '리기론' 理氣論에서 '예론禮論과 예송禮訟'으로 바뀌게 되었다. 전쟁 전의 리기논쟁이 영남과 기호 학파의 성립을 가져왔다면, 전후의 예론과 예송[04]은 서인과 남인, 더 나아가 노론과 소론을 분열시켰고 격렬한 당쟁을 불러일으켰다. 이제 예의 문제는 성리학적 실천 규범의 차원을 벗어나 목숨을 건 이데올로기와 정권 투쟁의 무기가 되어버렸다.

## 우암과 명재

윤증 일가는 대대로 서인파의 중심 가문이었고, 그의 아버지 윤선거는 서인의 거두이자 가장 완고한 예학자 우암 송시열과 절친한 사이였다. 그러나 그는 윤휴尹鑴와도 가깝게 지냈고, 윤휴는 독자적인 주자학 비판으로 인해 송시열로부터 "정통 학문을 어지럽히는 이단"(사문난적斯文亂賊)으로 맹공을 당하던 인물이다. 윤선거의 아들 윤증은 송시열의 수제자로 자타가 인정하는 처지였지만, 주자에게는 아무런 오류가 없다는 설(주자무오설朱子無誤說)을 신봉하는 원리주의자인 송시열은, 윤휴는 물론이고 그와 친교를 맺은 윤선거와 윤증마저 탐탁치 않게 여기게 되었다. 윤증이 부친의 묘비명을 송시열에게 부탁하자 그는 매우 불성실한 문장만을 써주었고, 윤증은 수차례에 걸쳐 수정해줄 것을 요청했지만 송시열은 이에 응하지 않았다.[05]

그후 윤증은 송시열의 교조주의와 독선을 공격하였고, 송시열계는 윤증을 중심으로 한 소장파들의 경박함과 이단성을 비난하였다. 당대의 거물 송시열을 공개적으로 공박한 윤증은 소장층의 스타가 되어 소론파의 지도자로 부각되었다. 이를 회니시비懷尼是非[06]라 하고, 서인 세력이 구세대인 노론과

---

[03] 배상현, 「기호 예학의 성립과 전개 과정」(충남대학교 유학연구소편, 「기호학파의 철학사상」), 예문서원, 1995, p.59.

[04] 현종이 죽고 효종이 즉위할 때, 대왕대비가 상복을 1년 입어야 하느냐, 9개월 입어야 하느냐로 정치권의 의견이 분열되었다. 1년설을 주장한 서인들이 정권을 장악하게 된다. 1674년 효종비 장씨가 죽자 역시 효종의 상복문제가 제기되었고, 기년설을 주장한 남인들이 승리하여 정권은 남인에게 넘어가 서인들은 보복을 당하게 되었다. 특히 서인의 영수 송시열에 대한 탄핵이 최대의 쟁점이어서 남인 내에서도 강온파로 분열이 되었다. 6년 후 숙종이 서인의 손을 들어줌으로써 서인들의 재집권이 이루어지고, 이후 무자비한 숙청과 처벌을 통해 남인들의 씨를 말리려는 일당 독재가 실시되었다. 이 권력 투쟁의 명분은 왕족의 상례에 관한 논쟁이었고, 이를 예송禮訟이라 부른다.

[05] 최성철, 「윤증尹拯」(한국인물전집-4), 삼조사, 1977, p.253.

[06] 송시열의 근거지인 회덕懷德과 윤증의 니산尼山 사이에 벌어진 논쟁과 갈등을 일컬음.

신세대 소론파로 분열하는 빌미가 되었다. 개인적 원한 관계가 학파의 시비로, 더 확대되어 정치적인 당쟁으로 비화된 것이다.

윤증과 송시열의 결별, 그리고 노론과 소론의 분열은 이념이나 학설에 관한 대립이 아니었고 중세적 모순을 극복하기 위한 변혁의 진통은 더더욱 아니었다. 그것은 개인적 갈등이나 집단적 이익을 쟁취하기 위한 통치 계급 내부의 정쟁 이상이 아니었다. 그러나 서인파 내부의 분열은 결과적으로 조선조의 지배 세력을 약화시켰고, 곧 이어지는 18세기에 영조와 정조가 강력한 군왕정치를 실현할 수 있는 여건을 제공하게 된다. 또한 무가치한 당쟁과 논쟁은 근대적 아이디어에 충만한 실학과 실학자들을 배태하게 된 역설적인 배경이 되기도 했다.

### 예학자의 일생과 건축물

구체적인 인격과 신체 수양의 방법론인 예학은 예학자들의 일생 행적도 예정 짓고 있었다. 예학자의 일생은 줄곧 운명과 수행의 의무로 가득 차 있었다. 우선 좋은 가문에서 태어나야 했다. 예학의 시대에는 더욱 엄격한 신분의 질서가 강조되었기 때문에 출생의 운명부터 선택되어져야 했다. 어려서는 엄격한 부모 밑에서 자라면서, 향리의 유명 스승에게 『소학』小學을 익혀야 했고, 청년기에는 유림의 존경을 받는 스승을 찾아 문인門人의 반열에 올라야 한다. 스승뿐 아니라 교우도 같은 학파나 같은 당파에 속해야 했다. 30대 초까지는 과거에 급제하여 벼슬길에 올라야 했고, 자신이 속한 당파의 일원으로 혹은 지도자로 소임을 다해야 했다. 정치적 영향력을 확대하기 위해서는 가문끼리 똘똘 뭉쳐야 했기 때문에 씨족부락을 이루며, 중앙에 있을 때도 향촌과의 유대를 유지해야 했다. 은퇴 후에는 낙향하여 향리의 후학들을 지도하며 향촌의 장로로서 지위를 누린다. 죽은 후에는 선산에 묻혀 후손들의 극진한 제사를 받아야 하고, 자신을 기념하는 서원에 배향되어야 한다. 더 나아가 문묘文廟에 배향된다면 최고의 명예다. 물론 생전에 관혼상제, 특히 상례喪禮와 제

윤증고택 원경  앞에 커다란 연못이 고택과 향교를 이어준다.

례祭禮는 예법에 맞고 지극하게 행해야 한다.

스테레오 타입의 이러한 일생을 위해서 여러 종류의 건축물과 시설물이 필요하게 된다. 씨족마을인 향촌에 자리잡은 자신의 살림집은 물론이고, 제례를 행하기 위한 종갓집이 필수적이다. 인근에는 서당이 있어야 하고, 개인적으로 공부할 수 있는 재실도 필요하다. 식구 중에 효자, 열녀, 충신이 나온다면 더없는 영광으로 집 주위에 각종 정려각旌閭閣, 비각들이 세워진다. 때가 되면 선산에 제사를 지내야 하기 때문에 선산 부근에 묘제를 위한 재실을 짓고, 일족이 모여 제사는 물론 가문의 정치력을 키울 수 있어야 했다. 선조나 자신이 배향된 서원은 붕당과 족벌을 위해서는 가장 필수적인 장소가 된다. 은퇴 후에 머물며 후학들을 가르치기 위해서는 경치 좋은 곳에 정자나 학당을 마련한다. 사후에 자신의 위패는 가묘에 모셔지며, 초상화를 모신 영당影堂이 세워진다. 기타 지방 유림들과 교유하기 위해서는 인근의 향교에도 열심히 출입해야 한다. 종갓집, 가묘, 재실, 선산, 묘재사, 정자, 학당, 서원, 향교, 영당, 정려각 등은 예학자의 일생에 필수적인 무대장치가 되는 셈이다.

윤증 역시 벼슬길에 오르지 않은 것을 빼고는 가장 전형적인 예학자의 일생을 걸었다. 그의 생활은 고고했지만, 동시에 격식과 예법 명분에 얽매인 삶을 살았다. 그의 사상과 행적이 양명학陽明學의 대가 하곡霞谷 정제두鄭齊斗(1649~1736)[07]에게 깊은 영향을 주었고, 직간접적으로 이후의 실학파들에게 영향을 주었다는 사실을 떠올린다면, 윤증은 중세인의 일생을 걸었던 마지막 인물이라 할 수 있다. 윤증고택 주변에는 이 마지막 예학자의 삶에 무대를 제공했던 다양한 건축물들이 산재한다. 그것들은 노성산을 중심으로 펼쳐져 있어서 지리적인 연결망도 구축하고 있다. 아래의 순서대로 방문한다면 윤증의 일대기를 재현할 수 있을 것이다.

**씨족마을**    인근의 장구와 유봉, 병사마을이 대표적인 파평 윤씨 씨족마을이다.

**윤황고택**    노성의 파평 윤씨 종갓집. 노성면 장구리에 있다.

**윤씨 선영과 재실**    노성면 병사리에는 왕릉같이 거대하게 조성된 윤씨 선조 묘소 3기가

07_ 윤증의 제자로서 조선 양명학의 선구자로 강화도에서 후진을 양성했던 강화학파江華學派의 창시자.

↘ 윤증 관련 건축물 위치도

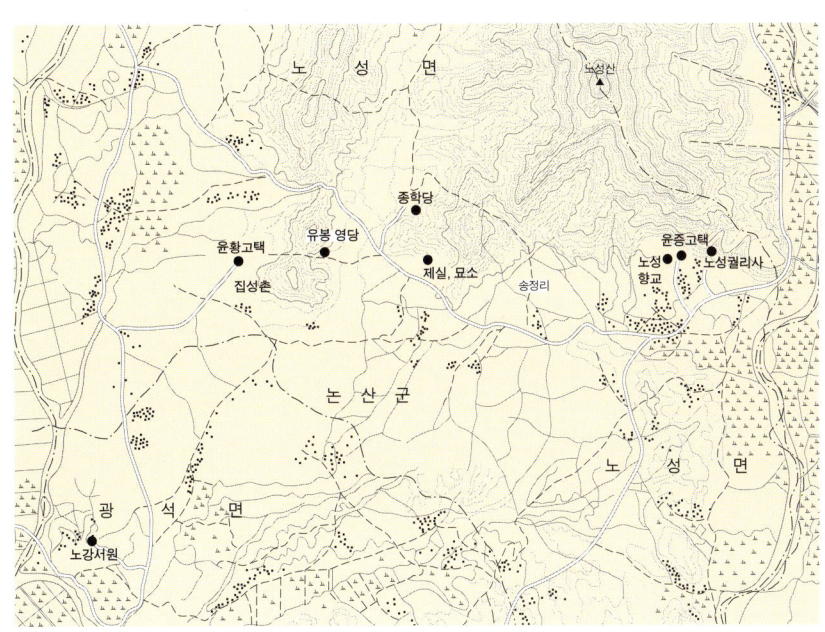

있고, 그 앞에 묘제를 위한 재실이 마련되었다.

**유봉의 송단**   유봉마을에는 윤증의 원래 집이 있었고, 동쪽 야산의 소나무 숲은 윤증의 사색처였다.

**종학당宗學堂**   병사리에 있는 윤씨 일가의 가학家學 전수소. 윤증도 여기서 후손들을 지도했다.

**정려각**   열녀인 윤증 모친에게 추서된 홍패紅牌를 모신 건물. 교촌리 윤증고택 정면에 있다.

**노강서원**   윤증을 배향한 사액서원. 인근 광석면 오강리에 있다.

**유봉 영당**   아들들이 유봉마을 원래의 고택 자리에 윤증의 초상화를 모신 영당을 건립했다.

**노성향교**   윤증이 지방 유림과 교유하던 곳. 교촌리 고택 바로 옆에 있다.

**노성궐리사**   공자孔子의 영당으로 교촌리 고택 동쪽 골짜기에 있다.

# 향촌에 공개된 장원

### 향리와 주택

윤증고택은 논산시 노성면 교촌리, 노성산 남쪽 자락에 자리잡았다. 윤증이 생활하던 원래의 고택은 인근 병사마을, 유봉酉峰이라 불리던 곳에 있었다. 1681년까지도 유봉에 살았다고 하니,[08] 정확한 신대를 알 수는 없지만 대략 말년인 18세기 초에 교촌리 현재의 터에 새집을 짓고 이사한 것으로 보인다.[09]

고택의 서쪽에는 바로 인접하여 '노성향교'가 자리잡고 있고, 동쪽 능선을 넘으면 공자의 영당인 '노성궐리사'가 자리잡았다. 뒤의 노성산 정상부에는 백제 때 축조된 것으로 알려진 노성산성의 흔적이 남아 있고, 고택의 남쪽 앞의 작은 언덕이 안산을 형성하며, 안산 위에는 인공적으로 조성된 소나무 숲과 윤증 모친의 정려각[10]이 건립되었다. 좌우로는 공자를 위시한 선현들이, 앞으로는 모친의 기념비가 둘러싼 가운데 고택이 있는 형상이다. 노성향교는 1700년경에 이전한 것이고,[11] 궐리사는 1805년에 이전한 것으로 고택보다 1세기 후에 건설되었다. 19세기 초는 비로소 세도정치가 시작하던 시점이고, 소론파가 정국의 주도권을 쥐게 된 시점이다. 미루어 본다면, 노성읍내를 지척에 둔 향리의 중심지에 윤증고택이 먼저 자리를 잡았고, 그후 본격적으로 중요한 유교 시설들을 이전하여 명실상부한 정신적 중심지를 형성한 것으로 유추할 수 있다. 일반적으로 중요한 사대부 가옥들이 읍내에서 반나절 정도의 거리에 떨어져 독자적인 근거지를 운영했던 것과는 대조적으로, 윤증고택은

---

08_ 『明齋言行錄』, 卷之二, 「德行下」, 윤주익의 증언.

09_ 문화재 관련 기록들에는 현재의 고택은 18세기 말 혹은 19세기 초의 건물로 보는 견해가 있다. 그러나 윤씨 일가의 고증에 의하면 윤증 생전에 지어진 것으로 주장되며, 공간 구성의 수법이나 절제된 형태 등으로 미루어 적어도 18세기 중반 이전의 솜씨라 보여진다. 또한 원래 고택 자리에 아들들이 유봉 영당을 건립했다는 사실로 미루어, 윤증 생전에 교촌리로 이사한 것이 확실하다.

10_ 병자호란 때 윤증 일가는 강화도로 피신했으나 강화도가 함락되자 가족들은 뿔뿔이 흩어진 채 빠져나오기를 시도했다. 가족 대부분이 청군의 포로로 잡히기도 했고, 모친 공주公州 이씨李氏는 자결하여 정조를 지켰다. 그녀는 일대의 열녀로 칭송받기에 이르렀고, 나라에서는 홍패를 내려 정려旌閭를 세웠다.

11_ 『文化財便覽』, 논산군, 1992, p.92. 노성향교는 원래 1398년 창건되어 18세기 초에 이곳으로 이전한 것으로 전하지만, 원래부터 이 자리였다는 주장도 있어서 명확하지 않다.

◤ **윤증고택의 사랑채 앞마당** 큰 마당을 마을에 개방해 공공의 장소로 활용했다.

노성읍내와 불과 1km도 떨어져 있지 않다. 그만큼 향리의 실질적·상징적 중심으로 자리매김되어 왔음을 알 수 있다.

위치뿐 아니라 주택의 구성도 향리에 대해 매우 개방적이다. 비록 마을의 제일 끝 깊숙한 곳에 위치했지만, 사랑채 앞에는 넓은 마당을 두고 커다란 연못을 조성했고 석가산과 우물을 만들었다. 여기에는 일절 담장이나 별도의 경계물을 두지 않았고, 단지 꽃나무들로 아늑한 분위기만 조성했다. 네모난 연못은 향교 앞까지 걸쳐 있어서, 이 집에 소속되었다기보다는 노성읍 전체를 위해 제공하려는 의도가 명확하다. 사랑 앞마당은 마을에 개방되어 향교에 오는 참배객들의 공동 광장으로 사용되었을 것이다. 담장과 행랑을 둘러 안채만을 보호하고 나머지 영역은 과감히 향리에 공개하고 있다. 향리의 지도자로서의 대단한 자부심과 자신감이 없다면 불가능한 구성이다.

물론 이렇게 살림집을 공공화한 것은 윤증의 후손들에 의해 조성된 것이지만, 윤증도 생전에 향촌과 향촌민들에 대해 깍듯한 배려를 하고 있었다. 윤씨 일가들이 누에를 키우면서 향촌민들의 원망을 산 적이 있었다. 양반의 위세를 앞세워 부족한 뽕잎들을 지역민들로부터 수탈했기 때문이었다. 가문의 지도자인 윤증은 양잠을 금하면서 향촌민의 여론에 귀를 기울일 것을 주지시

컸다.

"우리 가문이 선대 이래로 이곳 향리에 와서 거처한 지 백 년 동안, 남에게 원망을 듣지 않은 것은 추호도 남의 일을 방해하지 않았기 때문이다. 민원의 원인인 양잠을 일절 금지하라."[12]

윤증고택의 개방성은 세도가의 강요된 위세가 아니라, 윤증이 평소에 주력했던 향촌민의 교화와 보살핌에서 얻어진 자연스러운 권위에 의한 것으로 보아야 할 것이다. 또한 향촌에 공개해도 부끄럽거나 감출 것이 없다는 철저한 예학자적 자신감의 결과일 것이다.

### 청빈한 주택의 예학

윤증고택은 앞의 사랑채와 안쪽의 안채, 그 사이의 행랑채로 구성된다. 이 울러 사랑채 뒤쪽 동편 높은 곳에 사당채 영역이 별도로 조성되었고, 안채의 서쪽에는 곳간채가 숨어 있다. 그것이 전부다. 적어도 열 채 이상의 건물들로 이루어지는 경북 일대의 사대부가는 물론이고, 같은 지방인 대전의 쌍청당雙淸堂이나 동춘당同春堂 등과 비교해보아도 매우 '청빈한' 주택 규모다.

윤증이 일생의 신조로 삼았던 '예' 禮란 성리학적 명분만이 아니었다. 그를 비롯한 17세기의 예학자들에게 '예'는 근본적인 철학이요, 몸과 마음을 수양하는 훈련 방법이었다. 수양을 통해 도달하려고 했던 이상은 일상적인 풍요가 아니었다. 의식주와 같이 일상적인 삶은 극히 청빈해야 했고, 그 속에서의 정신적인 풍요로움을 구가했던 것이다. 윤증이 살던 유봉의 고택은 "겨우 초가삼간이었고 그나마 무너져서 긴 나무로 떠받쳐 지탱하였지만, 선생은 그 가운데 거처하면서도 책이 선반에 가득 차 있었고 제자들이 나열해 모셨다". 그는 한 가지 반찬과 보리밥에 나물국만을 고집했으며, 그나마 봄여름 해가 긴 날에는 두 번만 식사했다. 아들들이 고위관직에 나아가 부양할 때도 이 습관을 고집했다.[13] 그의 일상적인 청빈은 가난 때문이 아니었다. 그는 비록 벼슬을 위해 향리를 떠난 적이 없지만, 정승에 임명될 정도였고 역대 그의 집안

12_ 「明齋言行錄」, 卷之一, 「德行上」.
13_ 「明齋言行錄」, 卷之二, 「德行下」.

의 재력 또한 만만치 않았다.

당시 사대부들의 일상생활과 향촌의 사회규범에 큰 영향을 미친 것은 '가례' 家禮였고, 특별히 주자가 제정한 '주자가례' 朱子家禮는 가장 중요한 텍스트가 되었다. 주자가례는 알려진 대로 관혼상제에 관한 의례와 규범들을 규정한 서적이고, 당시 예학자들은 이의 해석은 물론 현실적인 실천과 준수를 최고의 이상으로 삼았다.

집안에서의 예법은 필연적으로 주택의 구성에도 일정한 규범을 제시할 수밖에 없었다. "군자가 집을 지을 때는 먼저 정침의 동쪽에 사당을 지어야

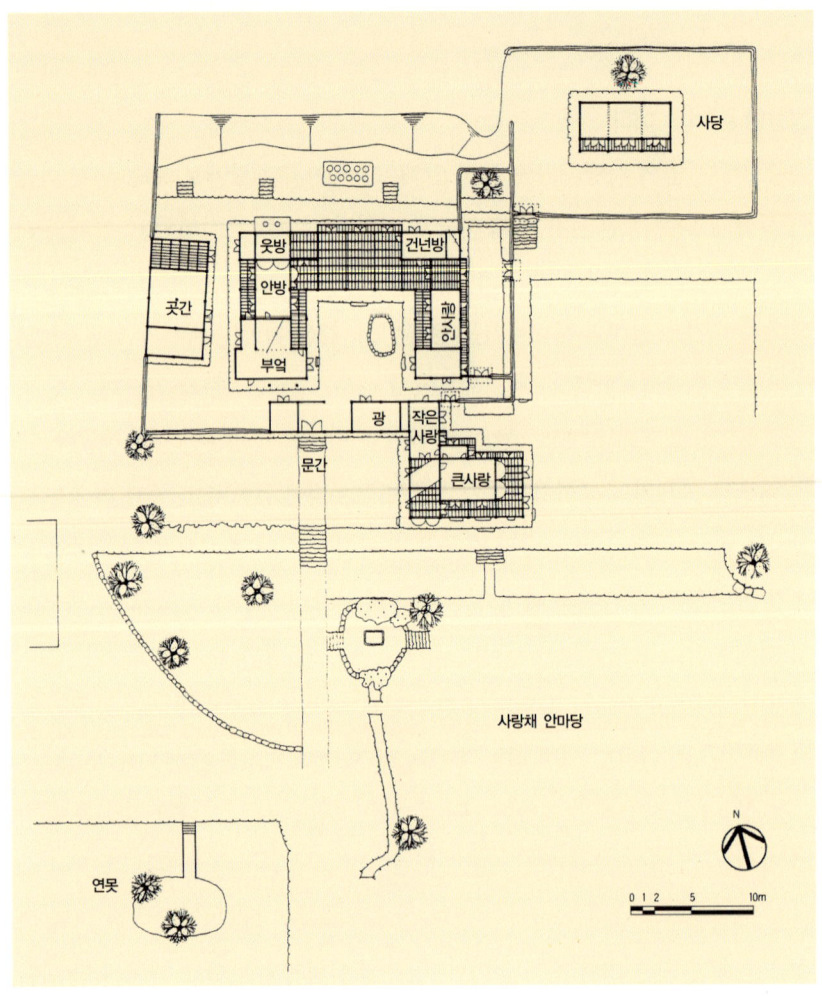

◁ 윤증고택 배치도  송인호 도면

한다."¹⁴ 윤증고택의 사당채는 안채 동쪽 높은 곳에 위치한다. 윤증은 새벽에 일어나면 곧 세수하고 사당에 올라 인사를 드림으로써 하루를 시작했고, 외출할 때나 돌아와서도 사당에 올라 출타를 고했다고 전한다. 따라서 사당은 그가 거하던 사랑채와 가장 밀접한 위치에 있어야 했고, 동시에 집 안에서 가장 위계가 높은 장소에 있어야 했다. 윤증고택의 사당채는 집 안에서뿐 아니라, 마을 전체에서도 가장 높은 곳에 위치하고 있다. 사당에서 밖을 내다보는 경관은 집 안 어디에서보다도 훌륭하다.

그의 주택은 비교적 작은 규모임에도 불구하고 안채의 대청은 5×2칸의 10칸으로 무척 넓다. 넓은 대청으로 인해 마당도 넓어지고, 결과적으로 안채는 밝고 시원한 공간을 가지게 된다. 밝음과 평온함이 윤증고택의 대표적인 인상이지만, 이를 위해 대청을 넓힌 것은 아니다.

대청의 넓이는 제사 때 참례하는 인원에 비례한다. 윤증가의 제사 차례 인원은 줄잡아 오십여 명은 되었을 것이다. 제사 인원에 맞추어 대청의 크기를 정하는 것을 비경제적이라 평가해서는 안 된다. 당시 종갓집들의 제사는 일 년에 십여 차례 일어나는 극히 일상적인 행위였고, 주택 계획에서 가장 중요한 기준 인자였기 때문이다.¹⁵

우리가 익숙해 있는 한옥의 구조, 즉 안채와 사랑채의 분리, 가묘家廟(개인 집의 사당)의 발달 등은 조선시대 중기 성리학적 규범이 지방 사회를 지배하면서, 특히 17세기 이후 가례와 같은 예학이 강력한 사회규범으로 자리잡으면서 정착된 것들이다. 특히 남자와 여자의 공간을 분리하는 주생활 습관은 조선 초까지만 해도 잘 지켜지지 않아서, 유교 통치자들은 강제적으로 시행하려던 규범이었고, 16~17세기에 와서야 일반화된 내용들이다.¹⁶

윤증고택을 이루는 두 개의 중심 영역은 안채와 사랑채다. 두 건물 사이는 기다란 행랑채와 담장으로 차단되어 있다. 사랑채는 바깥세상에 공개되고 당당한 형태를 갖지만, 안채는 완벽히 폐쇄되고 무표정하다. 사당채의 발달과 함께 이러한 안채와 사랑채의 대조적인 구성이 예학자들이 추구했던 '주택의 예'인 것이다.

14_ 『家禮』, 卷一, 通禮 祠堂條.
15_ 홍승재, 「朝鮮時代 上流住宅의 禮制的 體系에 관한 연구」, 홍익대학교 대학원, 1992, p.84. 경기도 여주의 밀양 박씨 소종가는 4대봉사 및 6대조모까지 제사 지냄으로써 연간 15회, 설날과 추석까지 합하면 총 17회의 제사를 모시게 된다.
16_ 『예기』禮記 내외편內外篇에 "男子外居 女子內居 男不入 女不出"의 원칙을 정해놓았지만 잘 지켜지지 않았다. 조선 초 태종조 때는 국가적 차원에서 부부가 떨어져 생활할 것을 권장하기까지 했다. 『太宗實錄』, 卷五, 三年五月 癸卯條, 下命五部 夫婦別寢 禮曹以月令請之也.

# 안채와 안마당

### 대칭을 위한 노력들

ㄷ자 안채는 일견 완벽한 대칭을 이루고 있는 것으로 보인다. 가운데 5칸 대청을 중심으로 양날개채의 길이가 같고, 날개채 끝은 모두 부엌으로 마감되었다. 또한 양날개채 전면에는 같은 크기의 툇마루를 두어 완전한 대칭의 입면을 이루고 있다. 세 날개의 지붕 용마루선[17]은 모두 동일한 높이에서 만나며, 대칭적 구성과 함께 수평적인 평온함을 안마당에 부여하고 있다. 모든 것이 대칭인 공간이다.

그러나 이 대칭성은 지극히 조작된 결과다. 안채를 이루는 세 날개채의 구조는 모두 다르다. 대청 부분은 앞뒤 5칸씩이 나란한 이른바 양통 구조이며, 안방이 있는 서쪽 날개는 앞뒤에 퇴칸을 둔 전후퇴구조, 동쪽 날개는 앞에만 퇴칸이 있는 전퇴구조로 이루어져 있다. 구조적으로는 전혀 비대칭적 구성인 것이다. 세 날개채는 서로 다른 건물의 두께를 가지고 있어서, 정상적인 방법으로 지붕을 구성한다면 서쪽 날개의 지붕이 동쪽보다 높아지게 된

17_ 지붕의 중앙부에 가장 높이 있는 수평 마루로, 종마루라고도 한다. 마룻대는 기와만으로 쌓거나 삼화토三華土로 싸서 바른다.

↙ **윤증고택의 안채 입면도**　송인호 도면.

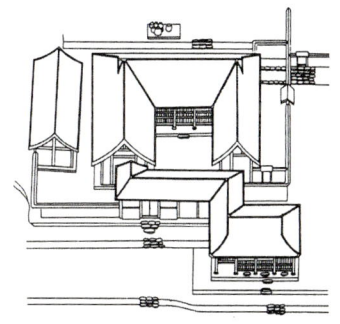

↗ 윤증고택 지붕도  송인호 도면.

다. 이렇게 되면 양날개채의 대칭성은 깨지게 된다. 서로 상이한 구조로 대칭적인 형태를 이루기 위해서는 특별한 비법이 필요하다. 동쪽 날개채 지붕의 경사도를 급히 하여 용마루 높이를 맞추는 일이다. 이렇게 하려면 서까래 경사를 급하게 달아야 한다. 실제로 동쪽 날개의 박공[18]면을 보면, 서까래가 45도로 걸려 있어 마치 솟을합장 부재를 보는 듯하다.

건물의 두께와 구조법이 다른 이유는 각 부분의 내부 기능이 다르기 때문이다. 대청은 극히 의례적인 공간으로 제사에는 10칸의 넓이가 필요했고 모든 칸의 크기가 같아야 했다. 칸의 크기가 다르다면, 칸들 사이에 우열의 위계가 생기게 되어 10칸 모두를 동등하게 사용하기 어렵기 때문이다. 서쪽 날개의 뒤편은 이른바 고방 마당으로 안살림이 일어나는 장소다. 따라서 뒤편에도 툇마루가 필요하게 되어 전후퇴 구조를 택했지만, 동쪽 날개채는 그럴 필요가 없었다. 동쪽 날개의 뒤편은 사당 쪽으로 의례적인 입면을 가져야 하기 때문이다.

그러면 왜 무리하게 대칭적인 형태와 공간을 구태여 만들어야 했는가? 한마디로 안마당의 중심성을 확보하기 위해서다.[19] 형태적 대칭은 중심선을 만들어내고, 안마당의 삼면을 에워싸는 툇마루들의 공간은 중심점을 만든다. 중심이 있으면 공간에 서열과 위계가 생기고, 공간적 차서次序 관계를 통해 비로소 공간적 예禮가 형성된다.

대칭성을 얻기 위한 노력들은 안채의 곳곳에서 발견할 수 있다. 우선 안대청의 모양. 10칸 크기의 마루가 양쪽 1칸씩 방으로 구획되었다. 이 지방 안채 형식을 따른다면 안방 건너편에 옆으로 긴 건넌방이 있어야 한다. 이렇게

18_ 마루머리 합각머리에 맞붙인 두꺼운 널. 박풍 또는 박공널이라고도 한다. 널빤지 2개가 합쳐지면서 맞이어지는 부분이 생기는데, 여기에 장식을 달기도 한다.

19_ 송인호, 「윤증고택의 건축 구성」, 무애 이광노 교수 정년퇴임기념 건축학논총, 간행위원회, 1993, p.813. 송 교수는 안채와 안마당은 "방향성이 중첩된 중심성"을 가진다고 분석했다.

↘ 윤증고택의 남측 입면도  송인호 도면.

**윤증고택의 안채 서쪽** 안마당을 두르고 있는 퇴칸 공간을 부엌이 마무리짓는다.

되면 안대청의 대칭성은 깨지고 만다. 이를 만회하기 위해 서쪽에 한 칸의 마루방을 만들어 고방으로 삼았다. 원래 고방은 안방에 일렬로 부속되기 때문에 대청을 잠식하지는 않는다. 지역적 법식대로라면 안방 뒤 윗방에 해당하는 부분이 될 것이다. 그러나 대청의 동쪽을 잠식한 건넌방과 대응하여 대청의 대칭적 형상을 갖추기 위해 고방을 설정할 수밖에 없었다. 대청 전면 양 끝의 기둥들은 각각 팔각으로 다듬어졌다. 대청의 대칭성을 더욱 공고히 하기 위한 소품들이다.

동쪽과 서쪽의 부엌은 외형적으로 완벽한 대칭을 이룬다. 그러나 평면적으로는 크기부터 다르다. 동쪽 부엌이 단칸인 데 비해, 서쪽은 두 칸이다. 안방에 연결된 서쪽 부엌이 실질적으로 취사가 벌어지는 중심 작업 장소며, 서쪽 고방 마당으로 연결되는 곳이기 때문이다. 내부의 규모와 기능이 다름에도 불구하고 형태적으로는 대칭을 이루어 안마당의 중심성을 더욱 강화한다.

↗ **윤증고택의 안마당**  밝고 평온한 느낌을 준다.

## 절제되고 밝은 안마당

안마당의 중심성은 마당의 비례에 의해서도 얻어진다. 거의 정방형의 비례를 이루고 있기 때문이다. 이 집의 다른 마당들이 길쭉한 장방형의 비례를 가진 것과 크게 대비된다. 마당의 비례만 독보적인 것이 아니다. 외부 공간도를 그려보면 정방형 안마당의 중심적 장소성을 다시 한 번 확인할 수 있다. 안채 동쪽의 독립된 마당, 뒤쪽의 긴 길과 같은 공간, 서쪽 곳간채와 이루는 긴 통로, 그리고 행랑채 앞마당 등 안채를 둘러싼 사방의 외부 공간들이 모두 긴 장방형의 비례를 가지고 있다. 그리고 그것들은 일정한 방향성을 가진 채 엇물리면서 안채를 에워싸고, 다시 정방형의 안마당을 감싸고 있다. 안마당의 중심성은 대칭적 안채로 둘러싸였을 뿐 아니라, 그 바깥의 장방형 외부 공간들로 다시 한 번 둘러싸였다. 안마당은 형태와 비례뿐 아니라 공간적인 위상까지 완벽한 중심성을 획득한 것이다.

제례 규모를 위해 넓어진 대청이기는 하지만 그 결과 안마당의 크기가 넓어졌고, 기단과 초석 기둥들을 낮추어 안채의 높이는 더욱 낮아졌다. 결과적으로 안마당은 무척 밝고 수평적인 방향감으로 충만하다. 수직적이고 음침한 경상도의 사대부가들과는 대조적이다. 또한 세 면을 둘러싼 툇마루 공간들의 비어 있음이 안마당의 크기를 더욱 수평적으로 확장시킨다. 이 집의 안마당은 평온함과 밝음, 그러면서도 추상적인 아늑함으로 가득 차 있다. 이러한 추상성은 안마당에서 일체의 일상적 장치들을 소거함으로써 얻어진다. 장독대나 개수대는 물론, 난방에 필요한 아궁이들마저도 모두 안채의 뒤편에 설치했다. 서쪽 뒤에 있는 큰 규모의 곳간채도 안마당에서는 전혀 인식할 수 없다. 마치 주택의 안마당이 아니라, 서원이나 재실의 마당과 같이 의례적이고 추상적인 공간으로 자리잡고 있다.

◤ **내외 문 형식으로 꺾인 윤증고택의 대문간** 고방 마당으로 통하는 통로가 보인다.

세 면을 둘러싸고 있는 마루 공간들은 안마당을 폐쇄하면서 동시에 공간의 방향성을 전면의 행랑채 쪽으로 몰아간다. 물론 행랑채에는 중문이 있어서 실질적인 출입구가 되기도 한다. 행랑채는 막혀 있는 무표정한 벽면이다. 세 면은 툇마루로 터져 있고, 앞면만 벽으로 막혀 있는 셈이다. 그러나 공간적인 방향감은 역전되어 툇마루의 세 면에서 수축된 공간은 앞의 행랑 벽면을 향해 발산된다. 다시 말하면, 툇마루의 비어 있음으로 공간을 폐쇄하고, 막혀 있는 벽체로서 안마당을 개방한다. 허虛로써 막고 실實로써 열어주는 고도의 방법, 형이상학적인 공간을 체험하게 된다.

# 사랑채와
# 행랑채

**부유하는 사랑채**

윤증고택의 첫인상은 넓은 사랑마당 끝에 우뚝 자리잡은 사랑채의 단정함이다.[20] 뒷면의 긴 행랑을 배경으로 날렵하게 대조를 이루는 사랑채의 정면 양 끝칸은 모두 마루 면으로 구성된다. 서쪽은 누마루, 동쪽은 사랑대청이다. 매스의 양 끝을 비움으로써 수직적 분절과 동시에 수평적인 경쾌함을 얻고 있다.

이 지방의 살림집들은 수평적 구성을 주조로 삼는다. 충청·전라 지역의 지형이 경상도에 비해 평지이기 때문일지도 모른다. 윤증고택의 안채와 행랑

20_ 송인호, 앞의 논문, p.809. 송 교수는 사랑채의 특징을 '분절성'에 두고 있다. 분절이 원인이라면, 부유감은 결과일 것이다.

**윤증고택 단면도**   송인호 도면.

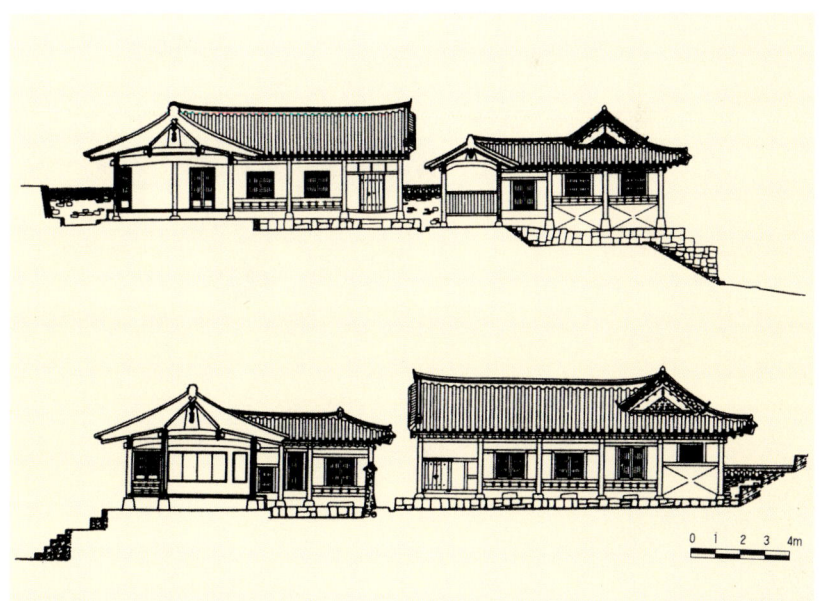

204 _ 김봉렬의 한국건축 이야기 앎과 삶의 공간

채는 물론 수평적이다. 반면 부유감을 갖는 사랑채는 당연히 수직적이어야 하는데, 그렇게 되면 지역적 정서에 맞지 않음은 물론 뒤쪽 몸체와도 심한 갈등을 일으킬 것이다. 이러한 갈등을 해소하기 위해 채택된 수법은 사랑채의 기단을 두 단으로 나누는 것이다. 기단을 이중으로 구성함으로써 사랑채의 수평성을 보장함과 동시에 바닥 높이를 높일 수 있기 때문이다. 왜 사랑채 바닥이 높아져야 하는가? 향촌 중심으로서의 권위를 얻기 위함도 이유겠지만, 더욱 중요한 것은 사랑채에서 바라보는 바깥의 경관이 아닐까. 사랑 마당은 넓게 개방되어 있고, 조금 떨어진 곳에 커다란 연못이 있다. 연못의 수면을 효과적으로 바라보기 위해서는 사랑채에서의 시점이 높아야 하고, 당연히 바닥의 절대높이가 높아야 한다. 연못은 바라보는 시점에 따라 다양한 경관을 연출한다. 시점이 낮아지면 수면은 선으로 인식되지만, 시점이 높아지면 거울과 같은 면으로 인식되어 주변의 경관을 반사시킨다. 이 집의 사랑채는 거울과 같은 연못을 감상하기 위해 절대높이를 높였고, 한 술 더해 누마루를 만든 것이다. 서쪽 누마루는 연못을 감상하기 위한 특별한 공간이다.

결과적으로 사랑채는 오브제로, 행랑채는 그의 스크린으로 역할한다. 팔작지붕의 사랑채는 완결적이며 풍부한 표정을 갖는다. 반면 스크린으로서의 행랑채는 연속적이며 중성적이다. 두 건물은 형태적으로 완벽히 분절되어 있음에도 불구하고, 구조적으로는 연결되어 있다. 사랑채 뒷부분의 작은사랑방은 구조적으로는 행랑채에 속하지만, 기능적으로는 사랑채에 포함된다. 윤증고택의 뛰어남은 여기에서도 드러난다. 간단한 구조와 풍부한 형태, 그 이중성.

동시에 행랑채는 안채와 사랑채를 연결해주는 매개체로 존재한다. 이 건물은 자체적인 성격을 가져서는 안 된다. 그러나 대문이라는 중요한 기능이 여기에 포함되기 때문에 입구성을 보장할 수 있는 수법을 동원해야 했다. 행랑채의 5칸 중 서쪽 두번째 칸이 대문이다. 대문의 양옆 칸에 방화벽을 쌓아 대문을 중심으로 대칭적인 형태를 만들었다. 대칭은 또 다시 중심을 만들고, 그 중심을 통해 출입을 유도하게 된다.

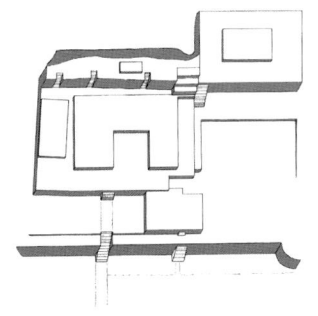

↗ **윤증고택 기단 레벨도**  송인호 도면.

↙ **윤증고택의 사랑채 외관**  좌우는 마루, 가운데는 온돌. 다양한 바닥 레벨의 변화를 읽는다.
↙ **행랑채와 사랑채의 연결 부분**  사랑채는 완결적이며 풍부한 표정을 갖는 반면, 스크린으로서의 행랑채는 연속적이며 중성적이다.

## 단순 외관과 복합 내부

사랑채의 평면은 매우 대칭적이다. 4칸 중 가운데 두 칸을 큰사랑방이 차지하며 양옆 칸은 마루다. 그러나 외관의 입체에서는 대칭성을 찾아볼 수 없다. 동쪽 마루는 누마루방으로 벽을 치고 창을 달았기 때문이다. 외관의 비대칭성은 내부 공간들이 복합적으로 구성된 결과다. 4×2칸의 단순한 상자곽 같은 입체지만, 그 속에 담긴 공간들은 각기 다른 방향성을 가지며 다양한 레벨로 구성되어 있다. 작은사랑과 큰사랑방은 서로 직각으로 놓여지며, 70cm 정도 높은 누마루를 통해서만 연결된다. 아예 분리되었다고 보아도 좋을 것이다. 누마루와 사랑대청의 레벨 차이는 90cm로 두 공간의 성격이 확연히 다름을 보여준다. 작은사랑과 누마루가 한 쌍이라면, 큰사랑과 사랑대청이 한 쌍이다. 그럼에도 두 영역은 앞 툇마루의 계단을 통해 누마루로 연결된다.

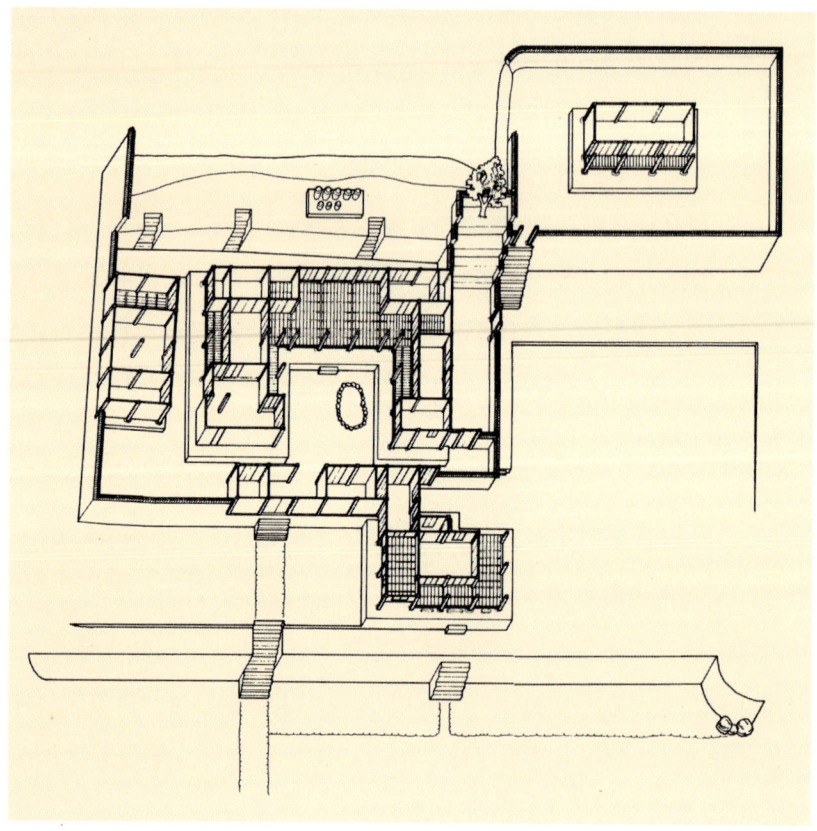

↙ **윤증고택 투상도**　송인호 도면.

◸ 사랑채 앞 툇마루에서 누마루방으로 연결되는 계단
◹ 누마루방을 중심으로 연결되는 큰 사랑방과 작은 사랑방

　두 영역은 큰사랑방 뒤에 달린 반 칸 크기의 골방을 통해 뒷면에서도 연결된다. 사랑 뒷마당을 주도하고 있는 이 작은 골방은 매우 함축적인 용도로 쓰인다. 큰사랑과 작은사랑 사이의 연결을 위해서는 불가결한 위치에 있다. 또한 안채와 사랑채를 은밀하게 연결하는 데에도 쓰였을 것이다. 아마 실질적으로는 큰사랑방의 시중을 들기 위해 여종이 대기했던 공간일 것이다. 더욱 큰 역할은 이 골방이 삽입됨으로써, 사랑 뒷마당이 지그재그의 공간감을 얻게 되었다는 점이다. 골방 옆 출입구에는 정방형의 댓돌이 놓여 있다. 통상적으로 댓돌은 벽면에 대해 평행하도록 길게 만들어지지만, 골방의 댓돌은 모퉁이에 놓이며 대각선 방향을 갖도록 만들어졌다. 사랑채, 이 작은 건물의 내부는 부분 공간들의 완결성을 보장하면서, 서로 엇갈리는 방향성과 복합적인 동선들로 구성되어 있다.

# 절제와 여유

### 치밀하게 계산된 부분들

윤증고택은 적어도 기술적 측면에서 철저하게 논리적이며 규범적이다. 카살이는 매우 규칙적이며, 정확한 각도와 배열로 이루어졌다. 각 부분들은 서로 명확하게 분절되어 있다. 안채와 행랑, 행랑과 사랑채의 관계는 연속과 동시에 분절적이다. 부분적인 단위에서도 규범성이 두드러진다. 예컨대 주요 방과 그에 부속된 수장 시설의 관계를 보라. 안방과 윗방, 건넌방과 다락, 안사랑방과 고방, 큰사랑방과 골방들은 완결된 한 쌍의 관계들을 보여준다. 주 공간과 부속 공간, 사람과 물건의 공간, 큰 공간과 작은 공간의 쌍들이다. 윤증고택의 모든 부분들은 이러한 규범적 단위들로 구성된다.

창호窓戶의 구성은 치밀한 기술의 극치를 이룬다. 한 칸을 넷으로 등분하여 가운데 두 부분에 여닫이창을 달았다. 두 짝의 창호를 열어젖히면 정확하게 기둥 끝에 문짝들이 닿게 된다. 창호 자체도 견고하게 제작되어 있지만, 열어젖혔을 때의 계산된 입면은 한옥의 새로운 형태를 보여준다. 기단과 초석들 역시 정교하게 가공되어 있다. 이 집의 모든 부분은 자연성과는 거리가 멀다. 모두가 철저하게 계산되고 인공적으로 다듬어져 있다. 하루 일과를 정확하게 지켜나갔고, 예가 아니면 보지도 듣지도 않았던 집주인 윤증과도 같이.

이들 치밀한 부분들이 모이는 집합의 방법 역시 규범적이다. 안채도 사랑채도, 곳간과 사당도 대칭적 평면을 가지며 부분의 완결성을 추구하고 있다. 또한 수평적인 집합의 방법을 택하고 있다. 안채의 모든 지붕은 같은 높

↗ **큰사랑방 옆 골방의 창호** 열어젖히면 정확하게 기둥 끝에 문짝들이 닿게 되는 창호의 구성은, 치밀한 기술의 극치를 이룬다.

이로 만나기 때문에 무문들 산의 수식석 위계는 존재하지 않는다. 사랑채의 내부 역시 뚜렷한 위계의 차이가 있음에도 불구하고 완결체적인 하나의 입체에 수용되어버린다. 살림집이 갖는 다양성을 수용하되, 규범과 절제를 통하여 통일체를 이룬다. 이것이 예학자의 이상적인 주택인 것이다.

## 숨 쉬는 공간들

그러나 주택은 역시 주택이다. 사람의 일상이 늘 절제된 것만은 아니듯이, 윤증고택 역시 규범적이지만은 않다. 부분적으로는 대칭들을 이루지만, 전체적으로는 완연한 비대칭으로 구성되어 있다. 대칭적인 부분들을 유기적으로 구성하는 전체성이야말로, 비단 윤증고택이 아니라도 한국건축이 도달한 보편적인 가치가 될 것이다.

위에서 분석한 내용들만으로 윤증고택을 이해한다면, 『명재언행록』明齋言行錄에 기록된 내용만으로 윤증이라는 인간을 평가하는 것과 같은 어리석음일 것이다. 규범과 대칭과 논리만으로 구성된 주택이 어떻게 가족사의 희로애락을 담을 수 있을까. 윤증고택에는 규범을 뛰어넘는 감각적인 공간들,

◤ **사랑채 뒷마당**  장방형의 공간에 골방이 돌출함으로써 지그재그의 방향감을 갖는, 역동적인 흐름이 느껴진다.

◣ **안채 동쪽의 뒷마당**  마당 끝에 계단식 화단과 나무 한 그루가 자리잡고 있다.

◣ **안채의 북쪽 뒷공간**  뒤쪽으로 가면 통로와 같은 공간이 나온다.

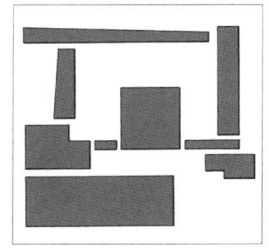

↗ 윤증고택의 외부 공간도

살아 숨 쉬는 장소들이 곳곳에 배열되어 있다. 이 집의 참다운 건축적 가치는 오히려 이 장소들에 있는지도 모른다.

앞서 말한 대로, 정방형의 안마당을 동서남북 사방에서 긴 장방형 마당들이 에워싸고 있다. 또 이 마당들 사이에 작은 샛마당들이 요소요소에 위치하여 외부 공간들을 서로 연결하고 있다. 중층적 외부 공간의 구조는 윤증고택의 또 다른 구성적 특징이다.

우선 안채 동쪽의 뒷마당. 이 집에서 가장 감동적인 공간이다. 한쪽은 담으로 다른 한쪽은 벽으로 막혀 있다. 그 기다란 공간의 종착부에는 계단식으로 조성된 화단이 놓이고 조각과 같은 나무 한 그루가 서 있어 투시도적 공간의 초점이 된다. 그 중간에는 스케일을 가늠할 수 있는 양감 있는 굴뚝이 오똑 서 있다. 이 마당은 물론 안사랑의 뒷마당이고, 기능적으로는 사당과 연결되어 제례를 준비하는 곳이다. 그러니 이 마당이 순수한 공간 구성과 요소들의 절제된 조합은 현재도 여전히 살아 숨 쉬는 건축적 감동을 주고 있다.

↘ **안채 뒤의 장독대** 안대청 뒷창을 열면 바람에 이는 대나무 숲과 햇빛에 반짝이는 장독대가 보인다.

사랑채 뒷마당은 예의 큰사랑 골방과 안채 샛문 사이에 만들어진 작은 공간이다. 두 면은 벽, 한 면은 낮은 담으로 구성된 장방형의 공간에 골방이 돌출함으로써 지그재그의 방향감을 갖는다. 이 마당의 아랫면은 지그재그로 연속된 쪽마루가, 윗면은 지붕 처마 면이 공간을 한정하고 있다. 아주 작지만 역동적인 방향감을 갖는, 손에 잡힐 것 같은 공간이다.

안채의 북쪽 뒷공간은 보통 안뒤라고 부르는 장소다. 윤증고택의 경우 뒷산을 절토하여 석축을 길게 쌓아 안채 뒷벽과 함께 기다란 통로가 만들어졌다. 이곳은 마당이라기보다는 외부의 복도와 같은 공간이며, 그 멀리 끝에는 계단식으로 쌓인 담

◁ 작은 사랑방에서 앞의 누마루를 통해 보이는 바깥 경관

장이 초점을 이룬다. 이 공간의 가운데에 장독대를 마련하고 반질반질 잘생긴 장독들을 크기 순서대로 배열했다. 긴 복도와 그 중간에서 햇빛에 빛나는 반짝거림이 또 하나의 추상적인 장면을 연출한다.

질식할 것 같은 예학자의 주택 곳곳에서 숨통을 틔워주는 장소들은 내부에도 산재한다. 작은사랑방에서 앞의 누마루를 통해 바깥 경관을 바라보자. 무릎 정도 걸리는 높은 마루면에 반사된 햇빛이 방 안으로 은은히 스며오고, 어두운 누마루 공간을 지나 밝은 사랑마당의 경관과 멀리 연못의 풍경이 들어온다. 절제된 규범 속에 자리잡은 여유의 장소와 경관들은 윤증고택의 완성도를 한층 더 높인 요인들이다.

# 윤증가의
# 다른 건축들

윤증과 관련된 일대의 건축물들은 앞서 소개했다. 그 가운데 특징적인 것들과 일대의 다른 건축들을 소개한다.

노성향교

노성향교魯城鄕校는 윤증고택 바로 서쪽에 인접해 있다. 향교가 이처럼 양반가와 붙어 있는 경우는 흔치 않은 모습이다. 향교 앞의 연못은 고택의 소속으

노성향교 전경

로 향교가 이전할 때, 인근의 유림들을 위해 공공적인 목적으로 제공한 듯하다. 연못 안 북동부에는 둥그런 섬을 만들었고 잘생긴 나무 세 그루를 심었다. 향교는 1398년 창건하여 1700년경 이곳으로 이전했다. 3칸 명륜당과 3칸 대성전이 앞뒤로 서 있는 전형적인 소규모 향교 형식이다. 두 건물 가운데 대성전이 상대적으로 커서 교육보다는 문묘 제향에 치중한 향교임을 알 수 있다. 동재와 서재는 규모도 작고 형식적이다.

### 노성궐리사

윤증고택에서 동쪽으로 언덕을 넘으면 또 하나의 마을이 나오는데, 그 마을 끝에 노성궐리사가 위치한다. 궐리사闕里祠란 공자孔子의 영정을 봉안한 영당이며, 공자가 성장한 향리의 이름 궐리촌에서 유래한 명칭이다. 1687년 원리주의자 송시열이 조선에 궐리사를 건립할 것을 주장한 이래 곳곳에 궐리사가 세워졌다. 노성궐리사는 1716년 창건되어 1805년 현재 위치로 이건되었다. 건축 형식은 사당 형식으로 특기할 것은 없지만, 수원의 화성궐리사와 함께 현존하는 유일한 예다. 궐리사 서쪽 벌에는 '闕里'라는 각자가 새겨진 화표華表가 서 있다. 화표란 마을의 입구나 중요 시설물 부근에 세운 표식물이다. 사찰의 당간幢竿도 일종의 화표인 셈이다. 궐리 화표는 긴 돌기둥이며 아래는 석탑의 기단을, 상부에는 석탑의 옥개석을 이용하여 처마를 달았다. 이 부근에 사찰이 있었나보다.

◁ 노성궐리사 옆의 화표

### 윤황고택

윤증의 할아버지인 윤황尹煌(1572~1639)은 이조참의와 전주부윤을 역임한 인물로 병자호란 때 끝까지 항전을 주장한 척화파의 일원이다. 1703년 이곳으로 이건했다고 하니 윤증고택과 비슷한 시기에 가문에 대변동이 있었던 듯하다. 一자 사랑채와 ㄱ자 안채, 그리고 사당채로 이루어진 단출한 구성이다. 사

◁ **윤황고택의 위패들** 사당 내부에 봉안되어 있으며, 왼쪽인 서쪽부터 서열이 높다.

◁ **윤황고택의 사랑채** 바닥 레벨을 자유자재로 변화시키는 윤증고택 사랑채의 수법이 독창적인 것은 아님을 이 집에서 발견할 수 있다.

랑채나 안채의 구성은 윤증고택과 달라 공통점을 찾기 어렵고, 민가풍의 소박한 모습으로 윤증 이전 윤씨 가문의 위상을 보여준다. 집 전체에 흐르는 수평성은 역시 지역적 특성으로 볼 수 있다. 사랑채는 5칸이지만 사방으로 퇴칸을 둔 전후좌우퇴집이기 때문에 규모는 훨씬 크게 느껴진다. 사방의 퇴칸들은 툇마루, 마루방, 골방, 누마루, 누다락, 함실아궁이 등으로 다채롭게 이용된다. 바닥 레벨을 자유자재로 변화시키는 윤증고택 사랑채의 수법이 독창적인 것은 아님을 이 집에서 발견할 수 있다. 사당채에는 5위의 위패를 모시고 있어 예학자 가문의 풍모를 잘 보여준다.

### 유봉 영당

윤황고택이 있는 장구리 마을에서 동쪽으로 산을 넘으면 바로 유봉마을에 이른다. 원래 윤증의 고택이었던 곳을 아들들이 영정을 모시고 영당으로 재건했다. 산 중턱 높은 곳에 자리잡아 전망이 좋다. 영당은 사당 형식으로 꾸며져 독립된 담장 안에 위치하고, 그 앞에는 경승재敬勝齋라는 재실을 세워 제사에 이용한다. 3칸의 영당 건물은 동쪽 칸에 문을 달고 나머지 두 칸은 창이어서 출입이 불가능하다. 이는 내부에 있는 2폭의 영정을 참배하기 위한 기

▷ 유봉 영당 전경(왼쪽)과 영당 담장의 문양(오른쪽)

능적 구성이다. 영당 뒤편의 축대는 주목할 만하다. 아랫부분은 자연석을 쌓았고 그 위에 다시 잘 가공된 사고석을 쌓아 대비를 이룬다. 영당의 담장은 둥근 돌을 박아 별 모양 문양을 만들고, 전돌로 同자 무늬도 만드는 등 매우 장식적인 고급 담장이다.

## 노강서원과 돈암서원

노강서원魯岡書院은 인근 광석면 오강리 마을 한가운데 숨어 있다. 1672년에 건립하여 윤황, 윤문거(윤증의 큰아버지), 윤선거 3인을 배향하다가 윤증 사후에 추가하여 현재는 4위를 배향하고 있다. 대원군의 서원철폐 때도 살아남은 전국 47개 서원 가운데 하나지만 규모는 그다지 크지 않다. 대지를 상하 두 단으로 조성하고 앞 강당, 뒤 사당을 일렬로 배열한 제향용 서원이다. 동서재는 간단하여 교육 기능이 약화되었음을 보여준다. 서원 전체에 비해 커다란 5×3칸의 강당은 주목할 만하다. 좌우에 눈썹지붕[21]을 달고 앞뒤에 퇴를 둔 비교적 큰 건물이다. 인근 돈암서원豚巖書院 강당인 응도당과 구성 형식이나 형태, 구조 수법 등이 너무나 유사하다. 응도당을 축소한 것 같은 모습이다. 돈암서원이 일대의 건축적 규범이 되었던 모양이다.

21_ 햇볕을 가리거나 비를 막기 위해 보통 처마 끝에 덧붙이는 작은 지붕. 부연附椽, 며느리서까래라고도 한다.

↗ 노강서원 강당
↘ 돈암서원 원장실 내부(왼쪽)와 강당인 응도당(오른쪽) 원장실에 있는 가운데 한 쌍의 문은 벽장문이다.

5 예학자의 이상향 윤증고택

◤ 돈암서원의 사당 담장

서인과 후기 기호학파의 대표주자들인 김장생·김집 부자, 송준길과 송시열 4인을 배향한 돈암서원은 연산면 임리에 있다. 이들 4인은 모두 서인의 영수이자 문묘에 배향된 인물들이다. 충청도의 대표적인 서원으로 역시 대원군 철폐 때에 보존된 서원이다. 1880년 현재의 위치로 이건하면서 배치 형식이 흐트러져 공간적 짜임새는 사라져버렸다. 그러나 강당인 응도당은 그 커다란 규모와 화려한 장식, 특이한 공간 구성으로 주목할 만하다. 또한 사당 영역은 현존 서원 가운데 가장 신성하고 짜임새가 있다. 사당 기단과 계단, 관세대盥洗臺,[22] 정료대庭燎臺[23] 등의 정교한 석물들과 담장의 화려한 장식은 기억해둘 요소들이다.

### 이삼장군 고택

상월면 주곡리에 있는 이 주택의 옛주인 이삼李森(1677~1735)은 소론파의 무관으로 1727년에 이 집을 건립했다. 윤증의 열렬한 추종자였던 듯, 이 집은 윤증고택을 70% 정도 축소한 것으로 이해하면 된다. ㄷ자 안채와 一자 사랑채로 이루어진 점, 안채의 구성, 동쪽의 사당 등이 유사하다. 그러나 주택의 격

[22] 향사 때 헌관이 제향의식을 행하기 전에 손을 씻기 위해 물을 담은 대야를 올려놓는 석물.
[23] 상석 위에 솔가지나 기름통을 올려놓고 불을 밝히는 조명대.

↗ 이삼장군 고택 전경

온 헌걱힌 치이를 보인다. 여기에는 기능에 충실한 실용석 구성과 과장된 스케일, 사랑채의 무리한 구성 등이 두드러진다. 경사지임에도 불구하고 평지형의 주택을 앉힌 점이 결정적인 실수이다. 예학자의 절제 정신이 소거된 채 형식만 인용한 결과이다.

6

중세적 장원의 흔적
# 선교장

# 강릉,
# 변방의 중심

**아주 특이한 집, 선교장**

강원도 강릉시 운정동에 자리잡고 있는 선교장船橋莊은 전통적인 주거 가운데 매우 예외적인 존재이다. 우선 현존 가옥의 규모만도 건물 9동, 총 102칸이어서 국내 최대의 살림집으로 자리매김된다. 규모만 큰 것이 아니라 건물들의 용도와 구성도 이해하기 어렵다. 예를 들어 사랑채에 해당하는 건물만도 열화당悅話堂, 동별당, 서별당, 작은사랑, 활래정活來亭 등 5개소에 이른다. 이들의 구체적인 용도와 더불어 왜 이처럼 많은 건물들을 만들었을까 궁금해진다.

궁궐에서나 볼 수 있는 길게 늘어진 23칸의 줄행랑, 줄행랑에 나 있는 두 개의 대문, 집 밖에 버젓이 조성된 활래정과 연못, 열화당에 덧붙여진 서양식 채양…… 모두가 일반적인 한국 주택에서는 볼 수 없었던 내용들이다.

가장 당혹스러운 것은, 이 집은 기능 구성과 칸살잡이, 공간 구성 어느 면에서도 강릉 지역의 지역적 성격을 따르지 않았을 뿐더러 전국 어느 집과도 비교할 수 없는 유일한 성격을 지녔다는 점이다. 보수적이고 유형적인 주거 건축으로서는 매우 독특한 현상이다. 따라서 주택 유형화 작업에 익숙한 건축학자들은 이 집의 성격을 규정하는 데 크게 당황할 수밖에 없었다.

한국 주택의 배치 구성을 두 가지로 나누자면 분산형과 집중형으로 분류할 수 있다. 선교장은 분산형 배치를 한 집으로 안동 지방의 집중형 주택과는 또 다른 묘미가 있다. 통일감과 짜임새는 조금 결여되었으나 다른 상류 주택에서 볼 수 없는 인간미가 넘치는 활달한 공간 구조를 가지고 있다. 다른 주택에서 보이는 허세와 유교적 규범이 전혀 보이지 않는다.[01]

비교적 날카롭게 이 집의 인상을 서술했지만 근본적인 궁금증들을 풀어주지는 못하고 있다. 이 집의 수많은 시설들을 누가, 몇 명이 사용했을까? 이 정도의 규모와 위세면 대종가급인데 왜 씨족 마을의 흔적은 없고 이 집만 달랑 혼자 서 있는가? 이처럼 격식에 얽매이지 않고 자유롭게 배치한 집주인의 지적 계보와 생각은 무엇이었을까? 또 보통 상류 주택들의 집 이름이 ○○헌軒, ○○당堂, ○○각閣으로 끝나는데, 왜 유독 이 집만 '장' 莊으로 끝나며 그 의미는 무엇일까? 집 이름 돌림자에 대한 의문은 사소한 것 같지만 이 집의 성격을 해명하는 중요한 단서가 된다.

아무리 이 집의 실측 도면을 열심히 들여다보아도 그 모든 해답은 찾아지지 않는다. 일단 선교장을 세우게 된 내력과 조영의 역사를 알아야 하고, 더 나아가 강릉이라는 지역적 특수성을 이해해야 한다. 선교장에 대한 건축 이야기는 강릉 지역의 지적·지리적 전통부터 시작한다.

### 강릉의 리버럴한 지적 전통

유교적 규범과 격식의 틀에 짜여져 살았던 조선시대 인물들 가운데, 강릉이 배출한 인물들은 매우 독특한 개성을 지녔다. 우선 강릉의 잘 알려진 인물들의 면면을 살펴보자. 매월당梅月堂 김시습金時習(1435~1493). 강릉이 본관이며 강릉에서 태어나 어렸을 적부터 세종대왕의 총애를 받을 정도로 소문난 신동이었다. 그러나 세조의 무자비한 쿠데타를 목격하고 일생을 방랑과 은둔으로 일관한 생육신生六臣의 대표가 됐다.

율곡栗谷 이이李珥(1536~1584). 더 이상의 설명이 필요없는 조선조 최고의 석학이며 실천적인 성리학자. 퇴계의 주리론에 대응해 현실 참여와 개혁

01_ 정인국, 『한국건축양식론』, 일지사, 1974, p.401. 이후 선교장에 대한 문헌들은 대개 정인국 선생의 평가를 거의 따르고 있다.

↗ **선교장 전경** 다양한 건물군들과 그들을 묶어주는 줄행랑의 집합법.

02_ 사임당 신인선은 강릉의 외가에서 태어나 외할머니와 친정어머니에 대한 사모의 정과 효도 때문에 시집 간 후에도 태반을 강릉에서 보낸다. 남편 이원수는 부인에 비해 능력과 학식 모든 면에서 부족했고, 출세에 대한 의지도 박약했던 것 같다. 사임당은 한때 이원수의 장래를 위해 10년 동안 헤어져 공부에만 몰두할 것을 제의한다. 억지로 서울로 올라온 원수공은 별거 3년 만에 처자가 그리워 강릉으로 돌아오고 만다. 결국 원수공은 중년을 지난 뒤에야 말단 세무직 공무원인 수운판관에 오르고, 이듬해 사임당은 타계하고 만다. 정확히 말한다면 사임당은 평생 남편 덕을 보지 못했고, 원수공은 출중한 부인에 대해 적지 않게 콤플렉스를 느꼈을 것이다.

의 주기론을 전개했다. 율곡은 외가인 강릉 오죽헌烏竹軒에서 태어나 서울에서 성장했지만, 그의 학풍과 사상은 강릉의 지식계를 주기론적 전통에 몰두하게 만들 만큼 영향력이 대단했다.

그의 어머니 사임당師任堂 신인선申仁善(1504~1551). 역시 설명이 필요없는 현모양처의 이상형으로, 어느 남성도 범접하기 어려운 뛰어난 학식과 예술적 소양까지 겸비한 여성이다. 그러나 현모양처란 지금 시대의 판단일 뿐, 그녀는 오히려 내조와 양육을 통해 자아를 실현하고 대리만족했던 조선시대식의 여성해방론자였는지도 모른다. 02 그녀의 맏딸이자 율곡의 누나인 매창梅窓은 '작은 사임당'이라 불리울 정도로 시·서·화에 출중한 예술적 기량을 꽃피웠다.

율곡과 매창을 키워냈고 후대 만인의 칭송을 받은 사임당이 그래도 해피엔딩의 삶을 살았다면, 또 한 명의 천재적인 강릉 여성은 비극적 인생의 주인공이었다. 난설헌蘭雪軒 허초희許楚姬 (1563~1589). 허균의 누나이자, 조선조를 대표하는 여류시인이었다. 소녀 시절부터 예술적 재능으로 소문난 그녀의 배필은 평범한 양반 한량이었다. 도무지 세계관과 실력이 맞지 않는 한 쌍이었고, 남편의 잦은 외도와 여성 천시의 인습 속에서 불우한 결혼생활을 계속하던 그녀는 끝내 26세의 젊은 나이에 생을 마치고 만다. 그녀의 죽음은 갓 성년이 된 동생 허균의 인생관을 니힐리스틱하게 바꾸고 만다.

초당동 이광로 가옥  허초희와 허균이 태어난 초당으로 전한다.

『홍길동전』의 저자이며 비운의 혁명아 교산蛟山 허균許筠(1569~1618). 선교장 인근의 초당에서 태어나 어린 시절을 보낸 그는 좌참찬까지 이르는 고위직을 역임하지만 불공평하고 부패한 세상을 개혁하고자 서자들과 혁명을 꿈꾸다 처형당하고 만다. 허균의 스승으로 많은 영향을 주었던 이달李達(1561~1618)은 서자 출신의 뛰어난 시인으로 개혁지향적인 제자들을 양성하는 데 일생을 보냈다.

강릉이 배출한 가장 유명했던 이들의 일생은 과거에 급제하고, 벼슬을 살고, 당쟁을 일삼으며 재산을 모으고, 허망한 명예 속에 죽어가던 흔한 유학자들의 인생과는 다른 길이었다. 사회 불의를 참지 못하고 개혁을 꿈꿨으며, 실질을 숭상하여 혁신적인 예술이나 학문을 주도한 인물들이었다. 또 신인선, 허초희, 이매창 등 조선조를 대표하는 지식인 여성들이 모두 강릉 출신이었다는 점, 그리고 영남과 가까운 지리적 조건에도 불구하고 유림의 전통이 퇴계의 주리론보다는 율곡의 주기론을 따랐던 현상도 예사롭지 않다.

서경덕徐敬德에서 시작된 주기론적 학풍은 주리론에 비해 상대적으로 규범보다는 실리를 좇아 현실적이며, 보다 개혁적이었다. 따라서 강릉의 지식인들이 비교적 자유롭고 파격적인 삶에 익숙하게 된 지적 전통을 만드는 데 일조를 했는지도 모른다. 그 리버럴한 지적 풍토가 강릉의 여성들에게도 교육과 수양의 기회를 부여했고, 자기실현의 가능성을 꽃피게 할 수 있었다.

### 모계 효도의 고장

이 지방의 여성 파워는 다른 지역에 비해 상대적으로 높았던 것 같다. '서울 동대문을 빠져나와 강릉 여성의 아름다움과 비길 만한 곳이 없다'는 속언은 강릉에 미인이 많다는 뜻이 아니라 지식과 성품이 높았다는 의미이다.[03] 그렇다고 강릉의 여성들이 남성 중심 사회를 거부하는 투사들은 아니었다. 오히려 높은 교양과 소양으로 남성들을 감싸 안는 현명함을 통해 가족들을 교육하고 사회적 영향력을 높였던 것으로 보인다. 그 대표적인 사례를 신사임당을 통해서 발견할 수 있다.

학식과 성품 모든 면에서 존경받는 어머니들은 효자를 양산하게 된다. 사임당이나 율곡의 모친에 대한 효성은 수많은 일화를 남길 정도로 유명한 것이지만, 그들의 부친에 대한 효도는 거의 알려진 바가 없다. 그들뿐 아니라 이른바 '모계 효도'의 전통은 이 지역 지식층의 주류를 형성했다. 강릉향현사江陵鄕賢祠에는 이 지역의 대표적인 유림 12인을 모시고 있는데, 이들에게서 공통적인 특징들이 발견된다. 예컨대 최응현崔應賢(1428~1507)은 중앙의 높은 관직에 오르지만, 고향 강릉에 있는 모친을 봉양하기 위해 지방고등학교 교장격인 강릉훈도를 자청하여 여생을 고향에서 효도와 은거생활을 계속했다. 최응현뿐 아니라 12현 중 10명이 과거에 합격했으면서도 모친의 봉양 때문에 고향에 머물면서 은거했던 인물들이고,[04] 이들의 삶은 향토 지식인들의 모범이 되어 후세토록 숭상받아왔다. 그러나 그들이 '부친 봉양'을 위해 중앙 정계에 진출하지 않았다는 사실은 어디에도 기록되지 않았다. 가부장제 사회인 조선조에서 모계 효도 전통은 강릉의 독특한 현상이었다.

가정생활에서 어머니의 역할은 대단한 것이었다. 강릉의 현명한 어머니들은 가족 화합의 핵이 되었고, 다른 무엇보다도 가정과 가족을 최우선으로 생각하는 독특한 사회를 만들었다. 아마 중앙과 격리될 수밖에 없는 지리적

---

[03] 한국문화원연합회, 『내 고장 뿌리 찾기 (3) - 신사임당』, 명문당, 1990, p.7.
[04] 허남진 외, 「강남유학사江南儒學史의 연구 (1)」, 『동양철학東洋哲學』 제4집, 한국동양철학회, 1993, p.42.

조건도 큰 원인이었을 것이다. 임금이나 정부의 직접적인 통제와 권위가 미약한 고립된 지방 사회에서 최고의 권위는 가정에 있었고, 최고의 덕목이 효도였던 점은 충분히 이해할 수 있는 현상이다.

### 촌락 형성의 지리적 배경

강원도는 태백산맥을 경계로 영동과 영서 지방으로 나뉜다. 원주를 중심으로 한 영서 지방에 대해 강릉이 중심이 된 영동 지방은 상이한 문화상을 간직해 왔다. 교통이 편한 영서 지방은 서울과 빈번한 교류 속에서 중앙의 영향권 아래 있었지만, 험준한 대관령이 유일한 통로였던 영동 지방은 중앙의 영향을 받기보다 동해안을 따라 형성된 독자적인 문화권을 형성했다. 영동과 영서는 사투리도 다르고, 지적인 전통도 달랐다. 또 동해안에서는 비교적 넓은 평야를 가지고 있었던 강릉의 지리적 조건은, 풍부한 해산물과 농산물을 기반으로 자급자족이 가능한 지역 사회를 만들었다.

강릉의 고립적인 역사는 신라 때부터 시작된다. 신라의 왕위 계승권자였던 김주원은 사소한 실수로 등극에 실패하여 강릉으로 도피하게 됐고, 경주의 원성왕은 그에게 '명주군왕'이라는 작위를 주어 자치적 통치권을 승인했다. 강릉을 하나의 소국가로 인정한 것이다. 이때 김주원을 따라 이주한 김·최·박·함·곽씨들이 토착 씨족을 이루면서 강릉의 지배 계층으로 자리잡게 됐다.

토착 씨족들이 자리잡은 곳은 대관령 동쪽의 골짜기였다.[05] 비록 높은 산밑이지만 좁지 않은 평지가 있어서 농경에 충분했기 때문이다. 그러나 영동 지방에서는 거의 유일하게 농사를 지을 만했던 강릉 지역에 차츰 인구가 집중되면서 사정은 달라졌다. 조선 중기에 새로이 형성된 촌락들은 하천의 충적평야나 어로에 유리한 해안 지역에 집중하게 된다.[06] 내륙 지방에는 더 이상 빈 땅이 없었기 때문이다. 그것도 한계에 도달했던 19세기에 새로 유입된 인구들은 하천의 범람원 위에 촌락을 세우게 된다. 이제는 제방을 쌓고 토지

05_ 이혜숙, 「촌락 형성과 주거지 확대에 관한 연구: 강릉 부근의 주요 사족을 중심으로」, 강원대학교 교육대학원 석사학위 논문, p.11.
06_ 같은 논문, p.19.

를 개간할 수밖에 없었기 때문이다.[07]

강릉 지역을 크게 동서 지역 둘로 나눈다면, 서쪽 대관령 아래는 오래된 토착 씨족들이, 동쪽 해안 부근은 조선 중기 이후의 신흥 씨족들이 자리잡은 꼴이 된다. 아무래도 서쪽 산기슭의 오랜 토박이들이 지역 사회의 주도권을 행사하게 됐고, 해안 평야 지대의 신진 세력들은 별도의 독자적인 세계를 개척할 수밖에 없었다. 이제 본격적으로 살펴볼 배다리의 선교장이 대표적이며, 율곡을 배출한 오죽헌의 죽헌동, 허균 집안이 잠시 의탁했던 초당동도 이에 속한다. 강릉이 변방의 중심지였다면, 이들 마을은 강릉의 또 다른 변방인 것이다.

현실적인 지적 전통, 지식인들의 파격적·개방적 의식, 여성 교육의 상대적 활성화, 가족 중심의 가치관 등이 변방의 중심으로 강릉이 축적해온 특성이라 한다면, 강릉 사회의 또 변방이었던 동쪽 지역에서 이들 가치관이 더욱 강하게 부각되는 것은 당연한 현상이었다. 선교장 건축에 나타난 파격성과 자유로움, 대규모 지향성과 복합성 등은 이러한 지역적 전통 속에서 살펴볼 때 그 원인과 실체를 이해할 수 있다.

### 선교장의 주인들

대저택 선교장은 한순간에 건축된 집이 아니다. 배다리에 터를 잡은 18세기부터 200여 년의 세월 동안, 적어도 4차례의 대대적인 확장과 변형을 거듭해왔다. 따라서 주택 건축으로는 보기 드물게 초창기 마스터플랜이 존재하지 않았고, 때에 따라 건물의 성격이 변하고 영역의 경계가 확대되는 독특한 건축의 역사를 가진다.

강릉 지역에 처음 이주한 입향조 이내번을 1대로 친다면, 현재 선교장을 지키고 있는 이강백 씨는 9대에 속한다. 역대 선교장주들은 끊임없이 선교장을 확장하고 고쳐왔지만, 획기적인 건축적 변화는 대개 1대 이내번과 3대 이후, 6대 이근우 당시에 이루어졌다고 볼 수 있다.

07_ 같은 논문, p.24.

## 이내번, 배다리에 정착하다

이내번李乃蕃(1693~1781)이 배다리골에 선교장의 기틀을 잡은 것은 대략 1760년경으로 보인다.[08] 이내번은 세종 임금의 둘째 형인 효령대군 11세손이다. 원래 부친 이주화는 충주에 세거하던 토반층이었다.[09] 그는 세 명의 부인을 두었는데, 첫째 부인 의령 남씨와 둘째 경주 정씨의 묘는 충주와 진천에 남아 있다. 이내번의 친모친은 셋째 부인인 안동 권씨였다.

권 부인이 아들 이내번과 함께 강릉으로 이주하게 된 원인은 분명치 않다. 단지 여러 정황으로 미루어 충주 시댁의 차별적 분위기를 피해, 아들의 장래를 위해 친정 쪽 연고가 있었던 강릉의 저동으로 이주한 것이 아닌가 추정할 따름이다. 권 부인은 남편보다 최소한 27년 연하였고, 이내번을 낳은 것은 남편이 68세 때였다. 그나마 이내번이 15세 때 부친 이중화는 타계하고 만다. 아버지 또래의 늙은 남편에게 3재취로 시집온 지 15년 만에 청상과부가 된 권 부인이 앞선 부인들의 처족들에게 시달렸을 차별과 고초는 미루어 짐작할 수 있다.

처음 경포대 부근의 저동에 자리잡은 이내번 모자는 가지고 온 재산을 기반으로 열심히 토지를 매입해 차근차근 부를 축적해나갔다. 어느 정도 기반을 잡은 이씨 가家는 새로운 터전이 필요하게 된다. 저동 일대는 이미 기존 마을들이 개발돼 있었고, 신입자라는 눈총도 피할 필요가 있었으리라. 드디어 새로운 터전으로 발견한 곳이 현재의 배다리였다. 이씨 가가 이곳에 들어오기 이전에는 창령 조씨들이 살았고, 더 전에는 강릉 박씨들이 살았다고 한다. 이씨 가는 이 땅을 사들여 집을 짓고 뿌리를 내리게 됐다.[10] 조선 초기 혹은 중기에 씨족 마을이 형성되는 과정과는 전혀 다른 양상이었다. 중기 이전의 씨족 입향조들은 대개 처가의 재산을 양도받아 정착을 시작했지만, 후기의 입향 과정은

08_ 문화재관리국, 『韓國典籍綜合調査目錄』, 제3집, 1989, pp.235~236에 수록된 이내번의 '準戶口' 기록을 검토하면, 1756년의 거주지는 부북면 경호리였으나, 1762년의 것은 부북면 정동 조산리로 되어 있다. 경호리는 현재 방해정 부근의 저동이며, 조산리는 현재의 운정동 배다리골이다.
09_ 『完山李氏 孝寧大君 靖孝公派譜』. 왕족의 자손들은 5세손까지 벼슬이 금지돼 있었다. 따라서 6세손부터 벼슬길에 올랐으나 주로 단성현감 등 중하위직이었다. 그나마 이주화 대에 이르면 진사進士, 유학幼學 등 무관無冠이 대부분이었다.
10_ 김기설, 『강릉 지역 지명 유래』, 인애사, 1992, p.96.

선교장 배다리골 지형도  김봉렬 도면.

이내번의 경우와 같이 매입과 축적을 통해서 재산을 마련할 수 있었다.

지금 경포호의 둘레는 4km에 불과하지만, 예전에는 12km에 달할 정도로 드넓은 호수였다. 그때는 선교장 활래정 바로 앞까지 물이 차 나루터가 있었고, 나루터에서 다리를 건너 육지에 닿을 수 있었다. 그래서 '배다리'(선교 船橋)라는 이름이 붙게 됐다. 호수가 현재처럼 좁아진 이유는 자연적인 퇴적 현상과 한말과 일제기를 통해 벌어진 대대적인 간척 사업 때문이었다.

### 최초의 선교장, 강릉형 ㅁ자집

교통과 영농의 요지에 터를 잡은 이내번 당대에는 지금의 안채를 중심으로 한 보통 상류 주택 정도의 집을 지었던 것으로 전한다. 당시 지어진 살림집의 모습은 ㅁ자형이었다고 전하니, 강릉 일대에서 흔히 볼 수 있는 상류 주택의 전형이었던 것 같다. 현재도 죽헌동의 김윤기 가옥, 운정동 해운정 옆의 심상진 가옥 등이 완벽한 강릉형 ㅁ자집의 형태를 가지고 있다. 아마 선교장의 초창기 모습도 이들과 크게 다르지는 않았을 것이다.

안채와 사랑채, 아래채 등이 하나의 구조물로 연결되고 폐쇄된 안마당을 갖는 ㅁ자집은 영동 지방뿐 아니라 경북 북부 안동 일대에 널리 분포한다. 강릉 지방만의 특징이라면, 안채 부분이 양통집[11]의 구조를 가져서 田자형으로 배열된 4칸의 방이 안방부를 이룬다는 점이다. 물론 안방부의 뒷줄칸은 골방이나 반침 등 수장 공간으로 쓰인다. 田자형 방의 배열은 멀리 함경도부터 시작하여 강릉, 삼척 일대까지 동해안 지역에 분포하는 양통집의 특징이다.

배다리를 포함한 경포대 부근의 지형은 독특한 특성이 있다. 산들은 낮고 완만해서 얕은 골짜기를 이루며, 골 안에는 결코 좁지 않은 평야들이 펼쳐진다. 그 앞으로는 드넓은 경포호가 자리잡아 육로나 수로 교통 모두가 편리하다. 넓은 들과 호수 때문에 안산으로 삼을 만한 뚜렷한 봉우리들은 매우 멀리 위치한다. 따라서 집과 마을이 바라볼 안대案帶를 얕은 골짜기 내의 동산에서 찾을 수밖에 없었다.

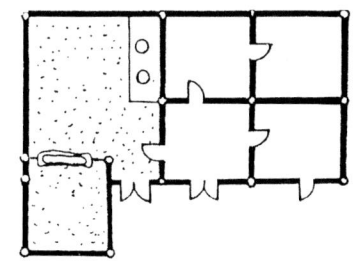

↗ 양통집 평면도

11_ 한 지붕 아래 방이 앞뒤로 포개어 두 줄로 구성되는 집. 이에 비해 방들이 한 줄로 구성되는 집을 '홑집'이라 부른다.

◁ **운정동 심상진 가옥** 해운정 옆의 집으로 강릉형 ㅁ자형 집의 표본이다. 선교장의 개기 시 모습도 이 집과 크게 비슷했을 것이다.

　선교장도 아담한 배다리골 내부에 터를 잡으면서 골 안의 앞동산을 안산으로 삼아 좌향을 정했다. 남쪽으로 터진 골짜기 입구 밖으로는 넓은 '운정들'과 하천, 그리고 멀리 오대산의 준봉들이 보이지만, 이를 피해 전반적으로 서남향의 좌향을 가지게 됐다. 그 넓고 큰 산들을 대하기에는 아직 선교장의 규모가 그다지 크지 않았기 때문이기도 하다.

　이내번 당시의 선교장은 ㅁ자형 집의 안쪽에 안채를, 앞의 서쪽 모퉁이에 사랑채를 들이고, 대문은 동쪽 부분에 있었을 것이다. 안방과 사랑방을 대각선으로 엇갈리게 놓는 것이 이 지역 ㅁ자형 집의 일반적 수법이기 때문이다. 이 상태의 선교장은 안채와 사랑채가 균형 잡힌 비례로 구성되고, 노모와 이내번 내외, 자녀들로 이루어진 직계가족을 수용하기에 적절한 규모였을 것이다.

↗ 개기(1760년경, 왼쪽), 오은 이후(1830년경, 가운데), 경농 이근우(1930년경, 오른쪽) 당시 배치 추정도    김봉렬 도면.

## 이후, 대장원의 경영주

이내번의 손자인 오은鰲隱 이후李厚(1773~1832)는 현재 선교장의 구성틀을 마련한 인물이며, 보통 상류 주택 수준의 선교장을 경제적·건축적 측면에서 대규모 장원으로 바꾸어놓은 장본인이다.

이후는 여러 가지 내외의 도전에 시달리고 있었다. 강릉에 세거한 지 3대가 지나 어느 정도 재산을 모으고 양반 행세를 하지만, 아직도 강릉의 토착 세력들은 이씨가를 무시하고 경원하고 있었다. 토착 양반들이 싫어할 모든 자질을 이씨가가 겸비하고 있었기 때문이다. 왕족의 후예라는 뿌리도 그렇고, 학문 탐구보다는 농장 경영에 열심인 경제실리적 성향도 그렇고, 새로 유입된 신출내기면서도 자신들과는 비교가 안 되게 막대한 재산을 쌓아가는 이씨가를 좋아할 리가 만무했다.

이러한 지역 사회의 질시를 타파하기 위해 이후는 과거에 응시하기도 했지만 불합격의 실망만 얻을 뿐이었다. 낙방 후에는 일체 중앙 정계 출입을 금하고 배다리에서 가사 경영에 몰두하여 은둔 '처사공'이라는 별명까지 얻을 정도였지만, 항상 그의 마음속에는 과거 급제와 그를 통해 신분을 인정받고 싶은 소망이 자리잡고 있었다.

▶ 안채에서 열화당 마당으로 가는 길목
가족 영역과 공공 영역은 중문들로 구획된다.

　과거 급제에 대한 이후의 소망은 당연히 아들 대로 이어졌고, 드디어 두 아들 용구와 봉구가 잇달아 생원시에 합격하는 경사를 맞이했다. 둘째 봉구는 선교장주로서는 처음으로 통천군수 벼슬에 오르게 되어, 인근에서는 선교장을 '통천댁' 이라 부르게 된다. 그가 얼마나 아들들의 급제에 감격했는지, 그리고 자신이 낙방한 것에 얼마나 회한이 사무쳤는지는 그의 묘비명에 기록될 정도였다.

두 아들 나를 영화롭게 했는데 나는 그러지 못했으니
소리 없이 흐르는 눈물 견디지 못하겠네.[12]

　그러나 이후의 가족사는 기쁨보다 슬픔의 연속이었다. 무엇보다 동생 승조와 항조가 어린 조카들을 남긴 채 일찍 죽어버린 비극이 일어났다. 이후는 13세 때 부친상을 당해 어린 동생들을 거두어 키웠으니, 마치 자식을 잃은 슬픔이었다. 아직도 낯선 타향, 일가붙이라고는 단 3형제뿐이었는데, 이제는 달랑 자신만 남게 됐으니 외로움이 오죽했을까. 외로움은 자연스레 집안 단합으로 이어지고, 가족 최우선의 가치관을 갖게 된다.

12_ 墓碑銘, '鄭陽公遺稿'

↗ **열화당 뒤편의 계단식 후원** 굴뚝 근처의 계단을 오르면 뒷동산의 팔각정 정원으로 연결된다.

### 이후, 대가족을 위한 건축가

이후가 본인 스스로 말했듯이 일생 억척스럽게 재산을 모으면서도 알뜰히 관리했던 이유는 토착 가문들로부터 받은 설움에 대한 보상이었고, 또 한 가지 이유로는 두 동생의 가족까지 부양해야 했던 대가족에 대한 의무감이기도 했다. 그는 자신의 두 아들은 물론, 조카들까지 분가시키지 않고 한 집안에 어울려 살게 했다. 안채의 아래채를 증축해 승조의 가족을 거처하게 했고, 열화당을 지어 항조의 유족들을 거처케 했다.[13] 열화당悅話堂이라는 집 이름도 '친척들의 정다운 이야기를 즐겨 듣는다'는 시구에서 차용한 것으로,[14] 얼마나 가족들의 화합과 행복을 염원했는지 추측할 만하다.

비록 그가 죽은 직후, 큰아들 이용구李龍九(1798~1837)에 의해 준공됐지만, 서별당의 건립도 이후 스스로 계획한 것으로 보인다. 서별당은 집안의 남녀 아이들을 교육시키기 위해 지은 서재이다. 어느 큰집도 이러한 사설학원을 집 안에 들인 경우가 없었다. 그만큼 집안에 어린 아이들이 많았다는 얘기이고, 직계가족뿐 아니라 지손支孫의 가족까지 한집안에 살았기 때문에 나타난 현상이었다.

흔히 한국의 전통적 가족 형태를 '대가족제도'라 부르지만, 이는 크게 잘

[13] 이기서, 『강릉 선교장』, 열화당, 1996, p.84.
[14] 陶淵明, 「歸去來辭」. 悅親戚之情話.

못된 인식이다. 대가족이란 장남은 물론, 차남들의 가족 모두가 같은 호구를 이루는 제도를 말한다. 따라서 할아버지-맏아들-맏손자의 직계 3대만으로 구성되는 일반적인 한국의 가정들은 대가족이 아닌 '직계가족' 혹은 '확대가족'에 속한다. 그야말로 명실상부한 '대가족제'를 운영했던 중국과는 달리, 한국은 직계 확대가족제를 선호해왔다. 대토지 소유가 용이치 않았던 한국 가정의 경제적 조건에 적절한 가족제도였다.

그러나 선교장주 이후는 명실상부한 대가족제를 견지했고, 해방 이후까지도 그 전통은 계속됐다. 후손들을 분가시키면서 씨족 마을을 이루어나갔던 일반적인 경향과는 달리, 이씨 가는 한집에서 대가족을 수용하려는 독특한 모듬살이를 이어왔다. 그 결과 집 규모가 커질 수밖에 없었고, 건축적 영역에 대한 인식이 달라질 수밖에 없었다.

이후와 이용구 대에 선교장에는 많은 건물들이 증축된다. 열화당 말고도 서별당과 연지당이 만들어지고, 동네 어귀에 네모난 연못과 섬을 만들고 섬 위에 작은 정자, 활래정을 지었다.[15] 뒷동산에는 팔각정을 지어 또 하나의 풍류 장소를 마련했고, 여러 건물들이 들어선 선교장 앞에 줄행랑을 지어 기능과 형태를 조직화했다. 또 용구는 동생 봉구 가족을 위해 안채 동쪽에 외별당을 지어 주택 영역이 집 밖으로도 확장됐다. 외별당은 본채인 '대택'에 대해 '소택'으로 불리웠다. 뿐만 아니라 집안의 토지를 나누어 관리하는 배려도 나타난다.[16] 주택도 나누고 토지도, 재산도 나누었지만, 어디까지나 대가족의 울타리 안에서 공동으로 관리하는 독특한 체제를 구축한 것이다.

## 이근우, 선교장 영역을 극대화하다

이내번의 6대손으로 한말 일제 초 격변기의 선교장 주인이었던 경농鏡農 이근우李根宇(1877~1938)는 한마디로 단정할 수 없는 복합적 성향의 인물이었다. 배다리골에 '동진학교'를 세워 쓰러져가는 나라의 인재를 양성하려던 선각자·애국자이기도 했고, 영동 최대의 재벌로서 수많은 소작인들을 통제하

15_ 이후 당시에 지어진 활래정은 방도方島 위에 한 칸 규모로 지어진 작은 정자였다. 현재의 활래정은 이후의 증손인 이근우 때 지어진 것이다.
16_ 서병패, 「19세기 양반층 토지 보유 상황에 관한 연구: 선교장의 추수기를 중심으로」, 상명여자대학교 대학원 석사학위논문, p.9.

↗ **선교장 배치도**　김봉렬 도면.

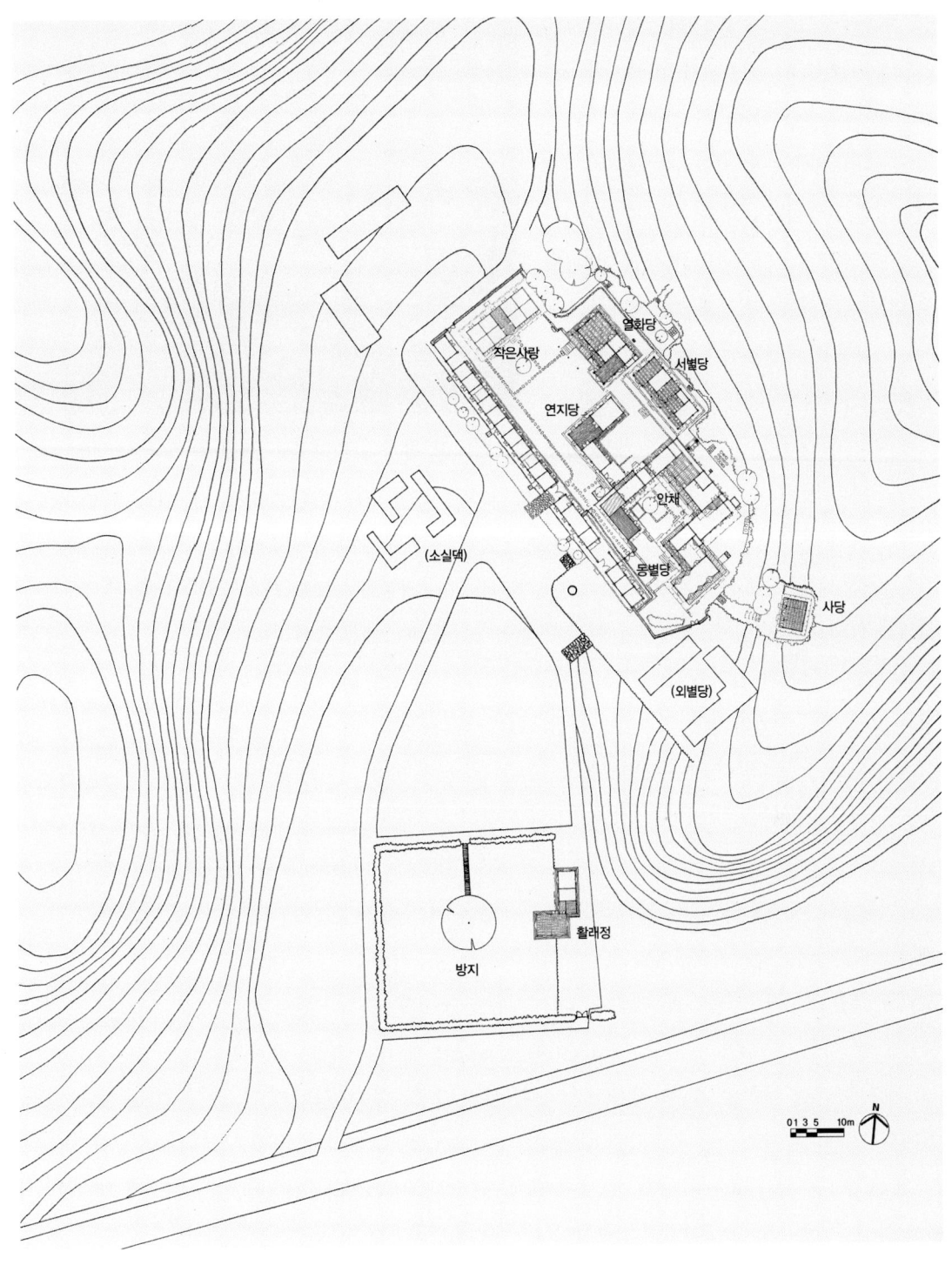

6 중세적 장원의 흔적 선교장

며 위세를 떨친 봉건적 대지주이기도 했다. 집 앞에 버젓이 '소실댁'을 지어 둘째 부인을 들어앉힌 간 큰 남자였으며, 활래정을 새로 지어 평생 전국의 교우들을 끌어들였던 한량이기도 했다. 아마도 20세기 초, 지식인과 부호들에게 성행했던 댄디즘의 대표적인 인물이었는지도 모른다.

이근우 당시에는 주목할 만한 건축적 변화가 있었다. 첫째는 활래정을 지금과 같은 위치와 형태로 중건하고, 안채의 일부를 헐어내고 현재의 동별당을 앉혔다. 앞서 말한 대로 행랑채 대문 앞에 번듯한 소실댁도 세웠다. 이들 세 건물의 건설은 단지 선교장의 규모만 늘어난 것이 아니라, 배다리골 전체의 성격을 바꾸어놓는 중요한 계기였다. 활래정은 배다리골의 지형적 구조를 완결시키는 형태로 놓인다. 또 소실댁과 여러 부속 농막들을 배다리골 안에 건립함으로써, 선교장의 영역은 배다리골 전체로 확장되는 결과가 되었다. 활래정은 그 거대한 영역의 경계에 놓여진 건물이었다. 배다리골 전체 영역의 중심 건물은 바로 동별당이었다. 동별당을 높고 시야가 터진 곳에 건립해 골 전체의 움직임을 감독할 수 있었고, 선교장주의 상징적인 거처로 활용할 수 있었다.

이근우는 여기서 만족하지 않고 경포호 전체를 이씨 가의 별장으로 활용하려 했다. 이미 이씨 가 별장이었던 방해정放海亭을 중수하고 그 옆에 대규모의 솔밭을 조성하여 '이가원'李家園이라는 이름을 붙였다. 그 이가원의 경계는 다름 아닌 경포호의 옥잠암이었고, 이제 선교장의 개념적 영역은 배다리골에서 경포호 북쪽의 자연까지 확대되었다. 이씨 가 최고의 번성기였고, 최대의 건축적 영역을 소유하고 있던 때였다.

**선교장의 의자 세트** 조선 말기 선교장 주인들이 사용하던 것이다. 자유분방하고 개방적인 생활을 엿본다.

# 장원으로서의
# 선교장

'장원'의 조건

'선교장'의 '장' 莊자 돌림은 이 집의 성격을 규명하는 중요한 단서다. '장'이라는 집 이름이 익숙한 것은 김구의 '경교장' 京橋莊이나 이승만의 '이화장' 梨花莊과 같은 근대 정치가들 집이다. 이들 '장'은 개인 주택이라기보다는 많은 정객들이 왕래하고 숙박하던 공공장소로서의 의미가 더 강하다. 예전 집들의 쓰임새로는 당나라 때 이덕유李德裕가 경영했다는 평천장平泉莊이 대표적이다. 이는 유명한 별장으로 동아시아 원림 경영의 이상형이었다. 따라서 공적 성격이 강한 주택으로서의 '장'은 별장 정원을 뜻하는 '원'과 합쳐져 '장원' 莊園이 된다. 선교장은 바로 공공적 성격이 강한 주택이며, 배다리골 전체를 원림으로 삼은 장원 주택의 예다.

'장원' 하면 떠오르는 용어가 중세 유럽의 봉건 경제 체제를 설명하는 '장원 경제'다. 장원의 핵심은 영토의 소유 형태다. 개인이 가진 대규모 토지를 수많은 소작인(혹은 농노)에게 임대하여 고율의 소작료를 받아 경영하는 농업 형태며, 장원의 주인은 단순한 지주의 위치를 넘어서 독립 소왕국의 왕과 같은 정치적·사회적 지위를 갖는다. 선교장 주인들이 비록 군왕과 같은 지위는 누리지 않았지만, 장원이 갖추어야 할 제1의 조건, 대토지를 소유하고 거대한 소작인 집단을 통제하고 있었던 것은 사실이다.

토지만 많다고 장원이 되는 것은 아니다. 예를 들어 전라도 평야 지대에는 선교장에 버금가는 대토지를 소유한 집안들이 많았지만, 그들의 집을 장원이라 부르지는 않았다. 장원은 선교장과 같이 대가족이 상주해야 하고, 그들이 사는 집은 수많은 건물들이 집합된 영주의 성과 같아야 했다. 아무리 만석꾼의 집이라 하더라도 주택의 집합적 측면에서 선교장과 같은 예는 찾아볼 수 없다. 더 큰 장원의 조건 가운데 하나는, 그 집이 전국적으로 이름나 영향력 있는 인사들과의 교류가 개방되어야 한다는 점이다. 비록 정치가는 아니지만, 막대한 경제력을 기반으로 누구 못지않은 정치적 영향력과 지역 사회의 지도력을 갖추어야 했다. 따라서 선교장은 장원이 가져야 할 경제적·인구적·사회적 조건을 모두 갖춘 집이다. 집 이름은 정말 잘 붙였다.

### 강원도 최대의 재벌

선교장은 당연히 '만석꾼'으로 불리웠다. 1년에 나락 만 가마(쌀 5천 가마)를 수확한다는 뜻이지만, 실제로는 그보다 못한 경우에도 만석꾼이라 불렸다. 천석꾼 다음은 바로 만석꾼이었으니까. 그러나 선교장의 1년 수확량은 만 석이 넘었으니 진짜 만석꾼이었다. 지금으로 치면 천석꾼은 백만장자 중소기업주, 만석꾼은 억만장자인 재벌급이었다. 조선시대의 쌀 5,000가마는 서민 1,000가정이 1년을 버틸 수 있는 식량이자 재산의 전부였다. 생산력이 그다지 높지 않았던 당시에 만석이란 전국을 통틀어도 열손가락이 남을 정도의 경제력이었다. 특히 평야가 없고 땅이 척박한 강원도에서는 유일한 집안이었다.[17]

선교장의 토지는 경포호 일대를 비롯해 영동 지방 남북에 고루 걸쳐 있었고, 멀리는 선산이 있는 충청도 지역까지 분포되었다. 영동 일대에서 추수된 곡식을 모두 거두어들이지 않고, 강릉 북쪽 지역은 북촌(주문진)에, 남쪽 지역은 남촌(묵호)에 큰 창고를 두어 현지에서 보관했다. 이처럼 토지를 각지에 분산한 것은 자연재해나 정치적 사건으로 당하는 피해를 최소화하고 위험부담을 분산시키려는 의도에서였다.[18]

조선 사회는 17세기부터 이미 양반 사회가 해체되고 토지소유권이 제한되어 대토지 소유가 어려운 상황이 된다. 한 집당 영농 규모가 점차 영세화되

17_ 이기서, 앞의 책, p.66.
18_ 서병패, 앞의 논문, p.19.

던 추세 속에서 유독 선교장만 이처럼 막대한 토지를 소유할 수 있었던 원인은 무엇인가? 밝혀지기로는 이앙법이나 반답법 등 새로운 농법을 적극 도입했고, 버려진 땅들을 개간을 통해 경작지로 확보했으며, 적극적인 토지 매입을 통해 농토를 넓혔다고 한다.[19] 무엇보다도 토착 세력이 강한 강릉의 지역 사회에서 대가족이 살아남고 이름을 떨치기 위해서는 부자가 되는 길밖에 없다고 판단한 초기 선교장주들의 가치관 때문이었을 것이다.

배다리골 안에는 선교장 말고도 25호의 농막들이 꽉 들어찼다고 한다. 지금도 2~3호가 남아 있는 이 집들은 일반적인 씨족마을 속의 독립주택들이 아니다. 대부분 선교장주의 일가붙이와 소작인, 노비들의 주거로 침식만 해결할 수 있는 규모였다. 농작업과 여타의 일상생활은 큰집을 중심으로 공동으로 벌어졌고, 경제 단위도 철저하게 큰집에 속해 있던, 말하자면 선교장의 부속채들이었다. 따라서 선교장의 영역은 활래정까지 배다리골 전체가 되었고, 이 안에 일가붙이 100명 정도가 살았다고 전한다.[20] 그야말로 대장원이었다.

### 전국적 사교장

3대주 이후는 선교장 경영의 제일 목표를 대가족 화합에 두었다. 질시에 가득 찬 지역 사교계에 굴욕적으로 참여하느니, 가족 내부의 행복을 추구하는 것이 훨씬 실리적이었기 때문이다. 그러나 가족의 화합만으로 재벌급으로 성장한 이씨 가의 사회적 위상을 충족시킬 수는 없었다. 4대주 이봉구가 관직에 오른 것을 계기로 선교장은 지역 사회를 뛰어넘어 전국적인 인물들을 초청하면서 교류의 장을 넓혔다.

외별당을 건설하여 분가하기 전의 지손들을 살게 하면서, 가족 화합용으로 건축된 열화당은 기능을 바꾸어 전국에서 모여드는 손님들을 접대하는 공공적인 장소로 바뀌게 된다. 본격적인 장원의 기능이 가동된 것이다. 특히 6대주 이근우 대에서는 활래정과 방해정을 중건하여 손님들의 격에 맞도록 접

[19] 서병패, 앞의 논문, pp.20~23.
[20] 현 거주인 이강백 씨 고증. 초겨울이 되면 집안에서 쓸 장작과 관솔을 채집하러 대관령 일대로 출장가는 것이 연례행사였다. 그때 달구지 수십 대가 줄지어 출발하는 장관을 이루었다 하니, 노비들의 숫자도 50명은 족히 넘었을 것이다.

대하는 장소를 세분화할 정도였다. 선교장은 경포대를 끼고 있으며, 금강산의 길목이라는 지리적 입지를 충분히 활용했다. 금강산 유람길에 잠시 쉬어가라는 초청의 명분은 별로 부담이 없는 것이었다.[21]

영의정 조인영으로부터 시작하여 전국적인 정치가·명망가들이 숱하게 왕림했으며, 심지어 개화기의 러시아 영사까지 초청하여 그 보답으로 열화당 앞 차양을 선물받기도 했다. 숱한 손님 가운데 시서화의 달인들도 포함되어, 그들은 몇 달 며칠을 머물면서 귀한 예술작품들을 남기기도 했다. 이희수, 정민조, 장병조, 김규진, 지운영, 김태석 등 조선 말 서예 대가들의 작품들이 숱하게 보관돼 있다. 근대기에 들어서는 이시영과 여운형 등 거물급 정치인들도 선교장의 큰 손님들이었다.

**열화당 마루 밑의 함실아궁이 입구**
아취 형태와 검은 전돌이 수원성의 모티브를 연상시킨다.

## 개방적 실리주의

이들과의 잦은 교류를 통해 선교장의 인물들은 변방에 앉아서도 전국적인 정보를 파악할 수 있었고, 선진 외국에서 들어오는 문물도 접할 수 있었다. 또한 학파나 당파의 구속을 받지 않았던 관계로 첨단의 신사상과 문화를 쉽사리 수용할 수 있었다. 이는 서부 강릉의 개방적 지적 전통과도 부합하고, 초대 선교장주 이내번의 실리주의에 뿌리를 두고 있다.

왕족의 후손임에도 불구하고 이내번은 벼슬이나 학문 수양이라는 성리학적 가치관보다는 재산 증식과 가문 부흥이라는 현실적인 목표에 매진했다. 이내번은 족제비 떼를 좇아 배다리골을 발견하고 이곳이야말로 천하의 명당이라 여겨 선교장을 건축했다고 전한다. 재화가 증식할 만하고, 자손의 번식을 보장하는 형상이라는[22] 판단이었다. 지극히 실리적인 입지관이었다.

21_ 趙寅永, 「活來亭記」
22_ 이기서, 앞의 책, p.64.

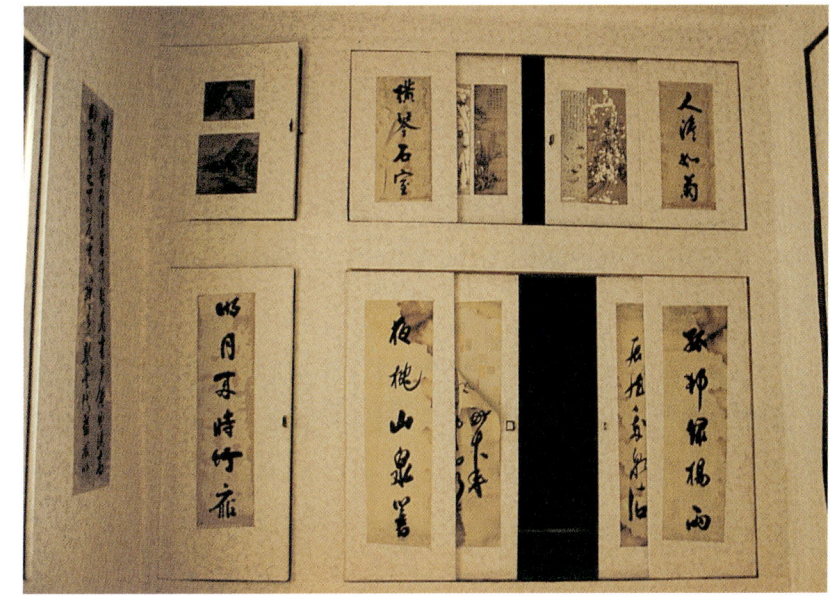

_ **열화당 정면** 반세기 후에 덧붙여진 채양이 없었다면 더욱 권위적인 외관이었을 것이다.
_ **열화당 방 안** 모든 창호들 자체가 표구된 병풍들이다.

6 중세적 장원의 흔적 **선교장** _ 243

◁ 활래정 방 안에서 바라본 연꽃 풍경

　3대주 이후의 생각도 크게 다르지 않았다. 그는 활래정 정원을 만들면서 자손대대로 영원히 보존될 유산이기보다는 '다만 내 눈 앞의 즐거움만을 위하여'[23] 원림을 경영한다고 했다. 항구적이며 금욕적인 성리학적 규범보다는 일상적이며 낭만적인 필요에 부응한 것이다.

　현실적인 개방성은 선교장 건축에 여러 흔적들을 남기고 있다. 예컨대 열화당은 당시 최신 건축이었던 수원화성의 모티브를 여러 면에서 따르고 있다. 방화수류정과 같은 수직적 인상, 마루 하부에 높게 쌓인 검정 전돌의 벽들, 그 가운데 뚫린 아취형 개구부 등은 일반적인 한국건축의 요소는 아니다. 특히 개화기 누구나 꺼리던 벽안의 러시아인들을 초청한 결과로 러시아제 동판 채양을 선물받게 됐는데, 그것만도 대단한 사건이었지만 과감히 열화당 정면에 세울 수 있었던 진취성은 더욱 대단했다.

　활래정의 전체적 모습은 창덕궁 후원의 부용정을 닮았다. 실제로 부용정을 모델로 삼았는지는 알 수 없지만, 왕실에서나 가능했을 파격적인 형상을 띤 것은 사실이다. 활래정 내부에는 차를 준비하는 '다실'이 있어서 접객 공간의 근대적 변화도 적극 수용했다.

23_「新增種花贈句序」, 『鷗隱公遺稿』

# 두 집의
# 집합체

**가족 단란과 공적 교류**

초기의 선교장은 삼형제 가족이 단란하게 모여 살기 위해 구성됐지만, 19세기 중반부터는 외부적 교류를 위한 공공적 주거로 성격이 바뀌었다. 열화당은 더 이상 대가족을 위한 공간이 아니라 외부의 객들을 위한 장소가 되었다. 수많은 숙식객들을 위해 줄행랑에 '객사랑'이 설치된다. 손님들은 격에 따라 분화된 공간에서 접대를 받았다. 무시 못 할, 그러나 친하지 않은 손님은 열화당에서 정중히 접대한다. 서로 마음을 터놓을 수 있는 친한 손님들과는 은밀하게 활래정에서 같이 풍류를 즐겼다. 열화당 서쪽에 있는 작은 사랑채는 장차 선교장주가 될 장남이 기거하면서 중요한 손님들을 수발하며 자연스레 중앙의 거물들과 가까워지는 기회를 얻는 곳이다. 이른바 재벌 2세의 훈련장이었던 것이다.

1920년대에 이근우는 ㅁ자형 안채의 동남 모서리를 헐고 동별당을 신축했다. 동별당은 주인이 기거하면서 가족들의 회의장으로, 또 집안 친척들의 접대소로 사용하던 곳이다. 보통 상류 주택의 사랑채에 해당하는 곳이다. 열화당 부근이 모두 외부 손님들로 차 있어, 손님 접대에 지친 집주인이 사적으로 기거할 수 있는 장소인 동시에, 가족들이 서로 모여 집안의 대소사를 의논할 수 있는 공간이 바로 동별당이었다. 동별당이야말로 '가족 단란'과 '공적 교류'라는 선교장의 두 가지 목적을 잘 설명해주는 건물이다.

## 가족용 주택과 게스트 하우스

이제 선교장의 건축적 성격을 정확히 파악할 때가 됐다. 선교장은 하나의 주택이 아니다. '대가족'이 사는 주택과 외부 손님들을 위한 주택, 두 부분으로 이루어진 독특한 집이다. 동쪽 안채와 동별당이 가족용 주택이라면, 서쪽 열화당 부분은 게스트 하우스다. 열화당은 사랑채가 아니라 공관이다. 사랑채는 안채 옆의 동별당이다. 동별당과 안채는 그 자체로 완결된 하나의 주택이며, 열화당 부분은 또 다른 집으로 보아야 한다. 현대의 고위층 공관이나 재벌 저택을 연상하면 쉽게 이해할 수 있는 형식이다.

이 두 영역 사이에 서별당 부분이 삽입된다. 서별당부는 본채인 서별당과 이를 감싸는 부속채 연지당으로 이루어진다. 서별당은 집안의 남녀 아이들을 모아서 교육하고 서재로 활용하던 곳이다. 남자 어른들의 열화당과 여자 어른들의 안채 사이에 끼어 있으며, 세 건물은 마루를 통해 은밀히 연결돼 있었다고 전한다. 세 건물의 위치와 연결 관계는 선교장 가족들의 구성과 관계를 그대로 보여준다.

서별당이 깊숙한 곳에서 가족들의 연결체 역할을 했다면, 연지당은 가족 영역과 손님 영역을 철저하게 차단하는 경계물 역할을 했다. 연지당에는 주로 여자 하인들이 기거하면서 외부 손님들의 동태를 엿보고 집안 아동들을 보호할 수 있는 위치에 있다. 열화당 부분과 안채 부분은 ㄴ자 연지당의 매스로 강하게 분리된다. 앞에서는 연지당이 두 영역을 분리시키고, 안에서는 서별당이 두 영역을 연결시킨다. 선교장의 영역적 이중성을 절묘하게 컨트롤하고 있는 부분이다.

두 영역은 줄행랑으로 엮어진다. 안쪽에 있는 상반된

두 영역의 성격을 이해한다면, 줄행랑에 있는 두 개의 대문에 대한 오해도 풀어질 것이다. 동쪽 안채 쪽의 대문은 평대문이고, 서쪽 열화당 쪽의 대문은 솟을대문이다. 창덕궁 연경당의 대문도 이와 같은 형상이다. 연경당 행랑채의 사랑채 진입부에는 솟을대문을, 안채 진입부에는 평대문을 설치했다. 그 때문에 선교장의 동쪽문을 안대문, 서쪽을 사랑대문이라 생각하면서 대문이 분리된 희귀한 예로 취급해왔다. 그러나 선교장의 동쪽 대문은 가족용 대문, 서쪽은 손님용 대문이다. 더 정확히 말하자면 가족용 주택과 게스트 하우스라는 두 집에 난 별도의 대문이다. 두 대문의 성격을 이해하는 것이 선교장 비밀의 열쇠이다.

우선 서별당을 포함한 안채 서쪽 부분을 모두 생략해보기 바란다. 그러면 가족용 주택의 구성이 더욱 명확하게 들어올 것이다. 연지당과 안채 사이에는 두 개의 중문이 설치되고, 그 사이 마당은 곧 가족용 대문의 입구가 된다. 두 개의 평행한 벽 사이를 두 개의 중문이 마주보며 막고 있는 이 공간은

**열화당 대청에서 본 객사랑** 가장 공공적인 영역이다.
**안채에 이르는 내밀한 중간 영역**
**선교장 본채 평면도** 1977년 현재, ( )의 명칭과 사람은 예전의 기능과 사용자.

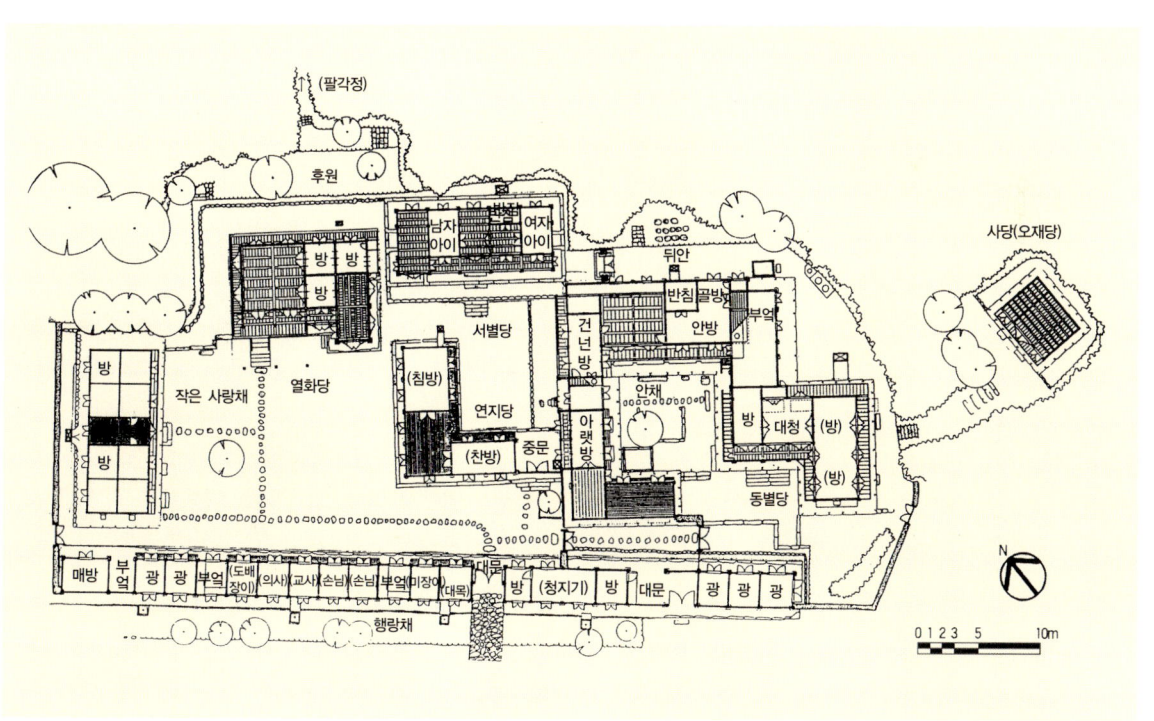

6 중세적 장원의 흔적 **선교장** _ 247

▷ 중문을 지나 안마당으로 들어가는 계단들  마당 오른쪽에 동별당이 있다.

대단히 은밀하다. 가족과 손님 주택 사이를 철저하게 차단하고 있는 또 하나의 경계부인 동시에 가족 대문의 독립된 마당이기도 하다. 중문을 들어서면 작지만 독립된 동별당 마당에 서게 된다. 이른바 사랑 마당이다. 한 단 위에는 다시 정방형의 안마당이 전개된다. 그리고 동별당 동쪽 산록에는 사당이 있다. 이 정도면 완벽한 하나의 주택이다. 사랑채, 안채, 행랑채, 사당까지 건물을 완비하고, 여러 마당도 완비한 훌륭한 상류 주택이다. 두 개의 주택으로 구성된 선교장의 영역적 성격을 밝혀주는 증거다.

▷ 선교장 서쪽의 손님용 대문  수확한 막대한 곡식을 수레로 나르기 위해 포장된 경사로가 마련되었다.

### 영역의 중첩적 확장

그러나 선교장의 두 영역은 동서로 나란히 놓인 대등한 관계가 아니다. 가족용 주택 영역을 대외적 영역이 감싸고 있는 중첩적인 구성이다. 선교장을 통해서 한국건축의 집합 구성의 특성을 이해할 수 있다. 그것은 건물군들의 형태적인 집합이기도 하지만 동시에 선교장의 조영사가 축적해온 시간적 집합의 모습이기도 하다.

우선 안채와 동별당으로 이루어지는 영역은 가족생활이라는 가장 기초적인 기능을 담고 있다. 이 영역은 이내번이 처음 터를 잡고 지었다는 ㅁ자 집의 확대판이라 생각해도 무방하다. 그러나 열화당과 서별당군이 증축되면서 성격이 변화된다. 이미 말한 대로 증축부는 삼형제 가족의 단란을 위한 목적이었고, 여러 건물군들을 전면의 줄행랑이 엮어주게 된다. 우선 집의 물리적 영역이 확장됐다. 그러면서 기존 주택의 영역은 줄행랑으로 묶인 전체 속의 부분이 되고 만다. 기존 사랑채의 공공성은 새로 지어진 열화당으로 중심을 옮기게 되어 영역의 성격도 변화된다.

6대 이근우 대에 오면 또 다른 변화가 일어난다. 골 안에 수십 채의 부속 침실, 농막들이 서게 되어 배다리골 전체로 선교장의 영역이 다시 확대된 것이다. 확대된 영역의 경계는 골을 이루는 능선이고, 동구 앞의 활래정과 방지는 앞뒤 능선을 연결하는 인공적 경계물이 된다. 줄행랑 안의 기존 선교장 영역은 배다리골이라는 전체 속에서 다시 부분이 되고, 열화당의 공공성은 활래정으로 확대된다.

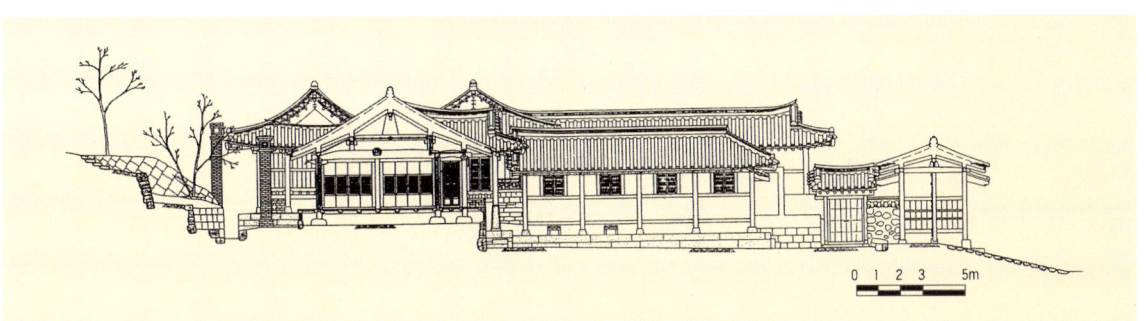

**선교장 종단면도** 단면은 열화당 부분이다. 김봉렬 도면.

**선교장 안채 마당 종단면도** 김봉렬 도면.

방해정 전경　ⓒ김성철

　　경포 해수욕장 부근에 조성된 방해정과 이가원은 선교장 영역을 배다리 골 바깥으로 확대시킨 의미를 가진다. 활래정의 공공성도 방해정까지 확장된 것으로도 볼 수 있다. 평범한 상류 주택의 영역에서 출발한 선교장은 3차에 걸쳐서 영역과 경계를 확장해왔다. 대가족제를 위한 복합주거 영역으로, 또 골짜기 전체의 장원적 규모로, 더 나아가 경포호 일대를 포괄하는 자연적 범위로, 그리고 영역의 확대 과정에는 항상 새로운 공공적 건물을 건설해 새로운 영역성을 부여해왔다. 열화당, 활래정, 방해정이 그것이다. 영역 확장과 새 공적 건물의 건설사는 곧바로 선교장 경영사나 건축사의 또 다른 일면이다.

# 집합의
# 데이텀들

이처럼 복잡한 역사와 구성과 의미를 가졌음에도 불구하고 선교장 건축은 질서가 잘 잡히고 조화된 집합체로 나타난다. 일관된 마스터플랜도 없이 200년 간에 걸쳐 확장되고 변형된 집치고는 의아스러운 결과다. 지어진 시기도 다르고, 규모도 형태도 기능도 모두 다른 여러 건물들이 이처럼 단아한 통일체를 이룰 수 있었던 까닭은 무엇일까? 그것은 두 개의 강력한 데이텀datum이 도입되었기 때문이다. 데이텀이란 서로 다른 요소들이 무작위로 구성될 때 전체를 조직화할 수 있는 기준 요소를 의미한다.[24] 데이텀은 점이 될 수도, 선이나 면이나 입체가 될 수도 있다. 예컨대 불국사의 회랑이나 도시의 격자형 가로망들을 떠올리면 이해가 될 것이다. 선교장의 경우에는 줄행랑과 활래정이다. 물론 두 건물은 형태도 규모도 기능도 역할도 다르다. 그러나 두 요소 모두가 영역의 경계를 한정하고 다양한 부분들을 조직화한다는 면에서 강력한 데이텀이 된다.

### 줄행랑, 건물군의 기준선

23칸의 행랑은 형태상으로는 하나의 건물이지만, 내용적으로 3동의 건물이 연결된 것으로 보아야 한다. 우선 부분별로 기능이 다르다. 안채 쪽의 행랑은 마루와 창고로, 연지당 앞부분은 청지기방과 공방으로, 열화당 앞쪽은 집안 가정교사와 한의사 등 외부 손님방으로 사용됐다. 또 작은 사랑채는 현재 5

[24] Francis D. K. Ching, "Architecture: Form, Space, and Order", p.359.

칸 양통집으로 중건됐지만, 원래는 줄행랑이 ㄱ자로 꺾인 모습의 홑집이었다. 그렇다면 줄행랑채는 '안 행랑-바깥 행랑-객사랑-작은사랑'의 네 건물이 연결된 복합체였다.

이 네 부분은 각기 그 앞 건물군들과 기능적인 용도뿐 아니라 공간적 구성도 잘 대응하고 있다. 안채 부분과는 은밀한 대문간을 형성하도록 사이가 무척 좁다. 23칸의 줄행랑 가운데 14번째 칸에 솟을대문이 만들어졌다. 정 가운데는 아니지만 긴 행랑의 중심부에 시각적 포인트가 된다. 대문을 들어서면 연지당 벽이 정면을 가로막아 내외의 역할을 하고 있다. 가족과 손님이라는 두 영역을 나누면서 동시에 열화당 부분으로 진입하는 이른바 과정적 공간이다. 줄행랑은 연지당과는 적당한 간격으로 적절한 과정적 공간을 이루고 있다.

열화당과 줄행랑 사이의 간격은 무척 떨어져 있다. 아늑한 마당의 스케일에 익숙한 눈에는 황량하기까지 한 넓은 마당을 만들어낸다. 열화당 마당은 일반적인 주택의 마당이 아니다. 수많은 객들과 하인들이 북적되는 곳이고, 수백 명의 소작인 대회를 열어 위안 잔치를 베풀던 공공 공간이었다. 외

**선교장 진입로** 줄행랑과 진입로가 비스듬히 만나 실제보다 멀리 있는 것 같이 보인다.

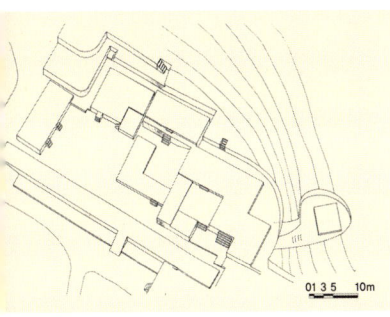
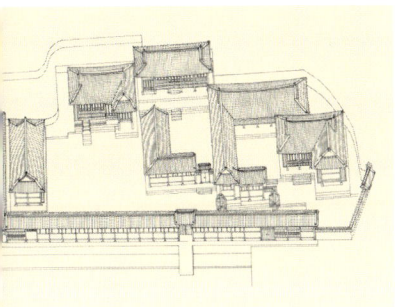

↗ 선교장 기단 투상도  김봉렬 도면.
↘ 선교장 투상도  김봉렬 도면.

↗ 선교장 내부 정면도  김봉렬 도면.

부 공간의 용도에 맞게 줄행랑은 적절한 거리를 본채들과 유지하면서 기능도 배분하고 있다. 다시 말하면 크기와 간격이 제각각인 본채들 앞에 일직선의 행랑을 놓음으로써 적절한 외부 공간을 얻을 수 있었다.

눈으로 느낄 수는 없지만 측량도에 의하면 이 줄행랑은 열화당 쪽으로 살짝 쏠려 있다. 본채들과 줄행랑을 평행으로 놓을 경우 공간적 변화도 없고 열화당 마당이 너무 넓어진다는 단점을 생각한 고려라 할 수 있다. 비스듬히 놓인 줄행랑은 외부 진입로에서도 독특한 시각 효과를 거둔다. 활래정 앞으로 들어오는 진입로에서 보면 줄행랑은 갈수록 멀어진다. 반면 내부에서는 진입로나 활래정이 가깝게 인지된다. 외부에서는 위엄을, 내부에서는 친근감을, 살짝 비스듬하게 놓은 결과치고는 너무 강렬하다.

줄행랑은 내부 건물군들과 집 밖을 구획하는 경계선이 되기도 한다. 적어도 활래정이 중건되고 선교장 영역이 배다리골 저체로 확장되기 전까지는. 경계선치고도 단순하고 강한 경계다. 내부적으로는 여러 마당들을 한정하고 크기를 변화시키는 강력한 벽체의 역할을 한다. 반면 외부적으로는 없어서는 안 될 중요한 형태 요소로 역할한다.

선교장의 주요 건물들인 열화당과 서별당, 안채, 동별당은 높이와 형태가 제각각으로 세워졌고, 크기는 비슷비슷해서 산만한 느낌까지 든다. 만약 전면에 줄행랑에 없었다면 이들 산만하고 부조화된 형태들이 그대로 노출됐을 것이다. 그러나 전면에 강력한 줄행랑을 도입함으로써 뒤쪽 건물들의 산만한 집합 형태를 은폐할 수 있었다. 더욱 중요한 효과는 산만한 형태들에 기준이 될 수 있는 선형 면을 제공한 것이다. 획일적인 행랑의 긴 면과 뒤쪽의

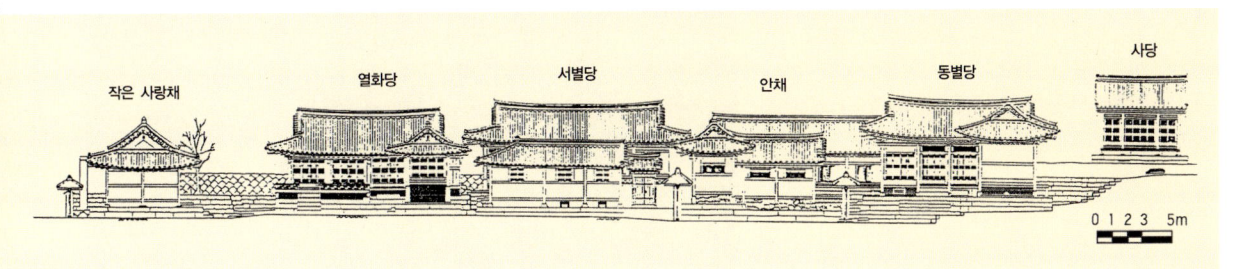

다양한 형태의 지붕 선이 중첩되면서 질서와 통일감을 얻었다. 줄행랑은 안쪽에서는 공간적 데이텀이고 바깥에서는 형태적 데이텀이다.

활래정, 배다리골의 기준점

줄행랑이 건물군들의 경계이자 데이텀이었다면, 활래정은 배다리골 전체로 확장된 선교장 영역의 경계이면서 데이텀이 된다. 그러나 줄행랑에 비한다면 점적 존재인 활래정은 가시적인 데이텀이 아니다.

활래정은 온돌방부와 누마루부가 직각으로 놓이며, 두 부분은 서로 다른 두 개의 지붕을 가지면서 모퉁이 끝만 살짝 붙어 있는 형상이다. 다시 말하면 두 개의 건물이 직각으로 붙은 ㄱ자 건물이다. 3대주 이후가 처음 활래정을 창건할 때는 연못 속 섬 위에 놓인 1칸 정자였다고 전한다. 6대주 이근우는 활래정을 중건하면서 위치도 바꾸고 규모와 형태도 바꾸었다. 기존의 건물을 복원하다시피 다시 지었던 당시의 관행으로는 파격적인 결단이었다. 물론 집안의 반대도 많았다. 그러나 이근우는 조상님도 변화를 원할 것이라며 자신의 주장을 관철시켜[25] 지금의 활래정을 만들었다.

활래정의 참모습을 보려면 활래정 앞동산에 올라가 보아야 한다. 그리고 배다리골 전체 지형을 유심히 살펴보라. 활래정 뒷산은 선교장 뒤를 감싸며 앞쪽으로 휘돌아 뻗어서 배다리골을 이룬다. 능선 맥의 시작과 끝 점을 잇는 지점에 활래정이 위치한다. 활래정과 연못 속 섬을 잇는 축도 지형축과 일치한다. 또 활래정의 ㄱ자 형상도 지형적 이유가 농후하다. 뒷산과 평행하게 놓인 온돌부가 뒷산의 기를 받은 후에, 직각으로 꺾인 누마루부를 통해 앞산으로 날려보내는 형상이다. 딱 그런 위치에 그런 모습으로 놓였다. 줄

25_ 「活來亭重修記」, 『鏡農公遺稿』.

연꽃 위에 떠 있는 활래정

**활래정 전경** 배다리골 전부를 장원의 영역으로 삼은 선교장 오른쪽 아래에 위치한 활래정은 집 밖이 아니라 집 안에 있다.

행랑이 인공적인 건물군들을 조직화하는 데이텀이라면, 활래정은 자연 지형과 건축군들을 조직화하는 보다 한 차원 높은 데이텀이다.

데이텀으로서의 활래정의 역할은 다분히 시각적이다. 이제 배다리골 전체로 확장된 선교장의 영역적 경계를 이루면서 보이지 않는 대문의 역할도 한다. 활래정 방 안에서는 동별당과 시선이 통하고, 전에 있었다는 소실댁 위치와도 시선이 교환된다. 주인이 가장 애용하는 장소 3군데가 시각적 관계로 엮여져 있는 것이다. 뿐만 아니라 골 안에 산재한 농막들도 대부분 바라볼 수 있는 위치에 활래정은 세워졌다.

공동체 마을과 건축
# 방촌마을

# 전통 마을에서
# 배우는 것

**민속 마을에 대한 왜곡된 관심**

한국건축에 대한 건축계의 관심과 연구는 1970년대 초에야 비로소 시작됐다. 그 범위는 사찰, 궁궐 등 공공 목조건물의 구조 기법에 대한 부분, 그리고 주거 건축의 공간계획적 해석에 대한 분야로 크게 이원화됐다. 앞 분야는 주로 문화재 당국을 중심으로 중진 연구자들이 담당했다면, 뒷 분야는 젊은 학자들과 대학원생의 몫이었다. 젊은 세대의 관심은 실제 건축 설계와 과거의 전통을 어떻게 연결할 수 있는가였기 때문에, 문화재학에 치우친 목구조 부분은 흥미가 없었기 때문이다.

개별 주택건축에 대한 관심은 급기야 마을 단위의 집합적 차원으로 영역을 넓혀가게 된다. 주거의 모습은 마을의 구조와 불가분의 관계임을 인식하기에 이른 것이다. 이 깨달음에 도달한 것은 1970년대 후반이었다. 몇 개의 대상 마을들이 선택돼 학술조사가 시행됐고 그 결과물들이 보고서 형식으로 간행되었다.[01] 그러나 이 작업들은 순수한 학술적인 목적이 아니었다. 보존이라는 이름 아래 주택들과 마을 구조를 개선하여 전통문화를 보존하고 관광지로 개발하여 주민의 수입을 늘리려는 의도에서였다.

일반에게 그나마 알려진 전통 마을들이란 안동의 하회와 경주의 양동, 순천의 낙안과 제주의 성읍 마을이다. 이들은 모두 민속 마을로 지정되어 국가 예산으로 보존되고 전통적인 주택과 마을 분위기를 간직한 듯하다. 양동을 제외한 세 마을은 모두 관광객 유치에 심혈을 기울이고 있으며, 하회와 낙

---

01_ 민속 마을에 대한 조사보고서로 대표적인 것은 다음과 같다.
경상북도, 『양동마을 조사보고서』, 1979.
경상북도, 『하회마을 조사보고서』, 1979.
승주군, 『낙안성 민속보존 마을 조사연구보고서』, 1979. ; 새한건축, 『외암리 민속마을 도록』, 1983. ; 고성군, 『고성왕곡마을 보존방안 학술조사연구보고서』, 1989.

▷ **방촌 최고의 종가인 위성렬 가옥에서 바라본 천관산** 방촌마을을 이루는 여러 동네의 절반은 천관산을 바라보면서, 나머지는 천관산을 기대어 자리잡았다. 즉 천관산은 방촌의 안대가 되던가 주산이 된다. 따라서 방촌의 동네들은 분지의 가장자리를 빙 둘러 환형으로 분산 배열됐다. 위성렬 가옥의 대문을 나서면 둥근 바위 사이로 만들어진 계단과 고샅이 마을의 주 도로로 통한다. 들판 한복판에는 섬과 같은 등전동이 안산으로 역할한다. 등전동의 인공 조림은 이 마을 동네들의 공통 안산이 된다. 어디까지가 인공이고 자연인지 구분이 모호한 전통적인 자연관을 가진 마을이다.

안은 입장료까지 받고 있다.

그러나 낙안과 성읍은 이미 사람들이 모여 사는 '마을'이 아니다. 원주민들은 뚝 떨어진 이주촌의 번듯한 새집으로 옮겨갔으며, 마을 내부에는 민속식당과 토속 주점, 기념품 판매소들로 가득 차 있다. 생활은 간 곳이 없고 우루루 몰려다니는 단체 관광객과 신혼부부들의 사진 촬영소로 활용될 뿐이다. 이들은 단지 '옛것'이라는 이색적인 분위기를 체험할 뿐, 이 마을의 역사와 구조적 특징을 알려고도 하지 않고 알 수도 없다. 그것들을 설명해줄 수 있는 가이드도 원주민도 만날 수 없기 때문이다. 전통적인 삶과 생활 터전의 모습을 생생하게 전해주기는커녕, 강매에 가까운 상흔과 취객들의 주정으로 가득한 곳이 되어버렸다.

**공동체적 건축의 교훈**

우리가 전통적인 마을에 주목하는 이유는, 하나하나의 살림집들은 비록 초라하지만, 그것들이 모여서 이루어내는 집합적인 건축의 교훈이 너무나 크기 때문이다. 살림집들은 마을의 전체 구조와 유기적으로 연결되어 있으며, 구불구불한 마을의 아름다운 길들은 개인의 재산과 공동체적 편리성이 타협한 결과로서 의미를 갖는다. 마을에는 개개의 집들만 있는 것이 아니라, 주민들이 모일 수 있는 정자와 재실, 또는 큰 정자나무의 그늘이 있어서 공동체적 장소를 제공한다. 순수하게 건축적인 관점에서 보더라도 부분과 전체 사이의 소화와 보완이라는, 도시적 건축에 시사하는 점이 많다.

무엇보다도 마을은 지역 공동체의 물리적 현상이다. 하나하나의 집이나 길, 공공 마당들은 조형적으로만 계획된 것은 아니다. 모여 사는 주민들 간의 갈등과 화해와 동의에 의해서, 개인의 이익과 전체의 이익을 일체화하려는 노력에 의해 선택되고 결정된 것들이다.

그러나 알려지고 개발된 민속 마을들에서 이미 공동체란 존재하지 않는다. 우선 주민이 없고, 있더라도 전통적인 생산공동체 또는 지역공동체의 조직과 역할은 사라져버렸다. 그리고 살림집과 공공 건물의 어설픈 '복원'은 물리적 현상까지도 왜곡하고 말았다. 이런 상태라면 용인의 민속촌과 다를 바가 없다. 오히려 용인 민속촌은 전국을 대상으로 최상의 집들을 모아둔 곳이기 때문에 개별 건물들의 질이 우수하며, 나름대로의 테마가 있는 야외 건축박물관이다. 민속 마을들의 건물 질은 용인의 것만 못하고, 그나마 단순히 나열돼 있을 뿐 여기에는 적극적인 주제도 없고, 스토리의 전개도 없다. 이제 공동체로서의 전통 마을은 사라져버렸는가?

# 숨겨진 광맥, 방촌마을

### 공동체의 크기, 동네-마을-고을

아직도 지역공동체로서, 생산공동체로서 마을의 흔적을 유지하고 있는 한 예로 방촌마을을 발견한다.[02] 마을의 행정구역은 전라남도 장흥군 관산읍 방촌리. 그러나 이 마을은 하나의 공동체가 아니다. 현재 7개의 작은 자연부락으로 구성되어 있으며, 과거에는 12뜸(동네)이 모여 방촌을 이루었다고 한다.

전통적인 마을들은 그보다 작은 여러 개의 자연부락으로 구성되었다. 그 작은 공동체 단위를 '동네'라 부르고, 이들이 모인 보다 큰 공동체를 '마을'이라고 부른다. 마을들이 모여 한 지역의 지역공동체-흔히 행정권역-가 되면 이를 '고을'이라 부른다. 예컨대 방촌 '마을'은 12개의 '동네'로 구성되었고, 방촌과 같은 여러 마을이 모여 관산 '고을' 혹은 장흥 '고을'을 이룬다.

동네→마을→고을로 확대되는 공동체들은 서로 다른 성격을 갖는다. 한 동네는 기본적으로 하나의 '두레공동체'가 된다. 두레공동체란 개인의 농사를 서로 품앗이하는 작업공동체를 말한다.[03] 두레공동체의 적정한 규모는 40~70호 정도다. 그 이하가 되면 품앗이에 동원할 인적 자원이 모자라게 되며, 그 이상이 되면 품앗이 받을 순번이 돌아오는 데 너무 오랜 기간이 걸리기 때문이다. 대개 자연부락의 크기가 이 정도인 까닭은 여기에 있다. 큰 동네의 경우는 내부적으로 2~3개의 다른 작업공동체를 조직하기도 하고, 작은 동네의 경우는 인근 동네와 연합하기도 한다.

[02] 이 글은 1990년대 중반, 방촌마을을 대상으로 쓰여졌다. 그후 대부분의 한국농촌 마을이 그렇듯이, 수많은 가옥들이 변형되거나 철거되었고, 마을의 공공 시설과 공간들이 사라져버렸다.

[03] 신용하, 「두레공동체와 농악의 사회사」, 『공동체 이론』, 문학과 지성사, 1985, p.222. '두레공동체'는 16~55세 이하의 동네 모든 성인 남자들이 의무적으로 참여해야 하며, 대개 20~30명 규모였고 많으면 50명까지 조직된다.

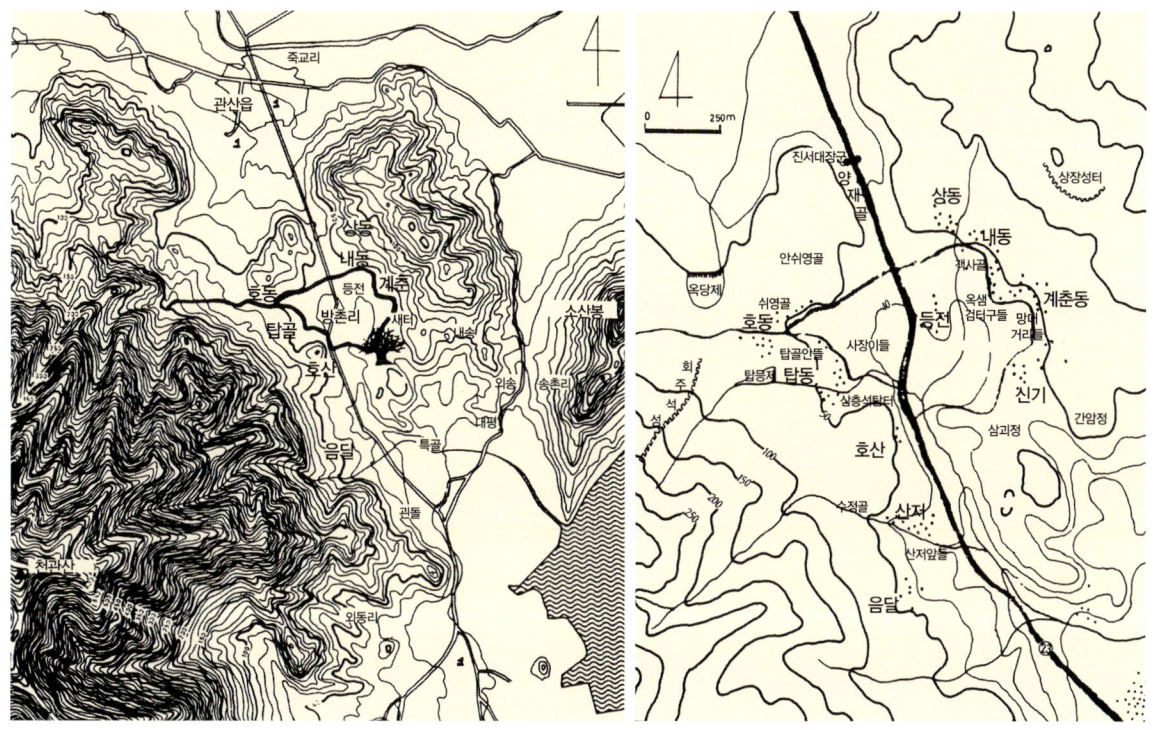

↗ **방촌 일대의 지형도**(왼쪽)**와 방촌마을의 주요 지명도**(오른쪽) 목포대학교 도면.

 3~5개의 동네가 모여 마을을 이루지만, 방촌과 같이 10여 개의 많은 동네가 모이기도 한다. 동네의 수효가 마을 구성의 기준은 아니다. 특히 '씨족마을'은 혈연적 관계가 강력한, 다시 말해서 같은 성씨들의 동네가 모여서 이루어지는 혈연공동체다. 그러나 같은 가문의 동네들이라 해서 같은 마을이 되는 것만은 아니다. 그 가운데서도 같은 지리적 경계 안에 있는 동네들만이 같은 마을을 이루게 된다.

 고을은 흔히 하나의 행정구역을 지칭한다. 조선시대에 관리가 파견되는 최소의 행정단위는 군과 현이었다. 자연스레 하나의 군현은 한 고을이 된다. 예컨대 '남원고을의 명기, 월매'라든가 '안성고을의 특산품, 유기'라든가 하는 '지역 혹은 행정공동체'의 성격을 갖는다. 그러나 한 고을 내에는 수많은 혈연공동체들이 존재하며, 공동체 의식은 아무래도 혈연공동체를 기본으로 형성되었다.

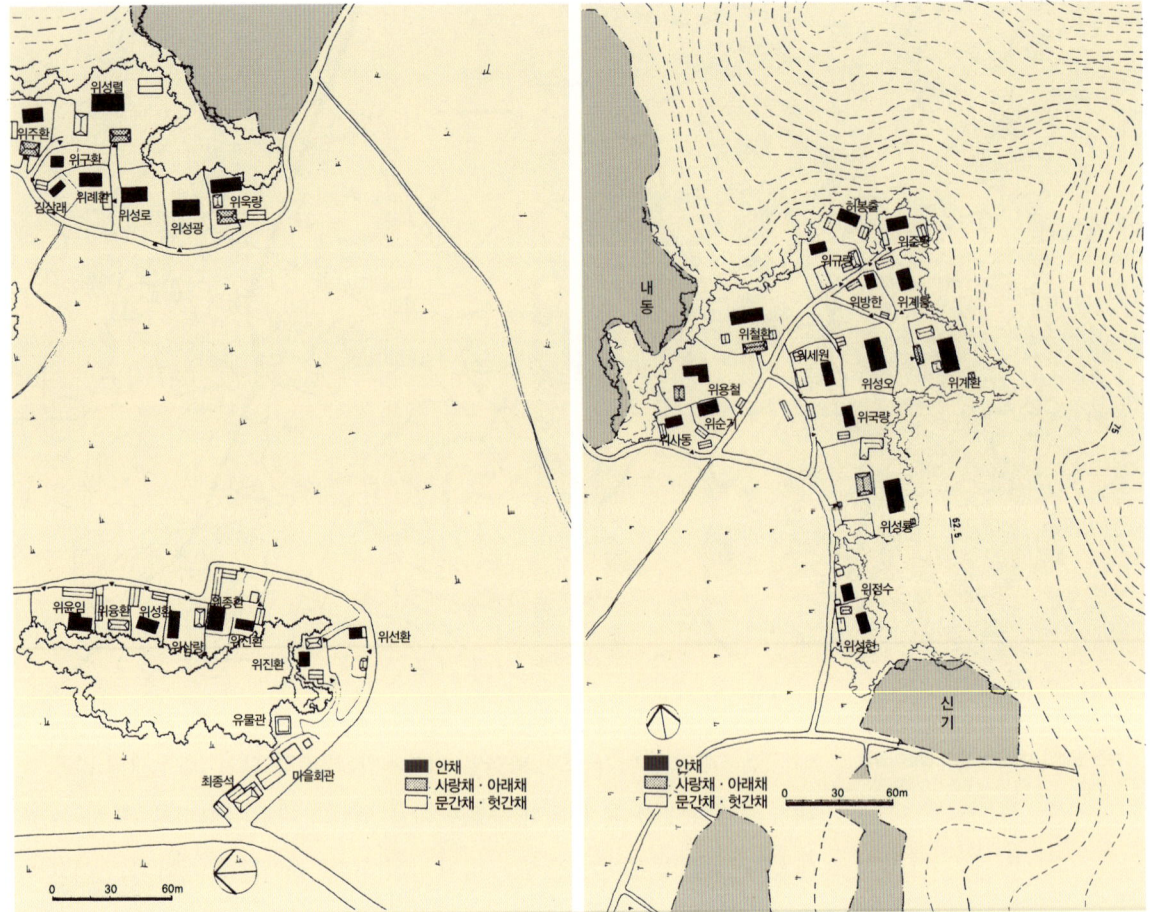

◸ 내동마을 배치도  목포대학교 도면.
◺ 계촌동마을 배치도  목포대학교 도면.

## 방촌공동체의 구성

방촌마을은 1993년 현재 124호의 가구를 가지고 있으며 이 가운데 12호만 타성바지이고 나머지는 모두 '장흥 위씨'들이다. 아직까지 이처럼 강한 혈연조직을 가지고 있는 마을도 드물다. 위씨들이 방촌 지역에 자리잡기 시작한 것은 임진왜란 직후, 이른바 '향촌 정비기'였던 1600년대였다. 입향 때부터 위씨들의 씨족 마을이었던 것은 물론 아니었고, 당시에는 여러 타성들과 어울려 살던 각성부락이었다가 점차 위씨들의 세력이 확장되어 1800년대 중반에 동족촌으로 완성되었다. 1900년대 초에 위씨들은 그동안 축적된 부를 바탕으로 씨족 마을이 된 방촌의 주택들을 개량하는 재정비기를 맞는다. 현존하는 주택들은 오래되어야 그 이상을 올라가지 않는다.

현재 방촌은 7개의 동네로 구성되지만, 과거 12개 뜸의 흔적은 여전히 살아 있다. 예를 들어 '메밑등(산저동)'은 '건너 산저'와 '음달'이라는 2개의 뜸으로, '내동'은 '웃골'·'안골'·'띄밭'이라는 3개의 뜸으로 이루어진다. 1940년대, 방촌이 최고의 전성기를 누리던 시절 가구수는 220여 호였고, 이들은 총 4개의 작업공동체로 조직되었다. 가장 규모가 컸던 '내동'(70호)이 한 공동체를 이루었고, '신기'와 '계춘'이 합한 50호와 '호동'과 '탑동'이 합한 55호, 그리고 '산저'와 '호산'이 합한 40호가 각각 독립된 작업공동체를 이루었다.

이 공동체들은 여러 형태로 조직됐지만, 공통적으로 '소동꾼'과 '부상계'를 운영했으며 부상계는 아직도 활동하고 있다. 소동꾼이란 퇴비나 여물에 쓸 풀을 공동으로 베는 '풀두레'였고,[04] 부상계는 초상을 공동으로 치르는 장례 조직이다. 이러한 공동체 조직은 힘든 노동을 오락화하여 노동 능률을 제고시키며, 공동의 규범과 상호부조를 통해서 농촌 사회를 통합하는 기능을 가졌다. 이를 위해 동원된 매개체가 바로 농악이었다. 방촌의 소동꾼들은 동시에 풍물패였으며, 각기 공동의 농악기와 깃발들을 가지고 있었다.

### 방촌의 간략한 역사

방촌에 사람들이 모여 살았던 흔적을 찾으려면 청동기시대까지 올라가야 한다. 이 마을은 총 274기의 고인돌이 현존하는 전국 최고 수준의 밀집 지역으로 손꼽힌다. 삼한시대 마한馬韓의 한 부족국가가 이곳에 있었음을 쉽게 짐작할 수 있다.

마한 사회를 인수한 백제 역시 이곳을 지역의 중심지로 삼았고, 고려 말까지 일대의 행정 중심지로 고을의 치소治所가 있었다. 백제 때는 '오차현'의 현 소재지였고, 고려 때는 '장흥부'였다가 고을에서 왕비가 나와 '회주목'으로 승격됐다. 왜구의 노략질이 극심했던 1379년, 장흥부 치소는 해안가인

---

[04] 『향촌문화유적조사 – 장흥군 관산읍 방촌』, 제5집, 향토문화개발협의회, 1985. 10, p.177. 이 책을 낸 향토문화개발협의회는 전남 지역의 지식인들이 중심이 된 단체다. 방촌의 역사부터 시작해서 지리, 위백규의 사상, 고문서, 건축, 민속, 산업 기술, 구비전승까지 종합적으로 고찰한 연구서이다.
방촌마을은 전국 최초로 마을지를 낸 곳으로도 가치가 있다. 장흥군과 방촌마을지 편찬위원회, 그리고 목포대학교 교수진이 협력하여 『전통문화 마을 장흥 방촌』이라는 마을지를 1994년에 펴냈다. 마을 단위로는 최초로, 그것도 한 가문이 주도한 지리지가 나오기는 해방 이후 최초의 개가였다.

이곳을 비우고 내륙 깊숙이 이전할 수밖에 없었다. 1,000년 가까운 행정 중심지로서의 역할을 잃게 된 순간이었다. 조선시대에 들어서 고을의 치소를 현 장흥군 소재지로 정했고, 방촌은 한낱 평범한 농촌으로 성격이 바뀌게 됐다.05

장흥 위씨들은 원래 현재의 군 소재지에 살았다 한다. 그때의 마을 이름이 '곁마실'이었고, '방촌'方村이란 지명은 곁마실의 한자어다. 조선 초 왕자의 난 때, 태종의 반대편에 섰던 위씨들은 읍치에서 밀려나게 됐고, 점진적인 남하를 거듭하여 관산읍의 '당동' 마을 등을 거쳐 방촌에까지 이른 것이다.

방촌 외에도 관산읍 일대에 위씨 마을들은 여기저기 산재해 있으나, 방촌 말고는 두드러진 마을이 없다. 조선 초부터 재야의 길을 걸을 수밖에 없었던 장흥 위씨들은 벼슬로 출세하기 어려워 평범한 농사꾼으로 남을 수밖에 없었기 때문이다. 그나마 방촌에서는 군수 정도의 중위직 벼슬아치들을 배출했고, 넓은 들과 바다를 낀 입지를 충분히 활용하여 일대에서는 보기 드물게, 큰 재산을 모았다. 특히 18세기의 인물 위백규의 출현과 활동은 방촌 위씨들을 일약 명문가로 부상시킨 결정적인 계기였다. 방촌 위씨들의 자부심은 대단해서 자신들의 마을을 '성안', 바깥의 마을들을 '성 밖'이라고 업신여길 정도였다.

## '존재하네', 위백규

존재存齋 위백규魏伯珪(1727~1789)는 실학이 꽃피던 영정조 시대를 살면서 이 궁벽한 시골에서 독학으로 평생을 지낸 학자였다. 박지원朴趾源, 박제가朴齊家, 정약용丁若鏞 등 당대의 쟁쟁한 실학자들이 중앙에 모여 서로의 학문과 사상을 검증하고 비판하면서 정치에 참여했던 반면, 위백규는 고향의 궁벽한 입지를 한탄하면서도 농사와 독학, 그리고 향촌 계도에 몰두하며, 다른 실학자군과는 일절의 교류가 없었던 고독한 인물이었다. 존재의 유일한 스승은 충남 덕산의 윤봉구尹鳳九로 일 년에 한 차례씩 그에게 찾아가 지도를 받은

05_ 『전통문화 마을 장흥 방촌』, 방촌마을지편찬위원회, 1994, p.66.
06_ 이해준, 「존재 위백규의 사상」, 『향토문화유적조사 제5집』, 향토문화개발협의회, 1985, pp.64~97.

것이 바깥세상과의 교류의 전부였다.

위백규는 39세의 늦깎이로 생원시에 합격했지만 벼슬을 하지 못한 채 재야의 비판 세력으로 파묻혀 지내다가, 말년인 69세에 정조 대왕의 배려로 옥과현감을 역임한 것이 벼슬의 전부였다. 그나마 조정의 집권 세력을 맹렬히 비판한 '만언봉사' 萬言封事를 발표해 성균관 유생들의 탄핵을 받다가 3년 뒤인 72세로 운명했다. 벼슬이나 사회적 지명도에서 동시대의 대실학자들과는 비교도 할 수 없는 처지였다.

그러나 그가 남긴 실학사상은 매우 독창적이며 실천적인 것들로, 향촌에서의 존경은 물론 근래 사학계에서도 비중 있는 사상으로 재조명받고 있다. 그는 부국강병의 기반은 바로 향촌의 기강 확립과 생산성 증대에 달려 있다고 설파했다. 그의 향촌에 관한 실천론은 교육론과 문화론, 그리고 국방론으로 요약된다.[06] 서원과 향교를 자치적으로 운영하자는 교육 지방자치제와, 능력 있는 선비는 관비유학생으로 후원하되 비적합자는 아무리 가문이 좋아도 농사에 전념케 하자는 능력별 교육제가 교육론의 골자였다. 농촌민들을 조직화하여 계도하고 자율적인 조세제도까지 실시하면 농촌의 문화가 발전할 것이고, 그것이 부국의 근원이 될 것이다. 또 향촌의 자체 방어 능력을 고양하도록 농민 조직을 군사 조직화하는 국민 개병제도 주창했다.

위백규는 스스로 방촌 내에 많은 조직체를 운영했고, 향촌의 규율을 정해 마을민들을 계도했다. '청금옹전화약' 등의 새로운 향약을 제정하는 한편, '종계골'·'강회골'·'양사계' 등 지식인 조직을 운영하여 향촌의 지도자들을 배출했다. 방촌의 여러 공동체와 조직들이 최근까지 강력한 조직력을 가지고 움직였던 것은 위백규의 영향이었고, 공동체의 활성화는 그가 바라던 대로 마을의 부와 수준 높은 문화로 직결됐다. 시대의 대세는 거스를 수 없지만, 아직도 방촌마을이 생명력을 가지고 유지되는 먼 이유도 여기에 있을 것이다. 어떤 의미에서 방촌은 하나의 '문화공동체'이기도 하다.

# 마을과 땅의 생김새

**동네들의 모습**

상잠산 기슭에 자리잡은 동네들은 왼쪽부터 상동(웃골)-내동(안골)-계춘(계수나무골)-신기(새터)이다. 신기동이 끝나는 곳에서 상잠산을 넘어가면 존재 위백규를 모신 다산사에 이를 수 있다.

　내동은 장흥 위씨들이 방촌에 가장 처음 들어와 정착한 곳으로 점차 계춘, 신기동으로 세거지를 확장해나갔다. 상동은 그후에 만들어진 동네다. 이들 동네들이 방촌의 근간을 이룬 곳이라 할 수 있고, 건너편 천관산 기슭의 동네들은 이보다는 후에 형성된 곳들이다. 큰 규모의 기와집들과 파종가들은

**들판에서 바라본 방촌의 동쪽 동네 전경** 뒤의 긴 산이 상장산이고, 오른쪽 끝 멀리 소산봉이 보인다.

↖ 호산동(범산)의 모습
↗ 들판 가운데의 등전(띄밭)동

주로 이쪽 영역에 자리잡고 있다.

방촌은 고려 말까지 장흥군의 행정 중심지인 읍치邑治였다고 전한다. 뒷산에는 고려 때의 산성인 상잠산성의 유구가 남아 있고, 내동에는 동헌을 비롯하여 객사와 감옥 등의 행정 시설이 있었다고 한다. 현재의 종가(위성렬 가옥) 터가 바로 동헌이었다고 하며, 곳곳에 객사골과 옥샘터, 경마장 등 과거 전성기의 흔적을 전해주는 지명들이 남아 있다.

등전(띄밭)동: 논 가운데 있던 작은 동산에 대나무 숲을 조림하여 가산을 만들고, 대숲을 빙 둘러 살림집들이 자리잡았다. 등전의 형성은 풍수적인 이유에서 비롯됐음을 금방 느낄 수 있다. 모두 19세기 중반 이후의 일이다. 공동체 조직상으로는 내동에 속하지만, 지리적 중심에 있기 때문에 마을회관과 방촌유물관이 위치한 현재의 공동체 중심이다.

호산동(범산): 현재는 잘 포장된 23번 국도가 마을 앞을 질러가고 있어 길가의 집들은 터가 변형됐다. 방촌마을의 12동네 가운데 가장 경사가 급한 곳에 자리잡았고, 소규모 살림집들의 터가 계단식으로 조성됐다. 윗집에서 아랫집의 지붕과 마당이 내려다보일 정도다. 제일 먼저 자리잡은 집은 가장 높

호동(쉬영골)의 전경

은 곳이었고, 위에서 점차 아래 길가 쪽으로 확장된 동네다. 남쪽 들판으로 더 들어가면 산재된 동네인 산저동(메밑등)이 있다. 산저는 다시 안산저(음달)와 건너산저 두 동네로 이루어졌다. 산저에도 역시 소규모 살림집들이 마을을 이루며, 전형적인 농촌 동네로 별다른 특징을 찾아보기 어렵다.

호동(쉬영골): 방촌의 동쪽 동네들이 확장의 한계에 부딪혀 서쪽 천관산 기슭에 새롭게 터를 잡기 시작했는데, 호동은 서쪽에서는 가장 먼저 정착된 곳이다. 중심 가옥인 위성탁 가옥의 터는 1700년대에 이미 닦여졌다고 전한다. 호동을 가로지르는 도로를 따라 들어가면 천관산 정상에 오르는 등산로로 연결되며, 등산로 초입에 방촌의 마을 재실인 장천재長川齋가 위치한다.

↗ **방촌마을 분지에서 본 바다 쪽 풍경**
중앙에 멀리 보이는 봉우리가 고마도이다.

고마도: 일제 때의 대규모 간척 사업으로 논이 개간되면서 원래는 섬이었던 고마도는 육지가 되어 작은 동산으로 바뀌었다. 왼쪽의 산자락이 삼장산 줄기이고, 오른쪽이 복왓등이다.

복왓등은 개구리가 엎드려 있는(복와伏蛙) 모양으로 매우 낮은 언덕에 불과하지만, 울창한 숲으로 방촌의 남쪽 물리적 경계를 이룸과 동시에 바닷바람을 막아주는 방풍림 역할도 했다. 그러나 야금야금 밭으로 개간하면서 숲의 면적이 점차 줄어들었다. 두 산 사이의 벌판에도 나무들을 심어서 마을의 경계를 이루었던 흔적이 보여진다.

# 공동체의 장소

### 한 쌍의 돌장승

관산읍에서 방촌으로 이르는 언덕길 양편에 서 있는 한 쌍의 돌장승. 동편의 것은 선이 굵고 우락부락하지만 '미륵', '미륵석불', '돌부처', '여장승'으로, 서편의 것은 명문이 있어서 '진서대장군' 鎭西大將軍 또는 '남장생', '벅수'로 불리운다. 장승은 마을의 안위를 기원하기 위해 마을 어귀에 세우며, 주변에 성황단도 마련되어 민속신앙의 중요한 대상이 되어왔다. 고려 후기에는 불교의 미륵신앙이 민속화되어 들판에 돌미륵이 세워지기도 하여 돌장승과 돌미륵 사이의 구별이 모호해지기도 했다.

고려 중기, 오랜 침략 전쟁 끝에 드디어 고려의 항복을 받은 원나라는 1274년 드디어 일본 정벌에 나서게 된다. 해군이 없었던 원나라는 정벌에 필요한 싸움배 900척을 공출할 것을 고려에 종용했고, 목재가 풍부하고 바닷가에 위치한 전라북도 변산과 바로 이 천관산이 그 큰 짐을 떠안게 됐다. 현재 천관산에는 큰 나무들이 별로 없는데, 일본 정벌 때 나무를 모두 베어냈기 때문이라고도 한다.

방촌의 두 장승은 일본 정벌에 동원된 마을 사람들이 무사히 돌아오기를 기원하기 위해 세운 것이라는 전설이 있다. 특히 서편 진서대장군은 일본 정벌의 군사신으로 숭상됐다는

↙ **방촌마을의 돌장승(서편)** 명문이 있어서 '진서대장군' 또는 '남장생', '벅수'로 불리운다.

것이다. 그러나 려원연합군의 대선단은 이른바 가미가제神風를 맞아 일본열도에 상륙도 하기 전에 몰살당하는 참극을 맞게 되어 일본 정벌은 무위로 끝나게 된다.

천관산에서 병선兵船을 만들었다는 것은 사실이지만, 두 장승에 얽힌 이 구전은 조금 의심스럽다. 무엇보다 진서대장군의 웃고 있는 표정이 너무나 순박하기 때문이다. 그보다는 고려 말, 왜구의 침입이 극성하고 이 지점의 지세가 허하기 때문에 세웠을 것이라는 비보설이 더 타당성이 있는 것 같다.

### 삼괴정

**방촌마을의 돌장승(동편)** 관산읍에서 방촌으로 이르는 언덕길 한 쪽에 서 있다.

방촌 들판 남쪽에 있는 큰 회화나무를 삼괴정三槐亭이라고 부른다. 원래는 세 그루가 있었는데 두 그루는 말라죽었다고 전한다. 방촌이 회주목의 치소였던 시절, 회주의 유명한 기생인 명월과 옥경이 이 나무 밑에서 춤추고 잔치를 벌였다는 곳으로, 일명 여기정女妓亭이라고도 부른다. 옥경의 묘로 전하는 무덤이 부근 야산에 있다.

삼괴정은 10여 기의 고인돌이 널려 있는 곳이기도 하다. 큰 바위로 보이는 이들은 적어도 2,500년 전의 고인돌들이다. 삼괴정의 고인돌과 나무 그늘은 들판 가운데 놓여서 농사일 도중에 피로를 씻던 곳이다. 또, 방촌마을의 4그룹의 소동꾼 조직의 회의소 및 휴식처로도 활용됐다. 중국의 건축기술서인 『영조법식』營造法式의 정의에 따르면, "정亭이란 사람들이 머무르는 정停"이라 한다. 농사꾼들과 소동꾼들이 모여서 휴식을 취하며 때로는 술 한 잔에 노래도 불렀던 삼괴정은 정자 건물이 없어도 훌륭한 '정'亭이 된다.

천관산 기슭에는 700여 기의 고인돌이 산재해 있다. 그중 최대로 집중된 곳이 방촌마을로 총 274기의 고인돌이 남아 있다. 방촌의 숲 속과 들판에 있는 넓적하고 큰 바위는 모두 고

▷ **방촌마을의 삼괴정** 방촌 들판 남쪽에 있는 큰 회화나무를 말한다.
↗ **삼괴정의 큰 고인돌**

인돌이라고 해도 지나친 말이 아니다.

그만큼 청동기시대부터 방촌 지역은 인구가 집중됐다는 증거다. 장작과 집을 지을 목재를 쉽게 구할 수 있는 높은 산, 먹을 것을 얻기 쉬운 넓은 들과 가까운 바다가 있는 지리적 이점 때문이었다. 70여 개의 소국가가 있었다는 마한 시절, 방촌 지역에도 '건마국'乾馬國으로 추정되는 작은 부족국가가 있었다고 한다.

고인돌은 부족장 계급의 무덤으로 조성된 것이다. 3~4톤씩 되는 무거운 바위를 끌고 와 벌판에 무덤을 만들려면 수백 명의 인력이 필요했을 것이다. 따라서 고인돌이 나타났다는 것은 이미 그 사회에 지배계급과 피지배계급이 존재한 부족국가였다는 반증도 된다. 역사와 의미가 어떻든, 삼괴정의 고인돌들은 후손들에게 기생 잔치의 유흥 장소를, 농부들에게는 훌륭한 낮잠 장소를 제공하는 은덕을 베푼다.

**샘과 빨래터**

내동의 객사골을 지나 계춘동으로 휘어지는 길 옆에 '옥시암'(옥샘)이라 불리

↗ **방촌마을의 공동 빨래터** 1998년 모습.

는 우물이 있다. 과거 회주목의 읍치였던 시절, 이곳에 감옥이 설치됐다는 증거가 되며, 아직도 마을의 중요한 지형지물로 여겨진다. 농사 도중의 먹을 감는 곳이기도 하고, 약속 장소의 기점이 되기도 한다. 두 구덩이에서 물이 솟는 쌍우물이며, 비록 최근에 시멘트로 다시 만들기는 했지만, 원과 정사각형의 형태와 비례는 정확하면서도 세련됐다. 또 주변을 넓게 포장해서 두 기하학적 형태는 더욱 두드러진다. 방촌 사람들은 과거뿐 아니라 현재에도 뛰어난 디자인 감각들을 지니고 있다.

계춘동 어귀에 있는 공동 빨래터. 샘솟는 지하수를 큰 직사각형 물통 안에 가두어 빨래물로 이용했다. 갇혀 있던 물은 다시 바깥의 수로를 타고 논으로 흘러 묘판에 물을 공급하기도 한다. 적절한 크기의 빨랫돌들이 적당한 간격으로 놓여져 있으며, 자연석의 빨랫돌들은 직선적인 계단이나 물통과 대조를 이룬다. 네 명의 아낙들이 여기에 옹기종기 모여 앉아 남편 험담도 하고 딸아이 시집보낼 걱정도 하던 정경은 그다지 먼 과거의 모습이 아니었다.(그러나 이 빨래터는 1999년에 없어지고 말았다.)

### 공공 건물

등전동에 있는 방촌리 사무소 겸 마을회관은 방촌마을 공동체의 중심 건물이다. 비록 새마을 사업의 일환으로 급조된 슬라브집이지만, 현관부의 주철한 아치형 캐노피가 다른 마을회관과는 구별되는 요소다. 옥상에는 아이소 패널로 지은 가건물을 올려 마을 공동 도서실과 강당으로 사용한다. 항상 개방되어 1층의 회관보다 사용 빈도가 훨씬 높고, 마을 꼬맹이들의 집합소이자 놀이터다. 방촌 사람들의 자부심과 공동체 의식이 아직도 살아 움직이고 있다는

▷ 방촌마을의 마을회관
▷ 유물관

증표다.

최근에는 새로 대규모의 마을회관이 지어졌다. 2층의 우람한 건물에 중앙에는 유리로 된 아트리움까지 설치된, 고급스러운 건물이다. 방촌의 장흥 위씨들이 큰 벼슬은 못했지만 나름대로 관계에 진출해 양반의 면모를 계속 이어왔다. 또 농사만 짓던 양반들도 학문에 열심이어서 존재 위백규와 같은 위대한 실학자도 배출할 수 있었다. 방촌에는 아직도 수많은 고서들과 유품들이 남아 있다. 파종가를 중심으로 보존해왔던 유물들을 안전한 한 장소에 모아 보안도 튼튼히 하고 외부 사람들을 위해 전시도 하자는 데 의견을 모았다. 그 대단한 '민속 마을'로 지정된 것도 아니고, 유물들이 '문화재'로 지정되어 정부의 보조를 받은 것도 아니다. 단지 마을 사람들이 정성을 모으고 장흥군의 협조를 얻어 단출한 건물을 지었을 뿐이다.

이런 자부심과 공동체 정신이 아직도 방촌을 아름답게 만들고 살기 좋은 곳으로 남아 있게 한다. '민속 마을'도 펴내지 못한 '마을지'(洞誌)를 여기서는 이미 두 차례나 펴낼 정도였다. 1990년대에 지어진 평범한 건물이기는 하지만, 단정한 비례를 가지며 개구부들은 극히 기능적이며 절제되어 있다.

# 마을 길의 구성

**마을 길과 동네 길**

방촌의 열두 동네는 하나의 환형環形 도로로 연결되어 있다. 이 가운데를 23번 국도가 관통해 지나가지만, 통과 도로일 뿐이며 마을의 동선과는 관계가 없다. 이 환형의 중심길은 각 동네의 어귀를 연결하며, 큰 집들은 여기서 다시 고샅을 거쳐 깊숙이 들어가게 된다. 현대적 단지 계획 기법과도 유사하게, 각 동네는 나뭇가지형의 분화된 길들로 구성되고 마을 전체는 하나의 순환형(loop) 길로 연결된다. 동네 안길들은 마주 보는 집들의 담장을 끼고 만들어진

↙ 계춘동 위성렬 가옥으로 이르는 동네 안길
↘ 과거의 모습이 그대로 남아 있는 호산동의 동네 안길

↖ 신기동의 끝에서 삼장산으로 오르는 어귀의 길
↙ 내동 위성렬 가옥으로 이르는 고샅
↘ 호산마을 동네 안길

다. 방촌의 집들은 흙과 돌, 탱자나무 등 다양한 재료로 담장을 만들었다. 비록 블록담으로 개조하기도 했지만 꼭 모르타르로 마감하고 페인트를 칠한다. 이는 '전통문화 마을'의 경관을 지키기 위한 방촌 사람들의 약속이며 내부적 규율이다.

계춘동 위성렬 가옥으로 이르는 동네 안길의 한쪽은 블록조 담이며 맞은편은 대나무로 엮은 생울타리다. 휘어진 길을 따라 새로 만들어진 담장도 휘어져 어색하지 않다. 한국의 모든 농촌마을의 블록담들이 더도 말고 이만큼만 되었으면.

호산동의 동네 안길은 과거의 모습이 그대로 남아 있다. 오래된 돌담들은 넝쿨 식물로 뒤덮여 있고 그 위로 높은 대숲들이 깊은 그늘을 드리운다. 큰길에서 멀지 않지만 밤중에는 야생동물들이 어슬렁거렸을 것 같이 깊숙하다.

## 어귀 길

신기동의 끝에서 삼장산으로 오르는 어귀의 길은 동네 안길이 산길로 바뀌는 지점에 있다. 최소의 살림집이 뚝 떨어져 놓여 마을의 경계를 표시하기도 한다. 주거지에서 자연으로 전이하는 접합점으로 참조할 만하다.

내동 위성렬 가옥으로 이르는 고샅은 정말 일품이다. 자연 바위와 계단이 어우러지며, 가운데 소나무를 중심으로 두 집의 입구가 갈라진다. 오른쪽이 위성렬 가옥 대문이고, 왼쪽 계단은 작은 초가집인 위구환 가옥으로 통한다. 길게 휘어진 돌담과 울퉁불퉁한 바닥의 분위기가 일품이었지만, 왼쪽 집의 담장이 블록담으로 개조되고 바닥을 포장하여 운치가 반감됐다.

호산마을은 급경사지에 조성되어 동네 안길을 계단으로 만들 수밖에 없었다. 역시 휘어진 담장 사이로 놓여진 계단들의 모습을 주목해보라. 짧고 긴 계단들을 하나 건너씩 반복한 까닭은 무엇일까? 계단과 담장들을 좀더 다듬고 흰색 페인트로 강조한다면, 그리스 섬 마을들 못지않은 '그림 같은' 경관이 될 것이다.

# 살림집들의 모습

**향반층의 주택**

중류 이상의 방촌 살림집들은 아래채와 안채가 앞뒤로 놓여진다. 아래채는 매우 복합적인 건물로, 대문채인 동시에 사랑채며 행랑채의 역할까지 겸한다. 전통적인 양반 주택이었다면 모두 별채로 독립된 구성이었을 것이다. 방촌의 위씨들은 벼슬보다는 농사에 몰두했던 '향반층'들이었고 중소 지주들이었다. 잉여 경제력도 크지 않았고, 사대부의 허식도 거추장스러워했던 이들은 자신들에게 적합한 주거 형식을 만들어내야 했다. 그들은 양반의 품위를 갖추면서도 농작업에 편리하며, 동시에 비교적 저렴하고 간편한 형식을 추구했다. 대부분 20세기 초반에 정립된 이 형식들은 근대성이라는 시대적 경향도 내포하고 있다.

호동마을의 위시환 가옥이 그 새로운 형식의 모습을 잘 보여준다. 바깥채의 오른쪽 끝 칸을 대문간으로 삼았고, 왼쪽 나머지는 사랑채로 역할한다. 두 부분의 경계에 담장을 막았고 이는 저절로 사랑마당을 형성한다. 아래채는 겹집이나 양통집이기 때문에 앞줄을 사랑채로 활용하고, 안마당 쪽의 뒷줄은 행랑으로 쓰인다. 앞쪽으로 튀어나온 담장은 다시 대문간의 짧은 고샅을 만들게 되어 1석3조의 효과를 거둔다. 1998년까지만 해도 여기에 다시 사랑채로 드나들 수 있는 쪽문을 달아 내외 구별도 가능케 했다.

전통적인 사대부집의 대문을 들어서면 사랑채로 통하고, 사랑마당을 거쳐 안채로 들어가는 방법과는 전혀 다르다. 방촌 집들의 대문을 들어서면 곧

↗ **1998년의 호동마을 위시환 가옥 아래채** 오른쪽 끝 칸이 대문간, 나머지는 사랑채, 왼쪽 작은 문은 사랑채로 직접 통하는 작은 쪽문이 달려 있다.

바로 안채로 통하고 사랑채는 안마당에서 쪽문을 통해 다시 들어가야 한다. 사랑채보다는 안채를 위주로 구성되어 농가로서의 특징이 더 중요하게 부각된다.

↗ 2006년의 위시환 가옥 아래채

### 아래채와 안채의 구성

위시환 가옥은 아래채 한 부분을 사랑채로 구성하여 한 칸의 사랑대청을 들였다. 대청이 귀퉁이에 위치한 까닭은 천관산이 이 방향에 있기 때문이다. 안채 역시 一자형의 긴 건물로 아래채 뒤편에 평행으로 놓였다. 안채는 골기와집이지만, 아래채는 왜기와집이다. 아래채는 원래 초가집이었다. 사랑채에 해당하는 아래채보다는 안채의 품격을 더욱 중요하게 생각했던 방촌 양반들의 실용적 정신을 엿볼 수 있다.

들었다 놓아라 쾅쾅 놓아라
이 지경을 다듬어서
5칸 겹집(겹집)을 곱게 지어
양친부모를 모셔다가
……(중략)……
안방 각씨방 사랑방에다
도련님 글방도 꾸며놓고

　방촌마을에 구전되는 '집짓기 소리'(성주노래) 중 '지경돋기'의 한 대목이다. 노래에서 나타나듯이 방촌 사람들은 '5칸집'을 이상형으로 삼았다. 물론 가난한 집들은 3칸도 있었고 2칸집도 있었다. 그러나 소농들의 주택이라 해도 4칸집이 주종을 이루며 중농 이상은 거의 5칸집 이상이다. 큰집들의 안채도 보통 5칸겹집을 기본으로 한다.

　5칸집은 정지방(며느리) - 정지(부엌) - 안방(시어머니) - 마루방(대청) - 사랑방으로 구성되며, 겹집이기 때문에 사랑방 뒤로 골방을 내어 시동생의 공부방이나 창고방으로 사용한다. 직계 가족이 양친부모를 봉양하기에는 최소한

위시환 가옥의 아래채와 안채

◁ 계춘동의 위성오 가옥
↗ 신기동 위인환 가옥의 아래채

의 적정 구조다. 결혼하면 따로 초가 삼 칸을 지어 따로나던 다른 마을의 농가와도 다른, 효도를 제일의 덕목이자 의무로 삼았던 방촌 양반들의 안채였다. 여기에 더 여유가 있으면 아래채를 지어 남자 주인이 분거할 수 있었다.

계춘동의 위성오 가옥은 '5칸 접집'의 한 모습을 보여준다. 이 집은 아래채가 없다. 특이한 것은 골기와 살림채이면서도 우진각 지붕을 한 점이다. 우진각 지붕은 초가집이나 창고 건물에서나 쓰였지, 번듯한 살림채는 보통 팔작집이 일반적으로, 이는 매우 희귀한 예이다. 격식보다는 실용성과 개성을 강조한 까닭일까?

신기동 위인환 가옥의 아래채는 돌담을 집벽으로 삼아 지붕을 올렸다. 전국에 흔한 '돌각집'의 한 모습이지만, 담과 벽이 차이 없이 일정한 높이로 곧게 뻗어서 논 가운데 독립된 벽을 세운 듯한 조형이다. 말끔하게 쌓은 돌담의 마무리와 적절한 크기와 위치를 가진 작은 창들, 벽 안으로 무성한 정원수들이 이 마을 집들의 풍치를 잘 드러낸다.

이러한 민가 형식은 흔한 것이지만, 방촌 민가의 아름다움은 너무나 귀하다. 민가를 박제화된 '형식'으로만 바라본다는 것이 얼마나 얄팍한 학자적 안목인가?

## 부속 건물과 시설물

신기동 밀밭 끝에 놓인 백형수 가옥은 농산물 가공업주인 희귀한 타성바지 집이지만, 그 역시 방촌의 미학적 수준에 감화된 듯하다. 노란 밀밭 가운데 길게 뻗은 황토색 흙담은 대지에 밀착하듯 긴 수평면을 이룬다. 그 뒤로 솟은 건조장은 흔하디 흔한 건물일 뿐이지만, 앞의 창고와 대조적인 구도를 이룬다. 마치 스페인 안달루시아의 농촌에 온 것 같은 착각마저 일으킨다. 새로운 재료, 새로운 형태를 발명하는 것만이 신선한 것은 아니다. 건축이란 기술과 재료의 연금술이 아니지 않는가? 흔한 재료와 형태의 적절한 선택과 구성, 그리고 환경과의 집합적 조화야말로 건축에 생명을 불어넣는 근원이다.

비교적 최근에 신축된 한옥을 보자. 유리문으로 툇마루를 감싼 외벽, 알루미늄 창틀, 니스칠한 목재, 처마 끝의 함석제 물홈통, 거기에 골기와의 한옥 지붕, 게다가 미제 잔디로 뒤덮은 안마당. 어설픈 현대 한옥의 전형적 요소들이지만, 이 집은 그다지 어설프지 않다. 낮은 기단과 적절한 비례, 무엇보다도 단정하게 집을 가꾸어나가는 방촌의 전통 때문이다.

내동 위종량 가옥의 아래채와 곳간채는 최근에 지어진 블록조 벽에 슬레이트 지붕이다. 그러나 흰 벽에 뚫린 작은 창구멍들이 마치 면 구성을 하듯 회화적이다. 20세기 후반의 토속 건축으로는 최상급의 작품이다.

◤ 신기동 밀밭 끝에 놓인 백형수 가옥의 창고
◣ 방촌마을의 최신 한옥

↗ **내동 위종량 가옥의 아래채와 곳간채**
흰 벽에 뚫린 작은 창구멍들이 마치 면 구성을 하듯 회화적이다.

내동 위성로 가옥의 고방마당과 장독대는 실용성과 미적 관조가 일체화된 경관이다. 19세기 후반부터 부농층의 집들은 부엌 부분의 기능적 편리성을 최우선으로 삼았다. 하인들의 수가 적어지고 안주인들이 실질적인 가사노동을 담당하게 되면서부터 나타나기 시작한 경향이다. 실용적인 부엌을 위해서는 가까이에 식수를 얻을 수 있는 시암(샘)과 밑반찬을 저장하는 장독대가 위치해야 한다. 먹을거리 작업과 육체노동을 하찮게 여겼던 사대부가에서는 볼 수 없었던 현상이다. 안채와 아래채 사이에 자연스레 생겨난 공간에 우물과 장독대를 위치시켰다. 그 뒤로는 후원이 계속된다.

전통 농촌의 경관을 해치는 원흉인 슬레이트와 콘크리트 전봇대가 이 마을에서는 새로운 미적 요소로 등장한다. 흉측한(?) 재료이지만 정성스레 붙이고 색칠하고, 그 위를 다시 담쟁이 넝쿨이 덮어간다. 무엇보다 세 갈래 길

◤ 계춘동 한 민가의 건조장과 콘크리트 전봇대
◥ 호산동 한 민가의 슬레이트 지붕 용마루에 놓인 함석새
◣ 공장제 제품인 지붕과 그 촌스러운 색채와 무표정한 시멘트 벽들과의 조화

↗ **내동 위성로 가옥의 고방마당과 장독대**  실용성과 미적 관조가 일체화된 경관이다.

모퉁이에 불쑥 솟은 건조장의 매스가 나름대로 의미를 갖는다. 어떤 재료, 어떤 형태라도 방촌에 오면 잠재된 물성이 새롭게 살아난다.

공장제 제품인 지붕의 조합과 촌스러운 색채가 무표정한 시멘트 벽들과 만나면서 뭔가 그럴듯한 냄새를 뿜기 시작한다. 방촌의 마을과 건축들에 매료되기 시작하면 하찮은 것들도 경이롭게 다가온다. 평범한 방촌의 농사꾼들이 지금까지도 미적 안목을 잃지 않고 있는 까닭은 어디에 있을까. 무엇이 이 열악한 디자인의 시대에 그들의 능력을 보존케 하는 것인지 너무나 궁금하다.

호산동 한 민가의 지붕 용마루에 놓인 함석새는 평범한 촌 장인의 솜씨에 불과하며, 전라도 농촌의 개량 주택에는 흔히 등장하는 장식들이다. 그러나 방촌에서는 예사롭지 않게 다가온다. 방촌 전체의 건축적 수준과 분위기 때문이다. 민가 건축의 소중함과 아름다움은 하나의 건물이나 한 집의 질에 달려 있는 것이 아니다. 마을 전체의 생명력과 분위기가 평범한 부분들에 의미를 불어넣는다. 그것은 집합적 건축의 힘이며 아름다움이다.

# 개별 주택의 발견

**내동 위성렬 가옥**

내동의 위성렬 가옥은 1600년대 초반, 장흥 위씨들이 방촌에 처음 자리잡은 집이다. 현재의 방촌마을은 이 집을 기점으로 500년 가까이 확장되고 변화되어 온 결과다. 방촌의 위씨 가문은 여러 개의 파로 갈라져 왔고, 현재 7집의 파종가에는 나름대로의 사당이 모셔져 있다. 그 가운데 이 집은 비록 대종가는 아니지만, 가장 머리의 계파로 자리잡고 있다. 회주목 시절 동헌이었던 자리에 터를 잡았다고 하며, 안채 앞 비석에 이 집터의 유래가 새겨 있다. 그러나 안채와 사랑채는 모두 1930년대에 중건된 건물이다.

↙ 내동 위성렬 가옥의 안마당에서 사당으로 이르는 길

큰 바위들 사이에 돌담과 계단이 멋진 고샅을 만든다. 오른쪽의 작은 건물은 독립된 사랑마당을 위한 출입문과 그에 붙은 변소이다. 안채로 들어가는 대문은 노출되어 있지만, 사랑채로 향하는 쪽문은 감추어 있다. 대문을 열고 밖을 내다보면 천관산의 한 봉우리가 다가온다. 종갓집다운 터잡기이다.

대문간에서 안마당으로 향한 주동선은 곧 사당으로 이어진다. 이는 방촌 파종가들의 일반적 구성이다. 그만큼 파종가들에서 사당이 차지하는 위상은 대단하다. 사랑채도 사당 앞쪽 가까운 곳에 놓여 예법에도 충실하다.

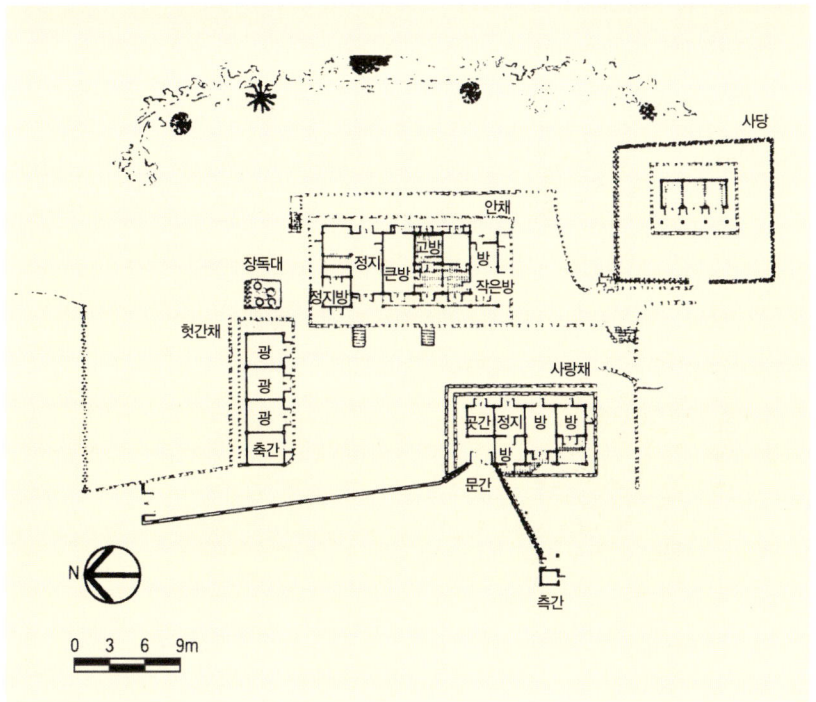

↗ 내동 위성렬 가옥 고샅
↘ 내동 위성렬 가옥 배치 평면도  목포
대학교 도면.

위성렬 가옥 사당의 안(왼쪽)과 곁(오른쪽)

    이 마을의 가묘들은 별도로 사당문을 달지 않았다. 폐쇄된 담장과 사당문, 심지어는 삼문三門[07]까지 달아 사당의 독립성과 상징성을 뽐내는 경상도의 사대부가와는 딴판이다. 문도 없고, 심지어는 담장도 없어서 자칫 노출되기 쉬운 방촌의 사당들은 특별하고도 세심한 장치를 요구하게 된다. 비록 단출하지만, 어디까지나 사당은 사당이다. 은밀함과 신성함, 그리고 주택 내 최고의 공간적 위계를 필요로 하기 때문이다.

    이 집의 가묘까지 이르는 길은 가장 극적으로 구성됐다. 석축과 그 뒤로 사당의 담장, 그리고 최종적으로 사당 건물이 오른쪽으로 밀려 들어가면서 율동감 있는 길을 만들고 있다. 계단도 따라서 밀려 들어간다. 담장이 끝나는 곳에 삼 칸 사당의 오른쪽 칸이 등장한다. 사당 참배 시 오른쪽(동쪽)으로 들어가서 왼쪽(서쪽)으로 나오는 예법도 만족시킨다.

    사당의 앞벽 전부는 들어 올리고 열어젖힐 수 있는 판장문들이고, 그 상부는 격자 살창으로 만들었다. 사당 내부에는 사대봉사四代奉祀를 위한 4개의 감실이 있고, 감실 안에는 위패를 모셨다. 감실의 전면에 살창을 달고 창호지를 발라서 마치 산 사람의 방에 들어온 것 같다. 방촌의 사당은 귀신이

07_ 대궐이나 공해公海 앞에 있는 문으로, 정문正門, 동협문東夾門, 서협문西夾門으로 구성된다.

나오는 곳이 아니라, 죽은 할배들을 언제든지 만날 수 있는, 소박하면서도 기품이 어린 조상들의 집이다.

위성렬 가옥 바로 옆에는 3칸집이 붙어 있다. 가운데 부엌이 있고 양옆에 방을 들인 단출한 구성으로, 위성렬 가옥과 같은 고샅을 공유하는 것으로 보아 종가에 딸린 호지집[08]으로 추측된다. 마당 가득히 심어진 파밭과 붉은 슬레이트 지붕은 보색 관계다.

### 내동 위욱량 가옥

내동과 계춘동의 경계에 위치한 집으로 이 집 앞 논에 옥시암(옥샘)이 있으니까, 회주목 시절에 감옥이 있던 자리가 된다. 마을 길에서 사랑채가 들여다보일 정도로 길에 바로 면해 있고 담장도 낮다. 건물들도 초라하고 그나마 대문채는 블록조 슬레이트 집으로 그냥 지나치기 쉽다.

블록조와 목조, 현재와 과거의 과감한 대비. 방촌의 집들 가운데서도 이 집은 특히 파격적이다. 독립된 사랑마당에는 일본풍이기는 하지만 잘 가꾼

08_ 행랑채 서쪽에 있는 부속 건물로, 3칸 규모의 一자형 평면을 가진 초가집이다. 평범한 구조의 민가주택이나, 우리나라 동부 지역에서만 분포한다.

◤ 위욱량 가옥의 대문간에서 사랑채 쪽으로 뚫린 문
◥ 위욱량 가옥의 사랑채에 부속된 두 개의 변소

정원이 있다. 사랑마당의 담장이 낮은 이유는 사랑채에서 건너편의 천관산을 감상하기 위함이다. 이 집 사랑대청에서 바라보는 천관산의 모습은 어디에서 보다도 감동적이다.

사랑채 툇마루 끝에는 소변 시설이 마련됐고, 마당 한 구석에는 정식 변소가 서 있다. 시멘트로 만든 소변기 뒤에는 오줌장군이 놓여서 바로 퇴비 재료로 이용된다. 실용적이면서 해학적인 발명품이다. 벽돌로 쌓은 변소 건물은 얼핏 두꺼운 굴뚝으로 착각하게 한다. 출입문을 앞쪽으로 달아 나름대로 프라이버시를 지키고 있다.

**계춘동 위철환 가옥**

위철환 가옥은 동네 안길에서 깊은 고샅을 이루기 때문에 길가에 있으면서도 눈에 띄지 않는다. 대문 앞에는 돌담이지만, 길가를 따라서는 탱자나무의 생울타리다. 대문 앞에는 넓은 바깥 마당을 마련했고 울창한 나무들로 항상 그늘에 묻혀 있다. 이 집의 대문채는 말 그대로 행랑채다. 사랑채의 기능이 없고 창고와 행랑방으로만 이루어져, 바깥쪽 벽에는 높은 살창만 뚫렸다.

안채는 5칸의 칸살이지만 양옆으로 툇마루를 돌려서 7칸의 효과를 거뒀다. 행랑채뿐 아니라 안채도 초가집의 구조에서 전형적인 중농의 주택이다.

↙ 위철환 가옥의 낮고 긴 안채
↘ 높은 벽면에 낮은 지붕을 가진 위철환 가옥의 곳간채

마당도 횡할 정도로 넓어서 농작업용으로는 그만이다. 그러나 양옆에 조성된 외부 시설들은 깜짝 놀랄 만하다. 왼쪽 건넌방 앞에는 잘 가꾸어놓은 아름다운 정원이 있다. 돌로 쌓은 원초적인 조각품들도 나무 사이에 놓여 있다. 오른쪽 부엌 옆의 우물가와 장독대는 이 마을 최고의 솜씨를 자랑한다.

곳간채는 눈에 익숙한 비례는 아니다. 그러나 정결하게 정리되어 걸려 있는 농기구들은 마치 전시용 진열과도 같다. 농가라고 지저분하고 허술할 필요는 없다. 이처럼 정갈한 환경을 가꾸면서도 천직인 농사를 짓는 것이 방촌 사람들의 덕목이다.

### 계춘동 위성룡 가옥

마을 길가에 위치한 계춘동의 위성룡 가옥은 또 하나의 파종가로, 전남 민속자료 6호이다. 집 앞에 높은 향나무 5그루가 심어 있어 쉽게 찾을 수 있다. 대문채와는 독립된 사랑채와 안채, 그리고 사당을 중심으로 구성된 형식은 내동의 위욱량 가옥과 유사하다. 그러나 건물의 규모가 크고 복잡하며, 무엇보다도 감동적인 외부 공간들이 가득하다. 공간의 풍부함과 계획성으로만 따진다면 방촌 최고의 주택일 것이다.

▷ 위성룡 가옥의 안채에 이르는 계단

대문을 들어서면 전면 가득한 계단의 공간을 대한다. 계단 끝에는 안마당을 구획하는 낮은 돌담이 서 있고, 그 중간을 잘라 중문으로 삼았다. 왼쪽 사랑마당의 돌담이 계단의 상승감을 더욱 고조시킨다. 담장 중간에 사랑 대문이 있기는 하지만, 꼭 필요한 사람을 제외하고는 모두 안마당으로 올라가라는 무언의 지시다.

안마당에 오르면 긴 안채가 사당 쪽으로 동선을 유도한다. 자연 암반 사이에 흙을 살짝 덮어 만든 화단과 장독대 사이로 사당 부분으로 오르는 계단을 만들었다. 석축 위에 올라 왼쪽으로 1칸 규모의 조촐한 사당이 자리잡았다. 사당 건물은 별 특징이 없지만, 사당 앞으로 마을 전경과 천관산의 툭 터진 전경이 펼쳐진다.

사랑채 뒷면에 마련된 쪽문을 통해서 들어가면 복잡한 사랑대청과 정원, 그리고 그 앞 나무 사이로 원경이 들어온다. 사랑채와 정원은 모두 1910년대에 건립된 것이다. 일제 초기의 작품답게 뒷마루 앞에 채양을 달았고, 마루면 들의 레벨을 변화시켜 다양한 공간을 만들었다. 비록 외관은 정제되지 않았지만, 크게 개의치 않았다. 이 집의 용도는 정자나 누각같이 정원과 경치를 감상하기 위함이지, 밖에서 쳐다보는 집이 아니기 때문이었다. 밖에서는 울창한 나무들 때문에 들여다보이지도 않는다.

담장 부근에 심은 높은 나무들은 매우 의도적인 조경물들이다. 이 집은 천관산을 향해 서향으로 앉았기 때문에 따가운 서쪽의 햇살을 가려야 했다. 그러면서도 천관산의 경관을 감상해야 함으로 줄기가 높고 잎이 무성한 향나무를 심었다. 이 향나무들은 사랑마당을 항상 그늘에 묻히게 했고, 여기에 조성된 정원은 음지 정원이 된다. 음지에서 자랄 수 있는 식물들을 심었고, 일본풍의 석물들을 갖다 놓았다. 전체적으로 일본 정원의 영향을 받은 음지 정원을 만들려는 의도로도 보인다.

반면 사랑채의 북쪽 정원은 양지 정원이다. 여기에는 연못을 파고 섬을 만들고, 양지식물들을 심었다. 하나의 공간을 음지와 양지로 구획하여 대조적인 정원을 만든 것이다.

이 집의 곳곳에는 20세기 초반 새롭게 유행했던 구조물들이 산재한다. 기와지붕의 채양이라든가, 사랑채 뒷마루 끝의 변소 등. 사랑채 뒤의 높은 벽돌 굴뚝도 그 시대의 작품이다. 이런 굴뚝은 특히 전라남도 지방에 유

◤ 계춘동 위성룡 가옥의 안마당에서 사당으로 오르는 길

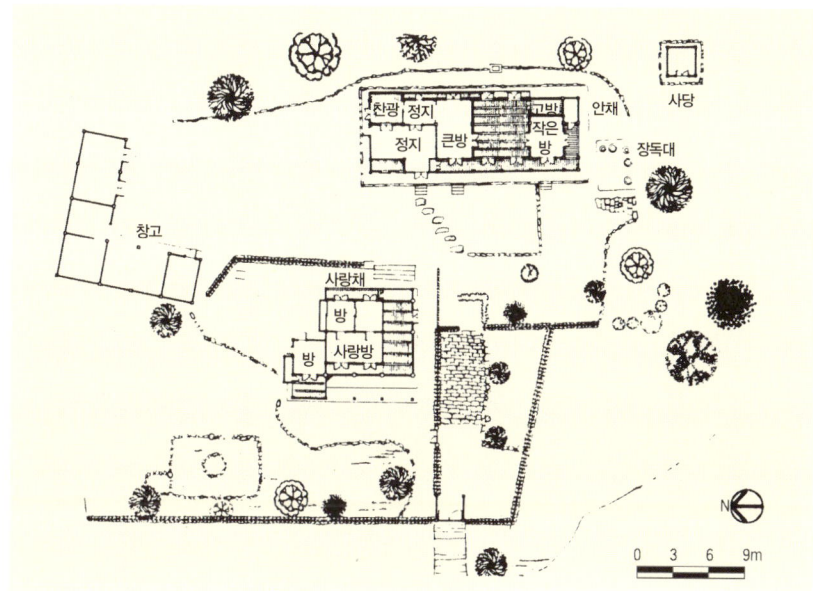

1 계춘동 위성룡 가옥 배치 평면도  목포대학교 도면.
2 위성룡 가옥의 사랑대청과 차양 공간의 구성
3 사랑 정원과 연못
4 사랑채 뒤의 근대적 굴뚝

행했던 것이지만, 이 집의 굴뚝은 매우 조형적이다. 필요 이상으로 높게 세운 굴뚝 위에 2층의 지붕을 올렸고, 굴뚝 상부 벽면은 학을 새긴 장식벽이다. 반면, 사랑 담장에는 전통적인 기와 문양들로 가득 장식했다. 정교한 솜씨는 아니지만 이런 장식들을 방촌 주택들 곳곳에서 발견할 수 있다.

**계춘동 위계환 가옥**

위계환 가옥은 계춘동의 가장 높고 깊은 곳에 자리잡았다. 이 집은 방촌이 낳은 최대의 인물 존재 위백규의 고택, '존재 하네집'으로 전한다. 살림채는 1937년에 다시 지었지만, 살림채 앞에 2칸의 서재가 남아 있으며 '존재' 存齋라는 현판이 걸려 있다. 중건하면서도 위백규 당시의 서재를 남겨둔 것이다. 이 건물의 역사성 때문에 이 마을 집으로는 유일하게 중요민속자료 161호로 지정되었다.

대문 바깥에는 작은 방형 연못을 팠고 그 안에 섬을 만들어 '까마귀 대'(오죽鳥竹)를 심었다. 이 집의 현재 모습은 원래와는 크게 다르다.

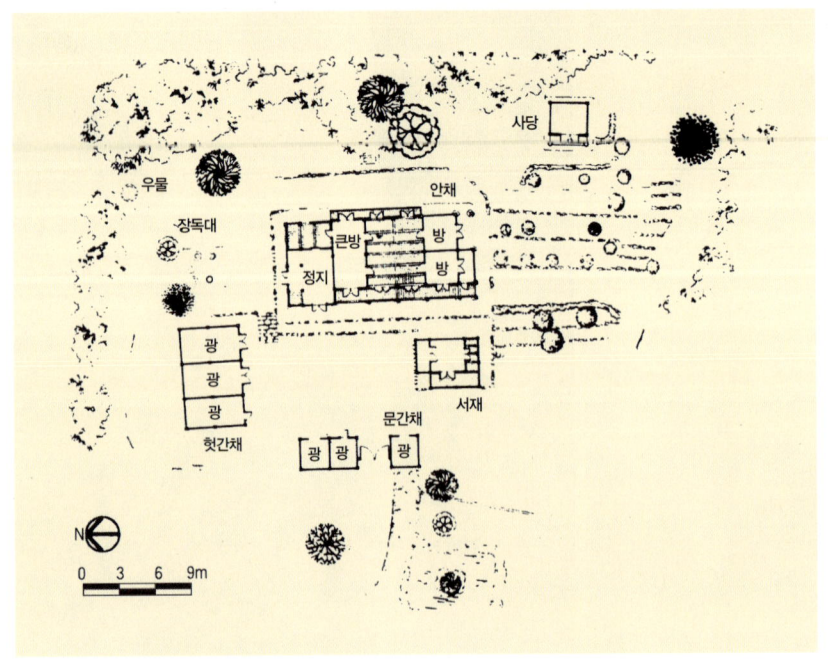

◁ 계춘동 위계환 가옥 배치 평면도  목포대학교 도면.
↗ 위계환 가옥의 살림채와 2칸 서재 서재는 위백규 당시의 건물이다.
↘ 위계환 가옥 앞 연못

원래는 '존재'를 포함하여 ㄱ자 모양의 재실 건물이었던 것으로 보인다. 현 안채의 기단은 2중으로 구성되었는데, 자세히 보면 화초가 심어진 아래기단이 원래 건물의 기단이었음을 알 수 있다. 아래기단의 높이가 서재 기단의 높이와 같고, 그 둘이 연결되었기 때문이다. 또 현존 서재가 돌출된 까닭은 대문 밖의 연못을 감상하기 위함이었음도 알 수 있다. 원래는 대문이나 담장이 없는 단출한 ㄱ자 재실 일부에 누마루를 달고 그 앞에 연못을 팠던 것이다.

"앞 연못에는 개구리 떼가 득실거려 위백규가 글을 읽지 못할 정도로 울음소리가 시끄러웠다. 이 철없는 개구리들에 화가 난 그가 부적을 써서 연못에 던졌더니 그후로는 개구리들이 자취를 감춰 아직도 이 못에는 개구리가 살지 않는다." 이밖에도 존재 하네는 신비한 힘으로 시끄러운 종달새들을 쫓아버렸고, 메기의 수염도 잘라버렸다고 한다. 위백규에 대한 후손들의 존경이 신화화되어 전해오는 이야기들이다. 그만큼 위백규는 방촌 위씨들의 긍지요 자랑이었다.

그러나 존재 하네가 죽고 난 후, 직계들은 새 지파를 만들어 존재의 서실을 파종가로 삼았던 듯하다. 기존 건물을 헐고 살림집 용도에 맞도록 새 건물

◁ **위계환 가옥 안 사당 건물** 과장된 형태의 풍판 모양이 눈에 띈다.
◁ **위계환 가옥 뒤 굴뚝**

을 짓고, 뒤편 산 위에 사당도 신축했다. 그러나 위대한 조상의 서재만은 보존해 지금과 같은 희한한 모습으로 남겼다.

전체적으로 부조화스럽지만 부분적으로는 매우 세련된 솜씨들을 보인다. 급경사지에 집을 새로 앉히다보니, 집 뒤모퉁이가 축대에 바싹 붙어 답답하게 된다. 이 때문에 모퉁이 일부를 비워서 여유를 확보하고, 축대를 원형으로 돌려 답답함을 해소했다. 뒤편 석축과 집이 바싹 붙어 굴뚝 역시 놓을 자리가 마땅치 않았다. 이 문제는 굴뚝을 석축 위 후원에 세움으로써 해결했다. 기능도 만족시켰지만 결과적으로 후원의 조형물로도 성공적이었다. 집의 서쪽 후원에는 매우 운치 있는 샘도 파고, 뒷산으로 오르는 산책로도 정비했다. 비록 20세기 초의 솜씨라 하더라도 최고의 수준이다.

사당은 매우 높은 곳에 자리잡았고, 안채에서 사당에 오르는 부분을 계단식 정원으로 가꾸어 상징성과 조형성을 동시에 주구했다. 이 집 사당의 모습은 파격적이다. 지면과 바닥을 띄워서 마치 땅 위에 상자를 얹어놓은 것 같은 모습이다. 가장 눈에 띄는 것은 박공면의 풍판 모양이다. 명문가의 신성한 사당 건물로는 도저히 어울릴 것 같지 않은 엉뚱한 모습이다. 방촌 지식인들의 융통성과 자유로운 생각의 일단을 접하는 듯하다.


### 신기동 위봉환 가옥

위봉환 가옥은 안채와 사랑채 외에도 문간채와 행랑채 등 총 7동의 많은 건물로 이루어졌다. 앞의 사랑채는 안채와 비스듬히 놓여서 행랑채와 함께 삼각형의 마당을 이룬다. 3칸의 문간채는 이 마을에서 가장 큰 규모다.

이 집은 특히 헛간채와 축사 등 농작업 공간이 발달했다. 아직도 장작을 연료로 사용하는 듯, 정갈하게 쌓아둔 장작더미가 양옆의 판벽과 흙벽이 조화를 이룬다. 생활 속의 아름다움. 집 북쪽 밭 가운데 있는 샘의 모습도 대단하다.

신기동의 파종가로서 대문을 들어서면 바로 보이도록 안채 뒤에 사당을

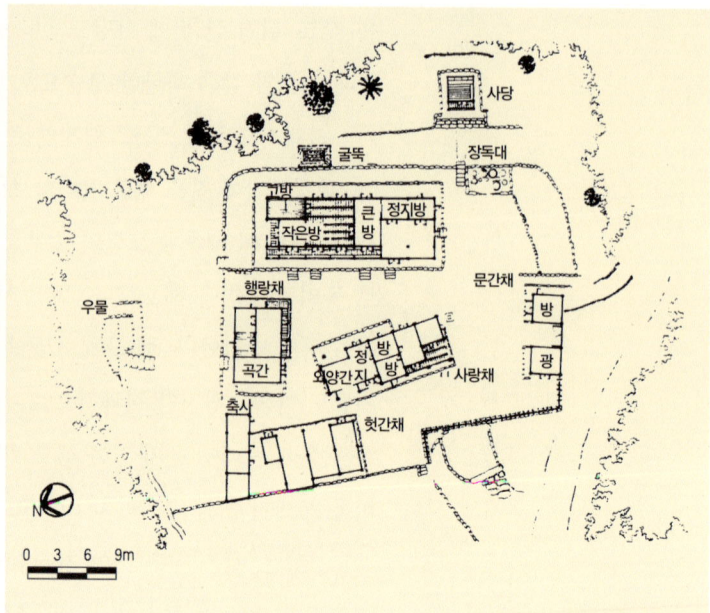

위치시켰다. 이처럼 사당을 노출시킨 예는 흔치 않다. 파종가로서의 위상을 드러내고 싶었던 것일까. 사당으로 오르는 계단 옆에는 장독대가 마련됐다. 생활과 종교적인 의례가 거리낌 없이 뒤섞인 방촌 특유의 현상이다.

↖ 신기동 위봉환 가옥 사당채
↗ 위봉환 가옥 배치 평면도  목포대학교 도면.

### 호동 위성탁 가옥

장천재로 가는 길가에 남향으로 위치한 위성탁 가옥. 집 앞에는 2개의 섬을 가진 비교적 큰 연못을 팠다. 집 앞의 연못은 관상용이기도 하지만, 흔히 화재에 대비한 방화수를 저장하는 곳이기도 하다. 안채와 아래채를 기본으로 구성된 이 집 역시, 아래채는 문간과 사랑 행랑의 복합건물이다. 독립된 사랑마당의 담장과 옆집 담장으로 인해 대문간의 고샅은 매우 깊게 조성됐다. 고샅 한켠을 활용해 농기구를 보관할 수 있는 가건물을 만들었다. 입구부에 가장 정성을 기울인 집이다.

호동의 파종가로서 안채 뒤에 한 칸 사당을 가지고 있다. 뒤안에 긴 석축을 쌓고 동쪽에는 사당을, 중간에는 넓은 장독대를 마련했다. 사당까지 이르

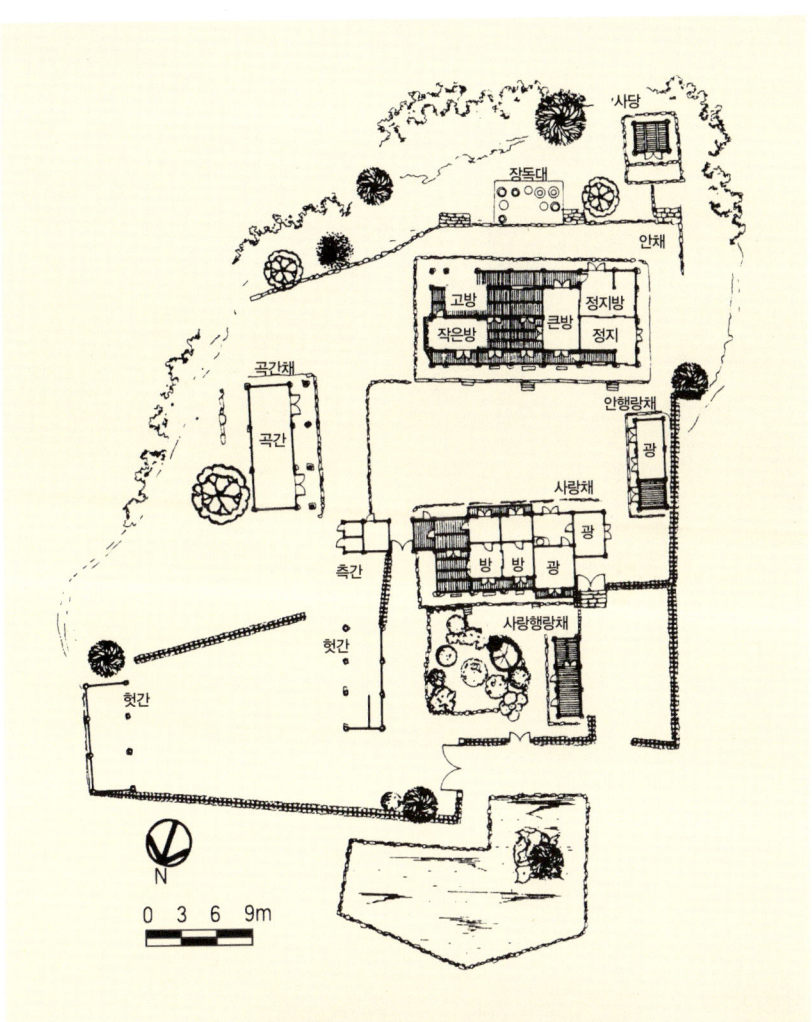

↗ 호동 위성탁 가옥 배치 평면도  목포
대학교 도면.
↙ 위성탁 가옥 전경
↘ 안채 뒤로 배치된 위성탁 가옥의 사당

↖ 위성탁 가옥의 곡간채

는 계단의 길들도 예사롭지 않고, 장독대를 적극적인 조경 요소로 활용한 용기도 대단하다. 정지보다는 큰방이나 안대청과 더욱 적극적인 관계를 맺기 때문이다. 사당의 주변뿐 아니라 장독대가 있는 뒤안까지, 집 안 구석구석마다 정갈하게 잘 정리돼 있다.

집터는 18세기 초에 자리잡은 곳이고, 현재의 건물들은 20세기 초의 것이다. 당시 이 지방 살림집의 특성대로 안채와 아래채는 방을 앞뒤 겹으로 들인 완벽한 두줄백이집이다. 그 앞뒤로 퇴칸을 마련해 실질적인 두께는 3칸에 이른다. 이 시기 부농집들의 계층적 특징으로는 안마당이나 사랑마당의 눈에 잘 띄는 곳에 건립된 거대한 곡간채들이다. 재산을 안전하게 보호하려는 의도도 있었지만, 자신의 경제력을 과시하고 싶었던 속내도 있었을 것이다. 실용주의와 과시주의는 일제 초 부농층의 계층적 속성이었다. 3칸의 곡간채의 층고는 높지만 지붕물매는 약하다. 양 측면에는 가적지붕을 달아 여타의 작업 공간을 마련했다.

사랑대청은 남서쪽으로 개방되어 있다. 천관산이 그 방향에 있으며 이 집 아래채는 천관산을 중요한 안대로 삼았다. 독립된 사랑마당에는 잘 가꾼 정원수를 심었고, 재미있게 생긴 정원 시설물도 배열했다. 다른 집의 사랑 정

위성탁 가옥의 사랑대청에서 바라다보이는 천관산 풍경

원에 비해 규모가 크다. 사랑 부분 기둥의 초석으로 쓰인 돌은 석탑의 부재이다. 호동의 남쪽에 탑동이 있는데, 이 동네에는 1993년까지도 논 가운데 삼층석탑이 있었다고 한다. 그래서 붙여진 동네 이름이다. 고려시대 회주목 시절까지 방촌의 읍치였으니 주변에 크고 작은 사찰들이 많이 있었을 것이다. 조선시대에 들어 평범한 농촌으로 전환되면서 사찰들은 모두 폐사되고 천관산 꼭대기에 몇 암자만 살아남았다.

# 생활 속의
# 디자인 능력

**샘과 우물**

방촌 사람들의 조형 능력은 집의 터잡기와 실용적인 건물 구성, 정원 가꾸기 등 단지 계획과 건축, 조경에 이르기까지 모든 영역에서 나타난다. 심지어는 우물 하나를 만들더라도 그 위치에 맞는 상징적인 아름다움으로 나타나고, 문짝 하나를 달더라도 비범한 모습들을 보인다. 그들은 확실히 집단적인 디자인 능력을 가지고 있다. 그 능력이 왜 생겼고, 왜 아직도 힘을 발휘하고 있는

↙ 위성탁 가옥 정원의 쌍돌확

↗ 방촌마을에 있는 여러 우물과 샘들

지 이유는 알 수 없다. 단지 이 디자인 불모시대에 남쪽 한 작은 시골에서 의외의 현상을 대할 뿐이다.

마을 곳곳에 있는 공동 우물은 개성적이다. 원형 바닥에 정사각형 우물통, 또는 주택으로 들어가는 경사로와의 레벨 차이를 이용하여 자연스레 마련된 우물가 공간 등. 산자락에 걸쳐 있는 집의 경우, 집 안 뒷산에 샘을 파기도 했다. 수면이 노출되는 곳까지 땅을 파고 내려가 샘을 만들었고, 계단을 설치해 수면까지 직접 내려가 물을 뜰 수 있게 계획했다. 우물을 파고 두레박으로 물을 퍼올리는 것보다 한결 운치가 있다.

호동 위성탁 가옥의 정원에 있는 쌍돌확은 양손을 씻기 위한 것이고, 한옥 내부에 마련된 목욕실은 가마솥 안에 물을 채우고 밖의 아궁이에서 불을 지펴 사용한다. 이는 일제기의 작품이다.

| 1 | 2 |
| 3 | 4 |
| 5 |   |

1 위성렬 가옥의 사당문
2 위계환 가옥의 사당문
3 창고문
4 방문
5 창고문

## 문과 지붕

위계환 가옥의 사당문은 빗살창을 가늘게 뚫었고 문 윗벽은 스타코stucco를 거칠게 발라 아래의 매끈한 벽면과 대조를 이룬다. 위성렬 가옥의 사당문은 벽 전체를 채웠고 들어올릴 수 있는 구조이다. 살창부와 판장부의 크기와 비례가 적절하게 계획됐다.

뛰어난 조형감으로 이루어진 과거의 건축은 숱하게 많다. 하회나 양동과 같이 아름다웠던 마을도 많다. 그러나 방촌과 같이 그 뛰어난 능력을 현재에도 발휘하고 있는 마을은 극히 드물다. 방촌에서 느끼는 경이로움은 끈끈하게 내려오는 조형적 전통이다. 그 전통은 고급스럽지도 않고, 추상적이지도 않다. 생활 속에서 발전되고 계승되어온, 영원한 생명을 가진 전통이다.

근세에 만들어진 격자창호부터, 함석제 창고문의 비례와 디자인까지도

↘ 지붕합각의 다양한 장식 문양들

그 전통을 따르고 있다. 특히 창고문들에 칠해진 색채 감각은 신기하기까지 하다.

20세기 초반, 방촌의 장인들은 건물의 특정 부분 디자인을 놓고 경쟁을 벌였다. 팔작지붕의 합각면을 어떻게 꾸미느냐의 문제였다. 주어진 재료는 기왓장과 석회 뿐. 글자 디자인, 국화무늬, 물결무늬부터 극히 추상적인 디자인까지 적어도 10여 가지의 장식을 발견할 수 있다.

# 주변의
# 공동체 건물

장천재

관산읍 옥당리 소재. 호동에서 산으로 향하는 길을 따라 깊숙이 들어가면 천관산 입구가 나오고, 그 다음 첫번째 골, 경치 좋은 세이대洗耳臺 부근에 자리잡은 장천재長川齋는 장흥 위씨 7파 문중의 재실이다. 위백규가 이곳에서 세자를 길렀다고도 하고, 최근까지 위씨 아동들은 이곳을 서당 삼아 한학을 배웠다.

1870년에 중건된 현재의 건물은 工자형으로 전형적인 강학 건물의 형식을 따랐다. 구조틀과 디테일은 거칠지만 다양한 레벨로 구성된 마루면은 여러

↘ **장천재 대청 내부**  교육 장소로도 쓰였다.

장천재 외관

반을 가르쳐야 할 서당 건물에 적합한 구조이다. 방과 마루라는 단순 평면 요소들을 적절히 배열하고 높이 차이를 두어 변화 있는 구성을 이루었다.

뒷산에는 천관산 신에게 제사 지내는 소박한 산신단이 바위 위에 마련되어 있다. 경상도 양반들이었다면 미신으로 취급했을 것이고, 특히 문중의 교학소에 설치하리라고는 상상도 할 수 없다.

다산사

다산사茶山祠는 신기동에서 상잠산을 넘어 골짜기 깊은 곳에 자리잡은 계춘동파의 재실이다. 존재 위백규는 방촌 위씨들 공동의 인물이기도 하지만, 특히 직계손들인 계춘동파의 긍지였다.

다산사는 문중의 재실과 존재의 사당으로 구성된다. 그러나 건축적으로

↗ 천관사 전경

재실 건물의 기능성 외에 특별한 것은 나타나지 않는다.

천관사

관산읍 능인리 소재. 관산읍 서쪽의 용전마을에서 험한 산길을 타고 한참을 오르면 천관산 중턱의 천관사天冠寺에 다다른다. 방촌 불교도들의 주요한 예배소이기도 하다. 높은 산 중턱이기는 하지만 널찍한 분지를 골라 평지형의 가람을 조성했다. 민가풍의 극락보전이 중심 불전인 작은 암자 규모다.

이 절에는 삼층석탑(보물 795)과 오층석탑(전남 유형문화재 135), 그리고 석등(전남 유형문화재 134)이 보존돼 있다. 목조건물에 비해서는 격이 높은 작품들이다. 특히 오동통한 팔각석등의 몸매가 인상적이다. 가늘고 높은 오층석탑은 완연히 고려 중기의 것이며, 나머지 석물도 신라 말 고려 초의 것으로 추정된다.

8

설화로 이룬 천상의 세계
## 광한루원

# 지상에서
# 천상으로

남원 광한루廣寒樓는 누각 자체의 건축적 구성과 구조도 훌륭하지만, 넓은 영역에 걸쳐 형성된 정원과 여러 시설물들로 이루어진 본격적인 공공 원림으로서 희귀한 가치를 가지고 있다. 또한 광한루원廣寒樓園[01]은 지방 관청에서 경영하면서 도시의 주요한 공공 시설물로 계획되고 이용되었던 누각이다. 관청에서 경영했던 객사 누각과 정원은 각 지역에 다수 분포하지만, 대부분 읍성의 외곽에 동떨어져 위치하며, 광한루원과 같이 중요한 도시적 입지에 세워져 공공 시설로서 이용된 곳은 매우 드물다. 따라서 그 도시 계획적 가치도 새롭게 조명되어야 할 대상이다. 뿐만 아니라, 한국문학의 최고봉인 『춘향전』의 무대가 된 곳이기도 하다. 따라서 문학사 또는 사상사적으로 중요한 공간을 차지하며, 문학적 상상력과 건축적 성취 사이의 관계를 규명할 수 있는 매우 소중한 장소이기도 하다. 이처럼 광한루는 건축, 조경, 도시, 문학 등 여러 겹의 층위에서 분석하고 재조명해야 하는 복합적 성격을 가진 대상이다.

전라북도 남원시 천거동 78번지 일대, 총면적 79,899$m^2$의 영역에 조성된 광한루원에는 본건물인 광한루를 비롯해 10여 동의 건물들과 2,000여 평의 호수를 중심으로 전개된 정원이 자리잡고 있다.

현재의 광한루원은 남원 시가지의 남단과 요천蓼川변 도로 사이에 위치하며, 아래 표에 예시한 건물들과 시설물들이 포진하고 있다. 이 가운데 광한루와 영주각瀛洲閣의 건물, 오작교烏鵲橋와 석오石鰲 등의 정원 시설을 제외한 대부분이 20세기 이후, 관광용으로 만들어졌거나 역사적 가치는 크지 않

[01] 광한루의 원림을 흔히 광한루원廣寒樓苑이라 부르고 있지만, 원苑이란 기본적으로 동산에 조성된 산림형 정원이며 왕족이나 귀족을 위한 개인 정원을 뜻하는 것으로, 광한루 원림과 같이 연못을 주제로 한 개방된 공공 정원은 원園이라 칭하는 것이 더욱 합당하다고 본다. 따라서 이 글에서는 廣寒樓園으로 표기한다.

아 관심의 대상에서 제외된다.

    1971년까지만 해도 광한루원의 영역은 광한루와 삼신산이 있는 호수에 불과했는데, 그 이후에 옛 남문시장터 등을 매입·확장하여 현재의 경역 안에 춘향관春香館과 월매집 등이 포함되어 있다. 건물로는 광한루와 영주각이, 정원으로는 오작교가 있는 본 호수가 조선시대부터 경영·유지되어온 것으로 볼 수 있다. 목조 누대인 광한루는 보물 281호로 지정되었으며, 광한루원 전역은 사적 303호로 지정되었다.

    광한루원의 역사는 1419년 황희黃喜(1363~1452)가 광통루廣通樓라는 누각을 지으면서 시작된다. 조선 초기 명재상으로 이름을 날리던 황희는 양녕대군의 폐위를 반대하다가 관직을 내어놓고 남원으로 이주했다. 남원에는 그의 6대조인 황감평黃鑑平이 지은 서실 일재逸齋가 있었는데, 이것이 퇴락하여 황희가 새로이 누대를 크게 신축한 것이다.

    광한루원의 경영사는 크게 세 시기로 구분될 수 있다. 첫째는 황희가 신축한 광통루의 시절로, 1419년부터 1581년까지다. 이 시기에는 정원 시설이 없는 단일 누각으로 존재했다. 비록 황희 개인에 의해 건립됐지만, 역대 남원

| 건물 및 시설명 | 건립연대 | 규모 | 기타 |
| --- | --- | --- | --- |
| 광한루 | 1599년 재건 | 42칸, 총 73.3평 | 본루-익랑-월랑 |
| 영주각 | 1795년 | 중건 6칸, 10.9평 | 평팔작지붕 |
| 방장정 | 1964년 | 신축 1칸, 2.5평 | 육모정, 육모지붕 |
| 완월정 | 1971년 | 신축 14칸, 26.8평 | 凸자형, 팔작지붕 |
| 춘향사 | 1931년 | 신축 6칸, 5.3평 | 팔작지붕 |
| 청허부淸虛府(정문) | 1971년 | 신축 6칸, 11.8평 | 솟을삼문 |
| 춘향관 | 1992년 | 신축 24칸, 74.6평 | 콘크리트조 |
| 월매집 등 | 1989년 | 신축 3채, 48.2평 | 초가 한옥 |
| 옛 국악원 | 1971년 | 신축 12칸, 17.2평 | 팔작지붕 |
| 오작교 | 1582년 | 신축 길이 52m, 폭 2.4m | 홍예 4구 |
| 석오(자라돌) | 1582년경 | 길이 2.4m | 자라 모양 가공석 |
| 호석虎石 | 19세기 초 | | 원래는 경역 바깥의 비보물 |

**광한루원의 건물 및 시설물**

↗ 남원 광한루 전경

02_ 황수신黃守身, 『광한루기』廣寒樓記, 1458. 당시 삼도순찰사三道巡察使였던 정인지는 남도를 순찰 중에 남원 광통루에 이르러 "호남의 승경으로 달나라에 있는 궁전 광한청허지부廣寒淸虛之府가 바로 이곳이 아니던가" 하면서 누각의 이름을 광한루廣寒樓로 바꾸었다.

부사들이 중수하고 단청했다는 기록으로 보아, 이미 누각의 경영을 지방 관청에서 담당하여, 일종의 객사 누각으로 쓰여졌던 것 같다.

그런데 이 시기 중간에 정인지鄭麟趾에 의해 광한루로 누대명이 개칭되었는데, 이는 단순히 이름이 바뀐 것뿐 아니라, 의미상 중대한 변화가 일어난 사건이기도 하다. 건축상의 변화는 없었다고 하더라도, 그 이전의 광통루는 흔한 일반적인 객사 누각이었지만, 광한루는 지상의 누각이 아니라 천상의 궁전으로 격상되어,02 이후에 수많은 설화와 창작의 무대가 될 수 있었다. 비록 아직은 본격적으로 정원이 꾸며지지는 않았지만, 광한루에 올라 바라보는 앞산과 요천蓼川으로 어우러진 경치가 일품이었음을 알 수 있다.

두번째 단계는 1582년부터 임진왜란으로 소실되기까지로, 광한루 앞에는 커다란 호수가 조성되고 오작교가 놓여지며 3개의 섬, 즉 삼신도가 축조되어 본격적인 원림으로 경영되던 시기이다. 이 대대적인 조경 공사는 당대 최고의 문인이자 풍류가였던 정철鄭澈(1536~1593)이 발의하고, 당시 남원부사였던 장의국張義國이 실무를 지휘했던 것으로 보인다.

광한루의 동쪽, "요천 상류에서 물을 끌어와 누 앞에 좁다랗게 흐르던 개울을 넓혀 큰 호수로 만들어 은하수를 상징케 했다. 주위에 석축을 쌓고 못 안에 3개의 섬을 만들어 하나에는 푸른 대를 심고, 하나에는 백일홍을 심었고, 다른 하나 한주섬에는 연정蓮亭을 세워 못 안을 여러 종류의 꽃으로 가득하게 했다."03

정철은 그가 자랐던 담양 지방의 식영정·환벽당·소쇄원 등 정원 문화에 익숙했으며, 명종 임금과 절친하여 궁궐 출입이 빈번했고, 거기서 경회루慶會樓 등 궁궐 정원의 풍취도 습득했으리라.04 그의 정원에 대한 지식과 식견을 광한루에서 발휘한 것으로, 광한루원의 실질적 설계자는 바로 정철이라고 할 수 있다.

정철의 지시로 실질적 공사를 담당했던 부사 장의국은 또 하나의 아이디어를 첨가했다. 호수 가운데를 가로지르는 다리를 축조하고 오작교烏鵲橋라 이름 붙인 것이다. 그럼으로써 광한루는 월궁月宮이 되고, 월궁 앞의 호수는 당연히 은하수가 되며, 은하수에는 견우직녀가 없을 수 없으니 오작교의 완성으로 완전한 천상의 설화 세계를 재현할 수 있었다. 그러나 오작교의 신설을 단지 풍류적인 이유만으로 보아서는 안 된다. 이후에 오작교는 남원과 그 남쪽 지방, 즉 곡성과 구례를 잇는 중요한 교통로로 사용되었기 때문에, 실용적인 목적도 겸했던 것으로 보인다.

호수의 현재 크기는 동서 100m, 남북 59m이며, 오작교의 동쪽에는 3개의 섬, 즉 방장섬〔方丈島〕-봉래섬〔蓬萊島〕-영주섬〔瀛洲島〕이 나란히 놓여 있다. 또 오작교 동쪽 호수 안에는 지기석支機石이라 부르는 큰 바위가 놓여 있는데, 이는 직녀가 베를 짤 때 베틀을 고였던 돌이었다고 한다. 또한 상한사上漢槎라는 배도 띄웠는데, 견우가 은하수를 건널 때 타는 뗏목이라고 전한다. 이는 다 견우직녀 설화를 완성하기 위한 도구들이다.

그러나 그 환상적인 정원과 누각도 임진왜란의 소용돌이 속에서 불에 타

03_ 龍城誌, 樓亭條
04_ 『광한루예찬시선』廣寒樓禮讚詩選, 남원시, 1999, p.71.

◁ 방장정
◁ 완월정
◁ 춘향사

황폐해지고 말았다. 이를 본격적으로 재건한 것은 1626년이었고, 이후에 조금씩 증축하고 보수했지만, 정철 당시의 큰 골격을 깨뜨린 것은 아니었다.

임진왜란 이후에 특기할 것은 광한루 자체의 변화이다. 현재 광한루는 20칸의 본루本樓와 3칸 온돌방이 붙어 있는 익루翼樓, 그리고 계단실인 3칸 월랑月廊으로 구성된 복합건물이다. 계단실인 월랑의 영건 기록은 뚜렷하다. 1879년 광한루가 북쪽으로 기울어져 그 수리 방안을 궁리하던 중, 수지면 고평리에 사는 추秋 대목이 묘안을 냈다. 누의 북쪽에 계단실 겸 월랑을 튼튼히 축조하면 누에 오르기도 편할 뿐더러 기울어짐도 바로잡을 수 있다는 아이디어였다.[05] 실제로 이 묘안은 효과를 거두어 현재까지 잘 유지되고 있다.

그러나 익랑의 건립 시기는 분명치 않다. 1795년 부사 이만길이 영주각을 중수할 때 온돌방을 들이기 위해 익랑을 증축했다는 설도 있고, 1925년 광

05_ 『廣寒樓重建上樑文選』, p.32.

↖ 춘향관
↗ 월매집  왼쪽이 본채이고, 오른쪽이 사랑채이다.

한루 보수 공사 때 증축했다는 설도 있다. 본루의 마루면과 같은 면에 정면 2 칸, 측면 1칸의 온돌방을 들이고, 사방에 분합문을 달고, 그 주위를 돌아가며 난간을 두른 헌랑軒廊을 만들었다. 하층은 사방에 고막이 벽체를 쌓고 그 안에 아궁이와 굴뚝을 마련했다.

20세기에 들어서 광한루원의 기능이 급변했다. 1909년부터 1928년까지는 일제의 남원재판소와 헌병분견대(감옥)로 사용되었으며, 이때의 흔적이 누각의 초석과 기둥들에 패인 홈자국으로 남아 있다. 일제 후반기부터는 춘향을 앞세운 관광지로 탈바꿈되기 시작한다. 1931년 춘향사春香祠의 건립을 시작으로 방장정方丈亭의 축조, 그리고 1971년의 경역 확장과 완월정玩月亭의 신축 등, 현재와 같은 독립된 관광지로 조성되었다.

광한루의 연혁을 일견해보면, 처음에는 단순한 개인 누각으로 건립되었다가, 관청의 객사 누각으로 바뀌었고, 설화적 상징 체계가 도입되면서 본격적인 정원이 조성되어 공공적인 원림으로 사용되다가, 근세에 들어 관광지로 탈바꿈되었음을 알 수 있다. 이처럼 광한루에 얽힌 사연은 그다지 단순한 것이 아니다.

# 남원부의
# 센트럴 파크

현재 전해지는 누원의 창건 연기들은 다분히 환상적이며 낭만적이다. 월궁을 재현한다거나, 신선의 세계를 구현한다거나 하는 것들이다. 그러나 광한루원은 지방 정부의 재정을 들여 축조하고 경영하던 공공적 장소였으며, 도시적 효용이 매우 큰 시설물이었다. 몇 가지 사실들로 미루어본다면, 설화로 포장된 낭만적 장소임에도 불구하고, 광한루원은 남원부의 중요한 도시 시설로 경영되었으며, 실용적 목적이 매우 큰 구조물이었다고 판단된다.

남원 땅은 삼한시대부터 중요한 전략적 요충지였다. 백제가 건국하면서 이 땅은 고룡군古龍郡 또는 대방군帶方郡으로, 남해 바다까지 관할하는 넓은 행정구역이었다. 삼국 통일 후에도 신라의 5소경 중 남원경南原京으로 유지될 만큼 지리적 중요성을 인정받았다.

통일 전쟁 과정에서 남원에는 당군唐軍 직할의 '대방도독부'帶方都督府가 설치되어 도독인 유인궤劉仁軌의 통치를 받은 적이 있다. 유인궤는 5년간의 군정 기간 중에 남원 시가지를 정전법井田法[06]으로 계획하였다. 그리하여 남원시는 격자형의 가로 체계를 갖추는데, 현재 시 중심부에 당시의 흔적이 남아 있다. 정전법에 따른 도시 계획은 중국의 전통적인 법식으로, 특히 당나라 때에 성행했다. 국내에는 평양성의 일부와 경주, 그리고 남원 정도가 중국의 법식을 따라 격자형 가로 체계를 가질 뿐이다. 우리 도시의 지형은 산하의 기복이 심해서, 평지인 중국 도시에 적합한 정전법을 적용하기 어려웠기 때문이다.

[06] 바둑판 모양의 도로망을 뚫어 도시를 만드는 계획 기법. 사방의 도로로 둘러싸인 도시의 블록을 방坊이라 하며, 방리제坊里制라고도 부른다. 이러한 바둑판형 도시는 당나라의 장안長安이 대표적이며, 한국의 경주와 일본의 헤이세이쿄平城京도 정전법에 의해 조성되었다.

읍성은 신라 신문왕 11년(691)에 쌓은 것으로 기록되었으며, 아직도 그 흔적을 확인할 수 있다. 고려시대에는 남원부로 존속하다가, 조선시대에 남원도호부로 승격하여 1부 1군 9개현을 관할하는 큰 읍으로 지속되었다. 특히 1654년 군사 사령부인 전라좌영全羅左營이 설치되었고, 1896년의 전국적인 행정개혁 때 전라남도의 관찰부(도청)가 설치될 정도로 남원은 전라도 일대의 중심 읍이었다.

조선시대 남원부의 읍성 계획은 현존하는 『용성지』龍城誌(1752년)에 전재된 〈남원관부도〉南原官府圖나, 1872년에 작성된 〈남원부도〉南原府圖를 통해 잘 나타나 있다. 두 그림이 약간의 시대적 차이는 있지만, 대략 장방형의 읍성 안 공간을 동서와 남북의 십자로가 교차하면서 구획하고 있다. 이 십자로는 동서남북의 성문을 지나 사방으로 뻗어가면서 다른 지방과 연결되는 중요한 교통로가 되는데, 동으로 장수, 서로 순창, 북으로 임실, 남으로 곡성과 구례이다. 특히 남쪽 교통로가 광한루의 오작교를 지나가게 되어 있어, 오작교는 누원의 다리일 뿐 아니라, 중요한 교통로의 일부였음을 알 수 있다.

성내에는 십자 교차로의 북서 모퉁이, 즉 성내의 중심부에 객사인 용성관龍城館이 자리잡았고, 그 남쪽 건너편에 동헌과 관청들이, 동북 모퉁이에는 담장을 굳게 친 사창司倉이, 남서쪽에 군관청軍官廳, 북서에 향사鄕射, 북문 안쪽에는 원형 담장이 쳐진 옥獄이, 그리고 남문 안에 보민청補民廳과 입마청立馬廳 등이 자리잡았다.

성안은 대부분 관청과 향리, 아전들의 주택으로 채워졌으며, 일반 민가들과 대형 공공 시설은 성 밖에 위치했

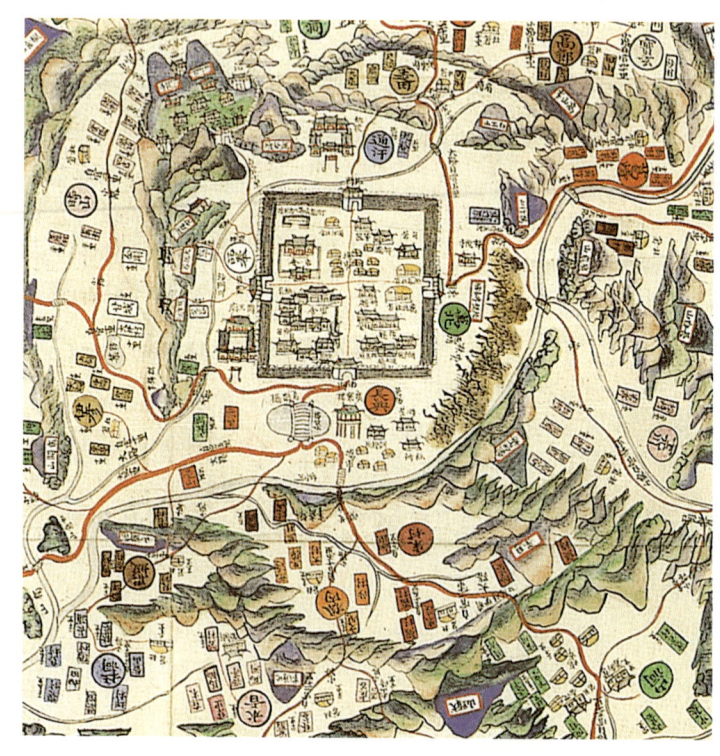

남원부도(부분)  1872년, 서울대학교 규장각 소장.

다. 북문 밖에 향교鄕校가, 서문 밖에는 관왕묘關王廟가, 동문 밖에는 선원사禪院寺와 동도역東道驛이, 그리고 남문 밖에 광한루가 위치한다.

〈48방도〉四十八坊圖에 의하면, 광한루가 위치한 지역은 읍 직속의 장흥방長興坊에 속하며, 남문인 완월루阮月樓 바로 바깥이다. 남원부의 4개 성문 가운데 백성들의 출입이 가장 많은 제1의 성문은 바로 남문이었다. 시장이 두 개 있었는데, 하나는 남문 밖 광한루 근처에 있었고, 또 하나는 남문 안 객사 앞에 있었다. 또한 보민청 등 대민 업무를 담당하는 관청들은 민간의 출입이 많은 남문 일대에 포진했다. 광한루가 남문 바깥에 위치한 까닭은 이곳이 단순히 경관이 좋기 때문만은 아니다. 백성들의 출입이 빈번하고 공공 시설이 가장 많은 곳에 정원을 만들어 휴식을 제공하고 집회를 열려고 했던 도시적 목적이 있었던 것이다.

광한루 남쪽, 현 월매집 부근으로 추정되는 곳에는 시장이 섰고, 호수 동쪽으로는 담장을 치고 전라좌영全羅左營[08] - 후에는 훈련원 - 이 자리잡아 중요한 군사 시설로 이용되었다. 그 시설 중 하나로 장대將臺도 마련되었다. 또한 인근에는 종이를 보관하는 지소紙所도 있어서, 성안 못지 않게 중요한 관영 시설이 집중된 곳이다. 『춘향전』 가운데 신임 사또인 변학도가 부임하는 광경에서 "광한루에 도착하여 관복으로 갈아입고 객사에 연명延命을 행하기 위해 남여藍輿를 타고 들어갈 때에……"[09]라는 구절에서 광한루가 객사인 용성관에 부속된 객사 누각임을 알 수 있다. 이몽룡이 어사또가 되어 남원으로 들어오는 광경에서는 심지어 광한루를 객사로 통칭하는 사례도 등장한다.[10]

광한루 인근에 군사 시설이 있었다는 사실에서 광한루가 유사시에 군사 지휘소로 전용될 가능성도 유추할 수 있다. 실제로 연산군을 몰아내는 중종반정 때, 광한루는 주요한 군사 집결소로 사용된 적이 있었다.[11] 또한 임진왜란에 참전했던 명나라 장수 송대빈宋大斌의 시에서도[12] 전란 중에 광한루가 주요 군사 시설로 이용되었음을 알 수 있다.

이처럼 광한루원과 광한루는 주요 교통로와 시장에 위치하면서 백성들에게 개방된 공공 누각이자, 유사시의 군사 시설이었다. 그러나 무엇보다도

07_ 『용성지』龍城誌에 실려 있음. 남원부 관내의 48개 방坊(행정 단위)의 위치와 주요 교통로가 나타나 있다.

08_ 전라좌영은 모두 5개가 설치되었는데, 이 가운데 남원부에 설치된 좌영은 창평, 옥과, 장수, 운봉, 구례, 곡성 등 6개 현을 관할했다.

09_ 전영진 편역, 『춘향전』, 홍신문화사, 1997, p.163.

10_ 『춘향전』 p.249. "객사(광한루) 앞 버드나무 푸른빛이 새로운 곳은 나귀 매고 놀던 곳이요, 푸른 구름 떠 있는 맑은 물은 내 발 씻던 청계수, 푸른 나무 우거진 넓은 길은 오고가던 옛 길이다. 오작교 다리 아래 빨래하는 여인들은 계집아이와 섞어 앉아…" 여기서 광한루 호수는 관상용일 뿐 아니라 빨래터로도 이용됐음을 알 수 있다.

11_ 『중종실록』中宗實錄 3년 二月 五日. 유빈 이과 김준손 등이 병인년 9월 10일 남원 광한루 앞에서 군오軍伍를 지어 서울을 향해 진격하기로 약속했던 사실이 등장한다.

12_ 전쟁을 끝내고 돌아와 피곤한 몸으로 이 누각에 의지하니 / 큰 시냇가에서 병기를 씻고 말도 물을 먹이었네 / 팔방의 산에 풀과 나무는 천년토록 무성하고 / 사방에서 피어오른 봉화 연기는 한눈에 들어오네 - 천장天將 송대빈宋大斌

광한루는 남원을 둘러싼 정원으로서, 특히 도심에 가까운 휴식 공간으로서 독특한 기능이 있었다. 다시 『춘향전』으로 돌아가서, 방자의 사설을 들어보자.

동문 밖으로 나가면 장림 숲 속의 선원사가 좋고, 서문 밖으로 나가면 관왕묘가 있어 천고 영웅의 위엄 있는 풍모가 어제오늘 일 같고, 남문 밖으로 나가면 광한루, 오작교, 영주각이 좋고, 북문 밖으로 나가면 파란 하늘 아래 부용꽃들이 신기하게 피어 있고 기이한 바위들은 두둥실 교룡산성을 좇아 서 있으니, 좋을 대로 가십시오.[13]

다시 말해서 장림-관왕묘-광한루-교룡산성은 남원부 동서남북을 둘러싸는 원림으로 경영되었다. 그 가운데서도 도심에 가장 가까운 곳은 남문 밖에 바로 위치한 광한루였다. 아니, 광한루 남쪽에 장시場市가 있었다는 사실로 본다면, 광한루는 저잣거리 한가운데 위치한 도심형 원림이었다. 이러한 도심형 원림은 한국 정원사상 유례가 드문 경우로 재조명이 필요하다. 예전 사람들도 도시 공원으로서의 광한루의 성격을 인지하고 있었다. 김제 사람인 조계식趙季式은 이렇게 노래했다.

성안에 저잣거리가 지척에 있건만 그것을 알지 못하니
이 늙은이로 하여금 속세의 잡다한 수심에서 벗어나게 하네.

도심 안에 있지만 번잡함을 떠나 호젓한 자연을 제공하는 도시 원림의 모습 그대로다. 원림 건축 계획의 고전이라 할 수 있는 『원야』園冶에서는 "시정에다가 원림을 만들면 안 된다. 그럼에도 불구하고 원림을 만들고자 한다면 반드시 그윽하고 호젓한 곳을 선택하여 만들어야 한다. (중략) 시끄러운 곳에서도 호젓하고 그윽한 풍경을 찾아 노닐 수 있다면, 무엇 하러 가까운 곳을 버려두고 먼 곳을 찾아가겠는가? 한가할 때마다 벗과 더불어 노닐 수 있는 곳이 바로 도시에 만든 원림이다"[14]라고 하여 도시 원림의 조건과 가치를 논

13_ 『춘향전』, p.125.
14_ 계성計成, 『원야』園冶(안대회역, 도서출판 예경, 1993), 상지相地, 성시지城市地, 도시 원림을 만드는 방법도 기술하고 있다. "구불구불 이어진 길을 만들고, 그 옆으로 대나무를 심으며, 저 멀리에 겹겹이 쌓인 성가퀴가 보이도록 한다. 굽이져 에돌아서 호수를 만들고 사립문 안으로부터 가로로 긴 다리를 설치한다. 널찍한 뜰 안에는 오동나무를 심고 연못 둑에는 수양버들을 심는다. …… 원림의 형편에 맞추어 집을 짓고, 물길을 파 돌로 제방을 견고하게 쌓는다. 풍경에 알맞게 정자를 짓고, 꽃을 심어 봄바람에 활짝 피게 만든다. …… 이렇게 이루어진다면 저잣거리에 은거하는 것이 오히려 산림에 사는 것보다 낫다는 사실을 인정하게 될 것이다." 광한루의 구성 방법이나 경관도 이 내용과 크게 다르지 않다.

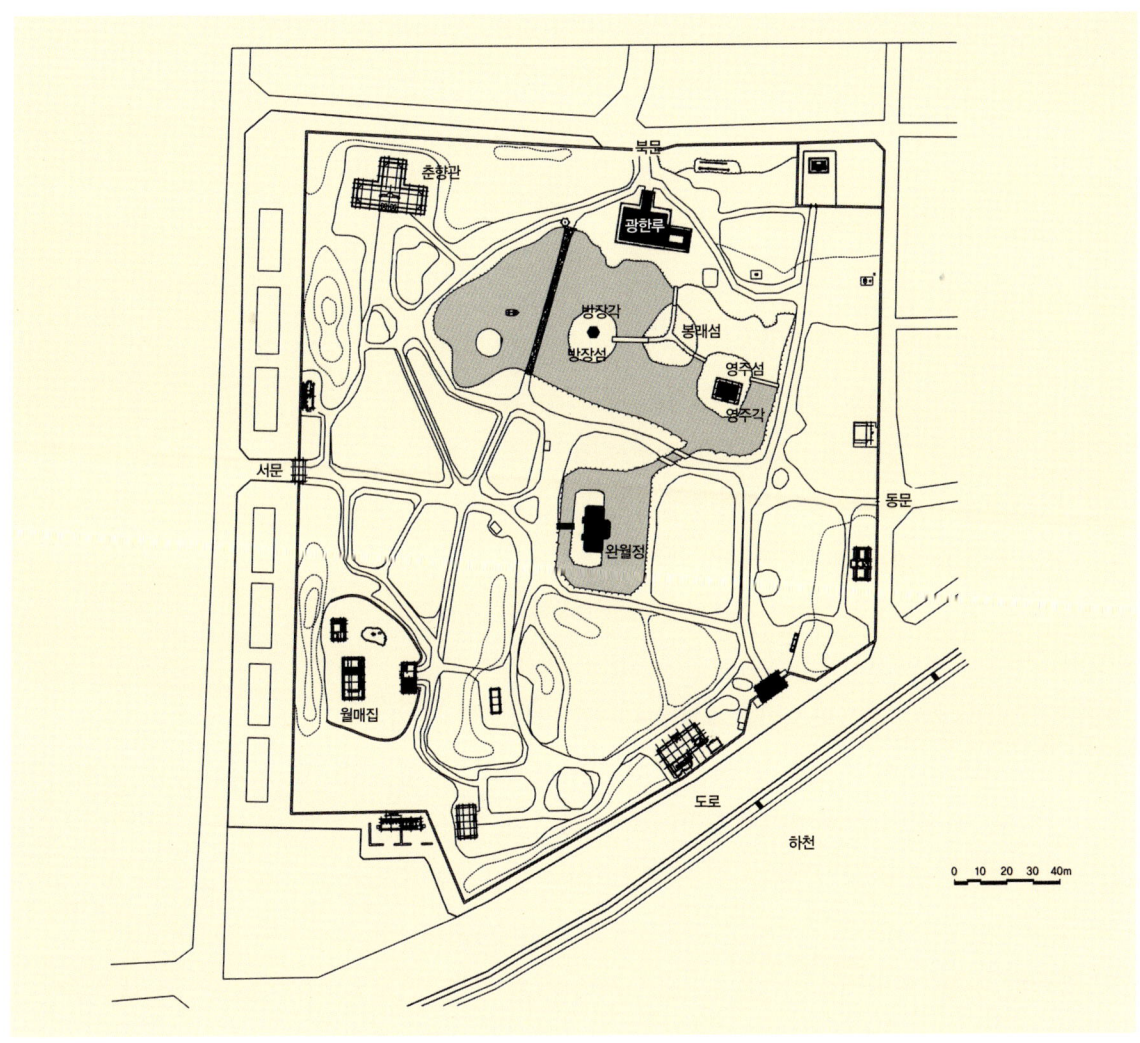

↗ **광한루원 전체 배치도**  문화재청 도면.

15_ 『廣寒樓薈覽詩選』, p.91.

하고 있다. 비록 광한루가 『원야』의 이론에 따라 계획됐다고 볼 수 없지만, 도시 원림으로서의 보편적 가치는 충분히 지니고 있음을 알 수 있다.

광한루의 공원적 기능은 여기서 그치지 않는다. 광한루 앞 요천에는 강을 건너는 나루터가 있었고, 나루터를 건너면 아름다운 절벽인 승월대昇月臺가 있었으며, 그곳에는 남원부에서 관할하는 얼음창고(빙고氷庫)도 마련되었다.[15] 따라서 광한루원은 남문부터 승월대까지 이르는 기다란 휴식터의 핵심시설이었고, 도시에서 자연으로 연결되는 녹지 띠였다고 평가할 수 있다.

# 누각이란 무엇인가

"원림에는 보편적으로 원경과 서로 부합한 정亭, 대臺, 각閣, 사榭라는 건물들을 건축하는데, 이는 수隋·당唐시대 이후에야 시작되었다. 물론 이는 원림 속의 건축적인 요소를 가리킨 것이며 누樓, 관關, 궐闕 등의 건축물은 한漢 대의 정원에 이미 출현했다."[16] 여기서 누, 관, 궐 등은 모두 2층으로 떠 있는 높은 건축 형식들을 의미한다.

문헌에 나타나는 '누' 樓의 의미를 살펴보면, 『설문』說文에는 "중첩하여 지은 집"(重屋曰樓)이라 했고, 『이아』爾雅에는 "폭이 좁으면서 길고 굴곡이 있는 집", 즉 창호가 활짝 열려서 창들이 나란하게 있음을 말한 것이라 했다.[17] 이규보李奎報는 『사륜정기』四輪亭記에서 "누란 지상에서 높이 띄워 지은 집이며, 집 위에 집이 있는 구조"라 하여, 아래로 사람이 서 있거나 지나다닐 수 있는 건물의 형태를 의미했다.[18] 각閣 역시 원래 2층 이상의 집을 의미하며, '누각' 樓閣이라 하면 위층은 누, 아래층은 각으로 지칭된다. 이때 누각의 아래층에는 방을 만들어 사용하게 되는데,[19] 만약 아래가 비어 있다면 아래층은 대臺가 되어 '누대' 樓臺라 불려지게 된다. 이 용례를 따른다면 광한루는 누각이 아닌 누대로 분류된다.

누각 혹은 누대 건축이 우리나라의 기록에 등장한 것은 636년 백제 무왕 때였다. 무왕은 634년, 궁궐 남쪽에 20여 리 떨어진 곳의 강물을 끌어들여 삼신산을 만들고 방장선산이라 이름하였다. 또한 636년 가을에는 망해루望海樓 (방장선산 옆에 지은 누각인 듯)에서 군신에게 잔치를 베풀었다[20]고 하여, 이미 누

16_ 이윤화李允鈺, 『화하의장』華夏意匠(이상해 등 번역, 『중국 고전건축의 원리』, 시공사, 2000), p.356.

17_ 『원야』園冶, p.81. 이외에도 원림용 건축물에 대한 해설은 다음과 같다. "각閣은 사방에 비탈진 지붕면이 있고, 사방에 창문을 낸 것을 가리킨다. 정亭은 『석명』釋名에 '亭이라고 하는 것은 停이다. 여행하는 사람이 잠시 정지하여 쉬는 곳이다'라 하였다. 사榭는 『석명』에 '기댄다는 의미'이고, 주변의 풍경에 의지하여 구성되는 것이다. 榭는 물가에 위치하기도 하고, 꽃밭에 위치하기도 하는데 만드는 방법도 변화가 많다. 낭廊이라 하는 것은 무廡에서 한 발 앞으로 나온 건물로서 굴곡이 있고 길이가 긴 것일수록 뛰어난 것이다."

18_ 이외에도 이규보는 다음과 같이 여러 건축물들을 정의했다. "정亭이란 탁 트여 텅 빈 내부를 갖는 집이고, 대臺란 나무를 차곡차곡 쌓은 집이며, 사榭란 겹겹으로 난간이 둘러싸인 집"이라 했다. 이규보의 정의는 건물의 형태만 보고 판단한 말들로 생각된다.

19_ 창덕궁昌德宮 후원後苑의 주합루가 대표적 사례로 아래층은 그 유명한 규장각奎章閣이다.

20_ 『三國史記』百濟 武王條.

↗ 광한루 동북쪽 부분
↘ 광한루 정면도(남측면) 문화재청 도면.

8 설화로 이룬 천상의 세계 **광한루원** __ 327

각 건물이 있었음을 알 수 있다. 또한 신라에서는 655년에 월성月城 내에 고루鼓樓를 세웠다는 기록이 있다. 누각 건축은 삼국시대부터 이미 일반화되었고, 조선시대까지 많은 건축물에서 누 형식의 건물을 채용하였다.

조선시대의 누각 건물은 단독으로 세워지기보다 큰 건물군의 일부로 흔히 채택되었다. 예를 들어 궁궐 건축물 가운데 하나이던가, 서원이나 사찰 건축의 일부가 되기도 했다. 광한루와 같이 누각 단독의 예는 오히려 적어서, 경관을 즐기기 위해 경승지에 세운 객사 누각 정도가 이에 해당한다.

누각 건축의 목적은 감시용, 집회용, 군사용, 전망용 등으로 나눌 수 있다. 감시용 누각은 관아의 문루나 성곽의 문루가 대표적이다. 아래는 출입문이 되고, 위층 누에서는 출입을 감시하는 누각이다. 집회용 누각은 서원이나 향교, 사찰 등의 누이다. 서원과 향교의 누에서는 양로회養老會 등 집회가 열리고, 사찰의 누각은 주로 대중들의 강당으로 쓰였다. 군사용 누각은 각루角樓나 포루砲樓와 같이 멀리 적을 발견하고 공격하기 위한 누각이다. 전망용 누각은 주변의 자연 경관이나 정원 풍경을 감상하기 위해 세운 누각이다. 경복궁의 경회루慶會樓나 창덕궁의 주합루宙合樓, 그리고 광한루를 비롯한 지방의 유명 누각들이 여기에 속한다.

중앙집권제 국가였던 조선조는 지방 관청에 소수의 중앙 관리를 파견했는데, 이들의 임기는 1년 정도로 매우 짧았다. 그 기간 동안에 해당 지방의 모든 곳을 관장하기 위해서 지방관은 각 읍을 순력巡歷하면서 하급 지방관들을 지휘하게 된다. 따라서 중앙관들이 순력할 때 머물 수 있는 숙소가 필요한데, 이때 객사客舍를 이용하게 된다. 객사의 중심인 정당正堂에는 임금의 전패殿牌를 안치하여 성스러운 공간으로 모셔지며, 양쪽 익실(동서익실)東西翼室은 파견된 관리들의 숙소로 이용된다. 또한 읍성 교외의 경승지에는 객사에 소속된 누대 건물을 건립하여 휴식과 연회 등의 기능에 사용한다.[21]

지방 관청에서 세운 객사 누각으로는 남원 광한루, 삼척 죽서루竹西樓, 밀양 영남루嶺南樓, 제천 한벽루寒碧樓, 정읍 피향정被香亭, 강릉 경포대鏡浦臺, 안동 영호루映湖樓, 평양 부벽루浮碧樓, 성천 강선루降仙樓, 강계 인풍루

21_ 박언곤, 『한국의 누』, 대원사, 1991, p.58.

↗ **삼척 죽서루** 지방 관청에서 세운 객사 누각 중 하나이다.

仁風樓, 안변 가학루駕鶴樓 등이 유명하다. 흔히 객사 누각으로 알려진 진주 촉석루矗石樓는 진주성에 소속된 군영루軍營樓였다. 이 가운데 현존하는 것은 광한루와 죽서루, 영남루, 피향정, 경포대 정도이고, 한벽루는 충주댐 수몰로 인해 위치를 이전했고, 영호루를 비롯한 나머지 누각들은 6·25 전쟁 때 불에 타버려 원형을 잃었다.

각 고을의 유명 누각들은 일정한 연계망을 구축하여, 전국 순유巡遊의 거점으로 이용되기도 했다. 『춘향전』의 한 대목을 보면 "서울로 말하자면 자(하)문 밖을 내달려 칠성암, 청연암, 세검정과, 평양 영광정, 대동루, 모란봉, 양양 낙산대, 보은 속리산 운장대, 안의 수승대, 진주 촉석루, 밀양 영남루가 어떠한지는 몰라도, 전라도로 말하자면 태인 피향정, 무주 한풍루, 전주 한벽루가 좋사오나 남원의 경치도 들어보소"[22] 라 하여, 전라도의 명누각인 피향정과 한풍

22_ 『춘향전』, p.25.

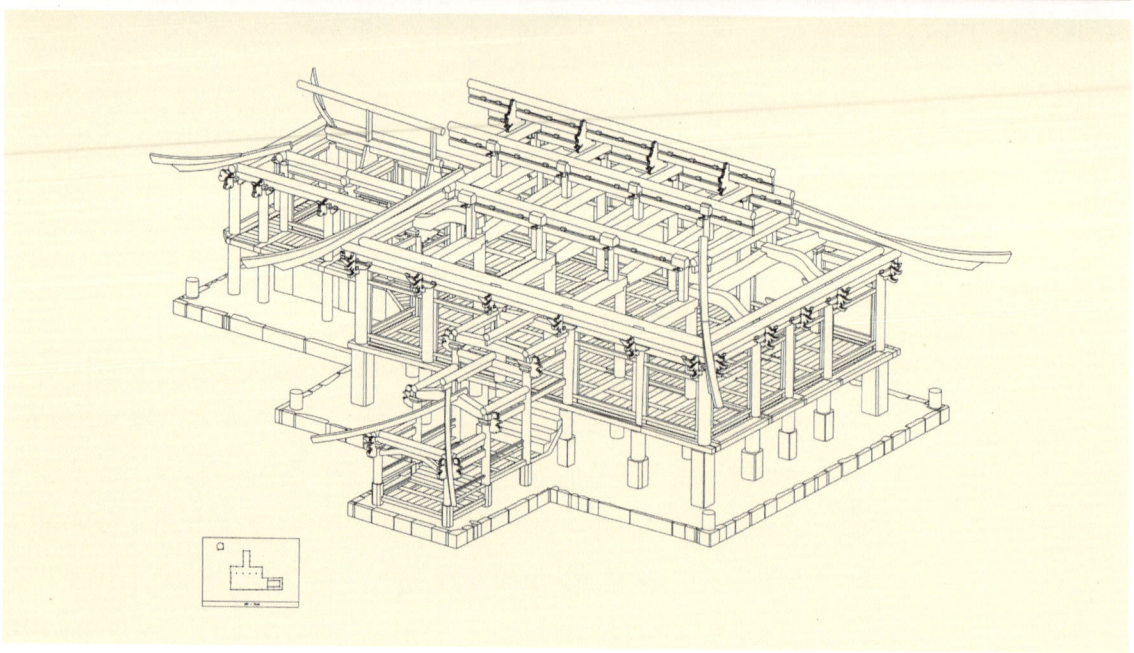

▢ **광한루에서 바라보는 앞산과 요천** 겉보기에 비교적 크고 육중하게 보이는 광한루의 진가는 내부 공간에 올라 바라보는 경관에 있다.
▢ **광한루 내부에서 바라본 풍경** 광한루 본루 20칸은 완전히 비어 있다. 누각과 정자는 경관을 담고 모으는 취경 건축물이므로 비어 있어야만 담을 수 있다.
▢ **광한루 가구 조감도**(서북측) 문화재청 도면.

루, 한벽루로 이어지는 연계망의 종착점에 광한루가 있음을 강조한다.

대부분의 객사 누각들은 경치가 좋은 자연으로 이루어진 산수경원山水景苑 속에 놓여진다. 광한루의 전신이었던 광통루 역시 요천에서 갈라져 흐르는 계류가에 지어진 산수경원의 하나였다. 그러나 정철 대에 인공적인 정원을 대대적으로 조성함으로써, 광한루는 인공 누원樓園으로 성격이 바뀌었다. 수많은 객사 누각 가운데 인공 누원은 정읍 피향정의 예 정도만 발견할 수 있고, 그나마 연지 정도를 경영하는 소규모였다. 광한루는 본격적인 인공 누원으로는 거의 유일한 예라고 할 수 있다.

누대 건축의 특징은 비움(虛)에 있다. 성종 때 정승을 지낸 손순효孫舜孝는 "누樓가 비어 있으면 능히 만 가지 경관을 끌어들일 것이요, 마음이 비어 있으면 능히 선함을 많이 담을 것이다"라고 했다. 누건축의 핵심을 꿰뚫는 말이다. 누각과 정자는 경관을 담고 모으는 취경聚景 건축물이다. 따라서 비어 있어야만 담을 수 있다. 또한 누정에서는 많은 경관을 볼 수 있거나(多景), 자연경관을 둘러 있게(攝景) 해야 한다. 따라서 누정은 단순하고 허해야 한다.

작지 않은 규모의 광한루 역시 본루 20칸은 완전히 비어 있다. 겨울철 이용이나 보안용으로 사방에 분합문을 달았지만, 처마에 매달아 개방하기 때문에 완전히 비어 있다고 할 수 있다. 겨울철에 이용하기 위해 들인 익루의 온돌방 부분도 비어 있음의 대세를 따르고 있다. 온돌방의 사방은 모두 개방할 수 있으며, 온돌방 주변에 툇마루와 같은 헌랑軒廊을 둘러서 그 개방감을 강조하고 있다. 또한 아래층 역시 아궁이를 제외하고는 일절 방을 두지 않고 비워두어서 허한 누대로서 충실한 형식을 취하고 있다.

누대의 시각적 개방감을 극적으로 고양시키는 건축 요소가 바로 난간이다. 난간은 크게 나누어 평난간과 계자난간으로 분류할 수 있는데, 평난간은 걷거나 움직이는 동선 위주의 공간에 사용하고, 계자난간은 공간의 연속성이나 시각의 연속성을 요구하는 정적 공간에 주로 사용되는 요소이다. 광한루의 난간들은 모두 계자난간이다. 계자난간을 다는 부분의 누마루는 외곽 기둥열보다 반 칸 정도 밖으로 실마루가 돌출되어, 누마루의 개방감과 확장감을 극에 달하게 한다. 계자난간의 동자기둥[23] 역시 수직으로 서지 않고 바깥으로 휘어져 부착되기 때문에 확장감에 일조를 한다.

겉보기에 비교적 크고 육중하게 보이는 광한루의 진가는 내부 공간에 올라 바라보는 경관에 있다. 누대는 밖에서 건물을 바라보는 대상적 형태를 추구하는 것이 아니라, 안에서 밖을 내다보는 경관용 틀이기 때문이다. 광한루는 그 면밀한 구성에서 경관적 확장성과 개방성에 충실한 누대 건축이라 할 수 있다.

▶ **평난간**　상주 양진당.
▶ **계자난간**　남원 광한루.

23_ 목조건축에서 수평 부재를 받치기 위해 수직으로 세우는 부재를 기둥이라 하고, 짧고 부수적인 기둥을 동자기둥이라 한다. 난간의 동자기둥은 그 위에 얹히는 수평의 난간대를 받는다.

# 누대와 누원의 사상과 설화 체계

흔히 한국 정원과 누정 건축에는 신선사상과 주역, 음양오행설, 풍수지리설 등이 영향을 끼쳐왔다고 한다. 고대의 정원은 신선설에 입각한 풍경식 정원이 군중에 마득어졌고, 중세에 들어 건축 계획적 색채를 띠게 됐으며, 조선시대에 와서는 풍수지리설이 강조되어 비로소 한국적 색채가 농후한 정원이 성립되었다고도 한다.

이런 관점에 따라 광한루원의 사상적 배경을 분석하면, 신선사상, 천문사상, 유교사상, 풍수지리설, 심지어는 불교사상과의 연관성까지 살펴볼 수 있다. 호수에 있는 3개의 섬이 바로 신선설에서 말하는 삼신산이요, 월궁과 은하수–견우직녀와 오작교의 체계는 천문사상이다. 객사 누각으로서 사회적·정치적 기능을 수용했다는 점에서 유교적 사상을 바탕에 깔고 있는 것이고, 요천의 물을 끌어들여 호수를 팠다는 것은 남원부의 내명당수內明堂水를 확보하려는 일종의 풍수지리적 목적이었다고 할 수 있다. 또한 광한루 월랑의 창방昌枋[24] 위에 새겨진 거북이와 토끼 조각은 불교 설화인 귀토 설화龜兎 說話에서 유래한 것이다. 이처럼 광한루원에는 여러 가지 사상과 설화들이 복합적으로 얽혀 있다.

신선설神仙說은 주周나라 말기인 전국시대에 나타난 공리적인 설로서 방사方士가 권장하는 방법에 따라 양생절제養生節制하면 불로장생이 가능하여 신선神仙 즉 진인眞人이 된다는 것이다.[25] 이 신선설은 나중에 노장老莊사상과 결합하여 마침내 도교道敎를 성립하기에 이르렀다.

[24] 목조건축물에서 기둥과 기둥 사이의 상부를 가로지르는 사각 단면의 부재. 기둥과 기둥을 연결하여 기둥의 쓰러짐을 방지한다.

[25] 사마천司馬遷의 『사기』史記를 보면, 신선설에서는 단사丹砂를 바꾸어 황금이 되게 하고 그것으로 밥그릇을 만들면 오래 산다고 하는 전설도 있다. 이 설을 굳게 믿었던 진시황秦始皇은 방사方士를 중용하고 3천 명의 동남동녀童男童女를 발해만渤海灣 동쪽에 있다는 삼신산三神山에 보내 불로장생의 영약靈藥을 찾아오게 했다 하며, 한漢 대에 이르러서는 신선사상이 더욱 유행하여 많은 신선가神仙家가 등장하고 있다.

삼신산三神山, 또는 삼신도三神島는 원래 5개였다고 한다. 발해의 동쪽 수억만 리 되는 곳에 귀허歸墟라고 하는 거대한 계곡이 있었다. 귀허에는 대여岱輿, 원교員嶠, 방호方壺(후에 방장), 영주瀛州, 봉래蓬萊라고 하는 다섯 개의 신산神山이 있는데 각기 그 높이와 둘레가 3만 리가 넘는다. 산 위에는 황금으로 축성한 궁전과 백옥으로 만든 난간이 있는데 이곳이 바로 신선이 사는 곳이다. 그러나 바다에 떠 있는 이 신산은 뿌리가 없다. 그래서 바람이 불면 걷잡을 수 없이 흔들리고 만다. 이에 천제天帝는 해신海神인 우강을 시켜 열다섯 마리의 거대한 거북이를 귀허로 보내 다섯 개의 신산을 등에 지도록 했다. 그래서 5신산은 바다에 뜨면서도 단단히 고정될 수 있었다. 그런데 몇 만 년이 흐른 어느 날, 용백국龍伯國[26]의 거인이 장난 삼아 여섯 마리의 거북이를 낚시로 낚아버렸고, 대여산과 원교산은 북극으로 떠내려가 바다 속에 침몰하고 말았다. 그때부터 발해에는 3신산만 남게 되었고, 이곳은 아직도 신선들의 불로장생의 세계라는 것이다.

중국과 한국의 정원은 바로 이 신선의 세계를 이상형으로 삼고 있었다. 특히 중국의 동쪽, 발해만 동쪽에 있는 우리나라에 삼신산이 있다고 믿었다. 다시 말해서 한라산을 영주산, 금강산을 봉래산, 지리산을 방장산으로 여겼고, 한반도 전체가 신선의 세계가 되기를 원했다. 정철이 애써 호수를 파고 세 개의 섬을 만든 것도 두말할 나위 없이 신선설의 모티브를 따른 것이다. 신선경은 동양 자연의 최고 이상향이요, 정원과 원림의 목표였다.[27] 『춘향전』에서도 광한루와 남원부의 경관을 신선들의 세계로 묘사하고 있다.[28]

오작교 건너서 주위의 산천을 둘러보니, 서북쪽으로는 교룡산이 술해 방위를 막아 있고, 동쪽으로는 장림 깊은 곳에 선원사가 은은히 보이고, 남쪽으로는 지리산이 웅장한데 그 가운데 요천수는 장강의 푸른 물처럼 흐르며 동남으로 둘렀으니, 신선들이 산다는 별유건곤別有乾坤의 세계가 바로 이곳이구나.

또한 광한루 앞 호숫가에 있는 거대한 돌자라(석오石鰲)도 삼신산을 받들고 있는 거북이들을 의미하는 상징물로 볼 수 있다.[29]

삼신산을 만들려면 거대한 호수를 파야 한다. 세 개의 섬을 쌓기 위해서는 많은 흙이 필요하고, 그만큼 넓고 깊은 호수를 파야 하기 때문이다. 그보다도 3개의 섬 크기에 제곱으로 비례하여 호수 역시 상당한 넓이를 가져야 하기도 했다. 광한루의 넓이 크게는 이 큰 호수 때문에 확대 재생산된다.

큰 호수로 말미암아 남원부에서 남쪽 지방으로 이르는 교통로는 빙 돌아가야 했기 때문에, 호수를 가로지르는 다리를 놓을 수밖에 없었다. 그런데 이미 광통루는 달나라에 있는 궁궐이라는 광한루[30]로 이름을 바꾸어 천상의 건물이 되어 있었다. 광한루는 낮의 경관도 아름답지만, 특히 밤의 경관이 황홀했던 듯하다.

날이 저물어 해는 서산에 지고, 휘영청 둥근 달이 중천에 떠오르면 달빛은 누각을 비추어 낮과 같이 밝고, 별들이 반짝이면 달은 숲 속에 드나들면서 숨을락 말락 하고, 둥근 달의 계수나무는 광한루 처마 끝에 걸리는 듯, 그 경치 아무리 보아도 월궁과 흡사하니 광한루란 이름이 결코 헛된 것이 아니로다.[31]

이왕 다리를 놓을 바에야 월궁 설화를 뒷받침할 그럴듯한 이름이 필요하게 된다. 그래서 '오작교'라 이름을 붙였다. 오작교라 이름을 붙이기 위해서는 은하수가 필요한데, 월궁인 광한루 앞의 큰 호수를 은하수라 한다면 논리적으로나 경관적으로 들어맞게 된다.

26_ 곤륜산 북쪽 수만 리 되는 곳에 있다는 거인국.
27_ 『원야園冶』의 옥우조屋宇條에는 이상적인 원림의 모습이 다음과 같이 묘사된다. "붉은 꽃무더기 사이의 이곳저곳에 기묘한 정자亭子를 나누어 짓고, 여러 층의 누각樓閣은 구름 위로 높이 솟게 짓는다. 그럼으로써 무궁한 경물景物을 함유하여 은현隱現하게끔 하고, 끝없는 봄빛이 찾아오게 만든다. 난간 밖에는 구름이 떠가고, 거울같이 맑은 물이 흘러 무슨 수를 써도 씻어지지 않는 물속에 비친 산 빛을 씻어내며, 부르지 않아도 저절로 찾아오는 학鶴의 울음소리는 구름 속에서 날아온다. 이 광경은 영주瀛洲, 방호方壺와 흡사하여 천연적인 그림과 같다……"
28_ 『춘향전』, p.17.
29_ 돌자라는 신선설에 등장하는 거대한 자라(거북이로 볼 수도 있지만, 남원부에 해를 미치는 지리산의 동남풍을 막기 위해 세운 비보물이라는 의견도 있다.
30_ 도교적 천체설에 의하면 원래는 광한부廣寒府로서, 항아姮娥가 사는 달 속의 궁전으로 광한궁廣寒宮, 또는 광한전廣寒殿이라고도 한다. 여기에는 비를 주관하는 적송자赤松子라는 천신도 산다.
31_ 黃守身, 『廣寒樓記』.

↖ 광한루 월랑의 창방 위에 새겨진 거북이와 토끼 조각
↙ 광한루 앞 호숫가에 있는 거대한 돌자라 삼신산을 받들고 있는 거북이들의 상징물로 볼 수 있다.

세상에 전해오기를 하늘 위에 궁궐이 있다 하니 이름하여 광한루라. 누각 앞에는 오작교가 있고, 누각 옆에 붉은 계수나무가 있으며, 계수나무 아래에서는 오질吳質이 도끼를 휘두르고, 옥토끼가 즐겁게 방아를 찧고, 선아우객仙娥羽客이 그 가운데서 놀면서 한가한 말과 시문을 암송하니 사람들에게 즐거움을 낳게 한다.32

이쯤 되면 어디가 월궁이고 어디가 광한루의 경관을 묘사한 것인지 분간하기 어려워진다. 그런데 오작교는 직녀와 견우의 설화를 수반하게 된다. 따라서 오작교를 완공함과 동시에 견우직녀 설화를 완성하기 위해 직녀의 베틀을 고였다는 지기석과, 견우가 은하수를 건널 때 타던 작은 배라는 상한사를 설치했다. 월궁 설화와 신선설에서 시작된 누원의 설화 체계는 견우직녀 설화로 발전했다. 견우직녀 설화는 선남선녀의 사랑 이야기로 전개될 소지가 다분하다. 특히 광한루가 위치한 남원 땅은 김시습의 『만복사저포기』萬福寺樗蒲記

32_ 柳東淵, 『廣寒樓記』.

◢ **광한루원의 오작교** 월궁인 광한루 앞의 큰 호수를 은하수라 하고, 호수를 가로지르는 다리를 오작교라 이름 붙였다.

를 비롯하여 『흥부전』, 『변강쇠타령』, 『홍도전』(최척전崔陟傳) 등 고전문학과 노래의 본고장이다. 드디어 가장 뛰어난 로맨스인 『춘향전』이 탄생할 공간적·장소적 조건을 갖춘 것이다. 『춘향전』에 등장하는 이도령의 독백에서, 이몽룡-성춘향의 사랑 이야기가 견우-직녀 설화에서 출발한 것임을 암시하고 있다.

드높고 밝은 오작烏鵲의 배요, 광한루는 옥섬돌 위의 누각이라.
묻노니, 하늘나라 직녀는 누구일까, 대답을 아는 오늘 내가 바로 견우라네.[33]

광한루가 춘향전의 무대가 된 것은 그 빼어난 경관 때문만이 아니었다. 문학적 상상력이 발현될 수 있는 전설과 설화의 무대 장치가 완벽하게 구비되었던 까닭이 더 중요했다. 광한루원의 경관 정도는 우리나라 금수강산 천지에서 숱하게 찾을 수 있다. 그러나 광한루원에 얽힌 설화들과 그들의 체계는 어디에서도 찾을 수 없다. 일단 춘향전의 무대로 자리잡은 후에는 숱한 열녀들과 절개 있는 기녀들의 순례지가 되고 말았다. 또한 광한루 경내에는 관기官妓들의 기예를 양성하는 교방敎坊이 설치되어 현 국악원國樂院의 전신이 되었다.[34] 여성들의 일이라 기록은 많지 않지만, 광한루에 관련된 기녀들이 자신의 이름을 떳떳이 남기고 있는 사실에서 그들의 긍지를 읽을 수 있다.

오색 치마로 춤추기를 멈추고 홀로 (광한)루에 오르니
가을밤 대발 사이로 오작교의 밝은 달이 비치네

— 기생 연옥蓮玉의 시

이제 광한루에 얽힌 설화는 거꾸로 인간 세계의 규범을 지시하게 되었다. 관광지로 변한 광한루원의 현황 역시, 설화와 문학 때문에 만들어진 관광지이다. 건축과 조경이 설화를 만들었지만, 세상을 움직이는 것은 건축과 조경이 아니라 오히려 설화요 문학이었다. 광한루원의 진정한 건축적 가치는 어쩌면 여기에 있는지도 모른다.

[33] 『춘향전』, p.35. 高明烏鵲船이요, 廣寒玉階樓라. 借問天上誰織女요, 知應今日我牽牛라.
[34] 19세기의 기록에 의하면, 교방敎坊에는 관기官妓 19명과 악공樂工 3인이 소속되었다고 한다. 일제기에는 일본인들이 권번券番으로 이름을 바꾸어 기생 양성소로 전락된 것이, 해방 후에 국악교습원으로 자리를 잡았다.

# 설화와 문학이 빚은 정원 누각

광한루와 광한루원을 다른 누각들과 구별 짓는 특징은 크게 세 가지로 들 수 있는데, 이는 곧 건물 구조의 특징, 누원의 조경 계획적 특징, 그리고 도시 계획적 차원의 특징이다.

첫째, 광한루는 객사 누각 가운데서도 뛰어난 구조법과 공간 구성을 갖는 우수한 건조물이라는 점이다. 광한루는 본루–익루–월랑의 3부분으로 이루어졌다. 누대의 본 기능은 향연과 조망을 위해 툭 터진 본루의 큰 누마루이다. 따라서 대부분의 객사 누각은 본루만으로 구성된다. 그러나 본루 공간은 추운 겨울철에는 이용할 수가 없다. 그만큼 누각의 효율이 떨어진다.

광한루의 익루는 누마루면에 온돌방을 만들기 위해 나중에 부설되었다.[35] 대규모 누각에 온돌이 부설된 것은 그다지 흔한 일이 아니다. 현존하는 예로는 밀양 영남루 정도가 있을 뿐이다. 그러나 영남루의 온돌은 침류각枕流閣과 능파각凌波閣이라는 독립된 건물에 딸린 것이지, 엄격한 의미에서 누대에 딸린 것은 아니다. 광한루는 온돌을 본루와 나란한 익루라는 형식에 수용함으로써, 정면에서 보면 마치 하나의 기다란 누각과 같이 처리했다.

◣ **광한루의 익루**　온돌방을 만들기 위해 나중에 부설된 것으로, 정면에서 보면 마치 하나의 기다란 누각과 같다.

35_ 『춘향전』의 사설들을 면밀히 검토하면 광한루의 원래 모습을 짐작할 수 있다. 춘향의 집은 광한루 동쪽 장림 숲 사이에 있는 것으로 설정되어 있다. 광한루에서 한눈에 서쪽 하늘의 석양과 남쪽 요천 건너 버들숲과 동편 춘향집을 바라보았다고 한다. 온돌방이 부설된 익루가 있다면 동쪽 경관을 바라보기는 불가능하다. 따라서 익루는 춘향전이 성립되기 시작한 18세기 중엽까지는 없었을 것으로 추정된다.

↗ **광한루의 월랑**   본루가 북쪽으로 기울어짐을 보완하기 위해 증설되었다.
↘ **광한루 북측면도**   문화재청 도면.

광한루 건물의 또 다른 특징은 북쪽 입구에 증설된 월랑이다. 이 부분은 계단실이자 현관으로 기능한다. 그런데 이 월랑은 본루가 북쪽으로 기울어짐을 보완하기 위해 일개 목수의 아이디어로 지어진 구조물이라니 더욱 놀랍다. 월랑은 크게 두 단으로 나누어졌는데, 지붕부는 3단으로 구성되었다. 3개의 작은 맞배지붕이 단을 지어 올라가 커다란 본루의 지붕과 연결됨으로써 다양한 조형적 변화를 성취하고 있다. 월랑이 가설된 예는 청풍 한벽루의 계단실 정도이다.[36] 그러나 구조적 목적과 기능적 필요, 그리고 조형적 아름다움을 동시에 만족시키고 있는 것은 광한루의 월랑이 유일하다.

물론 이 세 부분은 한꺼번에 지어진 것은 아니고, 시간이 지나면서 필요에 의해 점차 증축된 결과이다. 그럼에도 불구하고 세 부분이 서로 상충되지 않고 오히려 보족적인 관계에 있다는 사실은, 광한루 경영에 관련된 건축가와 장인들의 뛰어난 안목을 입증해준다.

둘째, 광한루원은 거대한 설화 체계의 상징체라는 점이다. 앞서 말한 대로 광한루는 월궁 설화와 신선설에서 시작하여, 천체설과 견우직녀 설화의 무대로, 견우직녀 설화는 다시 춘향전의 무대로 전개되었다. 다시 말해서 춘향전은 광한루의 건축적 우수함이나 경관 때문에 탄생된 것이 아니라, 축적된 이야기 구조들 때문에 탄생된 것이다. 그러나 그 설화 체계들은 어떻게 생겨난 것일까?

중국의 고대 저작인 『세설신어』世說新語에서는 훌륭한 원림의 원리를 "마음을 끄는 곳이 멀리 있을 필요가 없다. 숲과 물이 어스름하게 가려지면(翳然水林) 저절로 한가한 생각이 들고, 새와 짐승과 물고기들이 몰려와서 사람을 가까이 한다"고 했다. 이때, 예연翳然(어스름하게 가린 듯하다는 것)은 무엇을 말하는가? 숨겨져 있다는 뜻으로, 원림의 경치를 한 눈에 모두 다 보지 않고, 숨겼다 가렸다 하면서 자연의 아름다움에 대한 연상을 일으켜 넓은 자연 속에 있다는 느낌을 받게 하는 것이다.[37] 다시 말해서, 유한한 공간에서 무한한 자연의 느낌을 일으키는 것이 원림의 오래된 원리라면, 인위적 장소를 신선과 천체의 무대로 확대한 광한루원은 한 단계 더 높은 차원의 수법을 구사

[36] 밀양 영남루에도 아래의 능파각과 연결되는 부분에 3단의 작은 지붕이 단을 지어 변하고 있다. 그러나 이 지붕은 계단식 복도의 지붕으로서, 복도각複道閣이라 부르는 것이 더 합당하다.
[37] 이윤화李允鉌, 『화하의장』華夏意匠, p.361.

**↗ 광한루원 전경** 광한루원은 거대한 설화 체계의 상징체이다. 광한루는 월궁 설화와 신선설에서 시작하여, 천체설과 견우직녀 설화의 무대로, 견우직녀 설화는 다시 춘향전의 무대로 전개되었다.

하고 있다.

    광한루원은 그 자체로 하나의 완결된 우주이다. 지상의 낙원이라는 삼신산이 마련되어 있고, 항아 미인이 사는 광한청허지부廣寒淸虛之府라는 월궁과, 은하수와 오작교 등 하늘의 낙원이 있다. 그리고 그 우주는 견우-직녀, 이도령-춘향의 사랑의 낙원이다. 그리고 이 낙원을 무대 삼아 무수히 많은 시가들이 재생산되었다. 그 가운데 하나만을 선택해보자. 시인은 광한루와 누원을 지상에 재현된 하늘과 우주로 인식하고 있다.

하늘과 인간 세상에 누각이 각각 하나씩 있으니
아름다운 난간이 멀리 오작교까지 이어지네
긴 냇물은 끝없이 흘러가고

작은 섬은 둥그렇게 여기저기 흩어져 있네
명승지인 이곳에는 한가롭게 해와 달이 비치고
신령스런 이곳에는 유별나게 봄과 가을이 있구나
우주가 존재하는 이치를 알고자 하거든
세상에 널려 있는 만물에서 찾아볼 것을.

— 황의택黃義澤, 광한루중수운廣寒樓重修韻

셋째, 무엇보다도 광한루원은 남원부의 도시 계획적 차원에서 조성된 도시적 시설물이자, 본격적인 공공 원림이라는 점이다. 누원은 남원읍성의 정문이자, 민간의 통행이 가장 많은 남문 밖에 설치된 공공 장소였다.[38] 또한 오작교는 설화의 무대이기 앞서서 남쪽 지방으로 향하는 중요한 교통로였다. 여기에는 시장이 개설되어 저잣거리의 피곤한 백성들에게 휴식을 제공하고, 공개된 장소에서 관청의 잔치를 벌임으로써 투명한 정치를 과시했으며, 병영이 설치되어 유사시에는 군사 전략소로 전환되기도 했다.

광한루원에 얽힌 설화들이 다분히 낭만적이고 환상적이라면, 실제 누원의 이용은 이처럼 실용적이요 공공적이었다. 광한루원은 왜 만들어졌는가? 단순히 신선과 하늘의 세계를 구현하려 만들었는가? 그 물음의 실마리는 광한루를 중건하면서 발표된 모금 권유문에서 찾아볼 수 있다.

우리 부의 지리지地誌와 지도州圖에서 그 대략을 가히 상고할 수 있으니, 큰 냇물을 끊어 서쪽 도랑으로 흐르게 하여, 거듭 요해처要害處(산천으로 둘러싸인 곳)의 형세를 만들었으며, 높은 누각에 대하여 고개 남쪽에 문을 세움으로써 소설疏泄(기운에 새어 나가는 것)의 액을 막았다.[39]

원래는 풍수비보설에 따라서 광한루원이 조성되었음을 말해준다. 은하수라는 호수는 실상은 남원부의 내명당수內明堂水를 강화하기 위한 조치였고, 삼신산이라는 세 개의 인공섬은 풍수상으로는 작은 안산이었다. 풍수비

[38] 양경우梁慶遇, 중수광한루통유경내문重修廣寒樓通諭境內文 "수양버들 깊은 그늘은 주점酒店과 어촌漁村을 분별하기가 어렵다. 아지랑이가 어둠과 합해지니 초동樵童과 목동牧童이 다투어 돌아온다."
[39] 梁慶遇, 重修廣寒樓通諭境內文
[40] 정철, 「관동별곡」 중 '망양정' 앞 부분.
眞珠館 竹西樓 五十川 나린 믈이
太白山 그림재랄 東海로 다마 가니,
찰하리 漢江의 木頁의 다히고져.
王程이 有限하고 風景이 못 슬믜,
幽懷도 하도 할샤, 客愁도 둘 듸 업다.
仙槎랄 띄워 내여 斗牛로 向하살가,
仙人을 차자려 丹穴의 머므살가.

보의 흔적은 광한루만이 아니다. 〈남원부도〉에는 동쪽의 장림長林을 비보숲裨補林이라 명시하고 있다. 뿐만 아니라 동-장림, 서-관왕묘, 남-광한루, 북-교룡산성의 구성 자체가 남원부를 에워싸는 풍수지리적 시설물이라고도 할 수 있다.

그러나 비록 그 발단이 풍수적인 실용성에서 출발했다 하더라도, 광한루원의 경영자들은 이를 낭만적인 설화와 문학으로 승격시킬 줄 알았다. 그래서 드디어 『춘향전』이라는 민족문학사상 최고의 금자탑을 이루어낼 수 있었다. 그것 하나만으로도 광한루와 광한루원의 건축적 가치는 대단한 것이다.

마지막으로 광한루원의 실질적 계획자였던 송강 정철의 가사 한 수를 들어보자. 「관동별곡」關東別曲 중 삼척의 죽서루를 그린 이 가사를 통해서 광한루원 계획의 심정을 간접적으로나마 알 수 있을 것이다.

진주관 죽서루 아래 오십천에서 흘러내린 물이,
태백산 그림자를 동해로 담아가니,
차라리 이를 서울의 남산에 닿게 하고 싶구나.
관원의 여정은 한계가 있는데,
경치는 싫증나지 않으니,
그윽한 회포가 많기도 많고,
나그네의 수심도 둘 데가 없다.
신선이 탄다는 뗏목을 띄워서 북두성과 견우성으로 향할까.
신라의 사선을 찾으러 절벽 동굴에나 가서 머무를까.[40]

최후와 최고
# 선암사

# 선암사가
# 최고인 이유

**소박한 아름다움**

"제일 좋은 절은 어디죠?" 약간은 황당하고 느닷없는 이런 질문에도 이제는 당황하지 않는다. "그야 선암사죠"라고 대답할 수 있기 때문이다. 그 다음에는 당연히 '왜 좋은가' 라는 질문을 예상하지만, 대부분은 "그게 어디 있는 절이죠?" 라는 의아함으로 이어진다. "조계산 송광사의 동쪽 산기슭에 있는 절"이라고 하면 "거기 그런 게 있었나?" 하면서 반신반의한다. 반대편 송광사松廣寺의 유명세에 가려 선암사仙巖寺는 잘 알려지지 않은 까닭이다. 그렇기 때문에 아직도 선암사는 최고의 사찰로 남아 있는지 모른다.

순수하게 건축적으로만 말한다면, 선암사는 아주 좋은 사찰이다. 대단위 건물군이 변화 있게 구성되면서, 순진하고 자연스러운 치기의 아름다움을 갖고 있다.[01] 다시 말해서 하나하나의 건물들은 소박하고 간략하지만, 그것들이 모여진 건축적 집합은 밀도 있고 복합적인 전체를 만들고 있다. 좁은 의미의 건축뿐만이 아니다. '선녀와 나무꾼' 전설의 무대가 됨직한 승선교의 경관, 절 전체를 관통하는 인공적인 계류와 요소요소에 꾸며놓은 연못들, 그리고 그 사이로 떨어지는 폭포의 물소리, 뒷산 가득히 자생하는 차나무들의 녹색 융단 위에 솟아오른 건물군들. 흔히 '조경'이라 부르는 넓은 의미의 건축까지도 깊은 풍치와 아련한 정취를 간직하고 있다.

선암사의 건축과 경관은 결코 웅장하지도 화려하지도 않다. 어떤 구석의 장면은 흔한 시골 마을의 돌담길을 걷는 것 같기도 하고, 어떤 승방 앞에서는

[01] 김재식, 「조계산 선암사의 택지 및 공간 구성에 관한 연구」, 서울시립대학교 대학원 박사학위논문, 1997, p.5.

▷ **선암사 승선교** 두 개의 승선교는 선암사 구성의 성격을 암시한다.

심심산골의 퇴락한 이름 없는 암자를 보는 것 같기도 하다. 주불전인 대웅전마저도 크지도 장엄하지도 않고, 오히려 여러 채의 승방들이 더 크고 우람해서, 승방들에 불전들이 부속된 것 같은 모습이다. 이제 외래 종교인 불교는 완벽히 토속화되고 민중화되서, 권위 건축으로서의 위엄과 규범을 버리고 친근하고 여유 있는 모습으로 다가온다.

### 최후의 보존

유독 선암사만 이럴까? 그렇지 않다. 조선 후기에 조성된 수많은 사찰들은 대개가 이런 넉넉한 모습이었다. 완벽히 구축된 당시의 성리학적 사회에서, 불교가 생존하기 위해서는 오로지 민중의 후원과 믿음에 의존할 수밖에 없었다. 따라서 불교사찰은 민중의 기를 죽일 만큼 화려하거나 위압적일 수 없었다. 또 수행승이라 해서 신도들 위에 군림하는 특권층도 아니었다. 자신들의 먹을거리를 사찰의 농토에서 얻어야 했고, 음식을 만드는 것도, 절을 수선하는 것도 모두 자급자족해야 했던, 그야말로 청빈한 수도원 생활일 수밖에 없

↗ **노전과 선원 사이의 뒷길** 시골 마을의 안길 풍경과 같다.

었다.

그런데 왜 선암사에서만 이런 모습을 볼 수 있는 것일까? 이유는 간단하다. 선암사만이 옛 모습을 큰 변화 없이 간직하고 있기 때문이다. 전성기 때 선암사는 50여 동의 건물이 있었다고 하고, 현재는 25여 동의 건물이 남아 있다. 절반밖에 안 남았는데 어떻게 보존이 잘됐느냐고 반문할지 모르지만, 이 정도 규모의 사찰이 이 정도 남아 있다는 것은 기적적인 사실이다. 그러면 또 하나의 연속된 의문이 생긴다. 왜 선암사만 보존됐는가? 그 이유는 간단치 않다.

### 대한불교 태고종의 유이한 고찰

비불교도들은 '한국 불교' 하면 얼른 조계종曹溪宗을 연상하지만, 현대 한국 불교는 무려 20여 종에 달하는 종파로 나뉘어 있다. 그 가운데 종세가 가장 큰 곳은 물론 조계종이며, 다음으로 태고종太古宗을 꼽을 수 있다. 그 나머지는 거의 몇 개 절 중심의 군소종파라 해도 무방하다. 남한에 있는 사찰 가운데 19세기 이전에 조성된 사찰은 대략 1,000여 개소로 추정하고 이들을 보통

'고찰'古刹이라 부른다. 1,000개 고찰 가운데 99%는 모두 조계종 산하의 사찰이고, 제2 종단인 태고종은 단 두 개소의 고찰만을 가지고 있다. 본산인 서울 신촌의 봉원사와 순천의 선암사. 그나마 선암사의 법적 주인은 조계종이기 때문에 봉원사만이 태고종의 유일한 고찰이다.

그러나 선암사에 거주하는 이들은 태고종 승려들이고, 태고종 종정스님의 주석駐錫처이기도 하다. 법적인 주인은 조계종이지만 실질적인 주인은 태고종인 이중적 소유 관계가 복잡하게 얽혀 있고, 더 묘한 것은 현재의 재산 관

**선암사** 선암사는 산속의 작은 도시다. 승방과 불전들이 서로 군집을 이루며 여러 종류의 길들로 엮어져 있다.

리인은 두 종단 어디도 아닌 순천 시장이라는 점이다. 조계와 태고 두 종단의 소유권 소송이 아직도 법원에 계류 중이고, 최종 선고가 날 때까지 관할 지방관인 순천시가 임시 관리를 맡고 있기 때문이다. 벌써 그런 지가 30년이 지났다.

선암사의 소유를 둘러싸고 벌어진 두 종단의 갈등은 급기야 살인사건으로까지 확대돼 사회적 관심을 모으기도 했다. 비극의 씨앗은 1950년대에 뿌려졌다. 1954년에 대통령 이승만은 이른바 '사찰 정화 유시'를 불쑥 발표했다.

"재래의 가정을 가진 승려는 친일승이니 모든 사찰에서 물러나라."

이른바 비구(수행승)와 대처(교화승)의 대립을 조장하는 명령이었고, 해방 후 불교계 최대 비극의 시작이었다.[02] 당시 교화승은 7,000명이었고 비구 측의 수행승은 300명에 불과했다. 그러나 소수였던 수행승들은 정부의 일방적인 지원과 사회적 여론에 힘입어, 때로는 합법적인 수단으로 때로는 물리적인 폭력으로 단 3년 만에 전국 대부분의 고찰을 손에 넣고야 말았다.[03]

이런 와중에서 선암사를 위시한 극소수의 사찰만이 교화승들의 수중에 남게 되었다. 비구와 대처 승단은 급기야 종단을 달리하기 시작했고, 비구 측의 조계종 창종에 맞서 대처 측은 태고종을 창종하기에 이르고, 선암사는 봉원사와 함께 태고종의 중요한 사찰로 자리매김되었다.

종단 분단 이후에 조계종은 조계종대로, 태고종은 태고종대로 안정과 발전의 길을 걸어왔다. 가시적인 발전이란 대대적인 새로운 불사를 의미하고, 기존 질서의 파괴를 담보로 삼았다. 남한의 큰절 가운데 선암사만이 거의 유일하게 '개발 불사'에 휩싸이지 않았고, 한 세기 전의 모습을 거의 그대로 간직하고 있는 이유는 바로 이 복잡한 소유 관계 때문이다. 조계종도 태고종도 순천 시장도 어느 누구도 섣불리 새로운 불사를 벌일 수 없었고, 마음대로 기존의 건물을 헐어버릴 수도 없었다. 선암사의 모든 건물과 토지에는 '가처분'이라는 딱지가 붙었기 때문이다. 다른 고찰들은 기존의 질서를 허물고 새로운 건물들을 신축하는 열풍에 휩싸였지만, 선암사만은 어떤 건축적 변화도 일어날 수 없었다. 최후로 남은 고찰, 그래서 아이러니하게도 최고의 사찰이 될 수 있었다.

02_ 김용옥, 『나는 불교를 이렇게 본다』, 도서출판 통나무, 1989, p.241.
03_ 리승만의 사찰 정화 유시는 단순히 불교계 내부의 문제는 아니었다. 크게 본다면, 불교로 대표되는 민족문화 세력을 억압하기 위한 수단으로 불교계 분란을 조장했으며, 사사오입 개헌 직후의 국민적 비판을 오도하기 위한 깜짝쇼였고, 리승만 정권의 도덕적 취약성을 은폐하기 위한 위장술이었다(김용옥, 앞의 책, p.256).

# 조계산의
# 두 사찰 이야기

### 의천의 천태종

선암사는 고구려 승려 아도화상阿道和尙이 창건한 것을 신라 말에 도선국사道詵國師가 중창했다는 설이 있고, 아예 도선국사가 창건했다는 설도 있다.[04] 도선은 광양을 중심으로 많은 사찰과 암자를 세웠고, 선암사의 삼층석탑이 11세기경에 중수된 것으로 보아,[05] 도선이 활약하던 10세기경에 창건됐을 가능성이 높다.

그러나 창건 당시의 가람은 작은 암자 규모였을 것이고, 실질적인 중창은 11세기 말 대각국사 의천에 의해서다. 대각국사大覺國師 의천義天(1055~1101)은 고려 11대왕 문종의 넷째아들로 태어났다. 일찍이 불가에 출가한 그는 송나라에 유학하여 화엄학과 천태교학을 전수받았다. 귀국 후인 1097년에 형제인 숙종의 열렬한 후원 속에서 국청사國淸寺를 완공하고 주지로 취임하면서 드디어 천태종을 개창했다.

고려조는 각 지역의 여러 세력들이 연합하여 집권한 정권이었다. 건국 과정에서 신라 귀족들의 종교였던 교종과 지방 호족들의 선종 등 다양한 불교 종파들이 발흥할 수 있었고, 건국 후에는 서로 간의 갈등과 대립이 증폭됐다. 특히 법상종法相宗[06]과 화엄종華嚴宗[07]을 중심으로 양분되다시피한 불교계는 정치권의 대립을 조장하는 폐해까지 끼쳐 불교계 통합의 필요성이 절실했다. 의천은 우선 교학에 바탕을 두고 선불교를 통합하려는 교관겸수敎觀兼修[08]를 주장했다. 그가 개창한 천태종은 교종의 입장에서 선종을 포괄하려는

[04]_ 蔡彭胤,「曹溪山仙巖寺重修碑」,『朝鮮金石總覽-下』, 1707, p.1050. 도선道詵이 비보 도량으로 월출산 용암사龍巖寺, 광양 운암사雲巖寺와 함께 선암사仙巖寺를 삼암사三巖寺로 개창하였다.

[05]_ 김재식, 앞의 논문, p.18. 대웅전 앞 쌍탑 수리 때 11세기의 고려청자로 만들어진 사리장치가 출토됐다.

[06]_ 유식론을 근거로 하여 세워진 종파. 우주 만물의 본체보다 현상을 세밀하게 분류하고 분석하는 입장을 취하여 온갖 만유는 오직 식識이 변해서 이루어진 것이라고 파악한다. 우리나라에서는 신라 경덕왕 때 진표가 개창하였다.

[07]_ 중국 당나라 때 성립된 화엄종은 『화엄경』華嚴經을 근본 경전으로 하는 불교의 한 종파로, 천태종과 함께 중국 불교의 쌍벽을 이룬다. 우리나라에서는 신라의 자장慈藏·의상義湘 등이 화엄경을 연구, 부석사를 중심으로 널리 퍼졌다.

[08]_ 교敎는 경전 해독을 통한 지혜知慧를, 관觀은 선을 통한 직관적 깨달음을 의미한다. 다시 말해서 교와 관을 동시에 수행한다는 교선敎禪 일체회론이다.

일치 운동이었다.

### 의천과 조계산 선암사

의천의 일치 운동은 당시 뜻있는 지식인들로부터 열렬한 지지를 얻어 성공하는 듯했지만, 외척인 인주 이씨 세력과 결탁한 법상종의 견제에 밀려 1094~1995년 이태 동안 전라도 지방을 전전하게 된다.[09] 이때 선암사 대각암에 머물면서 오도悟道한 후 개성으로 올라가 천태종天台宗을 창건했다는 것이다.[10] 이 시기에 즈음해 의천의 후원으로 선암사는 대대적으로 중창하게 되어 13동의 법당, 12동 전각, 26동 승방, 산내 암자 19개소 등이 건립되었다고 한다. 그 웅장한 모습을 그림으로 남겼으니, 선암사에 보관 중인 〈선암사중창건도〉라는 것이다.[11]

의천은 법화경을 근본 경전으로 삼아 현실 속에서 이상을 찾는 실천적인 실상론을 전개했다.[12] 그는 특히 공空-가假-중中의 일체화를 지향하는 삼제

[09] 김재식, 앞의 논문, p.19.
[10] 혜우, 『태고총림 선암사』, 풍경소리, 1994, p.17.
[11] 김재식 교수는 그의 학위논문에서 이 그림에 명기된 대로 고려 의종毅宗 원년(1147년)의 작품이라 믿고 싶어한다. 그러나 여러 가지 정황으로 미루어 선암사 전성기였던 18세기 말~19세기 초의 그림일 가능성이 농후하다.
[12] 불교문화연구소, 『韓國天台思想研究』, 동국대학교 출판부, 1983, p.28.

↙ **선암사의 주요 영역과 구성 축들** 김재식 도면.
↙ **19세기 선암사 복원도** 김재식 도면.

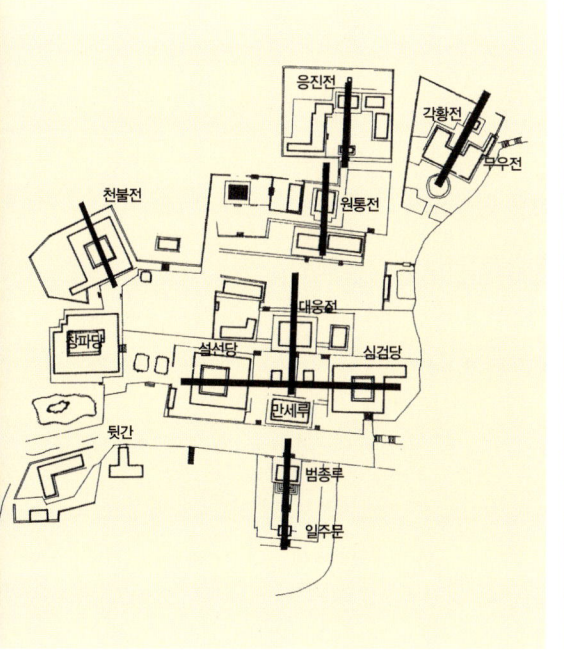
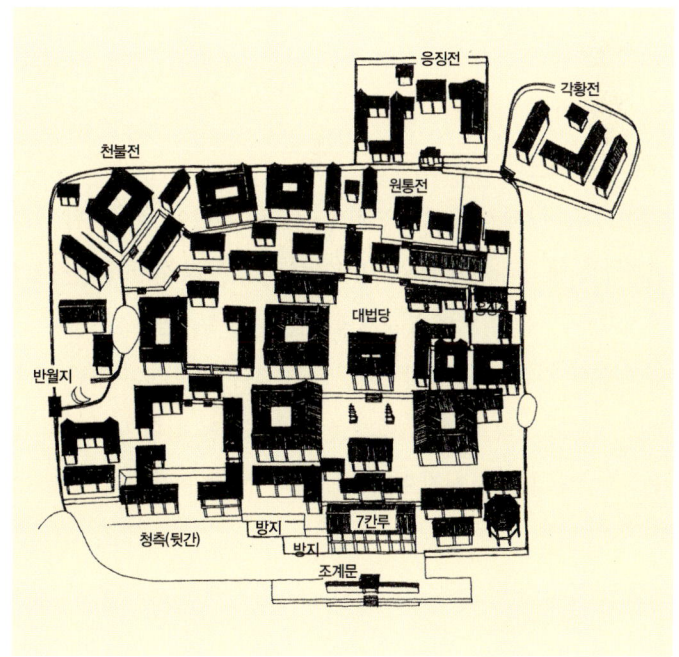

원융三諦圓融을 주창했다. 의천의 천태종은 원효의 화쟁사상和諍思想[13]을 계승한 통불교적 사상이며, 교종과 선종의 모든 종파를 통합하려는 노력이었다.

선암사의 중심 불전은 대웅전과 팔상전, 응진전應眞殿이다. 이들은 모두 석가모니의 법화신앙과 밀접한 관련을 맺고 있고, 의천과 천태종의 신앙적 전통을 따른 결과로 보인다. 아직 천태종 사찰의 고유한 건축적 형식이 밝혀진 바는 없지만, 법화신앙의 다보탑 사상은 쌍탑식 가람 배치와 연관이 있을 가능성도 있다. 대웅전 일곽의 쌍탑식 구성 역시 법화신앙과 연관이 있을까. 또, 여러 건물군들로 이루어진 선암사의 집합적 구성 방식은 의천의 통합적 정신과 맥을 같이 하는 건축적 방법론이다. 비록 건물들은 모두 18세기 이후의 것들이지만, 창건기의 정신들이 7세기의 세월을 넘어 전승된 결과이다.

어떤 형태로든지 선암사는 의천과 깊은 인연을 맺은 절이고, 개성의 국청사國淸寺가 천태종의 중앙 본산이었다면, 선암사는 전라도 지방의 본산이었을 것이다. 1세기 후에 보조국사普照國師 지눌知訥이 조계산을 사이에 두고 송광사松廣寺를 창건하여 조계종을 창종한 사실은, 천태종의 중요 사찰인 선암사에 대한 무언의 선언이고 견제였다.

## 지눌의 조계종과 송광사

의천 이후의 1세기는 고려 중기의 모순과 혼란이 극대화된 시기이다. 의천의 천태종과 대립적 관계에 있었던 인주 이씨 세력의 실세 이자겸李資謙은 1126년 드디어 난을 일으켜 불교계의 분열을 가속시켰으며, 10년 뒤에는 밀교 계통의 묘청 세력이 난을 일으키는 통에 김부식 등 보수적인 귀족 세력이 집권하는 계기가 됐다. 이후 35년간의 문벌 귀족들의 횡포는 극에 달해 1170년 정중부鄭仲夫의 난을 시작으로 1세기에 가까운 무신들의 시대가 된다.

무신들은 기존의 문벌 귀족들을 깡그리 숙청했고, 귀족들의 편에 섰던 기존의 불교 세력들도 극심한 탄압을 받기에 이르렀다. 절명의 위기 상황에 처한 불교계는 1182년 개성 보제사普濟寺에서 담선법회談禪法會를 개최했

13_ 신라의 고승 원효元曉의 중심 사상으로, 화해和解와 회통會通의 논리 체계를 강조한다. 이론상의 집착과 부정과 긍정의 극단을 버리고, 자유자재로 생각하며 경전에 대한 폭넓은 이해를 통해 모든 논쟁을 조화시키려는 이 불교사상은 우리나라 불교의 핵심 사상 가운데 하나이다.

다. 이 법회는 군부 정권에 의해 강요된 일종의 불교계 자정대회와 같은 성격을 띠었고, 참석한 교계 지도자들은 '이제 모든 것이 끝장났다'는 말법적 좌절파와 '이제라도 정치와 종교를 분리해 불교계가 살아날 방법을 찾자'는 정종분리파로 양분되었다. 결론을 못 보고 설왕설래하는 와중에서 홀연히 일어나 사자후를 토한 젊은 승려가 있었으니, 바로 훗날 보조국사의 지위에 오른 지눌이었다.

지눌은 세속을 떠나 참선수행의 본원적인 수도생활에 정진할 것을 주창하여 소장층의 지지를 얻게 되었다. 뜻을 같이 하는 승려들과 함께 일종의 수도원 집단인 정혜결사定慧結社를 결성하여 깊은 산속에서 참선수행에 정진하던 중, 1196년 최충헌崔忠獻의 최씨막부 시대를 맞게 되었고, 그가 바로 그 이듬해 지리산에서 유명한 깨달음을 얻는다.

"선은 고요한 곳에 있는 것도 아니요, 또 어지러운 곳에 있는 것도 아니며, 일상생활 속에서 복잡한 관계를 가진 곳에 있는 것도 아니다."[14]

### 조계종과 천태종, 송광사와 선암사

타락하고 부패한 불교계의 세속화를 벗어나 본연의 수행으로 돌아가자는 순수한 종교적 선언이기도 하지만, 결과적으로 세속 정치 불참여론으로 연결돼 최씨 정권의 호감을 사게 되었다. 1200년, 일단의 지지자들을 이끌고 조계산의 서록, 천태종의 중요 사찰 선암사가 있는 반대편에 송광사의 전신인 수선사修禪社를 창건하면서 새로운 종파 조계종을 개창했다.

지눌 역시 선종과 교종을 합일하려는 일체화론자였지만, 의천과는 반대로 선종의 바탕에서 교종인 화엄학을 수용하려는 정혜쌍수定慧雙修[15]를 주창했다. 교선敎禪 일체라는 목표에서는 천태종과 같지만, 선을 우선으로 한 방법론에서는 반대였다. 마치 선암사와 송광사가 조계산을 주산으로 공유하는 입지는 같지만, 위치는 동서로 반대에 있는 것과 같이. 굳이 지눌이 조계산에 웅지를 튼 이유도 선암사를 강한 경쟁 상대로 의식한 데 있는 것은 아닐까?

14_ 대혜보각선사大慧普覺禪師의 어록語錄 중 한 구절. 한국불교연구원, 『한국의 사찰 6 – 송광사』, 일지사, 1980, p.27에서 재인용.

15_ 정정定은 선정禪定의 깨달음을, 혜慧는 교학 연구를 통한 지혜를 뜻한다. 참선수행을 하면서도 교학연구를 동시에 추구하려는 방법론. 지눌은 선교 일체의 방법을 갈구하던 끝에 큰 깨달음을 얻었다. "교敎는 부처의 말씀이요, 선禪은 부처의 마음이다." 즉, 교와 선은 둘이 아니라 원래 하나라는 깨달음으로 일체화 운동의 근거가 될 수 있었다.

정치성이 농후하고 왕족과 귀족 편에 서왔던 기존 교종이나 천태종보다는, 정종분리와 직관적 깨달음을 중시하는 순수 선종 계통의 조계종을 군사정권이 선호할 수밖에 없었다. 지눌은 국사의 지위에 올랐고, 이후 송광사에서는 16명의 국사를 배출하면서 한국 불교의 승보 사찰로서 입지를 굳혔다.

송광사와 선암사는 건축적인 면에서도 여러 가지 흥미로운 차이가 있다. 선종에 기반을 둔 송광사는 지극히 논리적인 화엄학의 영향을 받아, 마당 한가운데의 법왕문法王門[16]을 중심으로 기하학적으로 가람을 배치했다. 반면 교종에 가까운 선암사에서는 통일된 교리적 질서를 발견하기 어렵고, 오히려 고정된 형식을 부정하는 선불교적 정신을 강하게 읽는다. 건물들 또한 송광사의 것들이 기교적이고 형식적이라면, 선암사의 것들은 토속적이고 자유분방하다. 현재의 송광사 역시 1980년대의 대대적인 중창불사로 거대한 대웅전이 들어선 전혀 새로운 모습이지만, 선암사는 한 세기 전의 모습을 고스란히 간직한 채 긴 생명을 유지하고 있다.

### 18세기의 중창주, 약휴선사

의천 이후의 선암사는 송광사의 그늘에 가려 좀처럼 중흥의 전기를 잡을 수 없었다. 천태종의 중흥 운동이었던 백련결사白蓮結社가 강진의 만덕사萬德寺(백련사白蓮寺)를 중심으로 전개되면서, 천태종 중심 사찰의 지위도 만덕사로 넘겨주었다. 그러나 사세는 대단해서 임진왜란 전까지만 해도 50여 동의 전각들이 즐비한 규모였다.[17] 정유재란 때 왜군의 방화로 모두 불타고, 1철불鐵佛·2보탑寶塔·3부도와 목조건물로는 문수전·뒷간·조계문만 살아남았다고 한다.[18]

본격적인 복구 사업이 시작된 것은 전쟁이 끝난 지 1세기가 지난 후부터였다. 복구 사업은 두 가지 계기로 활발해졌다. 1691년 선암사에서는 대대적인 화엄대회가 개최됐다. 선종 중심의 당시 교단에서는 매우 이례적인 교학 행사로 불교계의 지성들이 운집했음은 물론, 사회적으로도 집중적인 주목

16_ 6·25로 중심곽이 모두 불타버리기 전까지만 해도 대웅전 앞마당 한가운데 법왕문이 있었다.
17_ 남도불교문화연구회, 『선암사』, 승주군, 1992, p.27.
18_ 김재식, 앞의 논문, p.22. 1철불은 현재 각황전 안에 있는 좌불상을, 2보탑은 대웅전 앞의 삼층쌍탑을 뜻한다. 문수전은 현재 없어졌고, 조계문 역시 19세기에 불탄 것을 중창한 것이다.

받아 선암사의 위상을 높이는 계기가 됐을 것이다. 이후부터 선암사는 참선도량으로서뿐 아니라 화엄교학의 명문 강원講院으로 전통을 확립하게 된다. 전성기 때의 법회에는 1,200명이 참가하기도 했다.[19]

복구 사업의 화주化主를 맡은 인물은 호암護巖 약휴若休(1664~1738)선사였다. 그는 4차례에 걸쳐 선암사 주지를 맡으면서 원통전圓通殿 창건을 시작으로 수많은 전각과 불상, 불화들을 조성했다. 그의 활약에 힘입어 4차 중창이 끝났을 때 법당 8동, 전각 12동, 승방 16동, 암자 15개소, 승려 350명의 대가람으로 모습을 갖추었다.[20] 그는 또 입구 계곡에 한 쌍의 승선교도 건립하고, 인근 벌교읍내에 유명한 벌교홍교도 건립해 지방민의 신망을 모았다.[21] 현존 가람의 기틀을 마련한 그에게는 '선암사를 보호한 성인'이라는 뜻으로 호암자護巖子의 존칭이 붙여질 정도의 대건축승이었다.

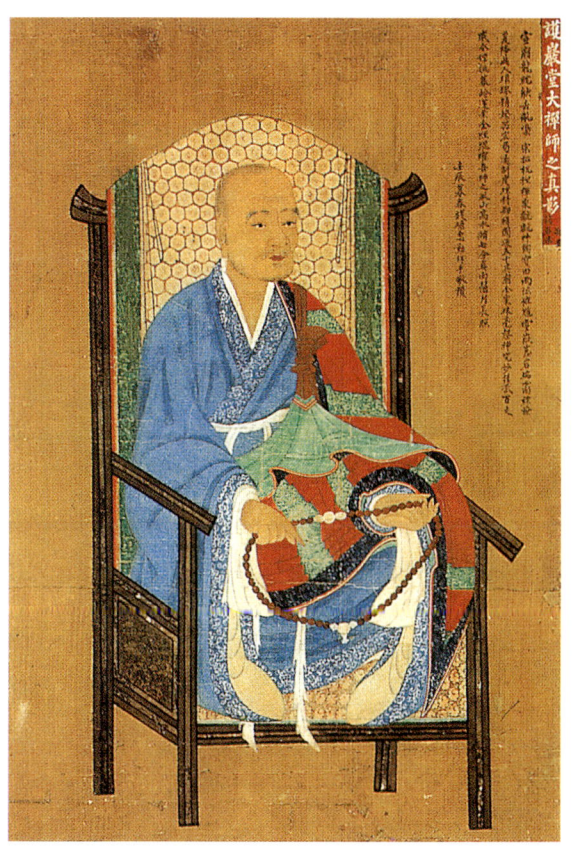

↗ **호암 약휴 영정** 약휴는 일생을 건 중창 사업을 성공적으로 완수하면서 고승의 경지에 오른 입지전적 삶을 살았다.

위상에 걸맞게 선암사 인근에는 약휴에 대한 많은 전설이 전해 내려온다. 그는 원래 편모슬하의 몰락한 집안에서 출생해 일찍이 선암사에 잡역승으로 입산했다. 젊은 시절 그의 역할은 부엌살림을 맡은 불목하니에 불과했다. 선암사 중창을 결의했지만, 재정도 없고 든든한 후원자도 없는 상황에서 모든 불사를 탁발과 모금에 의지해야 하니, 산내 어느 고승 중에도 중창주 역할을 맡을 사람이 없었다. 우여곡절 끝에 최말단 승려인 약휴에게 중책이 돌아갔고, 약휴는 일생을 건 중창 사업을 성공적으로 완수하면서 고승의 경지에 오른 입지전적 삶을 살았다.[22]

그는 불교계 내외적으로 암울한 시기에 활동한, 선암사뿐 아니라 교단의 뛰어난 개혁승, 사판승事判僧[23]으로도 평가된다. 승려가 관리에게 절하던 풍습을 중지시키고, 호족들이 절의 토지를 점령하는 폐단도 폐지했으며, 삼베신

---

[19] 남도불교문화연구회, 『선암사』, p.27.
[20] 「曹溪山仙巖寺重修碑」, 1707.
[21] 「仙巖寺溪流洞昇仙橋碑」.
[22] 남도불교문화연구회, 『선암사』, pp. 395~401. 약휴에 대한 설화는 3편이 전승되어 선암사 승려 가운데 최고 화제의 인물임을 입증한다.
[23] 사찰의 재물과 사무를 맡아 처리하는 승려.

을 공납하던 폐습도 없애 불교의 사회적·경제적 위상을 한 차원 높인 승려였다.[24]

### 생존의 전략, 원당 설치

약휴의 활약으로 가람의 면모를 새롭게 했지만, 연이은 잦은 화재로 선암사 건물들은 수난을 면할 수 없었다. 거의 50년마다 큰 화재가 발생해 1760년에 5차 중창, 1824년에 6차 중창 불사를 벌일 수밖에 없었다. 화재에 대한 두려움이 얼마나 컸는지, 한때는 산 이름을 청량산淸凉山으로, 절 이름을 해천사 海川寺로 바꿀 지경이었다. '청량'의 냉기와 '바다와 개울'의 물이 화마를 물리쳐주기를 바라는 마음에서였다.

잦은 중창 불사를 위해서는 막대한 재원이 필요했고, 당시 상황에서 재원을 마련할 수 있는 손쉽고 유일한 방법은 왕실의 원찰로 지정받는 일이었다. 18세기 후반, 때마침 정조 임금은 아들이 없어서 선암사의 눌암선사에게 축원을 하교했다. 눌암은 원통전의 관음보살에게 세자 탄생을 기원하는 천일 기도를 올렸고, 이에 부응하듯 훗날 순조 임금이 된 세자가 탄생했다. 순조가 어린 나이에 보위에 오르자마자 마치 탄생의 은덕을 갚듯이 선암사에 친필 현판과 많은 토지를 하사했고, 선암사는 본격적인 왕실 원당願堂으로서의 위

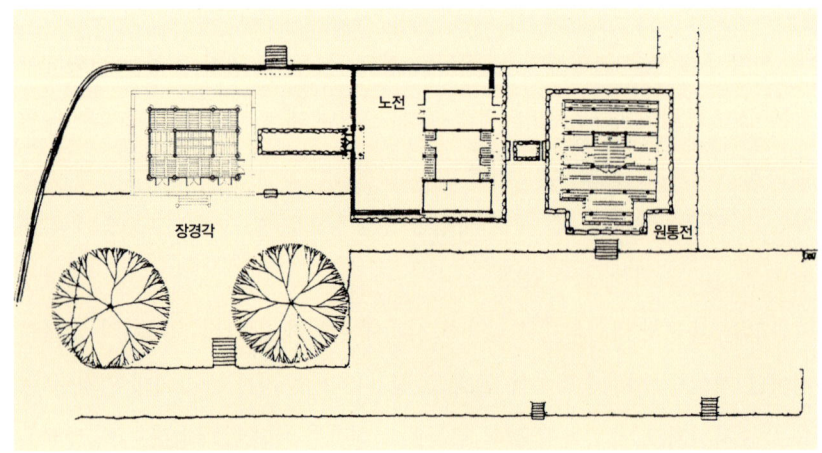

24_ 忽滑谷快天, 정호경 역, 『조선선교사』朝鮮禪敎史, 보련각, 1978, 호암약휴전.

↙ **선암사 원당 일곽**  이선화 도면.

상을 갖추게 됐다.

원당 혹은 원찰로 지정되면 많은 혜택이 따르게 된다. 우선 지방관이나 유생들의 경제적 수탈과 인격적 횡포에서 해방될 수 있었다. 조선시대 사찰에는 관에서 필요한 종이나 미투리 등 필수품 생산을 강제로 떠맡거나, 산성이나 저수지 건설 등 힘든 노동력 착취를 당하는 게 다반사였다. 민간 유생들은 유생들대로, 절에 무단으로 들어와 음식 접대 강요 등 수탈을 일삼았다. 한 예로, 조선시대 산사에는 입구부터 많은 산문들과 누각을 설치하는데, 물론 교리적 필요성도 있지만, 그중 많은 수는 법당 마당까지 말을 타고 들어오는 양반들을 막기 위한 물리적 장치이기도 했다. 그러나 일단 왕실의 원당으로 지정되면, 이런 무례와 수탈은 왕에 대한 모독으로 간주돼 일어날 수 없었다.

왕실 원당이 설치되면, 임금의 친필이나 보물들과 아울러 토지와 노비 등의 재산이 하사됐다. 더욱 중요한 것은 일종의 백지수표인 공명첩空名帖이 하사돼 지방관들로부터 사찰 발전 기금을 염출捻出할 수 있었고, 이를 중창 불사에 사용할 수 있었다. 원당 설치는 선암사가 19세기에 100여 동에 가까운 대사찰로 발전, 유지될 수 있었던 가장 중요한 원인 가운데 하나였다.

# 산 속의
# 자족 도시

**중창건도의 집합적 묘사**

선암사 승방 깊은 곳에는 가로 60.5cm, 세로 103cm의 담채 그림 한 장이 보관돼 있다. 그것은 고려 중기 의천이 선암사를 중창했을 때의 모습을 그렸다는 〈선암사중창건도〉. 과연 이 가람도가 850년 전의 것이냐를 따지지 않더라도, 가람의 모습이 이처럼 사실적으로 남아 있는 예는 극히 드물다. 알려지기로는 속리산 법주사와 양산 통도사 정도에만 가람도가 전해올 뿐이다.

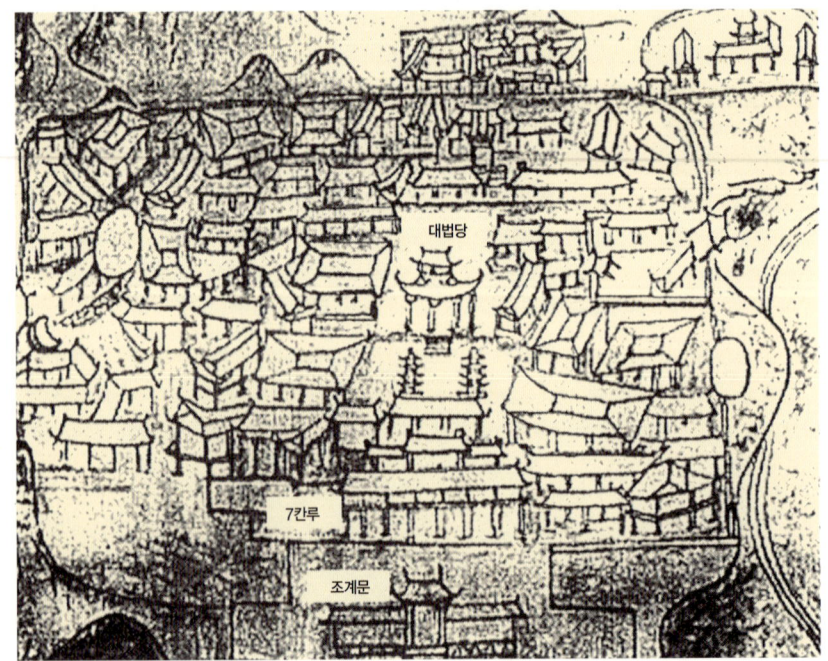

↙ 선암사중창건도의 도해도(부분)

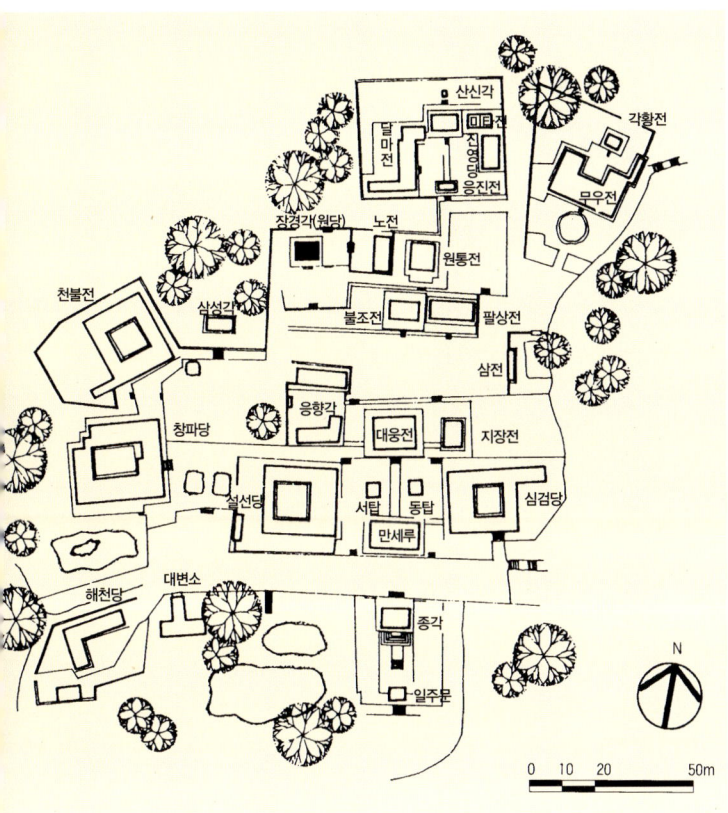

◸ **선암사 배치도** 1996년 현재.
◹ **대각국사 의천이 작성했다는 선암사중창건도** 굽이굽이 산과 계곡, 물과 길로 둘러싸인 마을과 같은 유기적인 구성이다.

25_ 선암사의 지리적 형국은 흔히 '장군 대좌형'將軍對坐形이라 불린다.

    선암사의 입지가 명당 중의 명당[25]인 것을 강조하듯, 잘생긴 산맥들이 첩첩이 둘러싸고, 물줄기가 굽이굽이 흘러나오는 발원지에 가람이 자리잡고 있다. 가람은 50여 동의 건물들이 빽빽이 들어찬 밀집된 집합체로 묘사돼 있다. 자세히 보면 각 건물들은 몇 동씩 군집을 이루어 독립된 일곽을 이루며, 여러 개 일곽들이 모여서 전체 가람을 형성하고 있다. 현재 선암사의 모습도 크게 다르지 않다. 건물 하나하나의 묘사보다도, 군집 속에서 건물들의 관계와, 군집들 간의 구성계가, 그리고 대자연과 인공적인 영역이 서로 얽혀 들어가는 집합적 관계가 여실히 드러나 있다. 선암사의 참다운 건축적 가치를 꿰뚫어 본, 대단한 안목을 가진 화가 승려가 그렸음직한 가람도이다.

    〈선암사중창건도〉에 묘사된 건물 가운데 현재와 다른 것이 몇 가지 있다. 우선 중심의 대웅전이 그림에는 중층건물로 묘사된 점이다. 이 중층법당

▷ **선암사의 일주문격인 조계문** 옆이 짧은 담장은 길게 이어진 벽과 같은 착각을 일으킨다. 바로 뒤에 중층의 범종루가 근접해 있다.

은 '도선국사가 세운 미륵전'이라고 그림에 명기돼 있다.[26] 조계문과 만세루 萬歲樓 사이에 현재는 범종각이 있지만, 그림에는 7칸 누각과 삼문이 세워진 것으로 나타난다. 7칸 누각과 삼문의 기능이 무엇이었는지는 알 수 없지만, 대웅전 마당까지 들어오려면 두 개의 문과 두 개의 건물을 통과해야 하는, 외부에 대해 지극히 폐쇄적인 가람이었다. 일반 대중을 위한 예불 사찰이라기보다는, 자급자족적인 대규모 수도원으로서의 선암사 성격을 잘 드러낸 배치법이었다.

무량수각無量壽覺과 창파당滄波堂, 응향각凝香閣의 세 승방 사이에는 현재 넓은 빈 터가 조성돼 있다. 그러나 그림에는 이 부분에 큰 반달형 연못이 그려져 있다. 진입부의 인공 폭포와 삼인당 못의 발원지가 되는 연못이었는데, 일제기에 운동장으로 쓰려고 흙을 메운 곳이라 전한다. 현재도 무량수각 앞, 누워 있는 소나무 밑에는 작은 연못이 있고, 창파당과 설선당說禪堂 사이에는 두 개의 사각형 연못이 있는데, 모두 옛 반달못이 매립되면서 남은 흔적들이다.

26_ 「大覺國師義天仙巖寺重創建圖」, "大法堂 二層殿 即先國師彌勒殿也 ……"

↗ **선암사 대웅전 영역** 나말려초의 쌍
탑이 마당의 중심을 잡고 있다.

### 대웅전 일곽, 쌍탑식 규범

가람 전체의 중심이 되는 대웅전 마당에는 한 쌍의 삼층석탑(보물 395호)이 놓여 있다. 도선의 창건 당시에는 쌍탑을 중심으로 사각형의 회랑들이 에워싼 고대 가람의 모습이었을 것이다. 훗날 의천의 중창이나 임진왜란 후의 중창 때, 현재와 같이 4동의 건물이 에워싸는 형식으로 바뀌었을 것이다. 아직도 이 일곽은 대칭적인 두 탑이 이루는 규범적 공간의 성격이 강하다. 주불전인 대웅전 역시 규범적인 건물이다. 비록 강당(만세루)과 승방(심검당), 선방(설선당), 불전(대웅전)으로 둘러싸인 조선시대의 전형적 형식으로 바뀌었지만, 창건 당시의 규범적 성격이 강하게 남아 있는 부분이다.

그러나 뒤편의 원통전 일곽으로 이어지는 동선의 흐름은 전혀 규범적이지 않다. 4단을 잇는 계단들은 일직선 축을 이루지 않고, 동쪽으로 차츰 밀려 들어가는 유기적인 구성을 보여준다. 원래의 대웅전 일곽에 부가적으로 원통전, 응진전, 각황전 일곽이 시기를 달리하면서 확장될 때,[27] 지형과 흐름을 중시하는 유기적인 방법으로 배치됐기 때문이다.

현재의 대웅전은 1825년에 중건된 것으로, 전통 목조건축으로는 거의 말

27_ 남도불교문화연구회, 『선암사』, p.52.

▷ **선암사 대웅전** 측면도 정식의 3칸으로 고대의 중심형 불전의 흔적이 남아 있다.

기에 해당하는 건물이다. 그러나 기단은 기둥과 보의 모습을 조각한, 잘 가공된 돌들의 이른바 가구식 기단이다. 기둥 밑의 초석도 잘 가공된 원형 초석이다. 모두 삼층석탑과 비슷한 나이의 돌들이다. 기단의 돌들은 큰 불을 맞은 흔적이 뚜렷하여 뭉텅 떨어져나갔다. 다시 말해서, 신라 말 창건 때의 불전이 불탄 후, 그 위에 그대로 조선 후기의 목조건물을 올린 것이다. 대웅전의 측면은 정식의 3칸으로 조선 후기의 칸살이법이 아니다. 고대의 중심형 불전 형식이 흔적으로 남아 있는 증거이다.

### 원통전 일곽, 틈새 만들기

대웅전 서북편 뒤쪽으로 한 단 오르면 5칸의 팔상전과 3칸의 불조전佛祖殿

**불조전**(왼쪽)**과 팔상전**(오른쪽) 바싹 붙어 있는 두 건물 사이로 丁자형 원통전이 머리를 내밀고 있다.

이 길게 나란히 서 있다. 두 건물은 거의 붙어 있어서, 사이가 매우 좁다. 그러나 그 틈새를 비집고 뒤쪽에 丁자형 원통전이 머리를 드밀고 있다. 약휴선사는 1698년에 원통전을, 1년 뒤에는 불조전을 창건했다. 다시 말해서 원통전을 세운 후 이를 감추기 위해 그 앞에 팔상전과 나란히 불조전을 세웠다는 말이 된다. 원통전이 외부에 노출되는 것을 꺼릴 만한 이유가 있었던 것일까? 아니면, 원통전에 극적으로 진입하기 위한 조작이었을까?

결과적으로 원통전은 앞의 두 건물 사이 틈새에 놓이게 됨으로써, 무언가 특별한 장치가 필요하게 됐다. 3칸 정면의 가운데 칸 지붕을 밖으로 돌출시켜, 전체적인 집 모양을 丁자형으로 만들었다. 왕릉에 제사 지내기 위한 정자각丁字閣과 같은 모양이 됐다. 丁자의 돌출된 부분이 팔상전과 불조전의 틈새와 일치하여, 틈새를 비집고 들어가면 이 부분의 지붕면만 노출된다. '틈

새'라는 입지에 절묘하게 맞아떨어진 형태이다.

　　원통전의 몸체는 3×3칸의 정방형으로 이루어졌다. 내부에 들어가면, 중심 1칸에는 3면에 벽을 치고 앞면에 문을 달았던 흔적이 있다. 다시 말해서 3×3칸짜리 건물 안에 1×1칸짜리 건물이 다시 들어앉은 형식이다. 이런 '집 속의 집'의 개념을 더 확실히 하려고, 내부 중심칸 기둥 사이에는 형식적인 창방昌枋이 연결돼 있다. 기둥 상부를 수평으로 연결하는 창방재는 외벽에만 사용되는 부재이다.[28] 결과적으로 원통전은 매우 강한 중심성을 갖는 건물이 되었다.

　　원통전에는 '대복전'大福田이라는 현판이 걸려 있다. 예의 순조 임금이 자신의 탄생을 기복해준 선암사에 내린 왕실 원당으로서의 증표다. 이외에도 선암사에는 순조의 친필인 '인'人과 '천'天 편액이 보관돼 있다. 그러나 실

◁ **원통전 내부**　3×3칸 건물의 중심칸 사방에 창방을 걸고 문을 달았다. '집 속의 집'인 셈이다.
◁ **원통전과 장경각을 이어주는 노전**　이 세 채의 건물군은 순조 때의 원당이었다.
◁ **장경각 계단의 돌사자상**　과거 왕실의 원당 건물로 지어졌던 증거물이다.
◁ **장경각**　19세기 초에 원당으로 지어진 건물. 1930년대만 해도 중심칸이 솟은 2층 전각이었다.

[28] 『조선고적도보』朝鮮古蹟圖譜에 수록된 일제기 사진을 보면, 원통전의 중심 1칸만 문을 달고, 주변 칸들은 모두 마루가 깔린 퇴칸으로 개방돼 있다. 해방 후 퇴칸의 외벽을 막음으로써, 현재와 같이 집 속에 다시 집이 들어 있는 모습이 된 것이다.

제 왕실의 원당 건물은 현재의 장경각藏經閣이었던 것으로 보인다. 원통전 서쪽에는 관리 승방인 노전爐殿이 있고, 노전의 서쪽에는 다시 장경각이 있다. 노전 건물은 앞으로는 원통전을, 뒷마당 쪽으로는 장경각을 관리하도록 계획됐다. 또한 과거의 장경각은 2층 건물로, 가운데 한 칸만 삐죽 솟은 독특한 건물이었다. 지금도 내부 중심칸만 3면에 벽을 두르고 층고를 높여 특별한 영역을 만들고 있다. 이러한 중심형 전각은 왕실 원당의 전형적인 유형이다. 또, 장경각의 입지는 가람의 가장 높은 곳에 독립된 영역이고 마당 좌우로는 한 쌍의 향나무가 높게 자랐다. 기단도 정교하고, 계단 소맷돌에는 한 쌍의 돌사자가 조각되어 있다. 왕실 원당 건물로서 가져야 할 형식과 격을 모두 갖춘 건물이다.[29] 장경각은 원래 원당 건물로 창건됐다가, 순조의 사후에 장경각으로 용도를 바꾸었을 것이다.

결과적으로 원통전 일곽은 불조전과 팔상전의 틈새를 통해 진입하며, 원통전을 한 바퀴 돌고 난 후, 서쪽의 원당 건물로 참배하도록 유도되는 드라마틱한 동선을 구성하고 있다.

### 응진전 일곽, 칠전가람의 선원

원통전 뒤쪽으로 '호남제일선원'이라는 현판이 붙은 응진전 일곽이 있다. 그래도 개방적인 원통전 일곽에 비해, 응진전 일곽은 담장을 두르고 대문을 두어 폐쇄적으로 구성됐다. 선원으로서 정숙을 유지하기 위한 조치이다. 참선 수행하는 안거安居[30] 기간 동안에는 외부인의 출입이 금지돼 있다. 이 일곽은 불전인 응진전과 미타전彌陀殿, 조사당인 진영당, 산신각山神閣, 승방인 달마전과 노전, 그리고 대문채인 7동의 건물로 구성된다. 이 일곽은 자체로서 완결된 작은 사찰을 이룬다.[31] 많은 수의 작은 건물들은 마당을 중심으로 약간씩 밀려들어가면서 배열돼 있다. 노전과 응진전, 미타전의 세 건물은 나란히 놓인 것 같이 보이지만, 조금씩 뒤로 물러나면서 지그재그로 배열되어 있다. 마당 전체를 정형으로 이루되, 세부적인 변화를 주어 공간적 방향감을 미타전

---

29_ 이선화, 「조선 후기 지방 위축원당爲 祝願堂의 배치 구성과 건축적 성격」, 울산대학교 대학원, 1997, p.58.
30_ 선승들은 일 년의 절반을 참선수행에 바쳐야 한다. 여름 석 달 동안의 수행을 하안거夏安居, 겨울 세 달간을 동안거冬安居라 부른다.
31_ 양보인, 「승주 선암사에서의 생활과 공간 – 6방살림의 공간 사용과 그 변천」, 연세대학교 대학원 석사학위논문, 1996, p.56.

▽ **응진전 일곽** 현재의 호남제일선원. 달마전과 응진전, 미타전이 조금씩 물러나면서 변화 있는 영역을 만들고 있다.

↙ **응진전과 그 뒤의 산신각** 닮은 꼴의 두 건물, 그러나 대조적인 스케일의 차이를 보인다.

옆의 샛문으로 흐르게 한다. 샛문을 나서면 뒷산 초록색 차밭으로 연결되어 선원의 분위기가 확산된다.

선방으로 쓰이는 달마전 부분은 원래 ㅁ자형 승방이었던 것으로 보이지만, 현재 서쪽 날개채가 없어져서 ㄴ자 건물이 됐다. 따라서 안마당이었던 부분이 지금은 달마전 뒷마당이 되었다. 뒷마당 중앙에 놓인 4개의 물확은 가히 국보급이다. 둥글둥글한 돌확들은 위쪽부터 큰 것들을 차례로, 직선에 가까운 지그재그로 늘어놓았다. 돌확 사이를 대나무 물통으로 연결해, 산에서 솟아난 약수가 가장 위의 큰 확부터 채우고 넘치는 물이 다음 확으로 흘러가게 된다. 지하에서 용출한 물의 음기를 햇빛에 달구어 중화시킨다는 기철학적 의미를 가진 급수 시설이다. 따라서 가장 아래의 작은 물확에서 물을 떠 마셔야 제맛이다.

↗ **달마전 안뜰의 돌확들** 승방 일부가 없어져서 현재는 뒤뜰이 됐다. 그곳에 놓인 4개의 돌확들은 승방 환경 조각의 극치이다.

### 각황전 일곽, 감추어진 보석

가람의 동북쪽 깊은 곳에 승방인 무우전無憂殿이 위치한다. 두터운 ㄷ자형으로 생긴 승방은 겉보기에는 ㅡ자형의 강당 건물같이 보인다. 안마당에는 매우 작은 단칸 불전인 각황전이 놓여 있다. ㄷ자형 승방이 작은 불전을 감싸고 있는 구성이다.

승방 안마당으로 들어가는 입구는 서쪽 끝의 부엌문이다. 결국 안마당으로 들어가려면 부엌문을 통해 부엌을 대각선으로 가로질러 진입할 수밖에 없다. 진입 과정에서 어두운 부엌을 거쳐 밝은 마당으로 통하는 극적인 구성도 일품이지만, 더욱 놀라운 사실은 각황전이 마당의 중심에 놓이지 않고 동쪽으로 치우쳐 자리를 잡은 점이다. 그러나 진입 과정에서는 전혀 그 부조화를

▷ **무우전에 둘러싸인 한 칸 각황전**  대각선 방향의 축선에 맞추어 반대편으로 쏠려 있지만 눈치 채지 못한다.
↗ **무우전의 부엌 겸 진입구**  입구와 출구가 대각선 방향으로 뚫려 있다.

인식할 수 없다. 대각선 방향으로 시선이 향하기 때문에 오히려 마당 중심에 놓인 것 같이 보인다. 도상적 질서보다는 실제 일어나는 체험적 질서를 우선으로 건축됐기 때문이다.

거창한 이름과는 달리 극도로 축약된 각황전覺皇殿[32]의 규모와, 각황전과 승방이 이루는 공간적·형태적 대비가 절묘하다. 마치 전체 매스에서 마당 크기 만큼의 매스를 뜯어낸 듯한, 그래서 ㄷ자 승방이 이루어진 것 같은 구성으로 보인다. 승방의 규모는 대단하지만 형태는 소박하고, 각황전은 비록 최소의 전각이지만 상대적으로 화려하고 날렵한 형태를 갖는다. 각황전은 듬직한 승방이 감싸주고 있기 때문에 작지만 보석같이 빛난다.

각황전 안에는 오래된 철불이 앉아 있다. 원래 이 지점의 땅 기운이 약하기 때문에 비보의 의미로 철불을 조성해 파묻었다고 한다. 그러던 것을 무우전 중창 때 우연히 발굴하여 모신 것으로, 지금은 석고로 덧싸고 금박을 칠해 본래 철불의 모습을 알기 어렵다. 이 일곽은 외부인의 출입이 금지된 승방부이고, 현재도 태고종 종정의 주석처로 사용된다. 따라서 각황전도 대중용 불전이 아니라, 수도원에 부속된 일종의 채플이다. 아침저녁으로 무우전에서 수행하는 선승이 작은 철불과 마주보고 앉아 정진하는 최소의, 그러나 최고로 청정한 공간이다.

[32]_ 황제를 교화한다는 의미의 각황전 이름이 왜 붙었는지 알 수 없다. 원래의 이름은 장육전丈六殿으로 16척이나 되는 대형 불상을 모셨던 전각이라 전한다. 지리산 화엄사 각황전의 다른 이름이 바로 장육전이었다. 유사한 유래 때문에 화엄사를 본떠 거창한 이름을 붙였을까?

# 살아 있는
# 수도원 집단

**폐쇄적이고 입체적인 승방들**

선암사의 또 다른 가치는 6개의 승방들이 옛 모습을 고스란히 간직하고 있다는 기적적인 사실이다. 특히 완벽한 ㅁ자형의 승방―설선당과 심검당尋劍堂, 무량수각과 해천당海泉堂―이 4동이나 남아 있는 곳은 여기뿐이다. 이 승방들은 밖에서 단층으로 보이지만, 안마당의 내부에는 2개층 혹은 반3층으로 구성된 입체적인 구조를 가진다. 단면의 변화가 역동적이고, 예상치 못한 공간들이 얽히면서 다양한 장면들을 연출한다. 그러면서 복잡하지 않고 잘 정돈된 승방의 분위기를 차분히 유지하고 있다.

선암사의 승방처럼 입체적이고 복합적인 요사채들은 부안 내소사來蘇寺

↙ 설선당 평면도    천득염 도면.
↘ 설선당의 내부

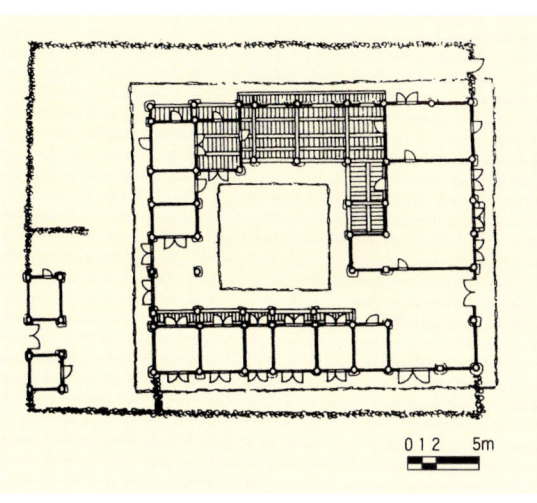

◁ **설선당의 외관**  대칭적인 두 개의 박공면의 내부는 실상 비대칭적인 기능과 공간이다.

에서나 찾아볼 수 있다. 그나마 내소사 승방은 1동 뿐이고 현재는 안마당에 함석지붕을 씌워 원공간을 느낄 수 없으니, 선암사가 유일한 곳이리라.

이처럼 입체적인 승방을 만들 수 있었던 원인은, 승방의 복합적 기능을 철저하게 분석한 결과로 보인다. 승방은 승려들이 기거할 수 있는 작은 독방들, 조리와 난방을 담당하는 큰 부엌, 살림살이와 식료품을 보관하는 곡루와 창고, 그리고 대중들이 모여 함께 식사하고 강론할 수 있는 대방大房으로 이루어진다.

대방은 보통 6~10칸의 대규모 실내 공간으로 층고도 높아야 한다. 또, 대방은 승려와 일반 신도들이 함께하는 법회도 열리기 때문에 공공적인 장소로 노출돼야 한다. 반면 승려 개실인 독방들은 매우 은밀하고 조용한 곳에 위치해야 하고, 극도의 프라이버시를 요구한다. 그러나 이 상반된 공간들은 하나의 요사채 안에 동시에 수용돼야 한다.

선암사 대웅전 좌우의 심검당과 설선당의 경우와 같이, 보통 대방은 주불전 마당의 동서면에 놓이기 때문에, 대방의 방향은 동서향이 될 수밖에 없

1 **무량수각의 균형 잡힌 외관**  현재 강원으로 쓰인다.
2, 3 **무량수각의 입체적인 내부**  반 층씩 오르도록 처리된 레벨은 완벽한 스킵 플로어 형식을 구사한다.
4 **심검당 외벽**  외부에 대해 극히 폐쇄적인 승방의 모습을 드러낸다.
5 **심검당 내부**  1층에서 위의 누마루층으로 오르는 계단이 보인다.

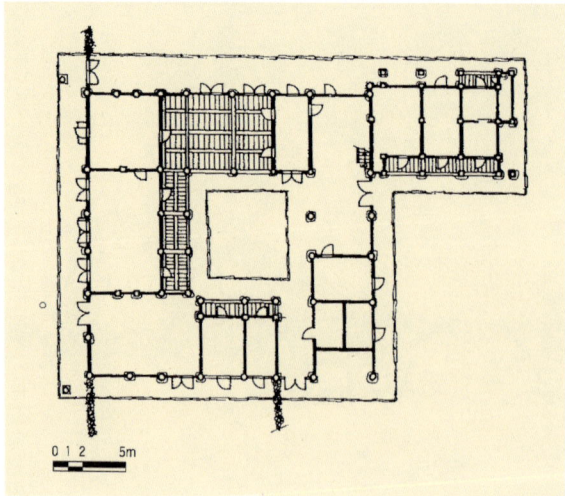
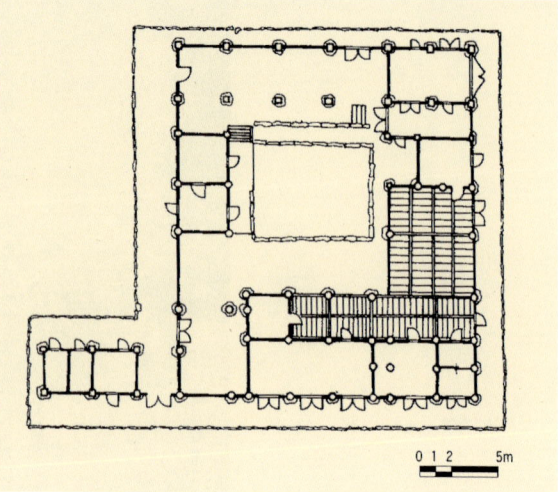

◁ **심검당 평면도** 천득염 도면.
↗ **무량수각**(옛 천불전) **평면도** 천득염 도면.

다. 동서향은 생활 공간으로는 불리하고, 공공적인 불전 마당에 독방들을 노출시킬 수 없다. 따라서 대방과는 직각으로 날개채를 붙이고 독방들을 배열한다. 모든 독방들은 요사채 안마당에 면하게 되어 프라이버시를 보장할 수 있고, 남북으로 놓이니 모든 방을 남향으로 할 수 있다. 보통의 요사채들이 ㄱ자, ㄷ자, ㅁ자형으로 꺾일 수밖에 없는 근본적인 까닭이다. ㅁ자형 요사채의 한쪽 변은 보통 창고나 곡루로 채워진다. 곡루는 곡식이나 마른 음식들을 보관하는 누다락 창고다.

선암사의 요사채들은 매우 입체적이다. 면적이 넓은 대방의 층고는 보통 방들의 1.5배까지 층고가 높아져야 실내의 비례가 맞는다. 그러다보면 다른 방들과 지붕의 높이를 달리해야 하는 불편에 처한다. 선암사의 승방들은 이 높이 차이를 극복하기 위해, 다른 방들 위에 2층 마루들을 만들어 지붕 높이를 대방과 같이 맞추었다. 따라서 겉보기에는 단층이지만, 안에서는 2층으로 구성될 수 있었다. 필요 없이 낭비될 지붕 속 공간까지도 철저하게 이용한 치밀함의 결과이다. 특히 무량수각(옛 천불전)의 경우는 바닥면들이 반 층씩 변해가면서 최고 2.5층까지 입체적인 공간들이 연속된다. 요사채로서뿐 아니라, 순수한 건축적 측면에서도 무량수각의 입체적인 공간 구성은 탁월하다.

## 살아 있는 생활들

무엇보다도 선암사 승방들은 아직도 정통적인 수도생활이 계속되고 있기 때문에 더욱 빛난다. 한창 때의 300여 승려에는 못 미치지만, 여름과 겨울 안거 기간에는 70~80명의 승려들이 모여서 수행과 구도의 생활을 한다. 생활상의 불편을 이유로 전통적인 승방들을 텅 비워놓고, 새로 만든 보일러 건물에서 따뜻하고 편리하게 생활하는 다른 절들과는 근본적으로 다른 세계이다. 생활의 때가 묻어 있기 때문에 선암사 승방들은 늘 새롭고 신선하다.

예전의 승방들은 마치 군대의 소대 조직과 같이, 취사도 수행도 승방별로 독자적으로 운영했다. 따라서 모든 승방에는 필요한 생활용구들을 별도로 구비해야 했다. 무소유를 원칙으로 하는 불가의 생활이기 때문에 생활도구라고 해야 최소한의 음식 조리에 필요한 부엌살림들이었다. 그러나 대규모 인원이었기 때문에 곡식을 빻는 큰 맷돌과 식수를 공급할 큰 돌확, 그리고 설거지에 필요한 대규모 구유통은 필수적이었다. 아직도 선암사 각 승방에는 돌확들이 남아 있다. 달마전의 예술적인 돌확군을 비롯하여, 무량수각의 장방형 돌확, 해천당 앞의 바위 같은 돌확들이다.

부엌은 모든 생활의 중심지였다. 원주스님이 부엌의 살림을 책임지고,

↘ **노전의 마루물통** 선암사 승방들에는 각각 특색 있는 물통들이 놓여서 각 승방의 아이덴티티를 조성한다.

공양주가 음식을 담당하며, 불목하니는 장작 마련과 아궁이를 담당한다. 예의 약휴스님은 최말단인 불목하니에서 일약 중창주의 대임을 맡은 전설적인 인물이었다. 하루 세끼 식사를 마련해야 하고, 쉴 새 없이 아궁이를 돌봐야하는 까닭에 부엌에는 항상 사람들이 있기 마련이다. 요사채에는 별도의 출입구가 없다. 보통 부엌문을 출입구로 겸하게 되는데, 항상 사람이 있기 때문에 일반인이 요사채 안으로 들어오는 것을 통제하기 쉽기 때문이다. 부엌의 위치는 건물이 꺾이는 모퉁이에 있기 마련이다. 그래야 양쪽으로 난방하기가 쉽고, 마당에서는 부엌의 번잡함이 감춰지기 때문이다. 따라서 요사채 안으로 출입하려면 부엌문을 통해 몇 번 꺾어 들어가야 가능하다. 드라마틱한 동선 체계는 결국 생활상의 필요에 의해 만들어진 부수적인 산물일 뿐이다.

### 총림으로서의 수도원

예전같이 승려 수가 많지 않기 때문에 현재는 승방들을 통합적으로 운영한다. 각 승방마다 독자적인 기능을 부여해서 역할 분담의 효율성을 기하고 있다. 불교 수도원에 필요한 기능들은 참선수행을 위한 선원, 교학 강론을 위한 강원, 취사와 세탁 등을 위한 후원, 그리고 일반 신도들을 위한 종무소, 원로

◁ **창파당** 일제시기에 툇마루의 덧지붕이 덧붙여졌다.
◁ **창파당 평면도** 천득염 도면.

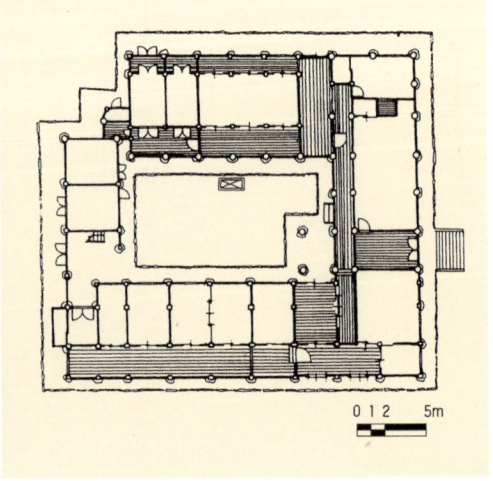

스님들의 노전, 그리고 주지실 등이 필요하다. 이들을 모두 갖춘 사찰을 보통 총림叢林이라 부른다. 선암사는 태고종 제일의 총림이다.

선원의 기능은 응진전 일곽의 달마전에서 수행한다. 가람의 가장 북쪽 깊은 곳에 있어서 정적을 유지할 수 있는 곳이기 때문이다. 서쪽 끝의 무량수각은 강원으로서 유서 깊은 곳이다. 역시 가장 정적한 곳 가운데 하나이다. 비교적 대중들에게 노출되기 쉬운 위치에 있는 해천당에는 종무소가 설치돼 있다. 대웅전 좌측의 심검당은 총무·재무·원주 스님 등 사판승들이 기거하면서 선암사의 운영을 논의하는 곳으로 쓰인다. 우측의 설선당은 건물 이름과는 달리 사찰 식구 전체의 음식을 마련하는 후원으로 사용되고, 공양도 설선당의 대방에서 이루어진다.

대웅전 옆의 응향각은 가장 중요한 노전으로 대웅전 일곽을 관리하는 곳이다. 원통전 옆의 노전은, 앞서 말했듯이 과거 원당 영역이었던 원통전과 장경각 일대를 관리하는 스님이 기거한다. 각황전과 무우전은 현재 태고종의 정종실로 사용된다. 무우전 앞의 삼전은 주지스님의 거처이다. 해천당 앞의 창파당은 일반 신도들이 묵어가는 객사이다. ㄷ자나 ㅁ자형 승방과는 달리 ㄱ자로 구성된 창파당은 개방적이다.

시설물 가운데 빠뜨릴 수 없는 건물은 바로 '대변소'다. '짠 뒤'(뒷간)라

◿ **대변소 평면도**   천득염 도면.
◿ **대변소 내부**   왼쪽 날개가 남성용, 오른쪽이 여성용. 앉은 자세에서 바깥 숲을 보도록 광창을 바닥에 바싹 붙였다.

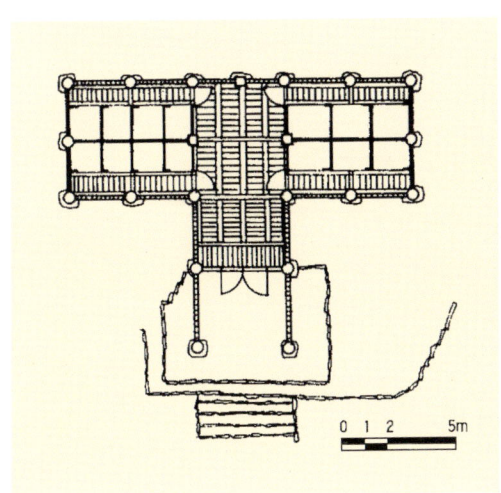

▷ 선암사 T자형의 대변소 입구 박공면의 원호 처리가 이국적이다.

는 오래된 표기법으로 씌어진 현판이 이색적인 이 T자형 화장실을 보고, 돌아가신 김수근 선생은 "한국에서 가장 멋진 화장실"이라 극찬한 적이 있다. 또 임진왜란의 전화에도 불타지 않고 살아남은 유일한 건물이라 전한다. 그렇다면 선암사의 현존 건물 가운데 가장 오래된 최고의 문화재일 것이다.

 우선 규모가 대단히 크고 매우 합리적인 평면으로 구성됐다. T자의 줄기를 따라 들어가면 양쪽으로 경계가 나뉘어, 오른쪽은 여성용, 왼쪽은 남성용이다. 그러나 칸벽들의 높이는 불과 1.2m 정도여서 일어서면 서로 볼 수 있는 개방형 공간이다. 물론 앉아서 일을 볼 때는 프라이버시가 보장된다. 선암사에 가면 볼일이 없더라도 꼭 이 변소의 한 유니트에 앉아봐야 한다. 그것도 가장 안쪽에 앉아 벽 쪽을 보라. 벽의 아랫부분에는 바닥까지 내려오는 살창이 줄줄이 나 있다. 살창을 통해서 바깥의 숲 속과 연못의 아름다운 경관이 들어온다. 일렬로 나 있는 살창들은 어두운 화장실 안을 밝혀주는 자연조명 시설이기도 하고, 향기롭지 못한 냄새들을 제거하는 환기 시설이기도 하지만, 무엇보다도, 뒷일을 보면서까지도 자연을 접하며 명상에 잠길 수 있는 철학적인 도구이다.

### 또 하나의 수도원, 대각암

창파당과 해천당 사이로 난 산길을 오르면 머지않아 널찍한 경사지에 자리잡은 대각암에 이르게 된다. 가는 도중의 왼쪽에는 서툰 솜씨이기는 하지만, 부처상이 바위에 음각으로 조각되어 있다. 과거 선암사 뒷산에는 13개에 이르는 암자들이 있었다고 하지만, 지금은 서너 개밖에 남지 않았고, 그나마 건축이라 부를 수 있는 곳은 대각암뿐이다.

　의천스님이 외척 세력의 박해를 피해 이곳에 와 주석하면서 큰 깨달음을 얻었다는 유서 깊은 곳이다. 그래서 암자의 이름이 대각암大覺庵이고, 의천의 법호가 대각국사이다. 경사지를 4개의 단으로 정리하고 누강당인 대선루와 본채인 대방채를 평행하게 배치했다. 대방채 뒤의 가장 윗단에는 산신각과 대각국사의 것으로 전하는 부도浮屠가 안치되어 있다. 건물들의 크기는 웬만한 작은 사찰보다 큰 규모이다.

　5칸의 대선루의 아래층 기둥들은 우람한 팔각기둥이다. 약간 거칠게 다듬어진 솜씨에서 암자 특유의 원초적인 분위기를 읽는다. 암자는 일반 신도들을 위한 대중용 시설이 아니라, 원로 유명 스님들이 소수의 제자들과 함께 기거하면서 공부하는 사적인 수행처이다. 따라서 별도의 불전이 독립적으로 세워진 예는 드물고, 불전과 승방이 한 건물에 복합적으로 수용된다. 이런 유형의 건물을 '대방채'라 부른다. 대각암 대방채는 동쪽 끝 부분의 날개가 돌출된 ㄱ자형 건물이다. 몸채 중심부에는 3칸 규모의 큰 방이 있고, 방 안에는 불단이 꾸며져 있다. 이 방에서는 불공도 드리지만, 공양이나 강론도 이루어진다. 큰절의 불전과 요사채 대방의 기능을 함께 갖춘 곳이다. 돌출된 날개부

는 큰스님방이고 그 앞 작은 누마루는 손님들을 접대하는 곳이다. 작은 건물이기는 하지만, 그 자체로서 작은 사찰의 기능을 모두 수용하고 있다.

**전체를 묶는 조경 요소들**

이상의 내용들만 종합한다면, 선암사는 마치 각자가 하나의 독립 사찰인 것 같은 건물군들이 모여 있는 단순 집합체라고 생각할 수도 있겠다. 그러나 실제의 선암사는 그런 것이 아니다. 비록 많은 독자적 부분들이 존재하지만, 그들은 다시 유기적으로 관계를 맺으며 거대한 하나의 전체를 이룬다. 이 전체성이야말로 선암사가 주는 가장 큰 교훈일 것이다.

선암사의 부분들을 전체로 묶어주는 요소들은 길과 물이다. 선암사의 길

◸ **선암사 대각암 전경** 광활한 경사면에 처연하게 서 있다. 앞이 대선루이고, 뒤가 대방채이다.
◿ **대각암 대선루에서 본 대방채** 승방과 불전이 복합된 암자 건물로, 최근 보수되었다. 대방채 뒤 언덕 위에 산신각과 대각국사 부도가 있다.
◺ **선암사 대웅전과 심검당 사이의 계단길** 조금씩 동쪽으로 밀려 올라가면서 불조전 영역으로 유도된다.

들은 단순한 통로가 아니다. 건물과 건물, 건물군과 건물군을 연결해주는 중심체인 동시에, 담장과 건물 벽들로 싸여진 중요한 외부 공간이다. 여기에는 수많은 작은 계단과 작은 문들, 좁았다 넓어지는 공간적 변화들이 수반된다. 이런 작은 요소들을 따라 진행하다보면, 문득 또 다른 영역에 다다르게 되고 새로운 세계가 전개된다.

뒷산의 차밭과 건물군들이 만나는 방법도 대단하다. 인공적인 축대나 절토면을 두지 않고 자연 경사를 그대로 수용하면서, 뒷산과의 경계에 낮은 담을 치고 문을 달았다. 담장 밖으로는 마치 마을의 뒷길과 같은 통행로가 다시 생긴다. 사찰의 내부 길인 줄 알고 따라 걸으면 자연스레 외부가 되는 위상수학적인 통로의 구성이다. 선암사의 전체에서 느낄 수 있는 도시적 구성의 한 예에 불과하다.

물길은 더욱 적극적으로 가람의 전체를 관통한다. 뒷산에서 스며 내려온 청량한 물들은 무량수각 앞의 작은 연못에서 모아지며, 곧바로 지하를 통해 아래의 쌍연지로 흐른다. 이들은 다시 대변소 앞의 연못에서 모아졌다가, 축

↙ **창파당과 심검당 사이의 쌍연지** 사각형 연못 사이로 다리와 같은 길이 나 있다.

◩ **인공 폭포 위 연지** 항상 물이 고이기 때문에 가물어도 폭포는 계속 떨어진다.
◸ **선암사 입구의 삼인당 못** 무량수각 앞의 작은 연못에서 발원한 선암사의 물줄기는 쌍연지와 조계문 옆 연지를 거쳐 폭포로 떨어진 후 삼인당에 고인다.

대 위에 만들어진 인공 폭포가 되어 세차게 떨어진다. 선암사 진입로에서는 항상 이 인공 폭포의 시원한 물소리가 들린다. 일단 연못에 가둔 물들을 이용하기 때문에 가뭄과 관계없이 폭포를 만들 수 있기 때문이다.

떨어진 물들은 진입로 옆의 작은 인공 수로를 타고 작은 소리를 내며 흐르다 드디어 타원형의 넓은 연못, 삼인당三印堂으로 흘러든다. 삼인당은 유래가 없을 정도로 형태가 독특한 연못이다. 비록 일제기에 변형된 듯 어색한 형태이기는 하지만, 절 입구의 지표로서는 더없이 중요한 쉼터를 이룬다. 그리고 옆 골짜기에서 내려온 계곡과 합쳐지면서, 그 유명한 한 쌍의 승선교가 있는 굽이까지 흘러내린다. 선암사의 물길은 자연과 건축군을 하나로 엮어주는 소리의 끈이며 시각의 줄이다. 이러한 경관적 관계를 '선경'仙境이라 부른다.

## 부록

건축 읽기에 도움이 되는 용어해설
도면 목록
찾아보기

# 건축 읽기에 도움이 되는 용어해설

## 칸과 기둥

**칸의 개념**

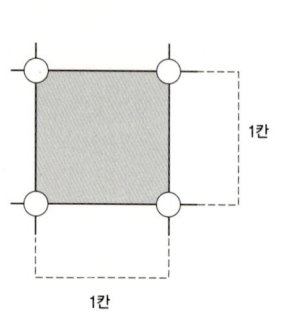

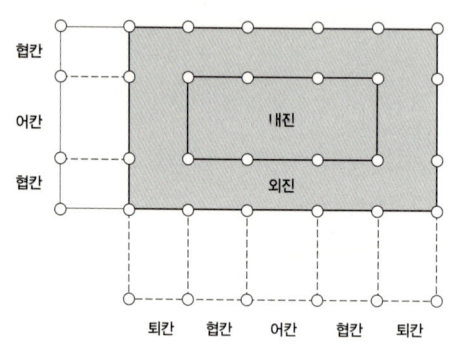

한국건축에서는 일반적으로 건물의 규모를 이야기할 때 '몇 칸〔間〕집이다'라는 말을 자주 사용한다. 이때 '한 칸'은 기둥과 기둥 사이를 말한다. '칸'은 건물의 평면구성을 파악하고, 건물의 길이와 면적을 측정하는 데 기본 단위가 된다. 건물의 칸은 보통 정중앙의 칸이 약간 넓고 그 양쪽 칸은 약간 좁은데, 그래서 정 중앙의 칸을 어칸〔御間〕, 그 양쪽의 칸을 협칸〔夾間〕, 그리고 건물의 가장 모퉁이 칸을 퇴칸〔退間〕이라고 한다. 면적 개념으로 1칸은 가로 세로가 1칸으로 구성된 단위 면적을 가리키며, 따라서 정면 3칸 측면 2칸 집은 3×2=6칸 집이라 말한다.

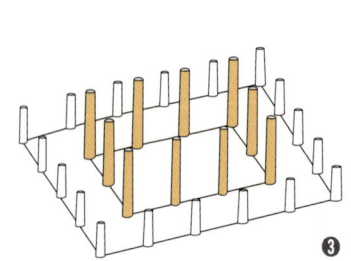

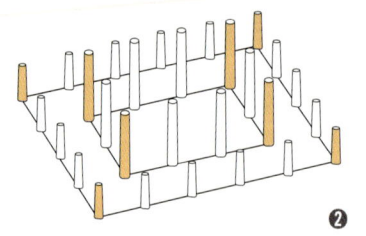

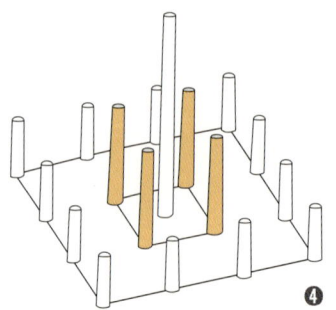

**외진평주 · 우주
내진고주 · 사천주**

평주平柱는 건물 외곽을 감싸고 있는 기둥을 말하며, 외진外陣칸을 둘러싸고 있기 때문에 외진평주外陣平柱(❶)라고도 부른다. 또한 고주高柱는 건물 내부의 내진內陣칸을 둘러싸고 있는 기둥으로, 대개 외곽 기둥보다 높기 때문에 고주라 부른다. 또한 내진칸을 둘러싸고 있기 때문에 내진고주(❸)라고도 한다. 외진칸이건 내진칸이건, 모퉁이에 세워진 기둥은 특별히 우주隅柱(❷)라고 한다. 사천주四天柱(❹)는 심주心柱라 불리는 가운데 기둥을 중심으로 네 모서리에 배열된 기둥을 가리킨다.

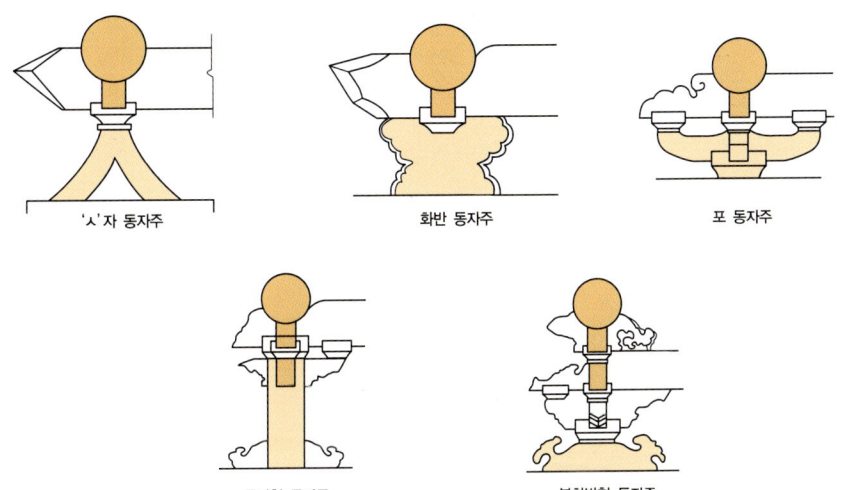

'ㅅ'자 동자주  화반 동자주  포 동자주

동자형 동자주  복화반형 동자주

### 동자주

대들보나 중보 위에 올라가는 짧은 기둥. 모양은 방형으로 만드는 것이 일반적인데, 다른 동자주와 구별하기 위해 방형 동자주를 동자형 동자주라고 부른다. 그 외에 모양에 따라 ㅅ자형 동자주, 화반 동자주, 포 동자주, 복화반형 동자주 등 다양한 명칭으로 부른다. 한옥에서는 대개 전면에 퇴칸을 만드는 경우가 많은데 이 경우 내부의 고주는 전면 쪽에만 오게 된다. 그리고 전면 평주에서 고주 사이에는 퇴보가 올라가고 고주와 후면 기둥 사이에는 대들보가 걸린다. 대들보 위에 종보를 올릴 경우, 종보의 한쪽은 고주의 머리에 얹고, 다른 한쪽에는 대들보 위에 짧은 기둥을 세워 얹게 되는데, 이를 동자주라 한다.

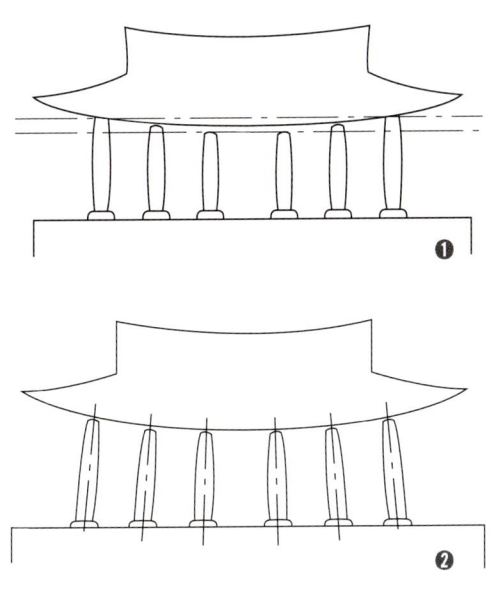

### 귀솟음과 안쏠림

귀솟음은(❶) 건물을 앞에서 바라볼 때, 가운데 기둥의 높이를 가장 낮게 그리고 양쪽 추녀 쪽으로 갈수록 기둥의 높이를 조금씩 높여주는 기법을 말한다. 안쏠림(❷)은 기둥머리를 건물 안쪽으로 약간씩 기울여주는 기법이다. 귀솟음과 안쏠림은 모두 건물에 시각적인 안정감을 주고, 동시에 하중을 가장 많이 받게 되는 퇴기둥을 높여 줌으로써 구조적 안정감을 주기 위한 방법이다.

# 포작 형식

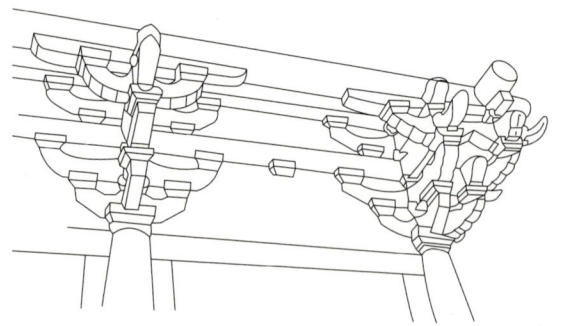

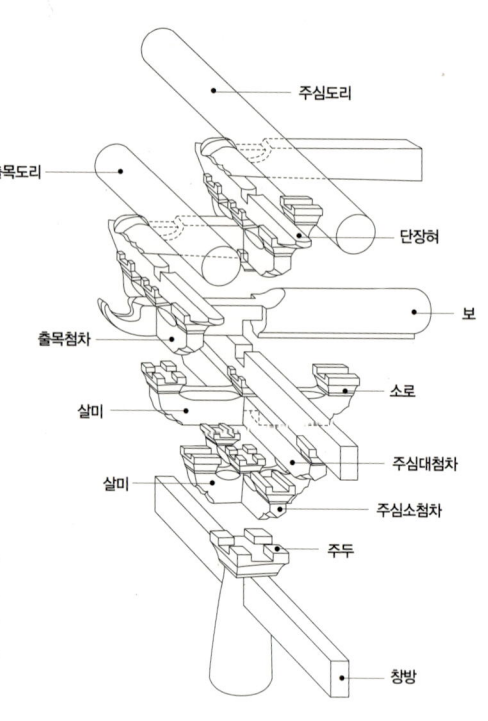

### 주심포형식

공포拱包는 기둥 위에 놓여 지붕의 하중을 기둥에 원활히 전달하는 역할을 하는 건축 구조물이다. 공포 위에는 보와 도리, 장혀 등의 부재가 올라가 이들을 타고 내려온 지붕의 하중이 합리적으로 기둥에 전달되도록 한다. 공포의 분류는 기둥 윗부분에서 주두와 소로, 첨차, 살미 등의 부재들이 어떻게 조합되었느냐에 따라 이루어진다. 주심포柱心包형식은 기둥 위에만 포가 놓인 공포 형식이다.

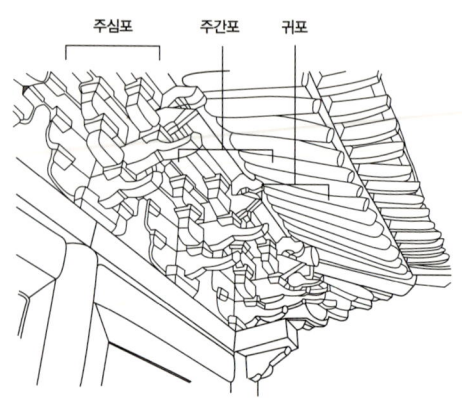

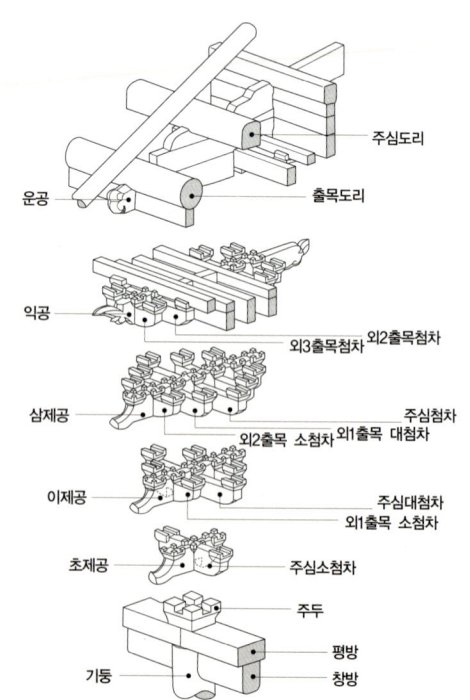

### 다포형식

다포多包형식은 기둥과 기둥 사이에도 포가 놓이는 공포 형식이다. 이때 기둥 위에 놓인 포를 주심포, 기둥 사이에 놓인 포를 주간포柱間包라 한다. 다포형식은 주심포형식에 비해 외관상 화려해 보이는 측면도 있지만, 부재의 규격화와 구조의 합리화에 따라 나타난 형식이라 할 수 있다. 고려시대부터 나타났으나 주로 조선시대에 와서 사용되었고, 익공형식에 비해 주로 격이 높은 건물에 사용되었다.

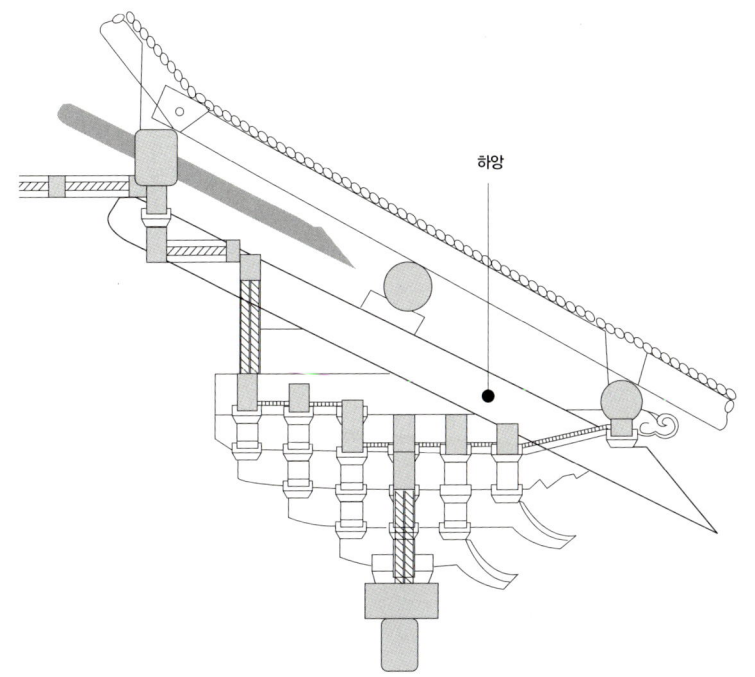

### 하앙식

포작형식 중에서 특수한 예로, 국내에서는 완주 화암사 극락전에 유일한 예가 남아 있다. 하앙식이란 하앙이라 부르는 살미 부재가 서까래와 같은 경사를 가지고 처마도리와 중도리를 지렛대 형식으로 받치고 있는 공포 형식을 말한다. 우리나라에서는 화암사 극락전의 다포형식에서 보이지만, 중국에서는 주심포형식의 건물에서도 하앙식 공포 유형을 많이 볼 수 있다.

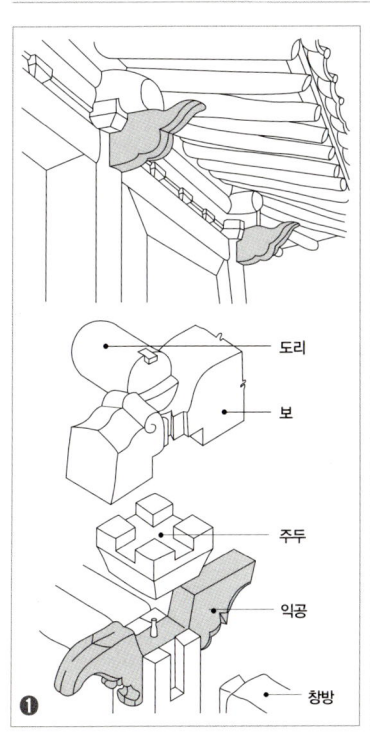
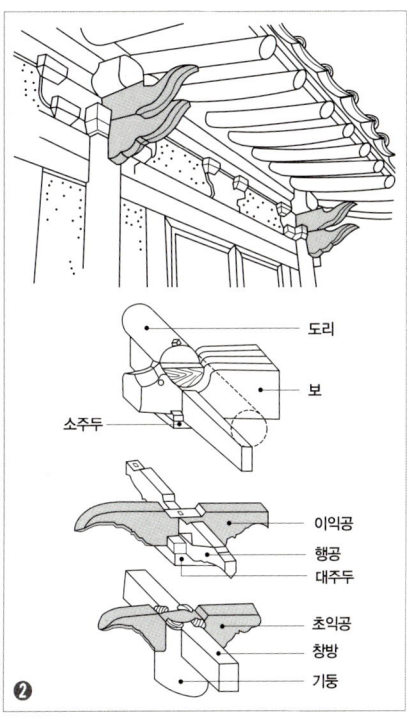

### 익공형식

살미 부재가 새 날개 모양의 익공翼工 형태로 만들어진 공포 형식을 말한다. 이때 보 방향으로 놓인 익공의 개수와 모양에 따라 익공이라는 부재가 한 개면 초익공, 두 개면 이익공, 끝이 새 날개 모양처럼 뾰족하지 않고 둥그스름하면 물익공이라 한다. ❶은 초익공형식, ❷는 이익공형식이다.

# 공포와 가구

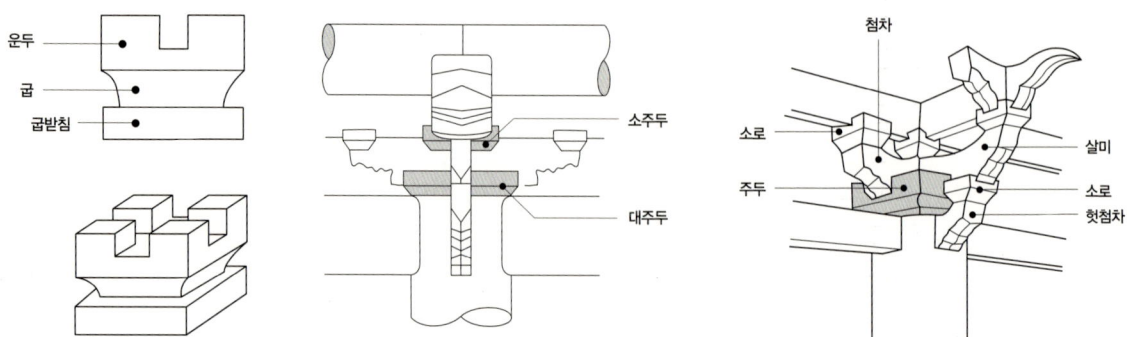

**주두** 주두柱頭는 공포의 가장 밑에 놓이는 정방형 목침 형태의 부재로, 기둥 위에 놓여 공포를 타고 내려온 하중을 기둥에 직접 전달하는 역할을 한다. 부재의 위에서 볼 때 십자형 홈이 파여 있어 여기에 첨차와 살미 부재가 끼워지게 된다. 주심포형식에서는 기둥 위에 바로 놓이게 되고, 다포형식에서는 주간포의 아래에 평방이라는 넓적한 부재 위에 놓이게 된다.

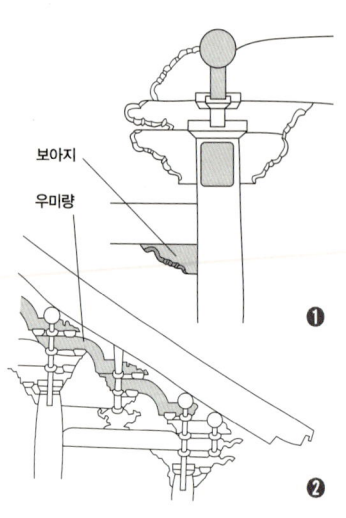

### 우미량과 보아지

우미량牛尾樑(❷)은 소꼬리처럼 생긴 곡선의 부재로, 조선 초기까지 주심포형식 건물에서 주로 보인다. 위에 있는 도리와 밑에 있는 도리를 연결하는 역할을 한다. 보아지(❶)는 대들보나 퇴보 밑을 받치는 돋을새김의 부재를 말한다.

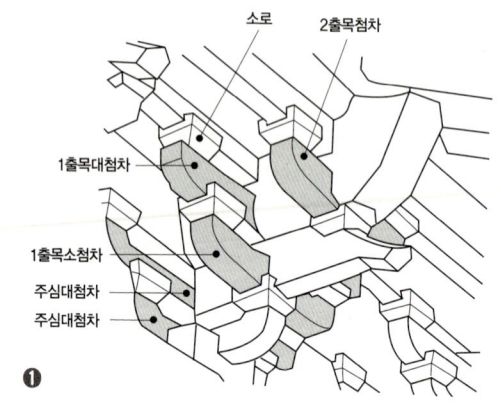

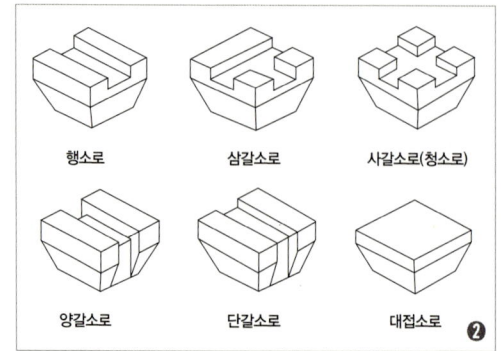

### 첨차와 소로

첨차檐遮(❶)는 살미와 십자로 짜여지는 도리 방향 공포부재를 말한다. 기둥을 중심으로 위치와 크기에 따라 명칭을 달리한다. 기둥 바로 위쪽에 있는 첨차 가운데 긴 것을 주심대첨차, 짧은 것을 주심소첨차라고 하고, 기둥열 밖으로 튀어나온 부분에 위치한 첨차 가운데 긴 것을 출목대첨차, 짧은 것을 출목소첨차라고 한다. 이때 주심에서 가까운 출목첨차로부터 순서를 매겨 1출목첨차, 2출목첨차 등의 순으로 부르게 된다. 소로〔小累〕(❷)는 주두와 유사한 모양으로 공포의 첨차와 첨차, 살미와 살미 사이에 놓여서 각 부재를 연결하고 각 부재를 타고 내려오는 하중을 밑으로 전달해준다.

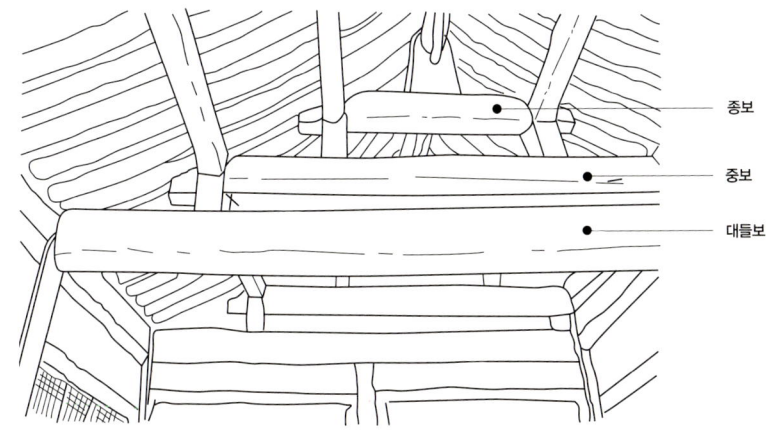

## 보

건물의 전면, 후면 기둥을 연결해주는 수평의 구조부재이다. 서까래와 도리를 타고 내려온 지붕의 하중은 보를 통해 기둥에 전달된다. 수직 구조재인 기둥과 수평 구조재인 보가 건물의 가장 기본적인 뼈대가 되는 것이다. 구조가 복잡해질수록 한 건물에도 다양한 보가 사용된다. 건물의 앞뒤 기둥을 연결하는 보를 대들보라 하고, 대들보 위의 양쪽 1/4 지점에 동자주를 세우고 이를 연결하는 보를 얹는데 이를 종보라고 한다.

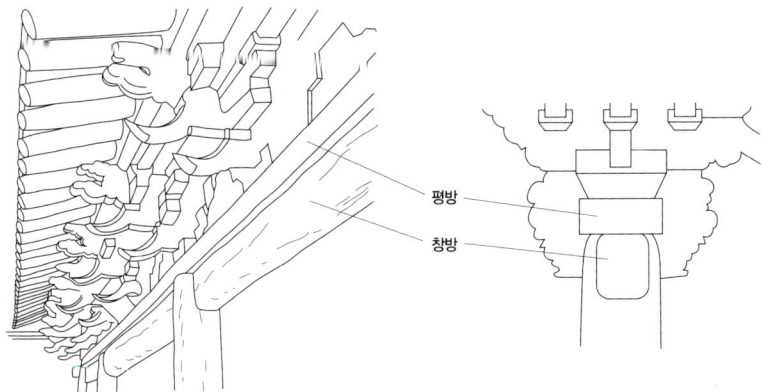

## 창방과 평방

창방昌枋은 외진기둥을 한바퀴 돌아가면서 기둥머리를 연결하는 부재이다. 다포형식에서는 창방만으로 주간포의 하중을 받치기 어려우므로 창방 위에 평방平枋이 하나 더 올라가게 된다.

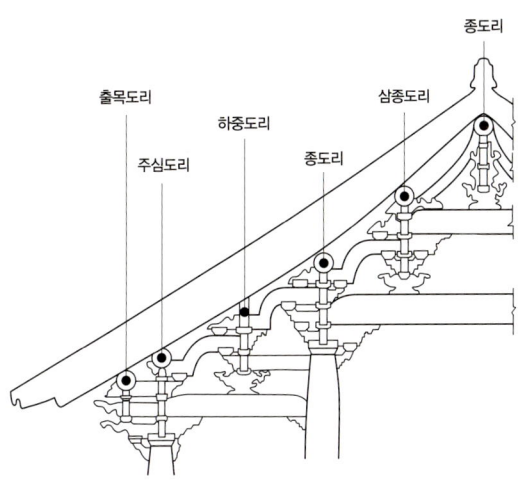

## 도리

도리道里는 구조부재 중에서 가장 위에 놓이는 부재로 서까래를 받친다. 가구의 구조를 표현하는 기준이 되며 도리의 높낮이에 따라 지붕의 물매가 결정된다. 지붕 하중이 최초로 전달되는 부재이며, 그 다음 보와 기둥으로 전달된다. 형태에 따라서 원형이면 굴도리, 방형이면 납도리라고 부른다. 외진주, 내진주, 대들보와 종보를 중심으로 놓인 도리의 명칭을 도면에서와 같이 각각 출목도리, 주심도리, 하중도리, 중도리, 상중도리, 종도리 등으로 부른다.

## 지붕과 처마

### 맞배지붕

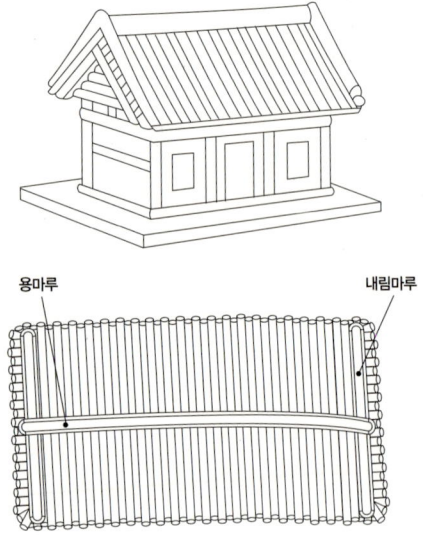

### 우진각지붕

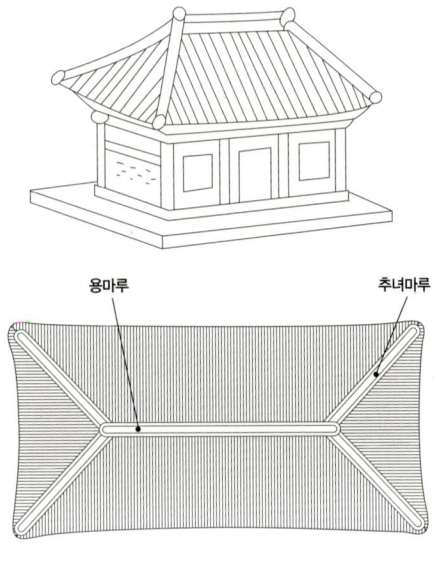

### 팔작지붕

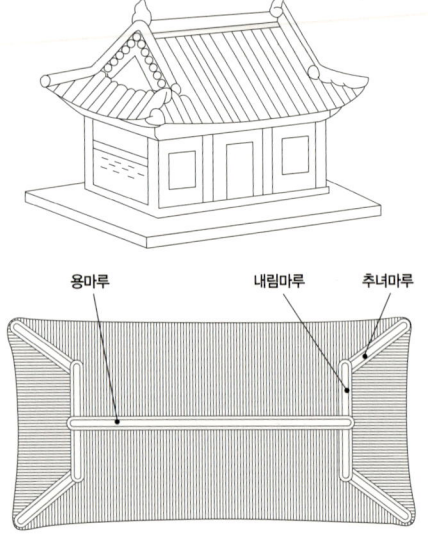

### 모임지붕

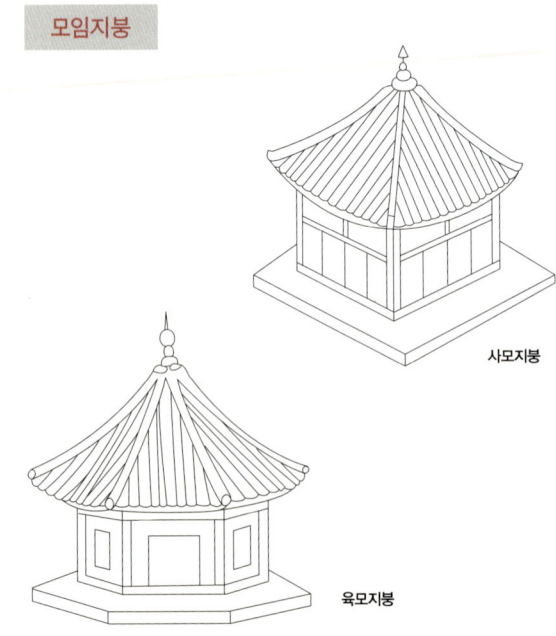

### 홑처마(왼쪽)와 겹처마(오른쪽)

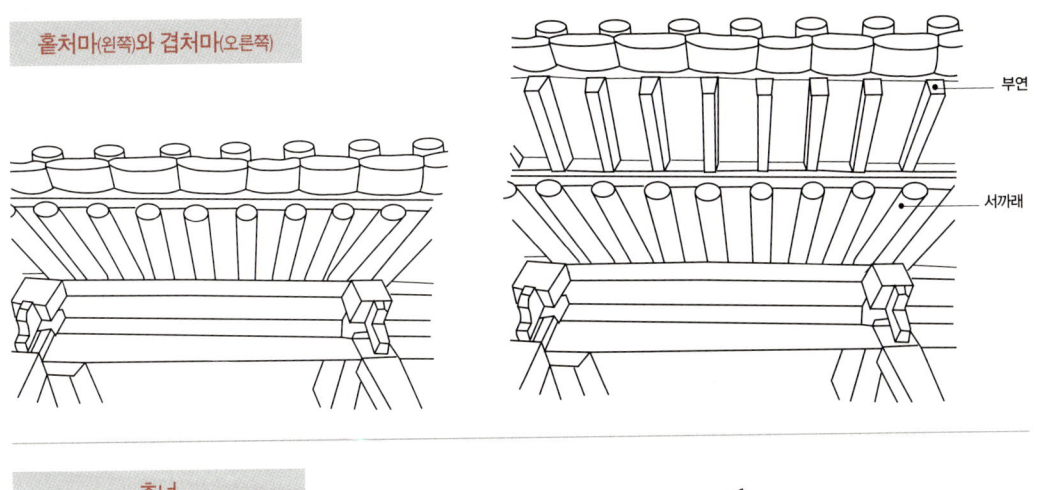

### 추녀

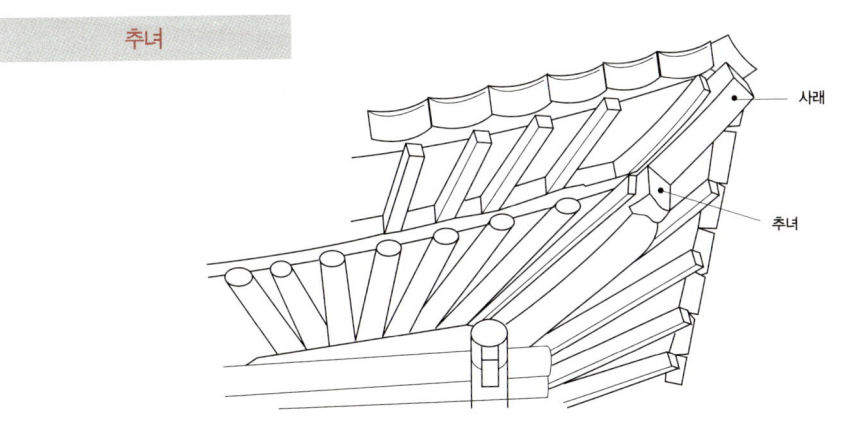

### 서까래(왼쪽)와 부연(오른쪽)

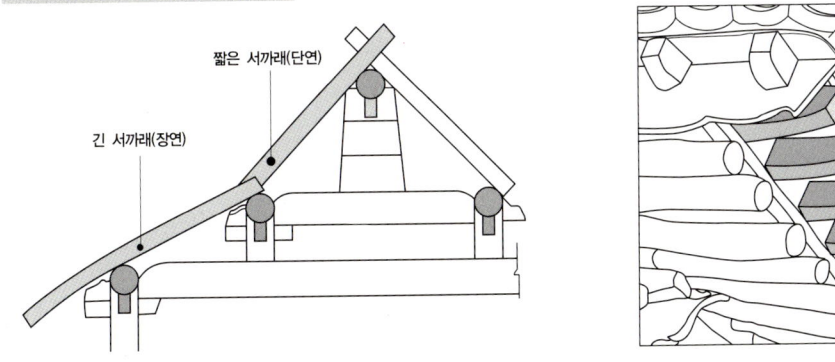

\* 부록 '건축 읽기에 도움이 되는 용어해설' 편은 명지대학교 김왕직 선생님의 『그림으로 읽는 한국건축 용어해설』을 참조하여 재구성한 것입니다. 자료 활용을 흔쾌히 허락해주신 김왕직 선생님께 진심으로 감사드립니다.

# 도면 목록

## 1 폐허 속의 상상력, 미륵대원

- 미륵대원 발굴 현황도  중원군 도면
- 미륵대원 추정 복원 배치도  중원군 도면
- 미륵대원 추정 복원도  중원군 도면
- 석굴 주실 평면 실측도  태창건축 도면
- 석굴 주실 정면 실측도  태창건축 도면
- 법당 추정 단면도  태창건축 도면
- 석굴 내부 전개도  중원군 도면

## 2 소리와 그늘과 시의 정원, 소쇄원

- 담양 일대 정자와 원림 분포도
- 소쇄원 내원과 외원 위치도  성균관대학교 조경학과 도면
- 소쇄원 배치도  성균관대학교 도면
- 소쇄원 단면도  성균관대학교 도면
- 소쇄원의 빛과 그늘  김봉렬 도면
- 담양 일대 정자들의 평면도  김봉렬 도면
- 명옥헌 정원 배치도  김봉렬 도면
- 식영정과 부용당 배치도  김봉렬 도면

## 3 은둔을 위한 미로들, 독락당과 옥산서원

- 독락당 일대 지형지물  김관석 도면
- 독락당 투상도  김관석 도면, 필자 재작성
- 독락당 일곽 배치 평면도  김관석 도면, 필자 재작성
- 독락당의 담장과 통로  김봉렬 도면
- 독락당의 외부 공간도  김봉렬 도면
- 안채-숨방채 남북단면도  김관석 도면
- 계정 부분 단면도  김관석 도면, 필자 재작성
- 독락당 정면도  정인국 도면

- 옥산서원 배치 평면도  김봉렬 도면
- 옥산서원 투상도  김봉렬 도면
- 영일 달전재사 평면도  김봉렬 도면

## 4 중층건축의 지역성, 양진당과 대산루

- 상주 양진당 평면도  복원 전 도면. 신영훈 도면
- 상주 양진당 입면도  신영훈 도면
- 상주 대산루 2층 평면도  신영훈 도면
- 상주 대산루 1층 평면도  신영훈 도면
- 상주 대산루 입단면도  신영훈 도면

## 5 예학자의 이상향, 윤증고택

- 윤증 관련 건축물 위치도
- 윤증고택 배치도  송인호 도면
- 윤증고택 지붕도  송인호 도면
- 윤증고택의 안채 입면도  송인호 도면
- 윤증고택의 남측 입면도  송인호 도면
- 윤증고택 단면도  송인호 도면
- 윤증고택 기단 레벨도  송인호 도면
- 윤증고택 투상도  송인호 도면
- 윤증고택 외부 공간도  송인호 도면

## 6 중세적 장원의 흔적, 선교장

- 선교장 배다리골 지형도  김봉렬 도면
- 개기(1760년경) 당시 배치 추정도  김봉렬 도면
- 오은 이후(1830년경) 당시 배치 추정도  김봉렬 도면
- 경농 이근우(1930년경) 당시 배치 추정도  김봉렬 도면

- 선교장 배치도  김봉렬 도면
- 선교장 본채 평면도  김봉렬 도면
- 선교장 종단면도  김봉렬 도면
- 선교장 안채 마당 종단면도  김봉렬 도면
- 선교장 기단 투상도  김봉렬 도면
- 선교장 투상도  김봉렬 도면
- 선교장 내부 정면도  김봉렬 도면

## 7 공동체 마을과 건축, 방촌마을

- 방촌 일대의 지형도  목포대학교 도면
- 방촌마을의 주요 지명도  목포대학교 도면
- 내동마을 배치도  목포대학교 도면
- 계춘동마을 배치도  목포대학교 도면
- 내동 위성렬 가옥 배치 평면도  목포대학교 도면
- 계춘동 위성룡 가옥 배치 평면도  목포대학교 도면
- 계춘동 위계환 가옥 배치 평면도  목포대학교 도면
- 신기동 위봉환 가옥 배치 평면도  목포대학교 도면
- 호동 위성탁 가옥 배치 평면도  목포대학교 도면

## 8 설화로 이룬 천상의 세계, 광한루원

- 광한루원 전체 배치도  문화재청 도면
- 광한루 정면도(남측면)  문화재청 도면
- 광한루 가구 조감도(서북측)  문화재청 도면
- 광한루 북측면도  문화재청 도면

## 9 최후와 최고, 선암사

- 선암사의 주요 영역과 구성 축들  김재식 도면
- 19세기 선암사 복원도  김재식 도면
- 선암사 원당 일곽  이선화 도면
- 선암사 배치도  1996년 현재
- 설선당 평면도  천득염 도면
- 심검당 평면도  천득염 도면
- 무량수각(옛 천불전) 평면도  천득염 도면
- 창파당 평면도  천득염 도면
- 대변소 평면도  천득염 도면

# 찾아보기

## ㄱ

가례家禮 196, 197
가랍집 158, 170
가묘 290
가학루駕鶴樓 329
각황전覺皇殿 353, 357, 361, 363, 369, 370, 377
강릉향현사江陵鄕賢祠 227
강선루降仙樓 328
견훤 21, 174
경교장 京橋莊 239
경승재敬勝齋 215
경포대鏡浦臺 328, 230, 231, 242, 329
경회루慶會樓 318, 328
계자난간 154, 155, 171, 332
계정溪庭 63, 64, 101, 105, 108~115, 117, 119~122, 133, 137, 159, 169, 170
계춘동 264, 274, 275, 277, 279, 283, 286, 291~296, 310
고경명高敬命 53, 58~61, 91
고마도 271
고상식高床式 주거 174
고암정사鼓巖精舍 59, 62, 63, 72, 78, 85
고인돌 265, 273, 274
고청庫廳 124, 125, 132, 133
공수간供需間 106~109, 113, 114

공포拱包 115, 138
관리사 124, 138
『관서문답록』關西問答錄 102
관세대盥洗臺 218
관어대觀漁臺 104, 119, 120
광통루廣通樓 317, 318, 331, 335
광풍각光風閣 57, 61~63, 65~69, 72, 73, 75, 79, 84, 86
광한루廣寒樓 315~318
광한루원廣寒樓園 315~318, 320, 321, 323, 325, 333, 337, 338, 340~343
광한루 월랑月廊 316, 319, 333, 335, 338, 339, 340
광한루 익루 338
광한청허지부廣寒淸虛之府 318, 341
교관겸수敎觀兼修 352
교선敎禪 일체화론 352
교선敎禪 일체 355
구인당求仁堂 123, 125, 129, 133
『구인록』求仁錄 102
국악원國樂院 316, 337
국청사國淸寺 352, 354
군영루軍營樓 329
굴도리 115, 151
궁예 20, 21
궐리사闕里祠 193, 214
귀토 설화龜兎說話 333
기대승奇大升 53, 59, 61

기호학파 59, 156, 187, 188, 216
김극일金克一 145, 152
김성원金成遠 59, 61, 90, 91
김성일金誠一 145, 146, 152, 156
김수근 15~17, 378
김시습金時習 224, 336
김윤기 가옥 231
김윤제金允悌 59, 61, 89
김인후金麟厚 51, 53, 58~62, 73, 76
김장생金長生 218
김집金集 218
꽃계단 63, 71, 89
꽃계단(화계花階) 54

## ㄴ

〈남원관부도〉南原官府圖 322
〈남원부도〉南原府圖 322, 343
남인南人 156, 158, 187, 188
내동 264, 265
내소사來蘇寺 371, 372
노강서원魯岡書院 192, 216
노론 188, 189
노성궐리사 192, 193, 214
노성향교魯城鄕校 192, 193, 213
노전爐殿 349, 358, 361, 366, 367, 375, 377
누정 건축 333

ㄷ

다산사茶山祠　268, 310
단잔진자談山神社　136
달마전　361, 367~369, 375, 377
달전재사達田齋舍　138, 139
당간幢竿　214
당간지주　18, 23, 24, 32, 33
대각암大覺岩　353, 379, 381
대고 大庫　124, 125
대변소　361, 377, 378, 382
대봉대待鳳臺　60~65, 74, 75, 79
대웅전　348, 352, 354, 356, 357, 361~
　364, 372, 377, 381
『대학장구보유』大學章句補遺　102
덕산서사德山書社　138
덕주사德周寺　23, 45, 46
덕주산성　23, 27, 44, 45
도남서원道南書院　146
도덕산道德山　104, 120
도선국사道詵國師　352
도장사 道藏祠　87
도존당道存堂　159, 172, 173
독락당獨樂堂　97, 98, 101~115, 117
독수정獨守亭　54
돈암서원豚巖書院　216, 218
동방5현東方五賢　123
동춘당同春堂　195
등전동　260, 275

ㄹ

루이스 칸Louis Kahn　15, 17
르 코르뷔지에Le Corbusier　15, 17,
　164
리기론 理氣論　188

ㅁ

마의태자　21, 23, 40, 46
만덕사萬德寺　356
『만복사저포기』萬福寺樗蒲記　336
망해루望海樓　326
매대梅臺　64, 66, 69, 71, 73
머름대　161
면앙정俛仰亭　53, 59, 81, 86, 87, 91, 92
「면앙정가」俛仰亭歌　53, 93
명옥헌鳴玉軒　53, 86~89
『명재언행록』明齋言行錄　209
모접이 기둥　151, 153
무량수각無量壽覺　362, 371, 373~
　375, 377, 382, 383
무변루無邊樓　123, 128~131
무우전無憂殿　361, 369, 370, 377
무이구곡武夷九曲　52, 56, 74
무이정사武夷精舍　137
무첨당無添堂　101, 105
무학산舞鶴山　104, 120
문병란　80, 81
문집판각　123, 126, 131, 132
미륵대원彌勒大院　13, 18~23, 25~29,
　32, 35, 38~40, 42, 45~47
미륵대원 돌거북　18, 22~24, 28, 32,
　33, 39, 40
미륵대원 보주탑　25
미륵대원 사각석등　24, 33, 40
미륵대원 석굴　31, 37
미륵대원 오층석탑　22, 24, 26, 28, 33~
　34
미륵대원 팔각석등　24, 33, 34, 40
미륵불　20, 23, 27, 41
미스 반 데어 로에Mies Van Der Rohe
　73
미타전彌陀殿　361, 367, 368

ㅂ

바르셀로나 파빌리온　73
박제가朴齊家　266
박지원朴趾源　266
방장섬方丈島　318, 325
방장정〔方丈亭〕　319, 320
방촌마을　257, 263, 267, 269, 271, 273,
　275, 282, 288
방촌마을 돌장승　272, 273
방촌마을 마을회관　269, 275, 276
방촌마을 삼괴정　274
방촌마을 유물관　269, 276
방해정放海亭　230, 238, 241, 250
배다리골　230, 232, 236, 238, 239, 241,
　242, 249, 250, 253~255
백형수 가옥　284
백화서원白華書院　183
법상종法相宗　352, 353
법왕문法王門　356
법화신앙　354
『변강쇠타령』　337
병산서원　128, 130, 158
병암고택甁庵古宅　172, 173
병자호란　187, 193, 214
보아지　115, 151
보제사普濟寺　354
보주탑寶珠塔　22, 24, 25, 28, 29, 32~
　34
복왓등　271
봉래섬〔蓬萊島〕　318, 325
『봉선잡의』奉先雜儀　102
부곡部曲　127
부벽루浮碧樓　328
부연浮椽　151, 216
부용당芙蓉堂　86, 87, 90
부용정　90, 244

부훤당負萱堂  59, 62, 63, 72, 85
불국사  38, 40, 161, 251
불국사 다보탑  39
불국사 석가탑  39, 135, 136
불조전佛祖殿  361, 364, 365, 367, 381

## ㅅ

사단칠정四端七情  156
사당  33, 83, 87, 108, 109, 111~114, 123, 125, 132, 137, 138, 153, 154, 170, 183, 196, 197, 199, 208, 211, 214~216, 218, 237, 247, 248, 253, 288~290, 293~296, 298~302, 306
『사륜정기』四輪亭記  326
사르나트  15, 16
사림파  99, 103, 137, 138
사마광司馬光  119, 120, 121
「사미인곡」思美人曲  53, 93
4·3 그룹  15
사액서원  123, 192
사자빈신사지석탑  44
〈48방도〉四十八坊圖  323
산수헌山水軒  170
산신각山神閣  361, 367, 379
산저동  265, 270
삼괴정三槐亭  273, 274
『삼국사기』三國史記  126
삼신도三神島  317, 334
삼신산三神山  317, 326, 333~335, 341, 342
삼인당三印堂  362, 383
상모정尙慕亭  138
상주 대산루  157, 164, 166
상주 양진당  143, 144, 147, 150, 332
상주향교  144, 179
상주향교 명륜당  177, 179

샛마당  109, 112~114, 133, 211
서경덕徐敬德  156, 226
서백당書百堂  98
서사書社  137, 138
서원철폐령  137
서원청書院廳  124, 125, 132
서인西人  61, 93, 156, 158, 187, 188, 216, 218
석굴사원  8, 18, 35, 37
석굴암  30, 31, 35~37
석오石鰲  315, 316, 335
선교장船橋莊  223, 224, 229~234, 236, 238~242, 244~246, 248~251, 253~255
선산향교善山鄕校  144, 178
선산향교 명륜당  178
선산향교 청아루  177, 178, 180
선암사仙巖寺  345, 347~361
〈선암사중창건도〉  353, 360, 361
설선당說禪堂  361~363, 371, 372, 377
성산가단 星山歌団  55
〈성산계류탁열도〉星山溪柳濯熱圖  81
「성산별곡」星山別曲  55, 91, 93
성산서당聖山書堂  136, 137
성읍 마을  259
성정각誠正閣  160
세계사世界寺  18, 32, 40, 46
『세설신어』世說新語  340
세심대洗心臺  104, 120, 128, 134
세심소洗心所  155
세이대洗耳臺  309
소론  187, 188, 189
소쇄원瀟灑園  49, 51~53, 55~63, 65~68, 70, 71, 73~81, 83~85, 87~90, 97, 98, 318
〈소쇄원도〉  58, 59, 66

『소쇄원사실』瀟灑園事實  58
「소쇄원 48영」  51, 58
『소학』小學  189
「속미인곡」續美人曲  93
손순효孫舜孝  331
손이시비 孫李是非  127
손중돈孫仲暾  99
솟을합장  115, 199
송강정松江亭  53, 86, 87, 91, 93
송광사松廣寺  83, 347, 354~356
송순宋純  58, 59, 61, 91, 93
송시열宋時烈  59, 73, 156, 187~189, 218
송준길宋浚吉  185, 218
수구문水口門  42, 64, 71
수선사修禪社  355
수재정水哉亭  122, 136, 137
숨방채  108, 109, 112~114
스킵 플로어skipped floor  149, 373
승선교  347, 348, 357, 383
시리아니앙Cirianiens  165
식영정息影亭  53, 55, 61, 81, 86~91, 318
신기동  268, 278, 279, 283, 284, 299, 300, 310
신사임당  227
신선설神仙說  333~336, 340
심검당尋劍堂  361, 363, 371~374, 377, 381, 382
심상진 가옥  231, 232
쌍청당雙淸堂  195

## ㅇ

아도화상阿道和尙  352
안드레아 팔라디오Andrea Palladio  17
앙리 시리아니Henri Ciriani  164, 165

애양단愛陽壇　63, 64, 71, 73, 75, 78~81
약휴若休　356~358, 365
양동마을　105, 121, 138, 259
양산보梁山甫　51, 57~62, 65, 66, 73, 81, 84, 97
양자정子淨　59
양자징子澄　58, 59
양진암 養眞庵　111, 112, 114, 119, 120, 122
양진재兩進齋　123, 125, 128, 133
양천운梁千運　59, 60
양통집　148, 231, 252, 280
여기정女妓亭　273
역락문亦樂門　123, 125, 128, 130
연경당　247
열화당悅話堂　223~235, 237, 241~247, 249~253
영귀대詠歸臺　104, 120
영남루嶺南樓　328, 329, 338, 340
영남학파　99, 100, 145, 156
『영조법식』營造法式　65, 273
영주각瀛洲閣　315, 316, 319, 324, 325
영주섬〔瀛洲島〕　318, 325
영호루映湖樓　328, 329
예론과 예송　188
예학禮學　156, 168, 187~189, 195, 197
오곡류五曲流　56, 64, 74, 75
오곡문五曲門　56, 59, 64~66, 71~75
오명중吳明仲　87
오작교烏鵲橋　315~318, 322~324, 333, 335~337, 341, 342
오작당悟昨堂　144, 153, 154, 172, 175, 176
오죽헌烏竹軒　225, 229, 230
옥동서원玉洞書院　144, 177, 182, 183

옥류정玉流亭　155, 176
옥산서원玉山書院　95, 98, 119, 123~125, 127~135, 183
옥산파　98, 102, 132, 133
「옥산 14영」玉山十四詠　119
온휘당蘊輝堂　183
완월루阮月樓　323
완월정玩月亭　316, 319, 320, 325
왕건　20, 21, 174
왕안석王安石　119
『용성지』龍城誌　322, 323
우복별장　97
우복종가愚伏宗家　144, 158, 162, 170~173, 175, 176
우산동玉山洞玉　158, 169, 173
우산서원　172
원규院規　131
원림園林　54~56, 58, 59, 61, 62, 65, 69, 71, 73, 79, 80, 82, 86, 87, 91, 239, 244, 315, 320, 324
『원야』園冶　325, 326, 335
원통전圓通殿　353, 357, 358, 361, 363~367, 377
월궁月宮　318, 321, 333, 335, 336, 340, 341
월매집　316, 320, 323, 325
위계환 가옥　296, 298, 307
위구환 가옥　279
위백규魏伯珪　265~268, 276, 296, 298, 309, 310
위봉환 가옥　299, 300
위성렬 가옥　260, 269, 277~279, 288~291, 307
위성로 가옥　285, 287
위성룡 가옥　293~295
위성오 가옥　283

위성탁 가옥　270, 300~305
위시환 가옥　280~282
위욱량 가옥　291, 293
위인환 가옥　283
위종량 가옥　284, 285
위철환 가옥　292
유봉 영당　192, 193, 215
유사有司　125, 127
『유서석록』遊瑞石錄　58
유성룡　145, 156~158
유인궤劉仁軌　321
윤봉구尹鳳九　266
윤선거尹宣擧　187, 188, 216
윤증尹拯　187~189, 191~193
윤증고택　191~194, 196, 198~203, 205
윤황尹煌　214, 216
윤황고택　191, 214, 215
윤휴尹鑴　188
응진전應眞殿　354, 361, 363, 367, 368, 377
응향각凝香閣　361, 362, 377
의천義天　352~356, 360, 361, 363, 379
이근우李根宇　229, 233, 236, 238, 241, 245, 249, 254
이내번李乃蕃　229~233, 236, 242, 249
이달李達　226
이덕유李德裕　59, 239
이번李蕃　98, 99, 138
이삼李森　218
이삼장군 고택　218, 219
『이아』爾雅　326
이언괄李彦适　105
이언적李彦迪　97~99, 108, 110, 123, 131, 132, 137, 138
이용구李龍九　235, 236

이이李珥  156, 224
이자겸李資謙  354
이전인李全仁  98, 102
이제민李齊閔  123
이화장梨花莊  239
이후  59, 84, 106, 126
익공  138
인공 폭포  383
인풍루仁風樓  328
일재逸齋  316
임억령林億齡  59, 61, 78, 90, 91
임진왜란  59, 121, 145, 146, 157, 158, 178, 264, 317~319, 356, 363, 378
임천정원  97

## ㅈ

자계紫溪  104, 106, 108, 110, 111, 119, 120, 128, 137
자옥산紫玉山  101, 104, 119, 120, 135
장경각藏經閣  126, 130, 132, 133, 358, 361, 366, 367
장서각  123
장원莊園  193, 221, 233, 239~241
장의국張義國  318
장천재長川齋  270, 300, 309, 310
장현광張顯光  137
장흥 위씨  264~266, 268, 288, 309
재사齋舍  131, 138, 139
재실齋室  138, 139, 154, 190~192, 202, 215, 261, 270, 298, 309~311
적서시비嫡庶是非  127
전사청  123, 125, 178
정경세鄭經世  145, 156~159, 168~170
정구鄭逑  137
정극후鄭克後  137
『정덕계유사마방목』正德癸酉司馬榜目  126
정려각旌閭閣  190~193
정료대庭燎臺  218
정암사 수마노탑  40
정약용丁若鏞  266
정유재란  356
정재로鄭宰魯  173
정전법井田法  321
정제두鄭齊斗  191
정종로鄭宗魯  158, 159, 170, 173
정주원鄭胄源  158, 170
정철鄭澈  53, 55, 58~61, 91, 93, 318, 319, 331, 334, 342, 343
정혜결사定慧結社  355
정혜사定惠寺  119, 120, 125, 126
정혜사지십삼층석탑  135
정혜쌍수定慧雙修  355
제선청祭先廳  148
제월당霽月堂  60~69, 72, 73, 78, 79, 86, 87
조계문  353, 356, 357, 360, 362, 383
조계종曹溪宗  349~351, 354~356
조곡관鳥谷關  42
조광조趙光祖  57, 60, 97, 123
조령관鳥嶺關  42, 44
조령원  19, 42~44
조적조組積造  17
조정趙靖  145, 146, 153, 154
조한보曹漢輔  99, 100, 103
종학당宗學堂  192
주기론  225, 226
주리론  224, 226
주자가례朱子家禮  196
주합루宙合樓  326, 328
주흘관主屹關  42~44
죽서루竹西樓  328, 329, 343

지눌知訥  354~356
『진수팔규』進修八規  102
징심대澄心臺  104, 120, 128

## ㅊ

창덕궁昌德宮  90, 160, 244, 247, 326, 328
창방昌枋  115, 335, 366
창파당滄波堂  361, 362, 376, 377, 379, 382
챠우크핸디 스투파  15
천관사天冠寺  311
청간정聽澗亭  169, 170
청분각  126
청월루淸越樓  177, 182, 183
청허부淸虛府  316
체인묘體仁廟  123, 125
초익공初翼工  115, 138
초정草亭  60, 62, 65, 66, 75, 79
촉석루矗石樓  329
최응현崔應賢  227
최충헌崔忠獻  355
추원당追遠堂  144, 154, 155, 176
춘향관春香館  316, 320, 325
춘향사春香祠  316, 319, 320
『춘향전』  315, 323, 324, 329, 334, 335, 337, 339, 343
취가정醉歌亭  86, 87, 89, 90

## ㅌ

탁영대濯纓臺  104, 120
태고종太古宗  349~351, 370, 377
태극  99, 100, 103
태극무극논변 太極無極論辯  99
태평루太平樓  180
통말집  121

ㅍ

파사드façade 117, 119
팔상전 354, 361, 364, 365, 367
평난간 332
평천장平泉莊 59, 84, 239
포룸 로마눔 17
포사庖舍 124, 132, 148
프랑스와 샹폴리옹Jean-François Champ-
　　pollion 16
피향정被香亭 328, 329, 331
필로티pilotis 15, 122, 165

ㅎ

하늘재 18~21, 25, 26, 31, 42
하회마을 259
한국 정원 324, 333
한벽루寒碧樓 328, 329, 331, 340
한천정사寒泉精舍 60
한풍루 329, 331
함창향교咸昌鄕校 144, 180
함창향교 명륜당 176, 180, 182
『해동명적』海東名蹟 126
해립재偕立齋 123, 125, 129, 133
해운정 231, 232
해천당海泉堂 361, 371, 375, 377, 379
행랑채(숨방채) 109, 121, 171, 195, 201
　　~203, 205, 238, 247, 248, 280, 291,
　　292, 299, 300
향약鄕約 146, 267
허균許筠 226, 229
허난설헌許蘭雪軒 226
호동 265, 270, 280, 281, 300, 301, 303,
　　305, 309
호산동 269, 277, 279, 286, 287
호석虎石 316

『홍길동전』 226
『홍도전』 337
화개산華蓋山 104
화반대공花盤臺工 138
화엄종華嚴宗 352
환벽당環碧堂 53, 55, 59, 61, 81, 86, 87,
　　89, 90, 91, 318
활래정活來亭 223, 230, 231, 236~238,
　　241, 244, 245, 249~251, 253~255
황감평黃鑑平 316
황희黃喜 183, 316
회니시비懷尼是非 188
회보문檜寶門 183
휴먼스케일human scale 136
『홍부전』 337

# 발문

옥시모론, 조선 집의 아름다운 비밀
황지우

**발문**

# 옥시모론, 조선 집의 아름다운 비밀

1980년대 초반, 출감하고 나와서 산다는 게 그저 막막하고 폭폭하고 울울하던 시절 세끼 밥을 해결하기 위해 원히지도 않는 아무 텍스트나 번역하면서 연명하고 있을 때, 나는 원고지 파지에다가 자주 건축 설계(?)를 하곤 했다. 실패한 글자들의 잉크 자국이 데문데문 드러나 있는 원고지 뒷면에 장차 내가 살고 싶은 집 혹은 집들의 평면도와 내부 입면도, 조경 따위를 그리다보면 시간이 금세 가고 삶이 절대 지루하지가 않았다. 신림동 시장 곁에 다닥다닥 붙은 낡은 집들의 한 골방에 누워서 나는 이미 설계된 나의 집, 그러니까 바깥에서는 잘 안 보이고 안에서는 잘 보이는 큰 창, 흙벽과 마루, 서가, 책상, 벽난로 등으로 획책된 나만의 어떤 옴팍한 내부와, 그에 연하여 연못에 나무 그림자가 흔들리고 있는 정원을 거느린 나의 인공 낙원을 돈 안 드는 상상만으로 마음껏 만끽했던 것이다.

    사람들은 권력을 잡거나 돈벼락을 맞았을 때 그 잉여로 큰 집을 짓기도 하지만 어떤 좌절이나 절대적 결핍에서도 터무니없는 집을 짓기도 하는 것 같다. 대저 집이란 사나이들에게 욕망의, 바로 맞은편에 놓여 있는 유혹하는 결정체라고 말할 수 있지 않을까.

    요즘 나는 좋은 터, 좋은 집을 보면 불현듯 치밀어 오르는 욕정 같은 것을 느낀다. 젊은 시절엔 여자를 탐했다면 그게 좀 시들해질 즈음엔 집을 탐하게 되나 부지? 좋은 터나 좋은 집을 보면, 안으로 들어가 머물고 싶고 깃들고 싶고 쉬고 싶고 거기서 한숨 곤히 자고 싶고, 깨어나지면 창 열고 창세기 같은 첫 아침을 받고 싶어진다. 근래에 내가 돈이 없다는 사실에서 느끼는 가장 큰 불편은 내가 짓고 싶은 집(이것은 나의 꿈이 아니라 계획이다고 말하고 싶은)을 짓지 못하고 있다는 것이다. 나는 지금보다 훨씬 더 현기증 나게 살고 싶고, 정말 주저함 없는 사치를 부리고 싶은데 그게 안 된다. 드러나지 않는 질서, 빛나지 않는 광택, 기름기 쪽 뺀 까끌까끌한 질감, 고요, 텅 빔, 그리고 아주 절제된 악센트가 있는 공간에 대해 끊임없이 껄떡대는 허영심을 나는 어찌할 수가 없다.

그러던 차에 김봉렬 교수가 그의 역저 『김봉렬의 한국건축 이야기』 시리즈 중 두번째인 『앎과 삶의 공간』에 발문을 써보지 않겠느냐고 하여서, 나는 건축 담론에 대해 캄캄한 문맹자임에도 불구하고 순전히 내 그 건축적 욕정에 못 이겨 여기 몇 자 적어본다.

『앎과 삶의 공간』은 미륵대원(충주), 소쇄원(담양), 독락당과 옥산서원(경주), 양진당과 대산루(상주), 윤증고택(논산), 방촌마을(장흥), 선암사(순천) 등 우리 역사의 지층에 박혀 있는 건축적 화석들을 저자의 '겹눈' 같은 시선으로 단층 촬영하듯 정밀하게 분석하고 있다. 그의 건축적 사유는 미륵대원과 선암사와 같은 가람 건축을 제외하면 주로 조선조 중기 사대부 계급의 빌라와 사택에 집중되어 있는데, 한 건축이 세워진 시대의 역사적인 밑면적을 실사한 다음 발주자의 지적 계보나 사상 체계, 세계관, 심지어는 집주인의 개성과 시시콜콜한 사생활에 대한 정보들을 그 집의 구조, 배치, 공간 패턴들을 분석하고 외양의 표정을 살피는 데까지 긴밀하게 연관 짓고 있다.

김봉렬은 집 한 채에 사회·경제적인 축, 정신사적인 축, 건축 공간의 위상수학적인 분석이라는 축을 집어넣어 이 땅의 후미진 곳에 버려지다시피 한 이른바 '역사적 건축'에 대한 입방체적인 의미를 우리에게 또렷하게 그려내 보여준다.

이를테면 소쇄원이나 독락당, 윤증고택에 대한 그의 기술은 그 탁월한 예들이라 하겠다. 공학이라는 교육 배경을 생각할 때 나는 그의 해박한 국학적 인식에 우선 놀라지 않을 수 없다. 그는 각 건축물들이 공간 구성에서 확보하고 있는 일정한 특징들을 이들 건축주들이 가담하고 있는 정파적인 입장 내지 사상적 위치와 대조하면서 포착하고 있는데, 여기에 조선조 중기 사림들의 보학적인 줄기와 성리학 논쟁의 복잡한 가닥들을 일목요연하게 압축하여 건축의 보이지 않는 내적 원리의 이해에 끌어들이고 있는 것이다.

특히 독락당의 공간 구성이 '인간적 환경에 대해 폐쇄적으로 되어 있다'는 사실을 건물주 이언적의 사상적 편력과 개성에 연결지어 설명하고 있는 지점은 눈여겨볼 만하다. 사실 16세기 지방의 재지在地 양반들의 별서와 정원들은 조광조를 정점으로 하는 사림파들이 중앙정치 무대에서 권력 투쟁에 패배한 것과 더불어 시작된 낙향 러시의 흔적들이지만, 그것은 '나 홀로 즐겁다' (?), '혼자 즐기겠다' (?)는 당호가 그렇기도 하려니와 일종의 정치적 청산주의 뒤끝에 찾아든 적막한 오기랄까 몽니랄까, 지조로 가장한 토라짐 같은 것이 아닐런지……

나는 김봉렬이 말한 "적극적 은둔"이라는 것의 이면에 자리하는 형이상학적인 삐짐을 어느 정도 이해할 수 있을 것 같다. 그럴 때 사람은 마음의 그 가파른 단애斷崖에다가 자신의 집을 짓는다. 세상이 꼴도 보기 싫어 등을 돌렸지만 내 귀는 여전히 나를 다시 불러줄지 모를 세상에서 오는 발자국 소리를 향해 있다는 게 싫어 더욱 완고하게 안으로 움추러든 자세를 취하고 있는 집 말이다.

김봉렬은 그 적극적 은둔을 위한, 독락당의 건축 어법을 "낮추기와 감추기"로 부르고 있다. 집터, 기단, 마루, 지붕을 낮추고, 집 뒤쪽은 인공 조림으로 외부 시선을 차단하고 있는 것이다. 다만 독락당 앞쪽만이 자연을 향해 툭 트인 비스타vista를 갖는데, 김 교수는 이 집이 그 얼굴을 산 쪽으로 돌려버린 것을 꼬장꼬장한 정통 성리학자에서 불가 및 도가적 세계관으로 선회한 이언적의 사상 편력과 관련하여 해석한다.

건축도 사상 전향을 한다는 사실의 발견은 재미있다. 주변의 여러 봉우리들 가운데 4개를 골라 도덕산, 무학산, 화개산, 자옥산이라 명명함으로써 집주인의 확장된 세계관을 영역화하는 '환경적 다이어그램'을 만들었다는 것인데, 시야의 획득과 이름 붙이기야말로 자연을 건축에 묶어두는 동아시아 인문주의자의 방식이었을 것이다. 시선과 명명은 대자연에 대한 등기부 없는 소유 아닌가. 그 즐거움이 오죽 했을까마는 독락당의 건축적 즐거움은 다양한 내부 영역들을 발생시키는 미로의 구성에 있는 것으로 저자는 파악하는 것 같다.

바깥에서 들어오는 사람들의 시선은 최대한 막아놓고 집 내부에 비순환적인 하나의 통로만을 숨겨두는 미로 같은 공간 분할이야말로 이 은둔자의 건축적 독락獨樂이었는지 모른다.

독락당의 건축적 일곽은 안채와 사랑채(독락당), 별당(계정), 전면의 공수간과 숨방채의 4영역으로 이루어진다. 그리고 사당 등 부속 건물이 첨가되었다. 이처럼 다양한 내부의 구성을 외부에서는 전혀 눈치 챌 수 없다. 안채와 독락당은 연결되어 있지만, 나머지 영역들과 건물들은 분산되었고, 그들 사이를 담장으로 이루어진 마당들이 매개하고 있다. (본문 108쪽)

이 즐거운 미로의 내부에서 김 교수가 눈여겨보고 있는 것은 담장의 기능이다. 내면성을 고집하는 이 고독한 집 안에서 또 다른 내부들을 파생시키고 있는 담장은 단순히 건축에 종속된 요소가 아니라 공간을 분절하고 연결하는, 보다 적극적인 구성적 기능을 하고 있다는 것이다. 담장의 분절적이면서도 연결적인 기능은 그의 소쇄원에 대한 관찰에서도 강조되어 있지만, 다분히 자폐적인 성향이 있는 독락당의 경우 담장이 진입에서 계정에 이르기까지 건축적 장면들을 단절시키는 역할을 한다는 데 그는 주목한다. 김봉렬은 독락당을 "담의 건축"이라 명명한다. 따라서 그 집은 "면으로 인식된다"고 그는 쓰고 있다.

이 집의 요소요소에 나타나는 막힌 골목과 샛마당들은 담장뿐 아니라 건물의 벽을 면적인 요소로 취급했기에 가능한 공간들이다. 숨방채 뒷면과 안채 앞면의 두 벽면은 좁고 깊은 샛마당을 형성했다. 이 마당은 안채로 통하는 중문으로 들어가기 위한 과정적 공간이다. 그러나 이 마당에 들어서면 안채의 중문은 잘 인식되지 않고, 오히려 막다른 골목에 들어선 느낌을 받는다. 중문은 측면의 부분적 요소로 숨어 있고, 좁고 깊은 마당의 방향성과 시각적 종점에 가로막힌 담장만 부각되기 때문이다. (본문 113쪽)

그리고 그 담장은 "무표정하다"고 김봉렬은 쓰고 있다.
 나는 아직 독락당을 보지 못했다. 다만 젊은 건축학자가 그려준 것만으로 상상할 따름인데, 도대체 어떤 지독한 마음이 이런 집을 지었는지 빨리 만나보고 싶은 충동을 가눌 길 없다. 그 "면의 건축"은 외부 사람에게 꽤 냉담하고 불친절한 외양을 하고 있을 것이 분명하다. 나에게 독락당은 새침하게 토라진, 등을 돌리고 앉아 있는 여자 같을 거라는 느낌이 먼저 온다. 그러나 토라진 얼굴은 얼마나 아름다운가. 또 그것은 사람을 더 못 떠나게 붙들지 않는가. 은둔이면 은둔이었지 "적극적 은둔"이라니! 아직 다 못 떠난 마음이 있다는 몸짓을 하고 있을 그 집을 나는 찾아가 보고 싶다.
 독락당. 그 이름은 좀 무뚝뚝하고 투박한 음가로 울리지만, 나는 그 집을 여성명사로 명명될 공간으로 예감한다. 그것은 아마 16세기 우리 가사문학의 화자들이 중앙의 권력에 대해 님을 그리워하는 여성의 목소리를 가장했다는 사실이 나에게 잔영을 남기고 있기 때문인지도 모른다. 독락당의 도저한 공간적 폐쇄성도 어쩌면 당대의 가사문학에 의성擬聲되어 있는 여성성과 무관하지 않을 것이다.
 김 교수는 이 책에서 독락당의 이러한 폐쇄성을 거의 같은 시기에 조영된 소쇄원의 개방된 공간의 특성과 대비시키고 있다. 한때 소쇄원 일대에 거주한 적이 있는 나에게 그의 지적은 금방 공감을 불러일으킨다. 확실히 소쇄원은 진입에서 대봉대, 애양단, 제월당, 광풍각에 이르는 패시지passage에 따라 각 건축적 장면들을 계기적으로 연속시키고 있어서 이 풍경 건축의 내부에 탁 트인 개방성을 부여한다.

그러나 소쇄원도 독락당과 마찬가지로 외부에서 들어오는 시선을 차단하고 스스로를 은폐시키고 있다. 물소리로 속세를 떠난 느낌을 붙들어두고 있는 瀟灑(물 맑고 깊을 소, 물 뿌릴 쇄)의 원園 자체가 별뫼에서 내려오는 한줄기 계곡에 '옴팍하게' 숨어 있을 뿐만 아니라, 진입부의 죽림 스크린에 의해 자미탄 쪽 큰 도로에서 들어오는 시선을 적극적으로 막고 있어서 바깥에서는 그것이 어디 있는지 알 수조차 없다. 외부에 대해 비켜서 있는, 스스로를 감추려 하는 이러한 건축적 몸짓을 독락당과 소쇄원의 건축주들에게 공통되게 개입된 16세기 사람들의 청산주의적 동기에만 관련시켜 해석하는 것에는 물론 동의할 수 없다. '바깥에서는 안 보이고 안에서는 트여 있는 곳'에 깃들고 싶어하는 것은 시기 보다 근원적인 심성에서 우러나오는 우리 건축의 어떤 생리적인 이상이라고 생각되기 때문이다.

김 교수가 서술한 것에 따르면 독락당도 소쇄원과 마찬가지로 "바깥에서는 안 보이고 안에서는 트인" 공간 구성법에 의존하고 있다. 이들 건축 일곽에 나타난 공간적 내향성은 집주인들의 어떤 역사적 경험에서 나온 염세주의적 태도와도 관계가 있겠지만, 안으로 돌려 앉으려는 그 배향 의지에는 숨음과 트임이 함께 있는 공간에서 몸이 가장 편안함을 느끼는 우리네 건축 마인드의 본성이 작용하고 있다고 보인다.

시선을 통해 외부를 지배하고 압도하고 독점하려는 외향적인 의지가 역력하게 드러난 서양 집들에 비하면 우리네 집들은 가능한 한 시선을 피하고 밖으로 드러나는 것을 꺼려하고 스스로를 감춘다. 우리 건축은 외부에 대해 어딘가 모를 수줍음을 띠고 있다. 우리네 집들의 이러한 품새가 외부 세계에 대한 두려움이나 피해의식, 혹은 어떤 퇴행심리를 의미한다고 말할 수는 없을 것이다. 오히려 거기에는 인간의 집을 '자연 속의 한 점'으로 인식하는 산수화적 세계관이나 요즘 어법으로 말하면 어떤 생태계적 겸양지덕謙讓之德이 배어 있다 하겠다.

확실히 건축이 발달한 곳은 자연이 나쁘다. 나는 그리스를 여행하면서 그것을 알았다. 일본과 중국을 다녀오고 나서야 나는 우리나라의 삼천리 금수강산이라는 오래된 표어를 이해했다. 사철 무늬가 달라지는 그 비단 강산 사이에 우리네 집들은 어딘가 부끄러움을 타는 아낙처럼 살짝 숨어 있다. 나는 우리네 집들을 여성성으로 경험한다. 아니, 무릇 집이란 자궁에의 근원적인 기억이 아닐까. 환하게 트인 자궁-이것이 우리 건축이 궁극적으로 도달하고자 하는 목표가 아닐까. 건축이란 육체에 내부를 제공하는 것 아닌가. 안으로 들어가고 싶게 만드는 집-마당과 마루에서 반사된 빛이 은은하게 스며들어오는 옴팍한 내부, 그러나 꽉 차 있고 막혀 있는 것이 아니라 자연과 내통하는 툭 트인 공간. 여기서 사람들은 태아적인 안심과 태극적인 여유를 누렸으리라. 요컨대 은폐와 트임을 공간적으로 실현시킨 이 모순어법(oximoron)의 오묘함과 현묘玄妙함이야말로 한국건축 미학의 핵심이 아닐까 하는 생각을 나는 김봉렬 교수의 이 책에서 얻게 되었다.

질식할 것 같은 예학자의 주택 곳곳에서 숨통을 틔워주는 장소들은 내부에도 산재한다. 작은사랑방에서 앞의 누마루를 통해 바깥 경관을 바라보자. 무릎 정도 걸리는 높은 마루면에 반사된 햇빛이 방 안으로 은은히 스며오고, 어두운 누마루 공간을 지나 밝은 사랑마당의 경관과 멀리 연못의 풍경이 들어온다. 절제된 규범 속에 자리잡은 여유의 장소와 경관들은 윤증고택의 완성도를 한층 더 높인 요인들이다. (본문 212쪽)

저자는 윤증고택의 철저하게 "논리적이고 규범적인" 건축 언어를 건축주가 가담한 17세기 소론의 정파적 관점인 예학으로부터 투영된 것으로 설명한다. 칸살이의 규칙적인 배열과 정확한 각도, 각 부분들의 명료한 분절 등 건축적 단위들의 규범성이 엄격한 예법처럼 이 집을 지배하고 있다는 것이다. 저자는, 그러나 이 집이 "부분적으로는 대칭들을 이루고 있지만, 전체적으로는 완연한 비대칭으로 구성되어 있다"는 데 주목한다. 그 비대칭은 주로 윤증고택의 깊은 내부에 있는 감각적인 장소들에 의해 만들어지는데, 이것이 "질식할 것 같은" 이 예법의 집에 살아 숨 쉴 수 있는 숨통을 틔워준다고 그는 쓰고 있다.

나는 김봉렬이 내부의 그 감각적인 장소를 밝음(누마루)과 어두움(사랑마당)의 명도 대비에 의해 관찰한다는 것이 흥미롭다. 햇빛은 깊은 내부의 트임을 입증하기 때문이다. 그 트임은 빛을 사랑채의 건축적 분절에 따라 반사시키면서 내부에 명도의 메아리를 만들어낸다. 나는 가보지 못한 이 집을 눈 감고 상상해본다. "마루면에 반사된 햇빛이 방 안으로 은은히 스며오고", 또한 곱게 쓸어놓은 마당에 떨어지는 직사광이 처마에 반사되어 약음弱音된 빛의 메아리를 방 안으로 전할 것이다. 빛이 맴돌고 있는 그 내부는 얼마나 황홀할까. 게다가 이 사랑채는 층고를 높여 연못의 반사하는 수면을 통해 외부 경관을 내부로 초대하고 있지 않은가. 이 절묘한 트임이라니!

깐깐한 모럴리스트의 집 안에 이런 시각적 사치가 있는 내부가 존재한다는 것이 놀랍고, 또 얼른 이해가 가기도 한다. 김봉렬은 이 부분이 "이 집의 참다운 건축적 가치"라고 평가하지만, 이런 우리네 좋은 집들을 보면 그것의 공간위상적 구조를 따져볼 능력이 없는 나는 그냥 그것을 만져보고 싶어진다. 오랜 세월 동안 물기가 쫙 빠진 기둥들의 나뭇결, 바삭바삭하고 따스한 바닥, 표정이 없어서 물리지 않는 면들……

우리네 집은 시각적이기보다는 촉각적으로 지각된다. 그것은 형태보다는 먼저 질감으로 다가온다. 삼베나 무명천같은 꼬들꼬들한 감촉 말이다. 그렇듯 한옥은 스스로 숨 쉬는 다공성 구조물이며 그래서 몸에 잘 붙는다. 보기에 좋게 정교하게 만든 이태리 대리석 건물처럼 오싹한 한기를 내뿜지 않으며, 오히려 거주하는 자의 숨결과 체온이 집 전체 구조를 지탱시켜준다. 우리네 집은 '눈'을 위한 건축이 아니라 '살갗'의 건축이다. 사람이 살지 않으면 집이 금방 버석버석 슬어버리는 연약함도 한옥의 그와 같은 생체적인 본질을 말해준다.

연약함이야말로 한국건축의 보다 적극적인 가치로서 평가되어야 한다고 나는 생각한다. 피렌체와 시에나의 좁은 골목들을 경계 짓고 있는 완강한 그

돌집들이 내게는 다 자란 아이들에게 입혀진 가죽 족쇄옷처럼 느껴졌던 적이 있다. 집이란 한두 세대 살다가 가면 거주자의 몸처럼 흙과 재로 분해되었다가 다시 흙과 나무로 지으면 되는 것이 좋다. 한옥은 환경 친화적인 건축의 지혜로운 모델로 제시될 수 있을 것이다. 문제는 그것을 다시 지을 수 있게 할 한국건축의 구조와 기술적인 구성 원리를 제대로 따놓는 일이다. 형태는 사라져도 구조는 영원하잖은가. 그런 점에서도 김봉렬의 『앎과 삶의 공간』은 증거 인멸의 우려가 있는 우리의 역사적 건축에 대한 몽타주 그리기 이상의 의미가 있다 하겠다.

그러나 뭐니뭐니해도 나는, 김 교수가 이 책에서 분석의 조밀한 채로 걸러낸 한국건축의 구조에 대한 세목들은 항차 한국미학의 보편적인 술어들로 체계화될 수 있으며 또 그렇게 되어야 한다고 생각한다. 예컨대 그가 한국건축에서 추출한, "간단한 구조 속에 내포된 풍부한 형태"라든가 "단순 외관과 복합 내부", "대칭과 비대칭의 병존", "절제와 여유", "은폐와 트임"과 같은 주역적인 옥시모론은 우리의 음악, 회화, 시에 두루 관류하고 있는 하나의 동질적인 원리가 아닐까 여겨지기 때문이다. 또한 우리네 집의 건축적 질감에서 짜낸 정서적인 즙, 이를테면 '정갈함', '단정함', '무표정함', '질박함', '까끌까끌함', '헐렁헐렁함'은 일본의 '와비사비' わびさび와 사뭇 다른 소위 '한국적인 것'으로서의 우리 심미감의 생래적인 원형질을 규명해줄 수 있을 것이다.

이 책에는 저자에게 예외적으로 혹평받고 있는 집이 있다. 상주 양진당과 낙동강 서안의 2층집들이다. 후대 역사가의 권리이기도 한 춘추의 필봉처럼 준엄한 그 혹평들을 보면 김봉렬의 한국건축에 대한 미학적 준거가 무엇인지 알 수 있게 된다. 그것은 곧 '한국적인 것'으로서의 심미감의 근원을 찾아 올라갈 수 있는 실마리이기도 하다. 그는 양진당이 "우람한 스케일과 내부 공간의 논리적이고 치밀한 구성과 섬세한 디테일" 등과 같은 궁중양식에서나 볼 수 있는 고급한 형식들을 갖고 있음에도 불구하고, 한국건축으로서 어떤 아름다움도 건축적 감동도 주지 못한다고 쓰고 있다. 그것은 "살림집으로서 가져야 할 기능들이 해결되지 못했고, 그래서 생활 속에서 우러나오는 사실적인 아름다움이 결여됐으며, 또한 인간적 스케일로 조정되지 못했기" 때문이다고 그는 쓰고 있다.

나는 여기서 김봉렬의 미학적 지향이 생활상의 요구만을 금과옥조로 여기는 속류 리얼리즘이나 천박한 기능주의에 흐르고 있다고 보지 않는다. 내가 역점을 찍으며 읽는 부분은 삶 속에서 '우러나오는' 아름다움이다. 미학적 수준에서 그 '우러나옴'은 '진정성' 혹은 '아우라'라고 말할 수 있을 것이다. 그러니까 그 우러나오는 아름다움은 정말 한국적인 삶의 결이나 질감을 담고 있는 모두스 비벤디Modus Vivendi(생활 방식)가 어떤 것이었는가에 대한 성찰에서 밝혀지겠지만, 저자가 이 책에서 여러 번 언급하고 있는 "손을 뻗으면 손에 닿을 것 같은 인간적 스케일" 속에 그 실마리는 잠겨되어 있다고 생각된다.

김봉렬은 양진당이 "지나치게 권위적인 기념비적 스케일, 평지에 우뚝 서 있는 강렬한 독자적 형태"만을 부각시킨다는 점에 강한 거부감을 나타내고 있다. 나는 우리 역사적 건축물들(저자가 "시대를 담는 그릇"이라고 부르고 있는)에 담겨 있는 우리네 '삶의 꼴'은 어떤 진정성에의 내공이 서려 있는 미니멀리즘이 아닐까 한다. 지금까지 '한국적인 것'을 나타내는 미적 술어들로 자주 사용되어왔던 '고졸'古拙도 인간적 스케일에 담겨 있는 그러한 미니멀리즘이 아닐런지……

김자, 봉자, 렬자 교수님은 옛 안기부 본부 건물을 교사로 사용하고 있는 한국예술종합학교의 2층 복도를 절반 돌아가면 만날 수 있다. ㅁ자 건물의 정반대편에 내 연구실이 있기 때문이다. 그는 약관의 나이로 일찍 교수가 된 탓인지 처음 봤을 때부터 원로 같은 분위기가 느껴졌었다. 나는 그가 진짜 원로 교수인 줄 알았다. 그의 원숙함이랄까, 중후함이랄까, 흉내 낸다고 해서 될 수 없는 이와 같은 인격의 노인성 기질은 어디서 연유하는 것일까? 개업하면 바로 돈이 되는 그의 전공의 수익성을 마다하고 그의 동업자들이 거들떠보지도 않는 골동품들을 찾아 전국을 떠돌아다니는 그의 학문적 성실성이 그의 인품을 그렇게 길들여왔는지 모른다.

한번은 내가 극작과 특강으로 건축가 조건영을 초청한 적이 있다. 행사가 끝나고 관계자 몇이서 밥 먹고 술 몇 순배 돌리고 수순에 따라 노래방엘 갔는데, 그 자리에서 보니까 김봉렬은 천하 잡놈이었다. 올드 팝송에서부터 우리는 따라 부를 수도 없는 신세대 랩송들을 줄줄이 꿰었다. 나는 이 멋쟁이에게 속았던 것이다.

나는 내 그 건축적 욕정을 채워준 이 책을 넣는다. 그릇 안의 수면이 흔들리고, 내가 만져보고 싶고 하룻밤 그 속에서 사무치고 싶은 처마가 사라진다. 나도 김봉렬이 그랬던 것처럼 어느 폐허에 가서 사라진 사원 한 채를 마음속에 다시 짓고 싶다.

황지우 시인·한국예술종합학교 총장